高等院校机电类工程教育系列规划教材

互换性与技术测量

主　编　杨铁牛

副主编　崔　敏　金守峰

蔡　菊　张祁莉

電子工業出版社
Publishing House of Electronics Industry
北京 · BEIJING

内 容 简 介

本书根据“互换性与技术测量”课程学时压缩的情况，编写时尽量贯彻既完整全面又简洁实用的思想。书中工程实例多且前后相关，可使读者对所学内容有一个完整的概念。其主要内容包括：互换性与标准化概论、圆柱体结合尺寸精度的控制与评定、测量技术基础、几何公差及检测、表面轮廓特征的控制与评定、典型零部件的几何精度设计、圆柱齿轮传动误差的评定与齿轮的精度设计、机械系统的精度设计和机械精度设计与实例分析。附录中还列出“常用词汇中英文对照”和若干工程示意图，书中所有工程实例可利用索引查找，并为任课教师免费提供电子课件。

本书是机械工程及其自动化专业的教学用书，也可以作为近机类专业如轻工机械、化工机械等专业的教学用书，同时可供科研及生产单位从事产品设计和计量测试等工作的工程技术人员使用。

图书在版编目（CIP）数据

互换性与技术测量/杨铁牛主编. —北京：电子工业出版社，2010.6
（高等院校机电类工程教育系列规划教材）
ISBN 978-7-121-10949-2

Ⅰ. ①互… Ⅱ. ①杨… Ⅲ. ①零部件—互换性—高等学校—教材②零部件—测量—技术—高等学校—教材 Ⅳ. ①TG801

中国版本图书馆 CIP 数据核字(2010)第 094003 号

策划编辑：余　义
责任编辑：刘真平
印　　刷：北京虎彩文化传播有限公司
装　　订：北京虎彩文化传播有限公司
出版发行：电子工业出版社
　　　　　北京市海淀区万寿路 173 信箱　邮编　100036
开　　本：787×1092　1/16　印张：15　字数：384 千字
版　　次：2010 年 6 月第 1 版
印　　次：2021 年 12 月第 8 次印刷
定　　价：29.00 元

凡所购买电子工业出版社图书有缺损问题，请向购买书店调换。若书店售缺，请与本社发行部联系，联系及邮购电话：(010)88254888。
质量投诉请发邮件至 zlts@phei.com.cn，盗版侵权举报请发邮件至 dbqq@phei.com.cn。
服务热线：(010)88258888。

序

2008 年 7 月间，电子工业出版社邀请全国 20 多所高校几十位机电领域的老师，研讨符合“工程教育”要求的教材的编写方案。大家认为，这适应了目前我国高等院校工科教育发展的趋势，特别是对工科本科生实践能力的提高和创新精神的培养，都会起到积极的推动作用。

教育部于 2007 年 1 月 22 日颁布了教高（2007）1 号文件《教育部财政部关于实施高等学校本科教学质量与教学改革工程的意见》。同年 2 月 17 日，紧接着又颁布了教高（2007）2 号文件《教育部关于进一步深化本科教学改革全面提高教学质量的若干意见》。由这两份文件，可以看到国家教育部已经决定并将逐步实施“高等学校本科教学质量与教学改革工程”（简称质量工程），而质量工程的核心思想就在于培养学生的实践能力和创新精神，提高教师队伍整体素质，以及进一步转变人才培养模式、教学内容和方法。

教学改革和教材建设从来都是相辅相成的。经过近两年的教改实践，不少老师都积累了一定的教学经验，借此机会，编写、出版符合“工程教育”要求的教材，不仅能够满足许多学校对此类教材的需求，而且将进一步促进质量工程的深化。

近一年来，电子工业出版社选派了骨干人员与参加编写的各位教授、专家和老师进行了深入的交流和研究。不仅在教学内容上进行了优化，而且根据不同课程的需要开辟了许多实践性、经验性和工程性较强的栏目，如“经验总结”、“应用点评”、“一般步骤”、“工程实例”、“经典案例”、“工程背景”、“设计者思维”、“学习方法”等，从而将工程中注重的理念与理论教学更有机地结合起来。此外，部分教材还融入了实验指导书和课程设计方案，这样一方面可以满足某些课程对实践教学的需要，另一方面也为教师更深入地开展实践教学提供丰富的素材。

随着我国经济建设的发展，普通高等教育也将随之发展，并培养出适合经济建设需要的人才。“高等院校机电类工程教育系列规划教材”就站在这个发展过程的源头，将最新的教改成果推而广之，并与之共进，协调发展。希望这套教材对更多学校的教学有所裨益，对学生的理论与实践的结合发挥一定的作用。

最后，预祝“高等院校机电类工程教育系列规划教材”项目取得成功。同时，也恳请读者对教材中的不当、不贴切、不足之处提出意见与建议，以便重印和再版时更正。

卢秉恒

中国工程院院士、西安交通大学教授

教材编写委员会

主 任 委 员　赵升吨(西安交通大学)

副主任委员　(按姓氏笔画排序)

芮延年(苏州大学)　胡大超(上海应用技术学院)

钱瑞明(东南大学)　袁清珂(广东工业大学)

参 编 院 校

(按拼音排序)

※ 安徽工业大学	※ 沈阳工业大学
※ 长安大学	※ 苏州大学
※ 东南大学	※ 苏州科技学院
※ 广东工业大学	※ 同济大学
※ 华南理工大学	※ 五邑大学
※ 华南农业大学	※ 武汉科技学院
※ 淮海工学院	※ 西安电子科技大学
※ 吉林师范大学	※ 西安工程大学
※ 南通大学	※ 西安工业大学
※ 山东建筑大学	※ 西安交通大学
※ 陕西科技大学	※ 西安科技大学
※ 上海应用技术学院	※ 西安理工大学
※ 深圳大学	※ 西安文理学院

前　言

时光荏苒，从一个工科学生到走出大学校门，进而走上教师的讲台一直到今天，我从事“互换性与技术测量”课程的教学工作已经二十多年了。社会环境、学生的求知环境和工作环境变化万千，因此很想将自己的教学体会总结出来，承蒙电子工业出版社的邀请，随即团结几位也是长期从事该门课程教学的老师，经过一年多的协作，完成了本书的编写工作。

“互换性与技术测量”是一门机械类各专业均需开设的技术基础课，是工程技术人员在进行机电产品设计时，必须要熟练掌握的基本理论和基本技能。

从工科学生的培养体系来看，“高等数学”、“理论力学”、“机械制图”等课程重点训练了学生严谨的逻辑思维和作为工程师一丝不苟的工作作风。然而，在未来的工作中，所遇到的问题不可能都是可以准确求解的问题。因此，“互换性与技术测量”起着从设计课程过渡到专业课程的桥梁和纽带作用。也就是说，从这门课程开始，要逐步灌输学生工程思维的方法：现实世界中的工程问题一般都没有最优解，而只是在误差可以接受的范围内，用最经济和高效率的方法去寻求近似解，从而解决工程问题。

“互换性与技术测量”课程以国家相关标准为依据，但是决不能将这一课程仅仅理解为宣传贯彻标准。一方面因为每隔几年随着技术进步，标准一定会不同程度地被修订，甚至由新标准全面替代某些旧标准；另一方面由于地区经济发展和生产设备及工艺水平的巨大差异，国家标准在其制定、推荐使用、强制使用和由新的国家标准取代的过程中，其进程在时序上有很大差异。学生在校学习和毕业后工作的几年内很可能遇到标准的更迭，如果不能学习标准制定的本质思想，是很难适应未来的实际工作的。所以，学习过程不能仅仅停留在对国家标准表格查用的水平，而是要理解制定该标准的本质意图和未来可能的发展趋势。要帮助学生正确理解设计和标准的辩证关系，一方面标准源于优秀设计师为了提高设计质量和传达设计意图，所提出的对几何特征的要求和检验准则，例如公差原则分为独立原则和相关原则，而相关原则又发展出包容要求、最大实体要求、最小实体要求，进一步又提出可逆性要求；另一方面标准引导设计，促进互换性生产，提高社会生产率。

在机械产品的设计过程中，一般要进行三方面的计算：运动分析与计算、强度和刚度的分析与计算、几何精度的分析与计算，其中几何精度的分析与计算就是机械系统的精度设计。精度设计的优劣直接决定产品的功能、可靠性和产品整个生命周期的综合效益。

机械产品的精度设计是机械设计与制造中的重要环节，尺寸精度是机械零件基本几何精度的主体，形状和位置精度是基本几何精度的重要组成部分。机器的几何精度的分析与计算是多方面的，但归结起来，设计人员总是要根据给定的整机精度，最终确定出各个组成零件的精度，如尺寸公差、形状和位置公差，以及表面粗糙度等参数值。

通常，精度影响产品性能的各个方面，诸如噪声水平、运转平稳性、加工经济性、外观宜人性等。精度设计的正确性与合理性，对产品的使用性能和制造成本，对企业生产的经济效益和社会效益都有着重要的影响，有时甚至起着决定作用。精度提高必然带来产品成本费用的提高，现实生产中是以满足功能要求且考虑生产过程的经济性来控制精度的。客观上，精度设计分别在两个领域中进行，即产品设计过程中的精度设计和零件加工、装配工艺设计过程中的精度设计。通常需要协调两方面问题：一个是精度选择相对较低，产品使用时其质量不能达到最好，工厂潜力没能充分挖掘；另一个是对于较低的用户要求而选用了较高的精度等级，造成不必要的损失。

产品的质量、成本、寿命及效益都与精度设计有着密切关系。

学习“互换性与技术测量”的核心是理解互换性生产的概念。在世界工业发展的历程中，互换性生产主要经历了下面几个主要的发展阶段：

（1）成对配制；

（2）标准量规——标准件检测器具；

（3）极限量规——公差概念的应用。

生产对工艺技术的要求，需要有一个统一的计量单位，而统一计量标准单位的产生与发展实际上就体现出计量技术的发展历程。在计量技术与互换性生产相伴发展的过程中，不断提出新的测量方法，发明新的测量工具，提高测量精度。就长度尺寸而言，由于有了千分尺类量具，使加工精度达到了0.01mm；有了测微比较仪，使加工精度达到了1μm左右；有了圆度仪等精密测量仪器，使加工精度达到了0.1μm；有了激光干涉仪，使加工精度达到了0.01μm。目前，国际上机床的加工水平已能稳定地达到1μm的精度，并正在向着稳定精度为纳米级的加工水平发展，表面粗糙度的测量则向亚纳米级的水平发展。

测量技术是机械工业发展的基础和先决条件之一。从生产发展的历史来看，加工精度的提高总与测量技术发展水平相关联。测量的精度和效率在一定程度上决定着科学技术的水平。

在大多数情况下，产品的输出特性都可以用其构成零部件的几何参数来描述，因而，产品输出特性的变化与零件几何精度方面也可以建立起相应的数学方程。建立产品输出特性的波动量与原始设计参数之间的关系是值得研究的方向，它有利于在更高水平上的再设计。

计算机辅助精度设计技术的研究方向可分为两个方面：一方面是用计算机实现计算机辅助精度设计的研究；另一方面是基于规则推理的精度设计专家系统的研究。在数字化迅猛发展的今天，产品几何技术规范（GPS）正在使互换性与技术测量的理论体系从理想几何形面为基础向数字模型为基础的技术测量方向过渡，这一切也将促使计算机技术在互换性与技术测量领域加速发展。由于课时和篇幅的限制，本书仅仅简单介绍了零件几何特征的计算机辅助检测流程——激光扫描仪和坐标测量机的工作流程。

为了让读者树立标准化是一个不断发展的历史进程的理念，在编写过程中特别介绍了标准的沿革和发展思路，引用了最新的国家标准，将基于数字化技术的GPS的最新国家标准和现行基于理想几何形状的标准内容相互参照，从互换性生产这一根本出发点考虑，向学生介绍标准的建立和宣贯标准的意义，从而使学生达到学以致用的目的，提高读者学习的积极性和学习的目的性。

本书编写的另一个特点是工程实例多，而且尽量前后相关，选用同一部件组中的相关零件，根据实际工况选用公差与配合，包括相应测量方法和评定方法。将标准应用于各种零件的工程实例穿插在各章中讲述，并与最后的部件总体精度设计相呼应，便于学生在学习结束后，对所学基本内容有一个完整的概念。

本书附录还列出了“常用词汇中英文对照”，并给出了工程实例等栏目的“索引”，可以方便读者在学习、复习和日常工作中使用。

目前，大多数学校的“互换性与技术测量”课程的理论教学学时都在压缩，一般为 36～54

学时，所以对技术测量中常用测量方法、新方法、测量数据的使用等仅进行简单的介绍，建议读者在相关实验中完成这部分教学任务的拓宽学习。

学习的目的在于应用。由于“互换性与技术测量”具有概念多、术语多、定义多、符号多的特点，使得课堂上教学的重点容易放在基本理论的培养上，忽视对应用知识能力的训练。所以，大家在学习中要注意问题多解性，在掌握基本概念之后需要进一步弄清各种图表的使用条件、使用方法并练习查表，为应用公差标准，进行毕业设计和后续课程学习及工作打下基础。

本书共分 9 章，由五邑大学杨铁牛担任主编，并完成第 1 章、第 8 章、第 9 章和附录的内容；五邑大学崔敏负责编写第 3 章、第 4 章的内容，并审阅第 5 章的内容；五邑大学张祁莉负责编写第 5 章的内容；西安工程大学金守峰负责编写第 6 章、第 7 章的内容；广东轻工职业技术学院蔡菊负责编写第 2 章的内容。在编写过程中，侯曙光、谢慧琴和林锦龙等同学做了大量的准备工作，特此表示感谢。本书中引用了大量参考资料，在此向其作者表示衷心的感谢，这些资料也是本书得以完成的重要基础。

由于作者水平有限，虽然殚精竭虑，但书中难免存在缺点和不足，恳请读者批评指正。

杨铁牛

2010 年 2 月 6 日于福泉新村

目　录

第1章　互换性与标准化概论

“互换性与标准化”是与互换性生产发展紧密联系的先进思想方法，它不仅将制造业的基础标准与计量技术结合在一起，而且涉及机械设计、机械制造、质量控制、生产组织管理等许多领域。目前国际上相关学科的流行名称是“几何产品技术规范与认证”，并被国际标准组织 ISO/TC 213 简称为 GPS（Geometrical Product Specifications and Verification）。

1.1 互换性生产

1.1.1 互换性含义

所谓互换性，即是指在同一规格的一批零部件中，任取其一，不经任何挑选和修配就能装在机器上，并能满足其使用性能要求的特性。日常生活和生产活动中涉及互换性的例子比比皆是，例如：灯泡，机器上的螺钉，自行车、缝纫机、钟表上的零部件等都具有互换性。

零件几何参数的互换性按其互换程度分为完全互换和不完全互换。零部件完全符合上述互换性定义，在装配时不需挑选和修配即称为完全互换，否则在装配时允许挑选、调整和修配，则称为不完全互换。根据不同需要，零部件需厂际协作时应采用完全互换，部件或零件在同一厂制造和装配时，可采用不完全互换。

机械制造业中的互换性通常指产品具有几何参数和力学性能两方面的互换性，本课程仅讨论几何参数的互换性。

1.1.2 互换性作用

在机械产品的设计、制造、使用和维修各个环节，互换性都发挥着非常重要的作用，具体体现在三个方面，如表 1.1 所示。

表 1.1　互换性作用

互换性应用场合	互换性应用的具体措施	互换性应用的效果
设计方面	采用标准件、通用件和标准部件	大大简化了绘图和计算工作，缩短了设计周期，并有利于计算机辅助设计和产品的多样化
制造方面	采用先进工艺，专用刀、卡、量具和高效率的专用设备	有利于组织专业化生产，有利于计算机辅助制造，以及实现加工过程和装配过程机械化、自动化
使用维修方面	易耗品采用标准化、通用化零件，规范化维修操作	减少了机器的使用和维修时间及费用，提高了机器的使用价值

1.1.3 互换性生产的发展

制造业是国民经济的基础，是完成设计产品的物化过程。凡有尺寸大小和形状的产品都是几何产品，包括机械电子、仪器仪表、交通运输、家用电器、机器人、半导体和生物工程等产品。互换性与测量技术是与机械、电子、仪器等制造工业发展紧密联系的基础学科，源于生产实际，随着互换性生产而不断完善，又反馈指导产品的设计和生产过程。

加工零件的过程中，由于各种因素（机床、刀具、温度等）的影响，零件的尺寸、形状和表面粗糙度等几何量难以达到理想状态，总是有或大或小的误差。而从零件的使用功能角度看，也不必要求零件几何量做得绝对准确，只需达到零件几何量在某一规定的范围内变动的要求，即保证同一规格零部件彼此接近。这个允许几何量变动的范围称为几何量公差，这也是本课程所讲公差的范畴。

互换性这门应用技术与基础科学的产生和发展一开始就是由生产决定的，并与社会的需求及科学技术的进步密切相关。早期生产力落后，人们对相互结合的孔、轴采用配对的制作方式，生产效率低下，且有关零件完全没有互换性。随着社会发展对产品生产批量的追求，对同一批产品相同部位的孔、轴结合，人们希望得到一致的，而且是最好的结合效果。为此，人们开始把具有满意结合效果的孔和轴分别作为样板，按样板的尺寸来制造具有同样结合要求的其他孔和轴。这里的样板孔和轴即是标准量规。有了标准量规以后，相互结合且有相同结合要求的零件可分开单独制造，这样不仅生产效率显著提高，结合效果一致性好，而且更主要的是这样制造的零件具有互换性。后来，标准量规进一步演变发展为极限量规，分别用于控制被加工零件的最大、最小两个极限尺寸，从而引出了公差的概念。公差和极限量规的出现，使被加工零件不再像标准量规那样按一个确定的尺寸加工，而是按两个极限尺寸构成的公差范围加工，有利于提高生产率，从而促使互换性生产更加蓬勃地发展。

当今，无论从广度还是从深度来讲，互换性生产的发展都已进入了一个新的阶段。不仅由装配互换性发展到功能互换性，由几何参数的互换性发展到其他质量参数的互换性，由成批、大量生产的互换性发展到单件、小批量生产的互换性，而且超出了机械工业的范畴，扩大到了其他行业。可以说，作为一门基础技术科学，互换性原则为当今信息社会的发展已经并将继续发挥巨大的作用。

1.2 标准化及优先数系

现代化生产的特点是品种多、规模大、分工细、协作多和互换性要求高。为使社会生产有序地进行，必须通过标准化使分散的、局部的生产环节相互协调和统一。实行标准化是互换性生产的基础。

1.2.1 标准和标准化

1）标准

标准是对重复性事物和概念所作的统一规定。它以科学、技术和实践经验的综合成果为基础，经有关方面协商一致，由主管机构批准，以特定形式发布，作为共同遵守的准则和依据。标准的范围极广，种类繁多，涉及人类生活的各个方面。标准对于改进产品质量，缩短产品生产制造周期，开发新产品和协作配套，提高社会经济效益，发展社会主义市场经济和对外贸易等有很重要的意义。

标准可以按照级别、性质和特征进行分类，如表 1.2 所示。

表 1.2　标准的分类

分类角度	类别名	基本内涵	标准举例
按标准的性质	技术标准	根据生产技术活动的经验和总结，作为技术上共同遵守的法规而制定的标准	GB 321—1980 GB 1182—2008
	工作标准	对产品设计和验收等过程的工作方法进行统一约定	GB/T 18779.3—2009 GB 18779.2—2004
	管理标准	在产品制造和服务中，建立质量管理及质量保证的原则、方法和程序等体系所涉及的标准	ISO 9000:2000
按标准化对象的特征	基础标准	一定范围内作为标准的基础并普遍使用，具有广泛指导意义的标准。基础标准也是一般工程技术人员必须采用的通用性标准	GB/T 19765—2005 GB/T 321—2005
	产品标准	针对特定行业规定产品生产及其经营活动的具体标准	GB 5781—1986 GB/T 2672—1986
	方法标准	针对公差指标进行的误差测量与评定方法，或者针对测量数据处理方法的约定	GB/T 4380—2004 GB/T 5847—2004
	安全、卫生与环境保护标准	从人员、设备和环境等方面考虑，对产品设计、制造及使用过程规定必须遵守的技术指标	GB 4287—1992 GB 18352.1 GB 18352.2
按标准的使用范围	国际标准	国际标准化组织所通过并发布的标准	ISO 103602:2001
	区域标准	欧洲温室气体排放标准	phaseII, 94/12/EC、96/69/EC
	国家标准	在全国范围内有统一的技术要求时，由国家标准化委员会颁布的标准	GB 1182—2008
	地方标准	在省、自治区、直辖市范围内有统一的技术、安全、卫生等要求时，由地方政府授权机构，在某个地区标准化组织所通过并发布的标准	DB 31/355—2006 DB 31/427—2009 DB 44-T 368—2006 SZDB/Z 6.3—2007
	行业标准	在全国某行业范围内有统一的技术要求时，由该行业的国家授权机构颁布的标准	JB/T 8061—1996 JB/T 4710—2005
	企业标准	对企业生产的产品，在没有国家标准和行业标准及地方标准的情况下，由企业自行制定的标准，并以此标准作为组织生产的依据。有些情况下，企业也可以制定严于国家标准或行业标准的企业标准，在企业内部使用	Q/BB 645.005—2005 Q/HS 2028—2007
	试行标准	由某个标准化机构临时采用并公开发布的标准	工业“三废”排放试行标准 GBJ 4—1973

基础标准是以标准化共性要求和前提条件为对象的标准，是为了保证产品的结构功能和制造质量而制定的，是制定其他标准时的依据，本书所涉及的标准就是基础标准。

2）标准化

标准化是指标准的制定、发布和贯彻实施的全部活动过程，包括从调查标准化对象开始，经试验、分析和综合归纳，进而制定和贯彻标准，以后还要修订标准等过程。标准化是以标准的形式体现的，也是一个不断循环、不断提高的过程。例如，为了实现机械产品的互换性，必须对其零部件的几何量公差值进行标准化，不能各行其是。

标准化是组织现代化生产的重要手段，是实现互换性生产的必要前提，是科学管理的重要组成部分，是国家现代化水平的重要标志之一。在国际上，为了促进世界各国在技术上的统一，成立了国际标准化组织（简称 ISO），负责制定和颁发国际标准。标准化对于加强交流，防止贸易壁垒，促进技术合作具有特别重要的意义。

1.2.2 标准的发展趋势

标准是标准化的体现形式，标准的发展是由标准化发展过程各阶段所推进的。

1）国际标准化的发展

早在 19 世纪，标准化在国防、造船、铁路运输等行业中的应用就十分广泛。到了 20 世纪初，一些国家相继成立全国性的标准化组织机构，推进了本国的标准化事业。以后由于生产的发展，国际交流越来越频繁，因而出现了地区性和国际性的标准化组织。1926 年成立了国际标准化协会（简称 ISA）。1947 年重建国际标准化协会并改名为国际标准化组织（简称 ISO）。1996 年 ISO 将 ISO/TC3（极限与配合、尺寸公差及相关检测）、ISO/TC10/SC5 和 TC57 合并重建了 ISO/TC 213（产品尺寸和几何规范及认证技术委员会），全面修订 ISO 公差标准体系，建立了适应 CAD/CAM 发展要求的标准体系，其主要框架构想如图 1.1 所示[2]。

基础的GPS标准 Fondamental GPS Standards

综合的GPS标准 Global GPS standards

通用的GPS矩阵 General GPS matrix

Chain link number项目序号	1	2	3	4	5	6
Geometrical characteristic of feature 要素的几何特征	产品文件表示——代码	公差定义——特性或参数	实际要素定义——特性或参数	工件偏差的评定——与公差极限比较	测量器具要求	校准要求——测量标准器
尺寸						
距离						
半径						
角度（以度为单位）						
与基准无关的线的形状						
与基准有关的线的形状						
与基准无关的面的形状						
与基准有关的面的形状						
方向						
位置						
圆跳动						
全跳动						
基准						
粗糙度轮廓						
波纹度轮廓						
原始轮廓						
表面缺陷						
棱边						

补充的GPS矩阵 Complementary GPS matrix

图 1.1 GPS 标准体系

产品几何规范（GPS）贯穿于所有几何产品的研究、开发、设计、制造、验收、出厂、使用以及维修等全过程，覆盖领域极为广泛，其应用已经从工业领域渗透到了商业领域和国民经济的各个部门。新一代 GPS 以计量数学为基础，是信息时代几何产品技术规范和计量认证综合为一体的新型国际标准，它标志着标准和计量进入了一个全新的时代。

2）我国标准化的发展

我国标准化是在 1949 年新中国成立后得到重视并发展的。其主要阶段如表 1.3 所示。

表 1.3　我国标准化发展主要阶段

年　份	大 事 记	标 准 举 例
1955	机械部颁布了第一个公差与配合标准	完全借用苏联标准 OCT 制
1958	发布第一批 120 项国家标准	
1959—	发布了公差与配合、形状和位置公差、公差原则、表面粗糙度、光滑极限量规、渐开线圆柱齿轮精度、极限与配合等许多公差标准	GB 159～174—59
1978—	恢复为 ISO 成员国	承担 ISO 技术委员会秘书处工作和国际标准草案的起草工作
1979—	发布了以国际标准为基础的新的公差标准	GB 1800～1804—79 GB 1182～1184—80 GB/T 1182—1996 GB/T 1800.1—1997
1988	全国人大常委会通过并由国家主席发布	《中华人民共和国标准化法》
1993	全国人大常委会通过并由国家主席发布	《中华人民共和国产品质量法》
2009	公布了一系列新修订的国家标准	GB/T 1800.1—2009 GB/T 1031—2009

我国标准化水平在社会主义现代化建设过程中不断得到发展与提高，并对我国经济的发展作出了很大的贡献。正确理解公称表面模型、规范表面模型和认证表面模型等新概念，将适应数字化技术要求的 GPS 最新国家标准和现行基于理想几何形状的标准内容，相互参照，从互换性生产这一根本出发点考虑，才能跟上标准的发展步伐。

考虑到国内外的具体情况，第一代 GPS 在制造业中还有应用，由第一代 GPS 完全过渡到第二代 GPS 不仅需要一段时间，而且第二代 GPS 的产生离不开第一代 GPS 的基础。因此，本教材采取兼顾的策略，既介绍第一代 GPS，也论述第二代 GPS 的发展。此外，本教材编写特别注意总结、归纳、提炼有关本学科的基本原理、原则与方法，希望能对读者有所帮助。

1.2.3　优先数和优先数系

在机械设计中，常常需要确定很多参数，而这些参数往往不是孤立的，一旦选定，这些参数值就会按照一定规律，向一切有关的参数传播。例如，螺栓的尺寸一旦确定，将会影响螺母的尺寸、丝锥板牙的尺寸、螺栓孔的尺寸以及加工螺栓孔的钻头的尺寸等。在互换性生产中，为了采用较少的参数系列，覆盖尽量多的实际应用，产品的参数选择必须遵守一定的规律。我国在标准化过程中规定了一项重要的相关标准来约束参数的选择，这就是《优先数和优先数系》国家标准（GB/T 321—1980）。

1．优先数系及其公比

优先数系是工程设计和工业生产中常用的一种数值制度。优先数与优先数系是 19 世纪末，由法国人查尔斯·雷诺（Charles Renard）首先提出的。后人为了纪念雷诺，将优先数系称为 Rr 数系。国家标准 GB/T 321—1980《优先数和优先数系》规定十进等比数列为优先数系，并规定了五个系列，按照优先顺序分别用系列符号 R5、R10、R20、R40 和 R80 表示，称为 Rr 系列。其中前四个系列是常用的基本系列，R80 则作为补充系列，仅用于分级很细的特殊场合。各系列的公比见表 1.4。

表 1.4 优先数系的公比

系列符号	R5	R10	R20	R40	R80
r	5	10	20	40	80
$q_r=\sqrt[r]{10}$	1.60	1.25	1.12	1.06	1.03

优先数系的五个系列中任一个项值均为优先数。按公比计算得到的优先数的理论值，除10的整数幂外，都是无理数，工程技术上不能直接应用。实际应用的都是经过圆整后的近似值。基本系列在1～10范围内的常用值见表1.5。

表 1.5 优先数系的基本系列

R5	R10	R20	R40	R5	R10	R20	R40	R5	R10	R20	R40
1.00	1.00	1.00	1.00			2.24	2.24		5.00	5.00	5.00
			1.06				2.36				5.30
		1.12	1.12	2.50	2.50	2.50	2.50			5.60	5.60
			1.18				2.65				6.00
	1.25	1.25	1.25			2.80	2.80	6.30	6.30	6.30	6.30
			1.32				3.00				6.70
		1.40	1.40		3.15	3.15	3.15			7.10	7.10
			1.50				3.35				7.50
1.60	1.60	1.60	1.60			3.55	3.55		8.00	8.00	8.00
			1.70				3.75				8.50
		1.80	1.80	4.00	4.00	4.00	4.00			9.00	9.00
			1.90				4.25	10.00	10.00	10.00	10.00
	2.00	2.00	2.00			4.50	4.50				
			2.12				4.75				

2．优先数与优先数系的特点

从优先数系的基本系列常见值表格中，可以看出优先数系主要特点表现为：任意两项的理论值经计算后仍为一个优先数的理论值，这里的计算包括任意两项理论值的积或商等；优先数系具有相关性，可以总结为"在下一级优先数系中隔项取值，就得到上一系列的优先数系，反之，在上一系列中插入比例中项，就得到下一系列"。例如，在R40系列中隔项取值，就得到R20系列，在R10系列中隔项取值，就得到R5系列；又如，在R5系列中插入比例中项，就得到R10系列，在R20系列中插入比例中项，就得到R40系列。

3．优先数系的派生系列

国家标准规定的优先数系分档合理，疏密均匀，有广泛的适用性。常见的量值，如长度、直径、转速及功率等分级，基本上都是按一定的优先数系进行的。为使优先数系具有更宽广的适应性，可以依据基本系列根据一定规则衍生出若干系列，如派生系列、复合系列等。这些衍生系列的规则列于表1.6中。

表 1.6 优先数系的衍生系列

衍生系列	表示符号	含义	举例
派生系列	Rr/p	在基本系列中，每逢 p 项留取一个优先数生成的系列	R10/3，就是从基本系列 R10 中，自 1 以后每逢 3 项留取一个优先数组成，即 1.00，2.00，4.00，8.00，16.0，32.0，64.0，…
复合系列		由若干公比系列混合构成的多公比系列	R5、R20/3、R10 三种系列构成的混合系列：（10、16、25）、（35.5、50、71、100）、（125、160）

4．优先数系的选用规则

优先数系的应用很广泛，它适用于各种尺寸、参数的系列化和质量指标的分级，对保证各种工业产品的品种、规格、系列的合理化分档和协调配套具有十分重要的意义。例如，在第 2 章的尺寸公差表格中，自 6 级开始各等级尺寸公差的计算公式为“10i，16i，25i，40i，64i，100i，160i，…”，它们的系数属于 R5 优先数的系列。工程技术人员应在一切标准化领域中尽可能地采用优先数系，以达到对各种技术参数协调、简化和统一的目的，促进国民经济更快、更稳地发展。

选用基本系列时，应遵守先疏后密的规则，即按 R5、R10、R20、R40 的顺序选用；当基本系列不能满足要求时，可选用派生系列，注意应优先采用公比较大和延伸项含有项值 1 的派生系列；根据经济性和需要量等不同条件，还可分段选用最合适的系列，以复合系列的形式来组成最佳系列。

本课程所涉及的有关标准，诸如尺寸分段、公差分级及表面粗糙度的参数系列等，基本上都采用了优先数系。

1.3 习题

1．叙述互换性与几何量公差的概念，说明互换性有什么作用，互换性的分类如何。

2．优先数系是一种什么数列？它有何特点？有哪些优先数的基本系列？什么是优先数的派生系列？

3．试写出下列基本系列和派生系列中自 1 以后共 5 个优先数的常用值：R10，R10/2，R20/3，R5/3。

第 2 章 圆柱体结合尺寸精度的设计

圆柱体结合是机械制造中应用最广泛的一种结合，为了便于研究，将其简化为孔与轴的结合。这种结合的互换性主要由结合直径与结合长度两个几何尺寸决定，但由于长径比可规定在一定范围内（例如，长度与直径之比约等于 1.5），而且从使用要求看，直径通常更为重要，因此，可按直径这一主要参数来考虑圆柱体结合的互换性。

通过分析圆柱体结合公差制的发展，阐述 ISO 极限与配合（limits and fit）和相应中国国家标准（GB）的构成规律、特点及基本内容，从而阐述圆柱体结合尺寸精度的控制与评定的基本方法。

2.1 公差与配合的基本术语和定义

极限与配合制是基本的互换性标准，实现机械零部件的互换性，必须以该标准为依据，对零部件几何精度进行控制与评定。为了正确掌握和应用标准，应正确理解有关的基本概念、术语及定义。

2.1.1 尺寸的术语和定义

在极限与配合中，孔与轴这两个术语有其特殊含义，它关系到标准的应用范围。

1．轴（shaft）

通常指零件的圆柱形外表面，也包括非圆柱形外表面（由两平行平面或切面形成的被包容面）。

2．孔（hole）

通常指工件的圆柱形内表面，也包括非圆柱形内表面（由两平行平面或切面形成的包容面）。

如图 2.1 所示，在圆柱与圆孔、键与键槽的结合中，圆柱和键就是轴，圆孔和键槽是孔。

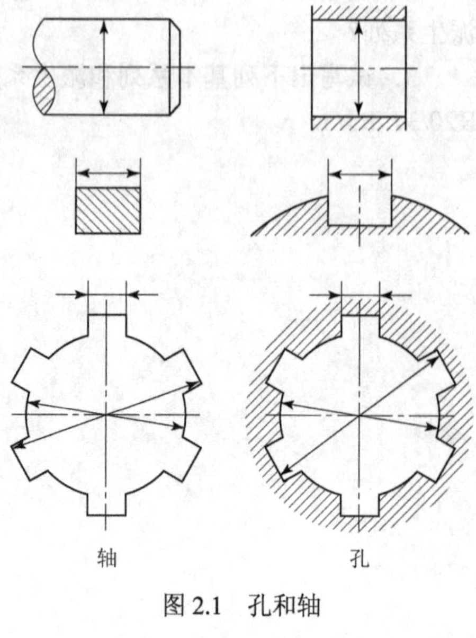

图 2.1 孔和轴

从装配关系看，孔是包容面，在它之内无材料；轴是被包容面，在它之外无材料。从加工过程看，随着余量的切除，孔的尺寸由小变大，轴的尺寸由大变小。就测量而言，也有所不同，例如测孔用内卡尺，测轴用外卡尺。

由此可见，孔、轴具有广泛的意义。

极限与配合中的孔、轴都由某一主要尺寸构成。例如，圆柱体结合的直径，键与键槽结合的宽度等。如图 2.2 所示，d_1、d_2、d_3、d_4 各尺寸为轴尺寸，D_1、D_2、D_3、D_4 各尺寸为孔尺寸。

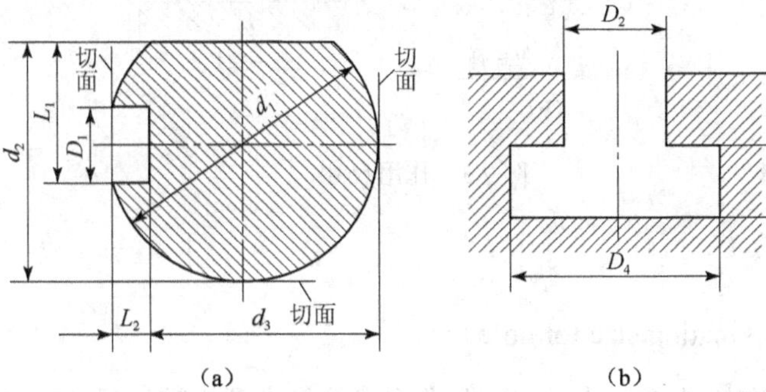

图 2.2　孔和轴尺寸

3. 尺寸（size）

以特定单位表示线性尺寸值的数字，称为尺寸，如长度、宽度、高度、直径、中心距等。

在技术图样中，国标规定尺寸标注以 mm 为通用单位时，均可只写数字，不写单位，如 50×100，$\phi80$，$R40$，$SR30$ 等。

4. 公称尺寸（nominal size）

公称尺寸就是设计给定的尺寸，通过它应用上、下极限偏差可算出极限尺寸。一般应按标准选取，因为公称尺寸的标准化可以缩减定值刀具、量具、夹具等的规格数量。孔的公称尺寸用 D 表示，轴的公称尺寸用 d 表示。

由于有制造误差，零件加工完成后所得的实际尺寸一般并不等于其公称尺寸。

5. 实际尺寸（actual size）

实际尺寸为通过测量获得的某一孔、轴的尺寸。由于存在测量误差，实际尺寸并非被测尺寸的真值。孔的实际尺寸用 D_a 表示，轴的实际尺寸用 d_a 表示。

例如，某轴尺寸设计为 $\phi24.965\pm0.001$，$\phi24.965$mm 为公称尺寸，尺寸的真值在 24.964～24.966mm 范围内，实际测量轴的尺寸为 24.964 5mm，测量的极限误差为 ±0.001mm，忽略测量误差，实际尺寸可取 24.964 5mm，符合要求。允许的测量误差由设计人员依据标准规定。

6. 局部实际尺寸（actual local size）

局部实际尺寸为孔或轴的任一横截面中任何两相对点之间测得的尺寸。

由于形状误差的存在，零件上各处的局部实际尺寸不完全相同，造成尺寸的“不确定性”，影响孔、轴结合的实际状态。为此，引入作用尺寸的概念，如图 2.3 所示。

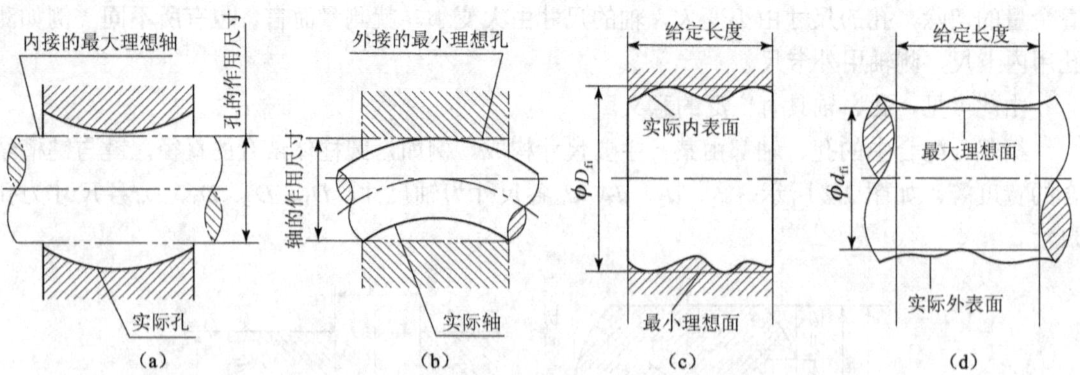

图 2.3 作用尺寸

7. 体外作用尺寸

1）孔的作用尺寸（mating size for hole）

孔与轴结合，孔在结合面全长上，与实际孔内接的最大理想轴的尺寸，如图 2.3（a）所示。

2）轴的作用尺寸（mating size for shaft）

孔与轴结合，轴在结合面全长上，与实际轴外接的最小理想孔的尺寸，如图 2.3（b）所示。

若零件没有形状误差，则其作用尺寸等于局部实际尺寸。弯曲轴的作用尺寸大于该轴的最大局部实际尺寸，弯曲孔的作用尺寸小于该孔的最小局部实际尺寸。

为了保证使用要求，应对实际尺寸、作用尺寸的变动范围加以限制。

8. 体内作用尺寸

在被测要素的给定长度上，与实际内表面（孔）体内相接的最小理想面，或与实际外表面（轴）体内相接的最大理想面的直径或宽度，称为体内作用尺寸，如图 2.3（c),（d）所示。

9. 极限尺寸（limits of size）

极限尺寸指孔或轴允许的两个极端尺寸。其中，孔或轴允许的最大尺寸称为最大极限尺寸（maximum limit of size)，分别为 D_{max} 和 d_{max}；孔或轴允许的最小尺寸称为最小极限尺寸（minimum limit of size)，分别为 D_{min} 和 d_{min}，如图 2.4 和图 2.5 所示。实际尺寸应位于极限尺寸之间，也可达到极限尺寸。例如，轴 $\phi 24.965\pm 0.001$ 的 d_{max}=24.966mm，d_{min}＝24.964mm。

孔与轴的极限尺寸，按其数值大小特征分为最大极限尺寸和最小极限尺寸；按工件实体大小（占有材料多少）特征分为最大实体极限和最小实体极限；还可按量规检验特征、加工过程特征等分类。

10. 最大实体极限（maximum material limit，MML）

孔或轴具有允许的材料量为最多时的状态称为最大实体状态，对应于孔或轴最大实体状态下的极限尺寸称为最大实体极限或最大实体尺寸。它是孔的最小极限尺寸 D_{min} 与轴的最大极限尺寸 d_{max} 的统称。例如，ϕ25mm 的轴，设计允许的尺寸为 ϕ24.980～24.950mm，其最大实体极限为 ϕ24.980mm；ϕ25mm 的孔，设计允许的尺寸为 ϕ25.050～25.000mm，其最大实体极限为 ϕ25.000mm。

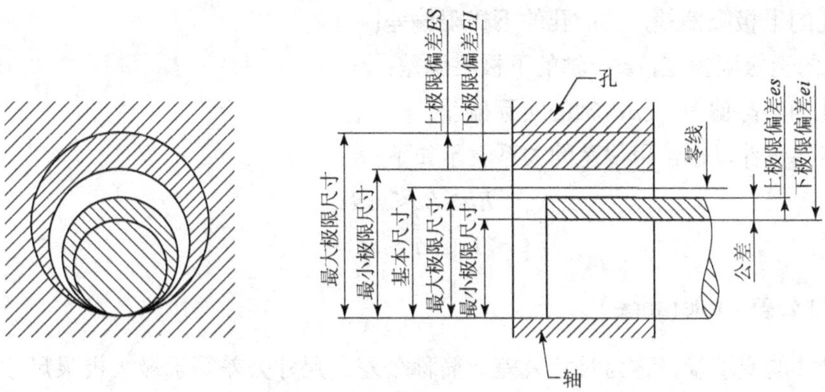

图 2.4　基本术语示意

11．最小实体极限（least material limit，LML）

孔或轴具有允许的材料量为最少时的状态称为最小实体状态，对应于孔或轴具有允许的材料量为最少时的极限尺寸称为最小实体极限或最小实体尺寸，它是孔的最大极限尺寸 D_{max} 与轴的最小极限尺寸 d_{min} 的统称。例如，ϕ25mm 的轴，设计允许的尺寸为ϕ24.980～24.950mm，其最小实体极限为ϕ24.950mm；ϕ25mm 的孔，设计允许的尺寸为ϕ25.050～25.000mm，其最小实体极限为ϕ25.050mm。

按加工过程特征，最大实体极限即合格零件的起始极限（始限），最小实体极限即合格工件的终止极限（终限）。按使用极限量规检验特征，最大实体极限即通极限，最小实体极限即止极限，它们分别由通规与止规控制。

合格零件条件是实际尺寸均不得超出最大极限尺寸和最小极限尺寸，即表达式如下：

对于孔：　$$D_{min} \leqslant D_a \leqslant D_{max} \tag{2.1}$$

对于轴：　$$d_{min} \leqslant d_a \leqslant d_{max} \tag{2.2}$$

极限尺寸与实际尺寸可用公称尺寸与偏差表示。

2.1.2　有关偏差与公差的术语和定义

1．尺寸偏差（deviation）

某一尺寸（实际尺寸、极限尺寸等）减去其公称尺寸所得的代数差，称为尺寸偏差，简称偏差。最大极限尺寸减去其公称尺寸所得的代数差称为上极限偏差（upper limit deviation），最小极限尺寸减去其公称尺寸所得的代数差称为下极限偏差（lower limit deviation），上极限偏差与下极限偏差统称为极限偏差（limit deviations）。实际尺寸减去其公称尺寸所得的代数差称为实际偏差（actual deviation）。国际上对孔、轴极限偏差的规定，如图 2.5 所示，其中代号为：

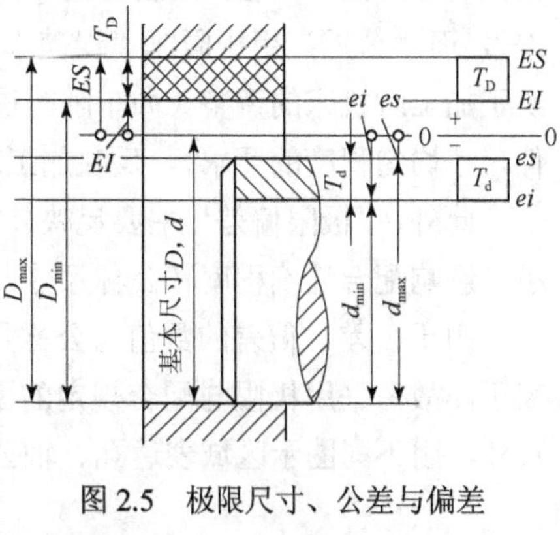

图 2.5　极限尺寸、公差与偏差

ES：孔的上极限偏差，*EI*：孔的下极限偏差；

es：轴的上极限偏差，*ei*：轴的下极限偏差；

Ea：孔的实际偏差，*ea*：轴的实际偏差。

合格零件条件，也常用偏差的关系表示如下；

对于孔： $EI \leqslant Ea \leqslant ES$ （2.3）

对于轴： $ei \leqslant ea \leqslant es$ （2.4）

2．尺寸公差（tolerance）

允许尺寸的变动量，称为尺寸公差，简称公差。尺寸公差等于最大极限尺寸减去最小极限尺寸，也等于上极限偏差减去下极限偏差。

尺寸公差是没有正、负号的绝对值，不允许为零。

通常规定孔的公差代号为 T_D，轴的公差代号为 T_d，如图 2.5 所示。

【工程实例 2.1】 极限偏差的确定

已知孔的公称尺寸 *D* 与轴的公称尺寸 *d* 均为 50mm，孔的最大极限尺寸 D_{max}＝50.085mm，孔的最小极限尺寸 D_{min}＝50.000mm；轴的最大极限尺寸 d_{max}＝49.980mm，轴的最小极限尺寸 d_{min}＝49.967mm，求孔与轴的极限偏差及公差。

解：

孔的上极限偏差 $ES=D_{max}-D=$（50.085－50）mm＝＋0.085mm

孔的下极限偏差 $EI=D_{min}-D=$（50.000－50）mm＝0.000mm

轴的上极限偏差 $es=d_{max}-d=$（49.980－50）mm＝－0.020mm

轴的下极限偏差 $ei=d_{min}-d=$（49.967－50）mm＝－0.033mm

孔公差 $T_D=D_{max}-D_{min}=$（50.085－50.000）mm＝0.085mm

轴公差 $T_d=d_{max}-d_{min}=$（49.980－49.967）mm＝0.013mm

或

孔公差 $T_D=|ES-EI|=$（＋0.085－0.000）mm＝0.085mm

轴公差 $T_d=|es-ei|=$－0.020－（－0.033）mm＝0.013mm

孔、轴设计要求用公称尺寸与极限偏差表示时，可写为孔 $\phi 50^{+0.085}_{0}$ mm，轴 $\phi 50^{-0.020}_{-0.033}$ mm。

由于极限尺寸与实际尺寸都可以大于、小于或等于公称尺寸，所以“偏差”可以为正值、负值或零。而“公差”是没有正、负号的绝对值，不能为零。“极限偏差”用于限制“实际偏差”，而“公差”用于限制“误差”。对单个零件，只能测出尺寸的“实际偏差”。“偏差”取决于加工时机床的调整（如车削时进刀的位置），而“公差”表示对制造精度的要求（一批零件尺寸均匀程度的要求），反映加工难易程度（公称尺寸一定时）。

此外，“极限偏差”主要反映公差带位置，影响配合松紧程度；而“公差”代表公差带大小，影响配合精确程度（公称尺寸一定时）。

由于公差、偏差的数值与公称尺寸和极限尺寸的数值相比，差别很大，不便用同一比例表示，故需采用极限与配合规定的图解，即公差带图来表示。图解中，用“零线”代表公称尺寸，用不同图示区域表达孔、轴公差带，其相互位置及大小比例应协调，如图 2.6 所示。

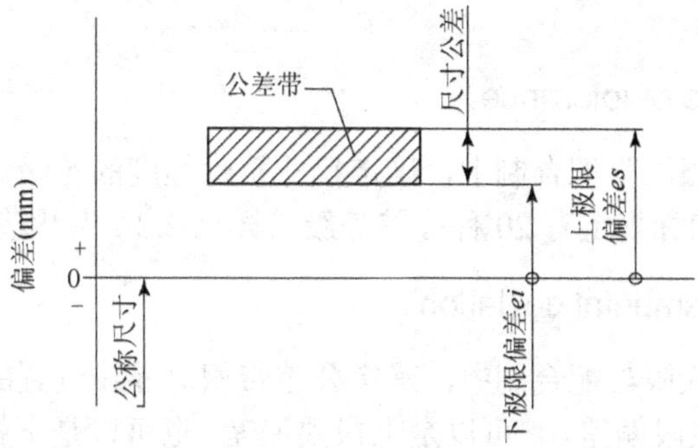

图 2.6　公差带图解

3．零线（zero line）

在极限与配合的公差带图中，零线是表示公称尺寸的一条直线，以其为基准确定偏差和公差。通常是水平绘制，正偏差位于其上，负偏差位于其下。

偏差多以微米（μm）为单位标注。

4．尺寸公差带（tolerance zone）

如图 2.6 所示公差带图中，尺寸公差带（简称公差带）为由代表上极限偏差与下极限偏差或最大极限尺寸与最小极限尺寸的两条直线所围成的一个限定区域，也可见图 2.4 和 2.5 所示。

公差带图包括零线（表示公称尺寸）和公差带区域（表示公差大小）。

国标中，公差带大小和公差带位置是公差带的两个重要参数。公差带大小取决于公差数值，由垂直于零线方向的区域宽度确定；公差带位置取决于基本偏差的大小，由靠近零线的极限偏差确定，而公差带沿零线方向的长度一般可任意选取，如图 2.6 和图 2.7 所示。

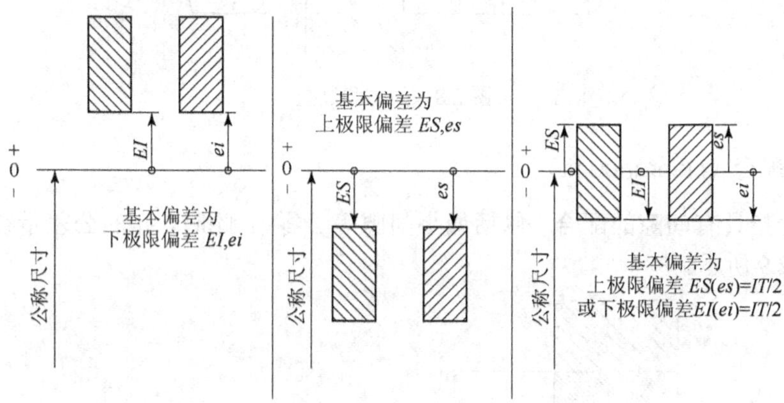

图 2.7　基本偏差

5．标准公差（standard tolerance）

标准公差指在 ISO 极限与配合制中，所规定的任一公差。标准公差用 IT 表示，即国际公差（International Tolerance）。

6．标准公差因子（standard tolerance factor）

在 ISO 极限与配合制中，用以确定标准公差的基本单位，它是公称尺寸的函数（详见

2.2.1 节内容）。

7．公差等级（grade of tolerance）

公差等级指在 ISO 极限与配合制中，确定尺寸精确程度的等级。属于同一等级的公差，具有同等的精确程度。国标规定有 20 种公差等级（详见 2.2.1 节内容）。

8．基本偏差（fundamental deviation）

基本偏差指在 ISO 极限与配合制中，确定公差带相对零线位置的那个极限偏差，即公差带图中靠近零线的那个极限偏差。它可以是上极限偏差，也可以是下极限偏差，如图 2.7 所示。

2.1.3 有关配合的术语和定义

1．配合（fit）

公称尺寸相同的相互结合的孔与轴公差带之间的关系，决定结合零件间的松紧程度，如图 2.4 所示。

2．间隙（clearance）或过盈（interference）

相互配合的孔和轴，在装配前孔的尺寸减去轴的尺寸所得代数差，差值为正（“＋”）时是间隙，用 X 表示，差值为负（“－”）时是过盈，用 Y 表示，如图 2.8 所示。

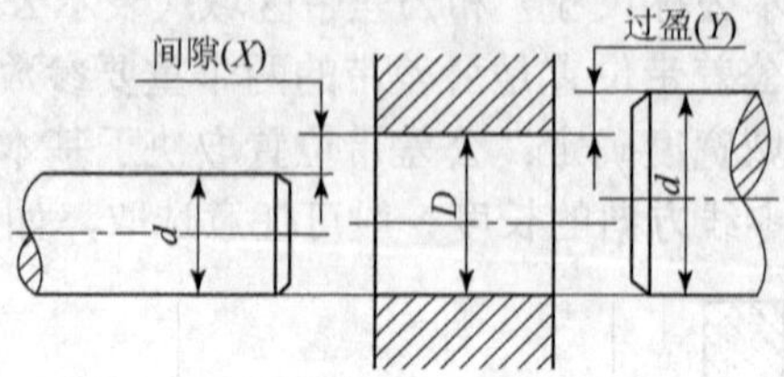

图 2.8 间隙和过盈

3．间隙配合（clearance fit）

间隙配合指具有间隙的配合（包括最小间隙等于零）。此时，孔的公差带在轴的公差带之上，如图 2.9 所示。

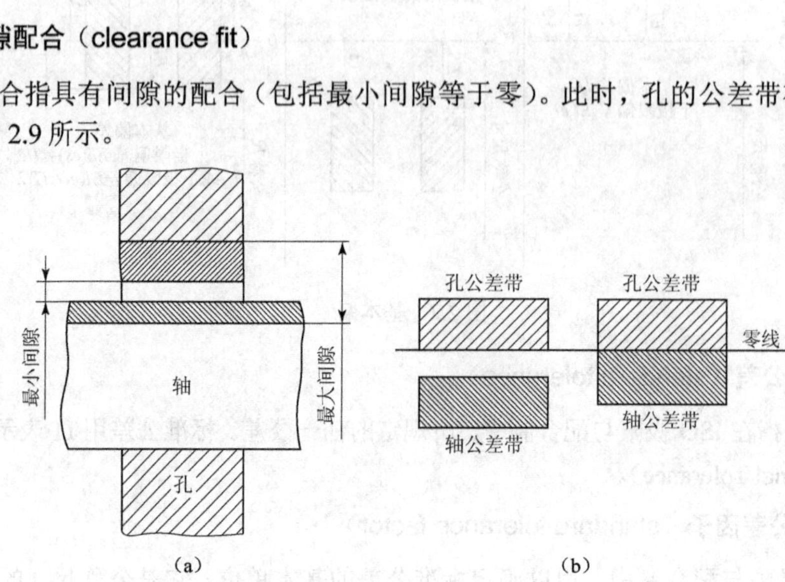

图 2.9 间隙配合

间隙配合主要用于孔、轴间的活动连接。间隙的作用在于储藏润滑油，补偿温度变化引起的热变形，补偿弹性变形及制造与安装误差等。间隙的大小影响孔、轴间相对运动的活动程度。

4．过盈配合（interference fit）

过盈配合指具有过盈（包括最小过盈等于零）的配合。此时，孔的公差带在轴的公差带之下，如图 2.10 所示。

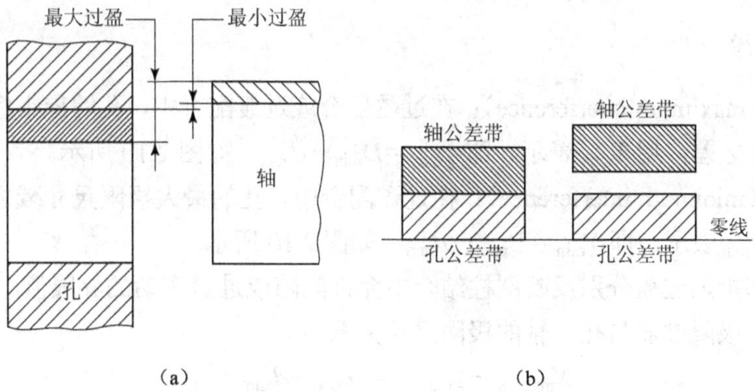

图 2.10　过盈配合

过盈配合用于孔、轴间的紧固连接，不允许两者之间有相对运动。在过盈配合中，轴的尺寸比孔的尺寸大。装配时，要加压力才能使轴进入孔中，也可使孔的温度升高或使轴的温度降低，即用热胀冷缩方法进行装配。采用过盈配合，不另加紧固件，依靠孔、轴表面在结合时的变形，即可实现紧固连接并可承受一定的轴向推力和圆周扭矩。

5．过渡配合（transition fit）

过渡配合指可能具有间隙或过盈的配合。此时，孔的公差带与轴的公差带相互交叠，如图 2.11 所示。

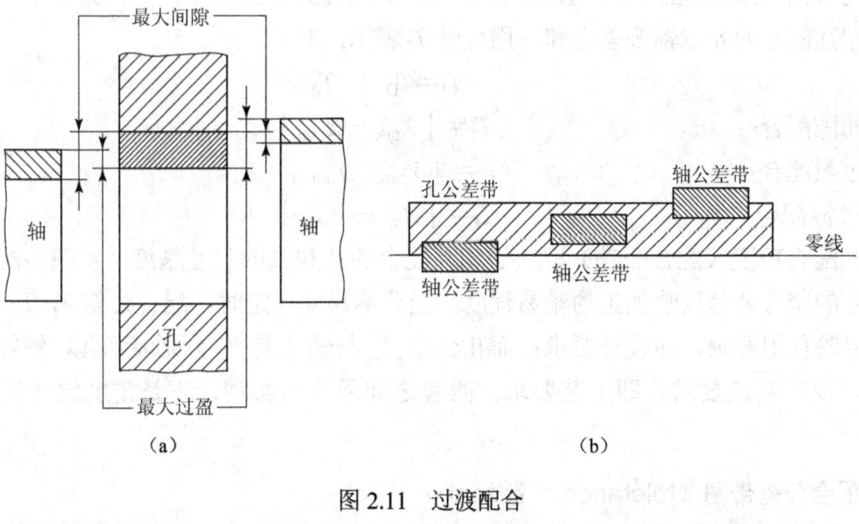

图 2.11　过渡配合

过渡配合主要用于孔、轴间的定位连接。标准中规定过渡配合的间隙或过盈的绝对值一般都较小，因此可以保证结合零件有很好的对中性和同轴度，并且便于拆卸和装配。

6．极限间隙

最大间隙（maximum clearance）：在间隙配合或过渡配合中，孔的最大极限尺寸减去轴的最小极限尺寸之差，用 X_{max} 表示，即 $X_{max}=D_{max}-d_{min}$，如图 2.9 所示。

最小间隙（minimum clearance）：在间隙配合中，孔的最小极限尺寸减去轴的最大极限尺寸之差，用 X_{min} 表示，即 $X_{min}=D_{min}-d_{max}$，如图 2.9 所示。

7．极限过盈

最大过盈（maximum interference）：在过盈配合或过渡配合中，孔的最小极限尺寸减去轴的最大极限尺寸之差，用 Y_{max} 表示，即 $Y_{max}=D_{min}-d_{max}$，如图 2.10 所示。

最小过盈（minimum interference）：在过盈配合中，孔的最大极限尺寸减去轴的最小极限尺寸之差，用 Y_{min} 表示，即 $Y_{min}=D_{max}-d_{min}$，如图 2.10 所示。

极限间隙和极限过盈分别反映圆柱结合中允许间隙或过盈变动的界限值。

极限间隙、极限过盈与孔、轴的极限尺寸关系为

$$X_{max}\ (-Y_{min})=D_{max}-d_{min} \tag{2.5}$$

$$X_{min}\ (-Y_{max})=D_{min}-d_{max} \tag{2.6}$$

8．实际间隙和实际过盈

在孔和轴的配合中，孔的实际尺寸减去相配合的轴的实际尺寸之差，称为实际间隙或实际过盈，分别用 X_a 或 Y_a 表示，即

实际间隙： $$X_a=D_a-d_a \tag{2.7}$$

实际过盈： $$Y_a=D_a-d_a \tag{2.8}$$

9．配合公差（tolerance of fit）

它是允许间隙或过盈的变动量。配合公差反映配合的松紧程度，其值为一个大于零的正数。对于相互配合的孔、轴公差之和，用代号 T_f 表示，即

$$T_f=T_D+T_d \tag{2.9}$$

对于间隙配合： $$T_f=|X_{max}-X_{min}| \tag{2.10}$$

对于过盈配合： $$T_f=|Y_{max}-Y_{min}| \tag{2.11}$$

对于过渡配合： $$T_f=|X_{max}-Y_{max}| \tag{2.12}$$

由此，配合精度（配合公差）取决于相互配合的孔和轴的尺寸精度，反映装配精度的高低，而零件的制造公差反映加工的难易程度。当公称尺寸一定时，配合公差 T_f 表示配合的精确程度，反映使用要求，即设计要求；而孔公差 T_D 与轴公差 T_d 分别表示孔、轴零件加工的精确程度，反映制造要求，即工艺要求。两者之间矛盾的协调，正是精度设计所要解决的问题。

10．配合公差带图（tolerance of fit zone）

配合公差的特性也可用配合公差带图来表示，如图 2.12 所示，它具有以下特点：

（1）零线：代表间隙或过盈等于零；零线以上为正值，表示间隙；零线以下为负值，表示过盈。以微米（μm）为单位标注。

（2）符号 Ⅱ：代表配合公差带，符号上下端线所对应的纵坐标值，表示相互配合的孔和轴的极限间隙或极限过盈。

当配合公差带Ⅰ完全在零线上方时，是间隙配合；当配合公差带Ⅰ完全在零线下方时，是过盈配合；当配合公差带Ⅰ跨在零线上时，是过渡配合。

（3）配合公差带图能直观反映配合的特性和配合的精度，其大小和位置反映了设计精度和使用要求。

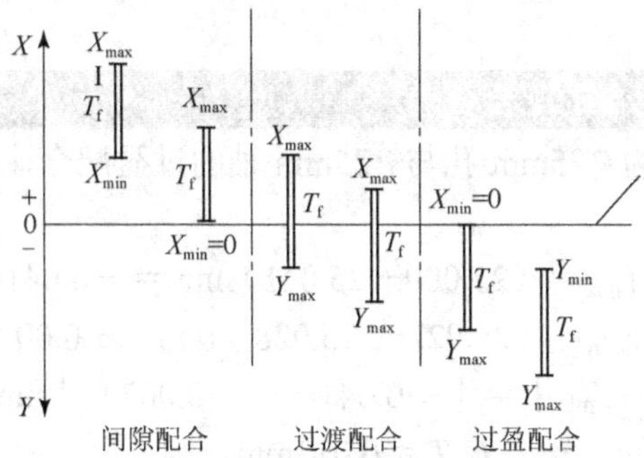

图 2.12　配合公差带图

【工程实例 2.2】　间隙配合的配合公差

如图 2.13（a）所示，为ϕ25mm 孔与ϕ25mm 轴的间隙配合，求其最小间隙、最大间隙及配合公差。

解：

最大间隙 $X_{max}=D_{max}-d_{min}=$（25.021−24.967）mm＝+0.054mm

最小间隙 $X_{min}=D_{min}-d_{max}=$（25.000−24.980）mm＝+0.020mm

配合公差　$T_f=|X_{max}-X_{min}|=|+0.054-0.020|$ mm＝0.034mm

或　孔公差　T_D=0.021mm，轴公差 T_d=0.013mm，则

配合公差　$T_f=T_D+T_d$=0.021+0.013mm＝0.034mm

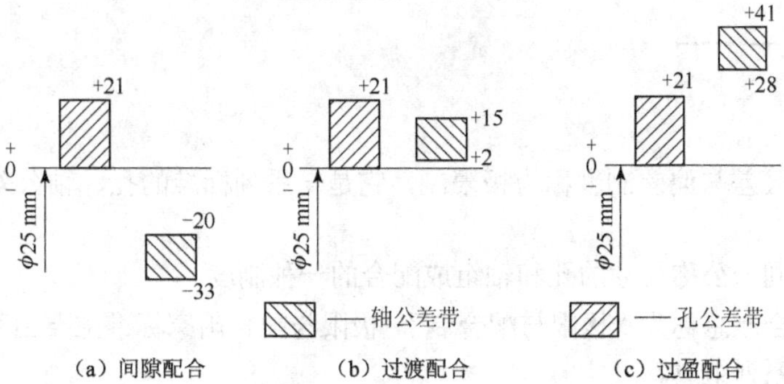

图 2.13　配合举例

【工程实例 2.3】 过渡配合的配合公差

如图 2.13（b）所示，为ϕ25mm 孔与ϕ25mm 轴的过渡配合，求其最大间隙、最大过盈及配合公差。

解：最大间隙 $X_{max}=D_{max}-d_{min}=$（25.021－25.002）mm＝＋0.019 mm

最大过盈 $Y_{max}=D_{min}-d_{max}=$（25.000－25.015）mm＝－0.015 mm

配合公差 $T_f=|X_{max}-Y_{max}|=|+0.019-(-0.015)|$ mm＝0.034 mm

或 孔公差 T_D＝0.021mm，轴公差 T_d＝0.013 mm，则

配合公差 $T_f=T_D+T_d=$（0.021＋0 .013）mm＝0.034 mm

【工程实例 2.4】 过盈配合的配合公差

如图 2.13（c）所示，为ϕ25mm 孔与ϕ25mm 轴的过盈配合，求其最大过盈、最小过盈及配合公差。

解：最大过盈 $Y_{max}=D_{min}-d_{max}=$（25.000－25.041）mm＝－0.041mm

最小过盈 $Y_{min}=D_{max}-d_{min}=$（25.021－25.028）mm＝－0.007mm

配合公差 $T_f=|Y_{max}-Y_{min}|=|-0.041-(-0.007)|$ mm＝0.034mm

或 孔公差 T_D＝0.021mm，轴公差 T_d＝0.013mm，则

配合公差 $T_f=T_D+T_d=$（0.021＋0.013）mm＝0.034mm

工程实例 2.2～工程实例 2.4 的配合公差图如图 2.14 所示。

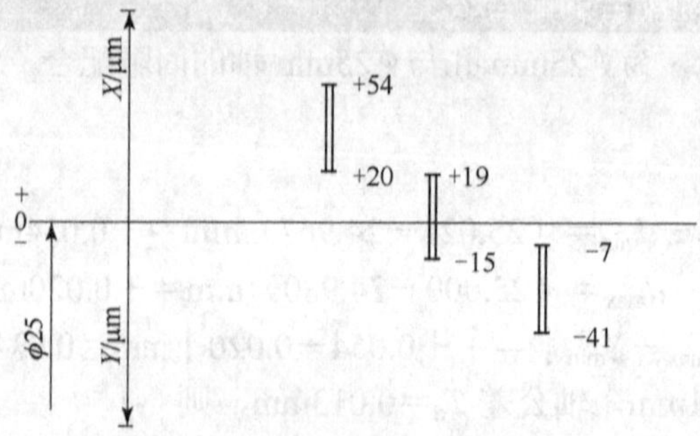

图 2.14 配合公差图

11．配合制

经标准化的公差与偏差制度称为极限制，它是一系列标准的孔、轴公差数值和极限偏差数值。

配合制则是同一公称尺寸的孔和轴组成配合的一种制度。

极限制与配合制总称为“极限与配合制”。极限与配合国家标准主要由基准制、标准公差系列和基本偏差系列组成。

12．基准制

基准制是指以两个相配合的零件中的一个零件为基准件，并确定其公差位置，而改变另一个零件（非基准件）的公差带位置，从而形成各种配合的一种制度。在极限与配合国家标

准 GB/T 1800.1—1997 中规定了两种等效的配合制：基孔制和基轴制。

13．基孔制配合

基本偏差为一定的孔的公差带，与不同基本偏差的轴公差带形成各种配合的一种制度，如图 2.15 所示。基孔制配合中的孔称为基准孔，代号为 H，是基孔制配合中的基准件，轴为非基准件。

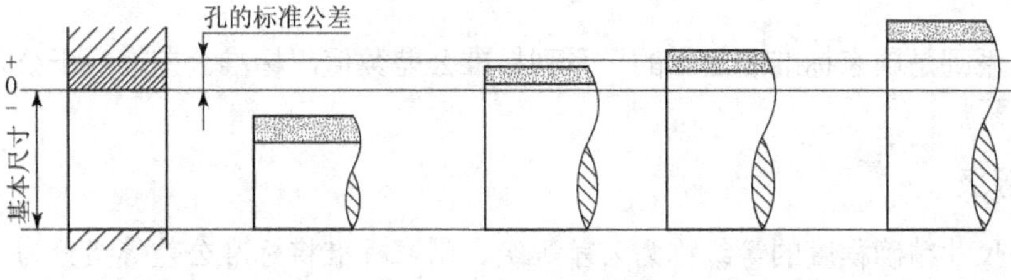

图 2.15　基孔制配合

标准规定，基准孔的下极限偏差（*EI*）为基本偏差，数值为零（*EI*=0）。上极限偏差（*ES*）为正值，公差带在零线以上，如图 2.17（a）所示。基准孔的最小极限尺寸与公称尺寸相等。

14．基轴制配合

基本偏差为一定的轴的公差带，与不同基本偏差的孔公差形成各种配合的一种制度，如图 2.16 所示。基轴制配合中的轴称为基准轴，代号为 h，是基轴制配合中的基准件，孔为非基准件。

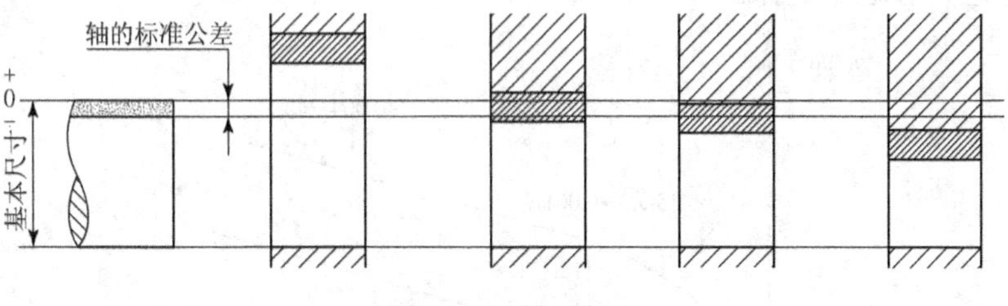

图 2.16　基轴制配合

标准规定，基准轴的上极限偏差（*es*）为基本偏差，数值为零（*es*=0）。下极限偏差（*ei*）为负值，公差带在零线以下，如图 2.17（b）所示。基准轴的最大极限尺寸与公称尺寸相等。

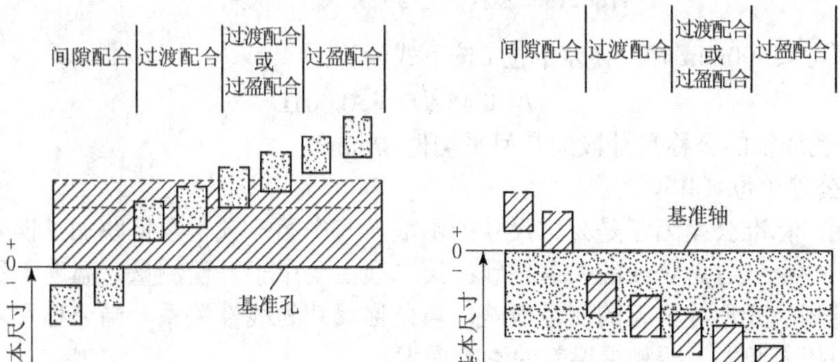

图 2.17　基准制

2.2 公差与配合的国家标准

极限与配合国家标准主要由标准公差系列、基准制、基本偏差系列组成。

2.2.1 标准公差

标准公差系列是国家标准制定出的一系列标准公差数值。标准公差取决于公差等级和公称尺寸两个因素。

1. 公差等级

确定零件尺寸精确程度的等级称为公差等级。国家标准将标准公差等级分为 20 级，即 IT01～ITl8。各级标准公差用代号 IT 及数字 01，0，1，2，…，18 表示，IT 是国际公差 ISO tolerance 的缩写，IT01～ITl8 等级依次降低。

2. 公差单位（公差因子）

公差单位随公称尺寸而变化，是用来计算标准公差的一个基本单位，用符号 i 或 I(单位 μm) 表示。实践表明，在相同加工条件下，公称尺寸不同的孔或轴加工后产生的加工误差也不同。利用统计法可以发现，在尺寸较小时加工误差与公称尺寸呈立方抛物线的关系，在尺寸较大时接近线性关系，如图 2.18 所示。由于尺寸公差是用来控制加工误差的，所以尺寸公差与公称尺寸之间也应符合这个规律。

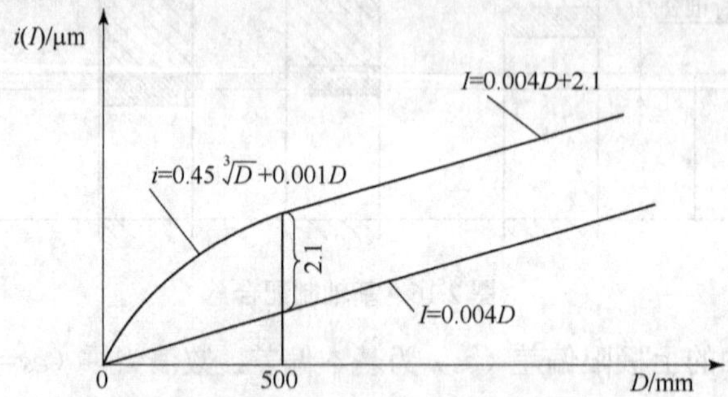

图 2.18 公差单位与公称尺寸的关系

当公称尺寸≤500mm 时，公差单位 i 按下式计算：

$$i=0.45\sqrt[3]{D}+0.001D \tag{2.13}$$

式中 D——孔或轴的公称尺寸段的几何平均值（mm）；

i——公差单位（μm）。

公式说明：标准公差因子是公称尺寸的函数。式中第一项主要反映加工误差，与实际中加工误差同工件呈立方抛物线的关系一致；第二项主要用于补偿测量时温度不稳定和偏离标准温度以及量规的变形等引起的测量误差，与公称尺寸为线性关系。当公称尺寸大时，第二项所占的比例随之增大，即测量误差的影响增大。

当公称尺寸为 500～3 150mm 时，公差单位 I（μm）的计算式为

$$I=0.004D+2.1 \tag{2.14}$$

3．标准公差的计算及规律

在 GB/T 1800.3—1998 中，各个公差等级的标准公差值，在公称尺寸≤500mm 时的计算公式如表 2.1 所示。

表 2.1　公称尺寸≤500mm 时标准公差的计算公式（GB/T 1800.3－1998）

公差等级	IT01	IT0	IT1	IT2	IT3	IT4
公差值	$0.3+0.008D$	$0.5+0.012D$	$0.8+0.020D$	$IT1\left(\frac{IT5}{IT1}\right)^{1/4}$	$IT1\left(\frac{IT5}{IT1}\right)^{1/2}$	$IT1\left(\frac{IT5}{IT1}\right)^{3/4}$

公差等级	IT5	IT6	IT7	IT8	IT9	IT10	IT11	IT12	IT13	IT14	IT15	IT16	IT17	IT18
公差值	7*i*	10*i*	16*i*	25*i*	40*i*	64*i*	100*i*	160*i*	250*i*	400*i*	640*i*	1 000*i*	1 600*i*	2 500*i*

由表可见，对 IT5～IT18 级，标准公差 $IT=a\times i$。其中 a 为公差等级系数，它采用 R5 优先数系，即公比 $q_5=\sqrt[5]{10}\approx1.60$ 的等比数列。从 IT6 开始，每隔 5 级，公差数值增加 10 倍。

对高精度 IT01、IT0、IT1 级，主要考虑测量误差，所以标准公差与公称尺寸呈线性关系。三个公差等级之间的常数和系数均采用优先数系的派生系列 R10/2，即公比 $q_{10}=\sqrt[10]{10}\approx1.25$ 的等比数列。

IT2～IT4 是在 IT1～IT5 之间插入三级，使之成等比数列，公比 $a=(IT5/IT1)^{1/4}$。

由此可见，标准公差数值计算的规律性很强，便于标准的发展和扩大使用。

公称尺寸为 500～3 150mm 时，标准公差可按式 $IT=a\times I=a\,(0.004D+2.1)$ 计算。

4．公称尺寸分段

按公式计算标准公差值，每个公称尺寸都应有一个相对应的公差值。在生产实践中，公称尺寸数目繁多，这样公差值的数值表非常庞大，使用也不方便。其次，实践证明，在对应公称尺寸范围内，同一标准公差等级的各公称尺寸标准公差与段内各公称尺寸计算的标准公差数值差别甚小。为使用方便，国家标准将 0～500mm 公称尺寸分段（见表 2.2），以简化公差表格，表格直接给出标准公差数值（见表 2.3）。

表 2.2　公称尺寸≤500mm 时的公称尺寸段（GB/T 1800.3—1998）

主段落		中间段落		主段落		中间段落		主段落		中间段落	
大于	至	大于	至	大于	至	大于	至	大于	至	大于	至
—	3	—	—	30	50	30	40	180	250	180	200
3	6	—	—			40	50			200	225
										225	250
				50	80	50	65	250	315	250	280
6	10	—	—			65	80			280	315
10	18	10	14	80	120	80	100	315	400	315	355
		14	18			100	120			355	400
18	30	18	24	120	180	120	140	400	500	400	450
		24	30			140	160			450	500
						160	180				

表 2.3　标准公差数值表（GB/T 1800.3—1998）

基本尺寸/mm	公差等级																			
	/μm													/mm						
	IT01	IT0	IT1	IT2	IT3	IT4	IT5	IT6	IT7	IT8	IT9	IT10	IT11	IT12	IT13	IT14	IT15	IT16	IT17	IT18
≤3	0.3	0.5	0.8	1.2	2	3	4	6	10	14	25	40	60	0.10	0.14	0.25	0.40	0.60	1.0	1.4

续表

基本尺寸/mm	公差等级																			
	/μm												/mm							
	IT01	IT0	IT1	IT2	IT3	IT4	IT5	IT6	IT7	IT8	IT9	IT10	IT11	IT12	IT13	IT14	IT15	IT16	IT17	IT18
>3~6	0.4	0.6	1	1.5	2.5	4	5	8	12	18	30	48	75	0.12	0.18	0.30	0.48	0.75	1.2	1.8
>6~10	0.4	0.6	1	1.5	2.5	4	6	9	15	22	30	58	90	0.15	0.22	0.36	0.58	0.90	1.5	2.2
>10~18	0.5	0.8	1.2	2	3	5	8	11	18	27	43	70	110	0.18	0.27	0.43	0.70	1.10	1.8	2.7
>18~30	0.6	1	1.5	2.5	4	6	9	13	21	33	52	84	130	0.21	0.33	0.52	0.84	1.30	2.1	3.3
>30~50	0.6	1	1.5	2.5	4	7	11	16	25	39	62	100	160	0.25	0.39	0.62	1.00	1.60	2.5	3.9
>50~80	0.8	1.2	2	3	5	8	13	19	30	46	74	120	190	0.30	0.46	0.74	1.20	1.90	3.0	4.6
>80 ~120	1	1.5	2.5	4	6	10	15	22	35	54	87	140	220	0.35	0.54	0.87	1.40	2.20	3.5	5.4
>120~180	1.2	2	3.5	5	8	12	18	25	40	63	100	160	250	0.40	0.63	1.00	1.60	2.50	4.0	6.3
>180~250	2	3	4.5	7	10	14	20	29	46	72	115	185	290	0.46	0.72	1.15	1.85	2.90	4.6	7.2
>250~315	2.5	4	6	8	12	16	23	32	52	81	130	210	320	0.52	0.81	1.30	2.10	3.20	5.2	8.1
>315~400	3	5	7	9	13	18	25	36	57	89	140	230	360	0.57	0.89	1.40	2.30	3.60	5.7	8.9
>400~500	4	6	8	10	15	20	27	40	63	97	155	250	400	0.63	0.97	1.55	2.50	4.00	6.3	9.7

注：基本尺寸小于 1mm 时，无 1T14～1T18。

尺寸分段后，标准公差计算式中的公称尺寸 D 用每一尺寸分段首尾两尺寸（D_{min} 和 D_{max}）的几何平均值代入计算。例如，对于 50～80mm 尺寸段，计算直径 $D=\sqrt{50\times80}\text{mm}\approx63.25\text{mm}$，只要属于这一尺寸分段内的公称尺寸，其标准公差的计算直径 D 均按 63.25mm 进行计算。对于≤3mm 的尺寸段，$D=\sqrt{1\times3}\text{mm}\approx1.732\ 1\text{mm}$。

【工程实例 2.5】 标准公差的确定

试计算公称尺寸为 ϕ40mm 直径的 IT6 和 IT7 的公差值。

解： 40mm 属于＞30～50mm 尺寸分段。

计算直径的几何平均值：$D=\sqrt{30\times50}\ \text{mm}\approx38.7\text{mm}$

公差单位 $i=0.45\sqrt[3]{D}+0.001D=(0.45\times\sqrt[3]{38.7}+0.001\times38.7)\ \mu\text{m}\approx1.56\mu\text{m}$

查表 2.1，标准公差 $IT6=10i=10\times1.56\mu\text{m}\approx16\mu\text{m}$

$IT7=16i=16\times1.56\mu\text{m}\approx25\mu\text{m}$

表 2.3 中的标准公差数值就是这样计算并按规则圆整后得出的。

2.2.2 基本偏差系列

1. 基本偏差

基本偏差是用来确定零件公差带相对于零线位置的上极限偏差或下极限偏差。它是公差带位置标准化唯一的指标。除 JS 和 js 以外，均指靠近零线的偏差，与公差等级无关。而 JS 和 js 公差带对称零线分布，其基本偏差是上极限偏差或下极限偏差，与公差等级有关。

不同的公差带位置与基准件将形成不同的配合。基本偏差的数量将决定配合种类的数量。为了满足各种不同松紧程度的配合需要，国家标准对孔和轴分别规定了 28 种基本偏差。

2. 基本偏差代号

基本偏差的代号用拉丁字母表示，大写字母代表孔，小写字母代表轴。在 26 个字母中，除去易与其他含义混淆的 5 个字母 I（i）、L（l）、O（o）、Q（q）、W（w）外，采用了 21 个单写字母和 7 个双字母 CD（cd）、EF（ef）、FG（fg）、JS（js）、ZA（za）、ZB（zb）、ZC（zc），共有 28 个基本偏差代号，构成基本偏差系列，如图 2.19 所示。

3．基本偏差系列图及其特征

如图 2.19 所示为基本偏差系列图。该图主要有以下特征：

（1）在孔的基本偏差系列中，A～H 的基本偏差为下极限偏差 *EI*，J～ZC 的基本偏差为上极限偏差 *ES*；在轴的基本偏差系列中，a～h 的基本偏差为上极限偏差 *es*，j～zc 的基本偏差为下极限偏差 *ei*。A～H（a～h）的基本偏差的绝对值逐渐减小，J～ZC（j～zc）的基本偏差的绝对值逐渐增大。

（2）基本偏差系列中 H（h），其基本偏差为零。

（3）孔 JS 和轴 js 的公差带相对于零线对称分布，故基本偏差可以是上极限偏差，也可以是下极限偏差，其值为标准公差的一半，即上极限偏差 $ES(es) = +IT/2$，下极限偏差 $EI(ei) = -IT/2$。

图 2.19 中各公差带只画出了由基本偏差决定的一端，另一端取决于基本偏差与标准公差值。

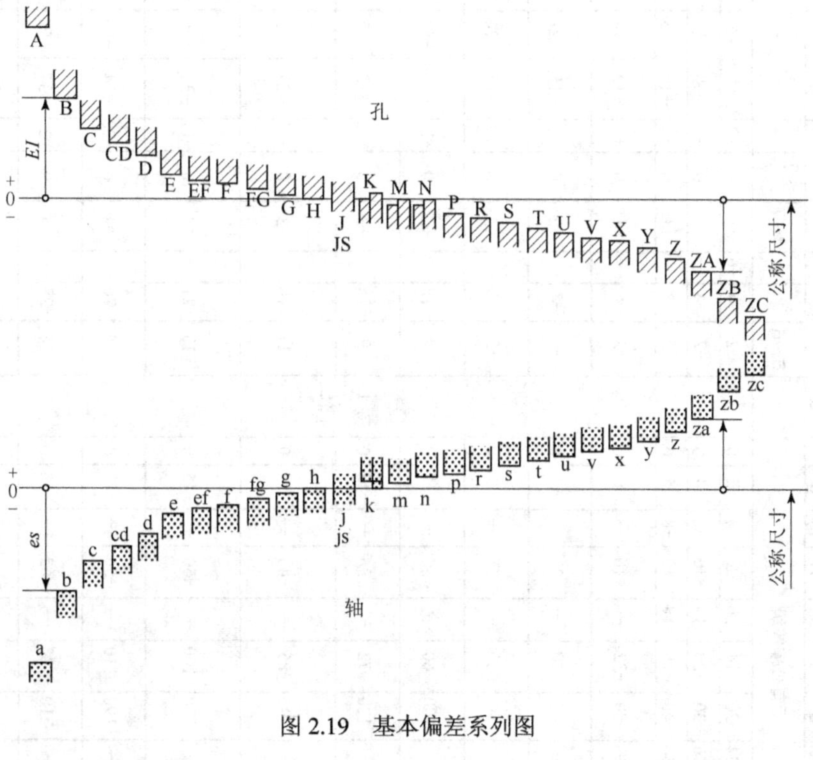

图 2.19　基本偏差系列图

4．轴的基本偏差数值

轴的基本偏差数值以基孔制配合为基础，按照各种配合要求，再根据生产实践经验和统计分析结果得出一系列公式计算后经圆整尾数而得出。轴的基本偏差计算公式请参考有关资料。为了方便使用，国家标准按有关轴的基本偏差公式计算列出了轴的基本偏差数值表，如表 2.4 所示。

表 2.4　尺寸≤500mm 轴的基本偏差数值（GB/T 1800.3—1998）

基本尺寸/mm	基本偏差/μm																														
	上偏差 *es*												下偏差 *ei*																		
	a	b	c	cd	d	e	ef	f	fg	g	h	js	j			k		m	n	p	r	s	t	u	v	x	y	z	za	zb	zc
	所有公差等级												5~6	7	8	4~7	≤3 >7	所有公差等级													
≤3	-270	-140	-60	-34	-20	-14	-10	-6	-4	-2	0	偏差等于 $\pm\frac{IT}{2}$	-2	-4	-6	0	0	+2	+4	+6	+10	+14	—	+18	—	+20	—	+26	+32	+40	+60
>3~6	-270	-140	-70	-46	-30	-20	-14	-10	-6	-4	0		-2	-4	—	+1	0	+4	+8	+12	+15	+19	—	+23	—	+28	—	+35	+42	+50	+80
>6~10	-280	-150	-80	-56	-40	-25	-18	-13	-8	-5	0		-2	-5	—	+1	0	+6	+10	+15	+19	+23	—	+28	—	+34	—	+42	+52	+67	+97
>10~14	-290	-150	-95	—	-50	-32	—	-16	—	-6	0		-3	-6	—	+1	0	+7	+12	+18	+23	+28	—	+33	—	+40	—	+50	+64	+90	+130
>14~18																									+39	+45	—	+60	+77	+108	+150
>18~24	-300	-160	-110	—	-65	-70	—	-20	—	-7	0		-4	-8	—	+2	0	+8	+15	+22	+28	+35	—	+41	+47	+54	+63	+73	+98	+136	+188
>24~30																							+41	+48	+55	+64	+75	+88	+118	+160	+218
>30~40	-310	-170	-120	—	-80	-50	—	-25	—	-9	0		-5	-10	—	+2	0	+9	+17	+26	+34	+43	+48	+60	+68	+80	+94	+112	+148	+200	+274
>40~50	-320	-180	-130																				+54	+70	+81	+97	+114	+136	+180	+242	+325
>50~65	-340	-190	-140	—	-100	-60	—	-30	—	-10	0		-7	-12	—	+2	0	+11	+20	+32	+41	+53	+66	+87	+102	+122	+144	+172	+226	+300	+405
>65~80	-360	-200	-150																		+43	+59	+75	+102	+120	+146	+174	+210	+274	+360	+480
>80~100	-380	-220	-170	—	-120	-72	—	-36	—	-12	0		-9	-15	—	+3	0	+13	+23	+37	+51	+71	+91	+124	+146	+178	+214	+258	+335	+445	+585
>100~120	-410	-240	-180																		+54	+79	+104	+144	+172	+210	+256	+310	+400	+525	+690
>120~140	-460	-260	-200	—	-145	-85	—	-43	—	-14	0		-11	-18	—	+3	0	+15	+27	+43	+63	+92	+122	+170	+202	+248	+300	+365	+470	+620	+800
>140~160	-520	-280	-210																		+65	+100	+134	+190	+228	+280	+340	+415	+535	+700	+900
>160~180	-580	-310	-230																		+68	+108	+146	+210	+252	+310	+380	+465	+600	+780	+1000
>180~200	-660	-340	-240	—	-170	-100	—	-50	—	-15	0		-13	-21	—	+4	0	+17	+31	+50	+77	+122	+166	+236	+284	+350	+425	+520	+670	+880	+1150
>200~225	-740	-380	-260																		+80	+130	+180	+258	+310	+385	+470	+575	+740	+960	+1250
>225~250	-820	-420	-280																		+84	+140	+196	+284	+340	+425	+520	+640	+820	+1050	+1350
>250~280	-920	-480	-300	—	-190	-110	—	-56	—	-17	0		-16	-26	—	+4	0	+20	+34	+56	+94	+158	+218	+315	+385	+475	+580	+710	+920	+1200	+1550
>280~315	-1050	-540	-330																		+98	+170	+240	+350	+425	+525	+650	+790	+1000	+1300	+1700
>315~355	-1200	-600	-360	—	-210	-125	—	-62	—	-18	0		-18	-28	—	+4	0	+21	+37	+62	+108	+190	+268	+390	+475	+590	+730	+900	+1150	+1500	+1900
>355~400	-1350	-680	-400																		+114	+208	+294	+435	+530	+660	+820	+1000	+1300	+1650	+2100
>400~450	-1500	-760	-440	—	-230	-135	—	-68	—	-20	0		-20	-32	—	+5	0	+23	+40	+68	+126	+232	+330	+490	+595	+740	+920	+1100	+1450	+1850	+2400
>450~500	-1650	-840	-480																		+132	+252	+360	+540	+660	+820	+1000	+1250	+1600	+2100	+2600

注：① 基本尺寸小于 1mm 时，各级的 a 和 b 均不采用。

② js 的数值：对 IT7～IT11，若 *IT* 的数值（μm）为奇数，则取偏差$=\pm\frac{IT-1}{2}$。

轴的基本偏差可查表确定，另一个极限偏差可根据轴的基本偏差数值和标准公差值按下列关系计算：

$$ei=es-IT \quad (2.15)$$

$$es=ei+IT \quad (2.16)$$

5．孔的基本偏差数值

孔的基本偏差数值是由同名的轴的基本偏差换算得到的。换算原则为：同名配合的配合性质不变，即基孔制的配合（如ϕ30H9/f9、ϕ40H7/p6）变成同名基轴制的配合（ϕ30F9/h9、ϕ40P7/h6）时，其配合性质（极限间隙或极限过盈）不变。

根据上述原则，孔的基本偏差按以下两种规则换算。

1）通用规则

用同一字母表示的孔、轴的基本偏差的绝对值相等，符号相反。孔的基本偏差是轴的基本偏差相对于零线的倒影，即

$$EI=-es\text{（适用于 A～H）} \quad (2.17)$$

$$ES=-ei\text{（适用于同级配合的 J～ZC）} \quad (2.18)$$

2）特殊规则

用同一字母表示的孔、轴的基本偏差的符号相反，而绝对值相差一个Δ值，即

$$ES=-ei+\Delta \quad (2.19)$$

$$\Delta=I_{tn}-T_{n-1} \quad (2.20)$$

特殊规则适用于公称尺寸≤500mm，标准公差≤IT8 的 J、K、M、N 和标准公差≤IT7 的 P～ZC。

孔的另一个极限偏差可根据孔的基本偏差数值和标准公差值按下列关系式计算：

$$EI=ES-IT \quad (2.21)$$

$$ES=EI+IT \quad (2.22)$$

按上述换算规则，国家标准制定出孔的基本偏差数值表，如表 2.5 所示。

【工程实例 2.6】　基本偏差与标准公差表格应用

查表确定ϕ38j6、ϕ75K8、ϕ92R7 的基本偏差与另一极限偏差。

解： ϕ38j6：查表 2.3，IT6 时，$T_d=16\mu m$

查表 2.4，$ei=-5\mu m$，则 $es=ei+T_d=11\mu m$

即　$\phi38j6\rightarrow\phi38^{+0.011}_{-0.005}$ mm

ϕ75K8：查表 2.3，IT8 时，$T_D=46\mu m$

查表 2.5，$ES=-2\mu m+\Delta=(-2+16)\mu m=14\mu m$

$EI=ES-T_D=(14-46)\mu m=-32\mu m$

即　$\phi75K8\rightarrow\phi75^{+0.014}_{-0.032}$ mm

ϕ92R7：查表 2.3，IT7 时，$T_D=35\mu m$

查表 2.5，$ES=-51\mu m+\Delta=(-51+13)\mu m=-38\mu m$

$EI=ES-T_D=(-38-35)\mu m=-73\mu m$

即　$\phi92R7\rightarrow\phi92^{-0.038}_{-0.073}$ mm

表 2.5 尺寸≤500mm 孔的基本偏差数值（GB/T 1800.3—1998）

基本尺寸/mm	基本偏差/μm																																		Δ/μm					
	下偏差 EI												上偏差 ES									上偏差 ES																		
	A	B	C	CD	D	E	EF	F	FG	G	H	JS	J			K		M		N		P~ZC	P	R	S	T	U	V	X	Y	Z	ZA	ZB	ZC						
	所有的公差等级												6	7	8	≤8	>8	≤8	>8	≤8	>8	≤7	>7												3	4	5	6	7	8
≤3	+270	+140	+60	+34	+20	+14	+10	+6	+4	+2	0	偏差等于 $\pm\frac{IT}{2}$	+2	+4	+6	0	0	-2	-2	-4	4	在>7级的相应数值上增加一个Δ值	-6	-10	-14	—	-18	—	-20	—	-26	-32	-40	-60	0					
>3~6	+270	+140	+70	+36	+30	+20	+14	+10	+6	+4	0		+5	+6	+10	-1+Δ	—	-4+Δ	-4	-8+Δ	0		-12	-15	-19	—	-23	—	-28	—	-35	-42	-50	-80	1	1.5	1	3	4	6
>6~10	+280	+150	+80	+56	+40	+25	+18	+13	+8	+5	0		+5	+8	+12	-1+Δ	—	-6+Δ	-6	-10+Δ	0		-15	-19	-23	—	-28	—	-34	—	-42	-52	-67	-97	1	1.5	2	3	6	7
>10~14	+290	+150	+95	—	+50	+32	—	+16	—	+6	0		+6	+10	+15	-1+Δ	—	-7+Δ	-7	-12+Δ	0		-18	-23	-28	—	-33	—	-40	—	-50	-64	-90	-130	1	2	3	3	7	9
>14~18																												-39	-45		-60	-77	-108	-150						
>18~24	+300	+160	+110	—	+65	+40	—	+20	—	+7	0		+8	+12	+20	-2+Δ	—	-8+Δ	-8	-15+Δ	0		-22	-28	-35	—	-41	-47	-54	-65	-73	-98	-136	-188	1.5	2	3	4	8	12
>24~30																										-41	-58	-55	-64	-75	-88	-118	-160	-218						
>30~40	+310	+170	+120	—	+80	+50	—	+25	—	+9	0		+10	+14	+24	-2+Δ	—	-9+Δ	-9	-17+Δ	0		-26	-34	-43	-48	-60	-68	-80	-94	-112	-148	-200	-274	1.5	3	4	5	9	14
>40~50	+320	+180	+130																							-54	-70	-81	-95	-114	-136	-180	-242	-325						
>50~65	+340	+190	+140	—	+100	+60	—	+30	—	+10	0		+13	+18	+28	-2+Δ	—	-11+Δ	-11	-20+Δ	0		-32	-41	-53	-66	-87	-102	-122	-144	-172	-226	-300	-400	2	3	5	6	11	16
>65~80	+360	+200	+150																					-43	-59	-75	-102	-120	-146	-174	-210	-274	-360	-480						
>80~100	+380	+220	+170	—	+120	+72	—	+36	—	+12	0		+16	+22	+34	-3+Δ	—	-13+Δ	-13	-23+Δ	0		-37	-51	-71	-91	-124	-146	-178	-214	-258	-335	-445	-585	2	4	5	7	13	19
>100~120	+410	+240	+180																					-54	-79	-104	-144	-172	-210	-254	-310	-400	-525	-690						
>120~140	+440	+260	+200	—	+145	+85	—	+43	—	+14	0		+18	+26	+41	-3+Δ	—	-15+Δ	-15	-27+Δ	0		-43	-63	-92	-122	-170	-202	-248	-300	-365	-470	-620	-800	3	4	6	7	15	23
>140~160	+520	+280	+210																					-65	-100	-134	-190	-228	-280	-340	-415	-535	-700	-900						
>160~180	+580	+310	+230																					-68	-108	-146	-210	-252	-310	-380	-465	-600	-780	-1000						
>180~200	+660	+340	+240	—	+170	+100	—	+50	—	+15	0		+22	+30	+47	-4+Δ	—	-17+Δ	-17	-31+Δ	0		-50	-77	-122	-166	-236	-284	-350	-425	-520	-670	-880	-1150	3	4	6	9	17	26
>200~225	+740	+380	+260																					-80	-130	-180	-258	-310	-385	-470	-575	-740	-960	-1250						
>225~250	+820	+420	+280																					-84	-140	-196	-284	-340	-425	-520	-640	-820	-1060	-1350						
>250~280	+920	+480	+300	—	+190	+110	—	+56	—	+17	0		+25	+36	+55	-4+Δ	—	-20+Δ	-20	-34+Δ	0		-56	-94	-158	-218	-315	-385	-475	-580	-710	-920	-1200	-1550	4	4	7	9	20	29
>280~315	+1060	+540	+330																					-98	-170	-240	-350	-425	-525	-650	-790	-1000	-1300	-1700						
>315~355	+1200	+600	+360	—	+210	+125	—	+62	—	+18	0		+29	+39	+60	-4+Δ	—	-21+Δ	-21	-37+Δ	0		-62	-108	-190	-268	-390	-475	-590	-730	-900	-1150	-1500	-1900	4	5	7	11	21	32
>355~400	+1350	+680	+400																					-114	-208	-294	-435	-530	-660	-820	-1000	-1300	-1650	-2100						
>400~450	+1500	+760	+440	—	+230	+135	—	+68	—	+20	0		+33	+43	+66	-5+Δ	—	-23+Δ	-23	-40+Δ	0		-68	-126	-232	-330	-490	-595	-740	-920	-1100	-1450	-1850	-2400	5	5	7	13	23	34
>450~500	+1650	+840	+480																					-132	-252	-360	-540	-660	-820	-1000	-1250	-1600	-2100	-2600						

注：① 基本尺寸小于 1mm 时，各级的 A 和 B 及大于 8 级的 N 均不采用。

② JS 的数值：对 IT7～IT11，若 IT 的数值（μm）为奇数，则取偏差 $=\pm\frac{IT-1}{2}$。

③ 特殊情况：当基本尺寸大于 250～315mm 时，M6 的 ES 等于−9（不等于−11）。

④ 对小于或等于 IT8 的 K，M，N 和小于或等于 IT7 的 P～ZC，所需 Δ 值从表内右侧栏选取。例如，大于 6～10mm 的 P6，$\Delta=3\mu m$，所以 $ES=-15+3=-12\ \mu m$。

各种基本偏差的应用说明如表 2.6 所示。

表 2.6　各种基本偏差的应用说明

配合	基 本 偏 差	特点及应用实例
间隙配合	a（A） b（B）	可得到特别大的间隙，应用很少，主要用于工作时温度高，热变形大的零件的配合，如发动机中活塞与缸套的配合为 H9/a9
	c（C）	可得到很大的间隙，一般用于工作条件较差（如农业机械），工作时受力变形大及装配工艺性不好的零件的配合，也适用于高温工作的间隙配合，如内燃机排气阀杆与导管的配合为 H8/c7
	d（D）	与 IT7～IT11 对应，适用于较松的间隙配合（如滑轮、空转的带轮与轴的配合），以及大尺寸滑动轴承与轴颈的配合（如涡轮机、球磨机等的滑动轴承）。活塞环与活塞槽的配合可用 H9/d9
	e（E）	与 IT6～IT9 对应，具有明显的间隙，用于大跨距及多支点的转轴与轴承的配合，以及高速、重载的大尺寸轴与轴承的配合，如大型电动机、内燃机的主要轴承处的配合为 H8/e7
	f（F）	多与 IT6～IT8 对应，用于一般转动的配合，受温度影响不大，采用普通润滑油的轴与滑动轴承的配合，如齿轮箱、小电动机、泵等的转轴与滑动轴承的配合为 H7/f6
	g（G）	多与 IT5～IT7 对应，形成配合的间隙较小，用于轻载精密装置中的转动配合，用于插销的定位配合，滑阀、连杆销等处的配合，钻套孔多用 G
	h（H）	多与 IT4～IT11 对应，广泛用于无相对转动的配合、一般的定位配合。若没有温度、变形的影响，也可用于精密滑动轴承，如车床尾座孔与滑动套筒的配合为 H6/h5
过渡配合	Js（JS）	多用于 IT4～IT7 具有平均间隙的过渡配合，用于略有过盈的定位配合，如联轴节、齿圈与轮毂的配合，滚动轴承外圈与外壳孔的配合多用 JS7，一般用手或木槌装配
	k（K）	多用于 IT4～IT7 平均间隙接近零的配合，用于定位配合，如滚动轴承的内、外圈分别与轴颈、外壳孔的配合，用木锤装配
	m（M）	多用于 IT4～IT7 平均过盈较小的配合，用于精密定位的配合，如蜗轮的青铜轮缘与轮毂的配合为 H7/m6
	n（N）	多用于 IT4～IT7 平均过盈较大的配合，很少形成间隙，用于加键传递较大扭矩的配合，如冲床上齿轮与轴的配合，用锤子或压力机装配
过盈配合	p（P）	用于小过盈配合，与 H6 或 H7 的孔形成过盈配合，而与 H8 的孔形成过渡配合。碳钢和铸铁制零件形成的配合为标准压入配合，如绞车的绳轮与齿圈的配合为 H7/p6。合金钢制零件的配合需要小过盈时可用 p（或 P）
	r（R）	用于大扭矩或受冲击负荷而需要加键的配合，如蜗轮与轴的配合为 H7/r6。H18/r8 配合在公称尺寸<100mm 时，为过渡配合
	s（S）	用于钢和铸铁零件的永久性和半永久性结合，可产生相当大的结合力，如套环压在轴、阀座上用 H7/s6 配合
	t（T）	用于钢和铸铁制零件的永久性结合，不用键可传递扭矩，需用热套法或冷轴法装配，如联轴节与轴的配合为 H7/t6
	u（U）	用于大过盈配合，最大过盈需验算，用热套法进行装配，如火车轮毂和轴的配合为 H6/u5
	v（V），x（X） y（Y），z（Z）	用于特大过盈配合，目前使用的经验和资料很少，需经试验后才能应用，一般不推荐

2.2.3　公差带与配合

1．公差带代号与配合代号

孔、轴的公差带代号由基本偏差代号（字母）和公差等级（数字）组成。例如，H7、F7、K7、P6 等为孔的公差带代号；h7、g6、m6、r7 等为轴的公差带代号。

当孔和轴组成配合时，配合代号写成分数形式，分子为孔的公差带代号，分母为轴的公差带代号，如 H7/g6 或 $\frac{H7}{g6}$。如指某公称尺寸的配合，则公称尺寸标在配合代号之前，如 ϕ30H7/g6 或 $\phi 30\frac{H7}{g6}$。

2．尺寸公差在图样中的标注形式

零件图中尺寸公差有三种标注形式，如图 2.20 所示。

（1）标注公称尺寸和公差带代号。如图 2.20（a）所示，此种标注适用于大批量生产的产品零件。

（2）标注公称尺寸和极限偏差值。如图 2.20（b）所示，此种标注适于在单件或小批生产的产品零件图样上采用，应用广泛。

（3）标注公称尺寸、公差带代号和极限偏差值。如图 2.20（c）所示，此种标注适用于中、小批量生产的产品零件。

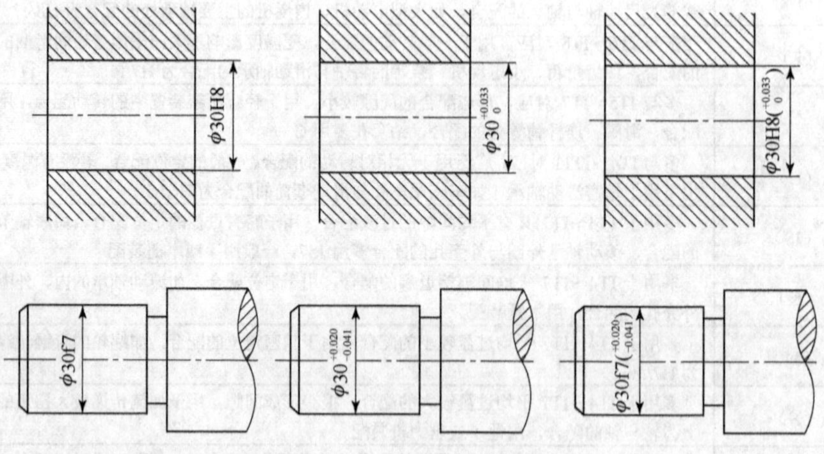

图 2.20 零件图中尺寸公差的标注

3．配合代号在图样中的标注形式

在装配图上，主要标注配合代号，即标注孔、轴的基本偏差代号及公差等级代号，如图 2.21 所示。

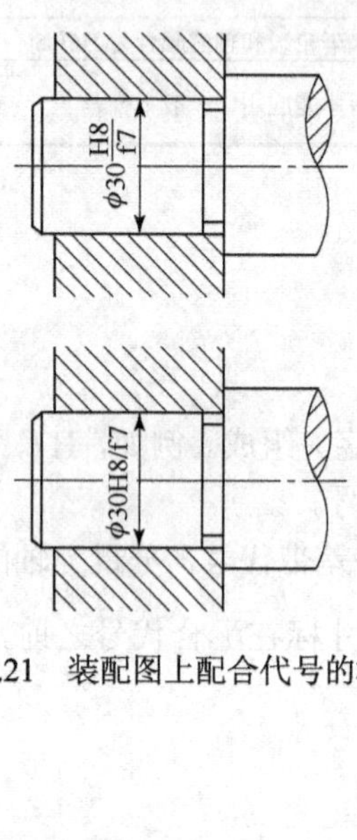

图 2.21 装配图上配合代号的标注

4．常用和优先的公差带与配合

1）孔、轴的常用和优先选用公差带

国标 GB/T 1800.3—1998 规定了 20 个公差等级和 28 种基本偏差，如将任一基本偏差与任一标准公差组合，在公称尺寸≤500mm 时，同一基本尺寸中孔公差带有 20×27＋3＝543 个（基本偏差 J 限用于 3 个公差等级），轴公差带有 20×27＋4＝544 个（基本偏差 j 限用于 4 个等级）。如此多的公差带与配合都使用显然是不经济的，它必然会导致定值刀具和量具规格的繁杂，以及相应工艺装备品种及规格的增多。

为此，国家标准对公称尺寸≤500mm 的孔、轴规定了一般用途公差带、常用公差带和优先选用公差带。

轴用公差带共 116 种，如表 2.7 所示，表中方框内的 59 种为常用公差带，圆圈内的 13 种为优先公差带。

表 2.7　尺寸至 500mm 的一般、常用和优先的轴公差带

							h1		js1												
							h2		js2												
							h3		js3												
						g4	h4		js4	k4	m4	n4	p4	r4	s4						
					f5	g5	h5	j5	js5	k5	m5	n5	p5	r5	s5	t5	u5	v5	x5		
				e6	f6	g6	h6	j6	js6	k6	m6	n6	p6	r6	s6	t6	u6	v6	x6	y6	z6
			d7	e7	f7	g7	h7	j7	js7	k7	m7	n7	p7	r7	s7	t7	u7	v7	x7	y7	z7
		c8	d8	e8	f8	g8	h8		js8	h8	m8	k8	p8	r8	s8	t8	u8	v8	x8	y8	z8
a9	b9	c9	d9	e9	f9		h9		js9												
a10	b10	c10	d10	e10			h10		js10												
a11	b11	c11	d11				h11		js11												
a12	b12	c12					h12		js12												
a13	b13						h13		js13												

孔用公差带共 105 种，如表 2.8 所示，表中方框内的 44 种为常用公差带，圆圈内的 13 种为优先公差带。

表 2.8　尺寸至 500mm 的一般、常用和优先的孔公差带

							H1		JS1												
							H2		JS2												
							H3		JS3												
							H4		JS4	K4	M4	N4									
						G5	H5	J5	JS5	K5	M5	N5	P5	R5	S5						
					F6	G6	H6	J6	JS6	K6	M6	N6	P6	R6	S6	T6	U6	V6	X6	Y6	Z6
			D7	E7	F7	G7	H7	J7	JS7	K7	M7	N7	P7	R7	S7	T7	U7	V7	X7	Y7	Z7
		C8	D8	E8	F8	G8	H8	J8	JS8	K8	M8	N8	P8	R8	S8	T8	U8	V8	X8	Y8	Z8
A9	B9	C9	D9	E9	F9		H9		JS9			Nq	Pq								
A10	B10	C10	D10	E10			H10		JS10												
A11	B11	C11	D11				H11		JS11												
A12	B12	C12					H12		JS12												
							H13		JS13												

选用公差带时，应按优先、常用、一般公差带的顺序选取。若一般公差带中没有满足要求的公差带，则按国标规定的标准公差和基本偏差组成的公差带来选取。

2）配合的常用和优先选用

对于配合，国标规定基孔制常用配合 59 种，优先配合 13 种，如表 2.9 所示；基轴制常用配合 47 种，优先配合 13 种，如表 2.10 所示。

表 2.9 基孔制优先、常用配合（GB/T 1801－1999）

基准孔	轴																				
	a	b	c	d	e	f	g	h	js	k	m	n	p	r	s	t	u	v	x	y	z
	间 隙 配 合								过渡配合			过 盈 配 合									
H6						$\frac{H6}{f5}$	$\frac{H6}{g5}$	$\frac{H6}{h5}$	$\frac{H6}{js5}$	$\frac{H6}{k5}$	$\frac{H6}{m5}$	$\frac{H6}{n5}$	$\frac{H6}{p5}$	$\frac{H6}{r5}$	$\frac{H6}{s5}$	$\frac{H6}{t5}$					
H7						$\frac{H7}{f6}$	◤ $\frac{H7}{g6}$	◤ $\frac{H7}{h6}$	$\frac{H7}{js6}$	◤ $\frac{H7}{k6}$	$\frac{H7}{m6}$	◤ $\frac{H7}{n6}$	◤ $\frac{H7}{p6}$	$\frac{H7}{r6}$	◤ $\frac{H7}{s6}$	$\frac{H7}{t6}$	◤ $\frac{H7}{u6}$	$\frac{H7}{v6}$	$\frac{H7}{x6}$	$\frac{H7}{y6}$	$\frac{H7}{z6}$
H8					$\frac{H8}{e7}$	◤ $\frac{H8}{f7}$	$\frac{H8}{g7}$	◤ $\frac{H8}{h7}$	$\frac{H8}{js7}$	$\frac{H8}{k7}$	$\frac{H8}{m7}$	$\frac{H8}{n7}$	$\frac{H8}{p7}$	$\frac{H8}{r7}$	$\frac{H8}{s7}$	$\frac{H8}{t7}$	$\frac{H8}{u7}$				
				$\frac{H8}{d8}$	$\frac{H8}{e8}$	$\frac{H8}{f8}$		$\frac{H8}{h8}$													
H9			$\frac{H9}{c9}$	◤ $\frac{H9}{d9}$	$\frac{H9}{e9}$	$\frac{H9}{f9}$		◤ $\frac{H9}{h9}$													
H10			$\frac{H10}{c10}$	$\frac{H10}{d10}$				$\frac{H10}{h10}$													
H11	$\frac{H11}{a11}$	$\frac{H11}{b11}$	◤ $\frac{H11}{c11}$	$\frac{H11}{d11}$				◤ $\frac{H11}{h11}$													
H12		$\frac{H12}{b12}$						$\frac{H12}{h12}$													

注：① $\frac{H6}{n5}$、$\frac{H7}{p6}$ 在基本尺寸小于或等于 3mm 和 $\frac{H8}{r7}$ 在基本尺寸小于或等于 100mm 时，为过渡配合。

② 带◤的配合为优先配合。

表 2.10 基轴制优先、常用配合(GB/T 1801－1999)

基准轴	孔																				
	A	B	C	D	E	F	G	H	JS	K	M	N	P	R	S	T	U	V	X	Y	Z
	间隙配合								过渡配合			过盈配合									
h5						$\frac{F6}{h5}$	$\frac{G6}{h5}$	$\frac{H6}{h5}$	$\frac{JS6}{h5}$	$\frac{K6}{h5}$	$\frac{M6}{h5}$	$\frac{N6}{h5}$	$\frac{P6}{h5}$	$\frac{R6}{h5}$	$\frac{S6}{h5}$	$\frac{T6}{h5}$					
h6						$\frac{F7}{h6}$	◤ $\frac{G7}{h6}$	◤ $\frac{H7}{h6}$	$\frac{JS7}{h6}$	◤ $\frac{K7}{h6}$	$\frac{M7}{h6}$	◤ $\frac{N7}{h6}$	◤ $\frac{P7}{h6}$	$\frac{R7}{h6}$	◤ $\frac{S7}{h6}$	$\frac{T7}{h6}$	◤ $\frac{U7}{h6}$				
h7					$\frac{E8}{h7}$	◤ $\frac{F8}{h7}$		◤ $\frac{H8}{h7}$	$\frac{JS8}{h7}$	$\frac{K8}{h7}$	$\frac{M8}{h7}$	$\frac{N8}{h7}$									
h8				$\frac{D8}{h8}$	$\frac{E8}{h8}$	$\frac{F8}{h8}$		$\frac{H8}{h8}$													
h9				◤ $\frac{D9}{h9}$	$\frac{E9}{h9}$	$\frac{F9}{h9}$		◤ $\frac{H9}{h9}$													
h10				$\frac{D10}{h10}$				$\frac{H10}{h10}$													

续表

基准轴	孔																				
	A	B	C	D	E	F	G	H	JS	K	M	N	P	R	S	T	U	V	X	Y	Z
	间隙配合								过渡配合			过盈配合									
h11	$\frac{A11}{h11}$	$\frac{B11}{h11}$	◤ $\frac{C11}{h11}$	$\frac{D11}{h11}$				◤ $\frac{H11}{h11}$													
h12		$\frac{B12}{h12}$						$\frac{H12}{h12}$													

注：带◤的配合为优先配合。

5. 一般公差

一般公差即指线性和角度尺寸的未注公差，也是通常所说的“自由尺寸”。“自由尺寸”并非无限制和要求，新国标（GB/T 1804—2000《一般公差 未注公差的线性和角度尺寸的公差》（等效于 ISO 2768—1：1989）规定了线性和角度尺寸的一般公差的等级和极限偏差。

1）一般公差的概念与应用规则

（1）一般公差概念。一般公差是指在车间普通工艺条件下，机械加工设备的一般加工能力可保证的公差，在正常维护和操作的情况下，它代表车间的常规加工精度。

（2）一般公差应用规则。线性尺寸的一般公差主要用于低精度的非配合尺寸，当功能上允许的公差等于或大于一般公差时，均应采用一般公差。采用一般公差的尺寸，在该尺寸后不标注出极限偏差，如$\phi 50$。只有当要素的功能允许一个比一般公差更大的公差，且采用该公差比一般公差更为经济时，才在该尺寸的公称尺寸后标注出其相应的极限偏差，如$\phi 50^{+0.8}_{-0.6}$。

采用一般公差的线性尺寸是在车间加工精度保证的情况下加工出来的，一般可以不用检验。

图样上选取一般公差的公差等级时，应考虑车间的常规加工精度并由相应技术文件或标准说明详细规定。

以角度单位规定的一般公差仅仅控制表面的线或素线的总方向，而不控制它们的形状误差。从实际表面得到的线的总方向是理想几何形状的接触线方向。因此未标注出公差的角度尺寸的上、下极限偏差（由标准给定的）仅控制构成角度的两条边的直线或面的理想要素之间的角度变动量，不控制构成角度的两条边的直线或面的形状误差。测量角度时，两被测实际要素（两条直线或两个平面）分别按最小条件确定其理想要素。两理想要素之间的夹角应在给定的两极限角度之间。

2）一般公差的公差等级和极限偏差数值

国家标准 GB/T 1804—2000 对线性尺寸的一般公差规定了四个公差等级，它们分别是精密级 f、中等级 m、粗糙级 c 和最粗级 v。f、m、c、v 四个等级分别相当于 IT12、IT14、IT16、IT17。新国标按未注公差的线性尺寸和角度尺寸分别给出了各公差等级的极限偏差数值，以便选用车间常规加工精度和校核。

（1）线性尺寸。表 2.11 给出了线性尺寸的极限偏差数值。

表 2.11 线性尺寸的极限偏差数值 （mm）

公差等级	尺寸分段							
	0.5～3	3～6	6～30	30～120	120～400	400～1 000	1 000～2 000	2 000～4 000
f（精密级）	±0.05	±0.05	±0.1	±0.15	±0.2	±0.3	±0.5	—
m（中等级）	±0.1	±0.1	±0.2	±0.3	±0.5	±0.8	±1.2	±2
c（粗糙级）	±0.2	±0.3	±0.5	±0.8	±1.2	±2	±3	±4
v（最粗级）	—	±0.5	±1	±1.5	±2.5	±4	±6	±8

表 2.12 给出了倒圆半径和倒角高度尺寸的极限偏差数值。

表 2.12 倒圆半径和倒角高度尺寸的极限偏差数值 （mm）

公差等级	基本尺寸分段			
	0.5～3	>3～6	>6～30	>30
f（精密级） m（中等级）	±0.2	±0.5	±1	±2
c（粗糙级） v（最粗级）	±0.4	±1	±2	±4

（2）角度尺寸。表 2.13 给出了角度尺寸的极限偏差数值，其值按角度短边长度确定，对圆锥角按圆锥素线长度确定。

表 2.13 角度尺寸的极限偏差数值 （mm）

公差等级	长度分段				
	～10	>10～50	>50～120	>120～400	>400
f（精密级） m（中等级）	±1°	±30′	±20′	±10′	±5′
c（粗糙级）	±1°30′	±1°	±30′	±15′	±10′
v（最粗级）	±3°	±2°	±1°	±30′	±20′

对表 2.11～表 2.13 的说明如下。

① 表 2.11～表 2.13 对极限偏差的取值采用双向对称分布偏差（±）。这一点不仅与国际和各国标准取得一致，而且也优于单向分布的极限偏差。

② 表 2.12 中倒圆半径（R）和倒角高度（C）的含义见图 2.22，图中α角一般采用 45°倒角，也可采用 30° 或 60° 倒角。倒圆半径（R）和倒角高度（C）尺寸的大小，推荐按表 2.12 所列尺寸系列（根据（GB/T 6403.4—1986）选取。

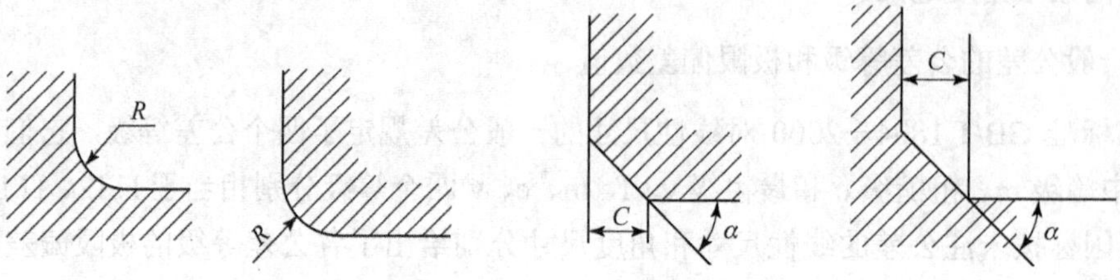

图 2.22 倒圆半径与倒角高度

③ 实验表明，角度的加工误差与角度边长的平方根成反比，对同样大小的角度公差，角度边越长越易保证。因此表 2.13 给出角度极限偏差数值随着角度边长长度的增大而减小。

3）一般公差在图样中的标注

若采用新国标规定的一般公差时，应在图样标题栏附近或技术要求、技术文件中用国家标准（GB/T 1804—2000）和公差等级代号（两者中间用一短画线隔开）注出。例如，按设计的产品采用常规加工：精度选取中等级别的 m 时，标注为 GB/T 1804—m。

这表明该图样上凡未直接注出公差的所有线性尺寸（包括倒圆、倒角）和角度尺寸均按中级 m 加工和检查。

选择一般公差应遵循一般公差应用规则。

6．标准温度

规定标准温度是因为物体具有热胀冷缩的性质，温度的变化（特别是温度显著变化）对零件尺寸会有一定的影响，一个零件在某一温度条件下测量时合格，而在另一温度条件下测量其尺寸可能不合格（这对精度高的零件尤为显著），所以，国标明确规定了一个统一的温度标准，即标准温度 20℃。当使用条件偏离标准温度而影响工作性能时，应予以修正。其计算公式为

$$\Delta X = D[\alpha_H(t_H - 20) - \alpha_S(t_S - 20)] \tag{2.23}$$

式中　α_H、α_S——孔、轴材料线膨胀系数；

t_H、t_S——孔、轴工作温度。

2.3　尺寸精度设计的基本方法

零件尺寸精度主要是指零件的公差与配合的选用，就是如何根据使用要求合理地选择符合标准规定的孔、轴的公差带大小和位置。公差与配合的选择主要包括：基准制、公差等级和配合种类等三个方面。

公差与配合的选择一般有以下三种方法。

（1）类比法。通过对类似机器和零部件进行调查研究、分析对比，吸取前人的经验教训，结合实际情况来选取公差与配合。这是目前应用最多，也是最主要的一种方法，要求设计人员必须有较丰富的实践经验积累。

（2）计算法。按照一定的理论和公式来确定需要的极限间隙或过盈，然后确定孔和轴的公差带，因影响因素较复杂，计算结果均是近似，需进行修正。这种方法虽然麻烦，但比较科学，只是有时将条件理论化、简单化了，使得计算结果不完全符合实际。

（3）试验法。对机器的工作性能影响较大且很重要的配合，通过试验或统计分析来确定间隙或过盈。这种方法合理、可靠，但是代价较高，因而适用于重要产品的重要配合处。

本节讨论公差与配合的选择，主要采用类比法。

2.3.1　基准制的选择

国家标准规定了两种基准制，即基孔制和基轴制。设计人员可以通过国家标准规定的基孔制和基轴制来实现各种配合。一般情况下，无论选用基孔制配合还是基轴制配合，均可满

足同样的使用要求。所以基准制的选择主要从生产、工艺的经济性和结构的合理性等方面综合考虑，一般原则如下。

1. 优先选用基孔制

从工艺角度考虑，加工一般尺寸的孔通常要用价格较贵的定值刀具（如钻头、铰刀、拉刀等），每把刀具只能加工某一尺寸的孔，用极限量规（塞规）检验，当孔的公称尺寸和公差等级相同而基本偏差改变时，就需要更换刀具、量具，而加工轴则用一把刀具（如车刀或磨轮）可以加工不同尺寸的轴，轴还可以用通用量具进行测量。因此采用基孔制可以减少定值刀具（钻头、铰刀及拉刀等）、量具（塞规）的规格和数量，从而获得显著的经济效益，也有利于刀具、量具的标准化和系列化。

2. 基轴制的选用

（1）冷拉棒材不经切削加工而直接制造的零件。由于冷拉棒材表面有一定的精度（机械制造中常采用公差等级 IT7～IT9 的冷拉钢材），尺寸、形状相当准确，所以应选用基轴制，可以减少冷拉棒材的尺寸规格。这在技术上、经济上都是合理的。

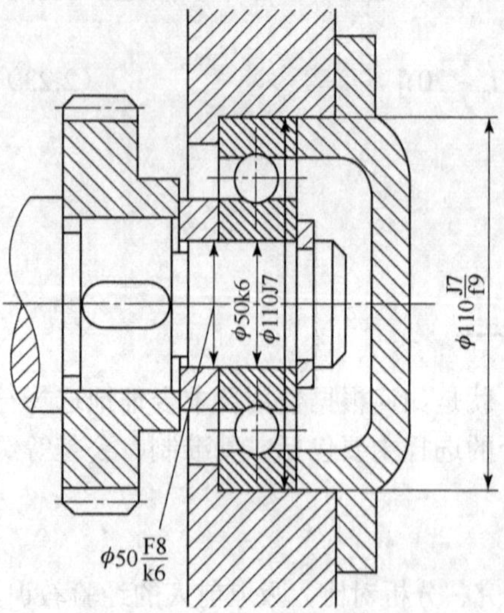

图 2.23 基准选择示例之一

（2）与标准件配合的孔和轴，应按标准件来选择基准制。如图 2.23 所示，滚动轴承是标准件，滚动轴承的外圈与壳体孔的配合应选用基轴制配合，因此与其配合的壳体孔的公差带标注为 ϕ110J7；内圈与轴颈的配合应选用基孔制配合，与其配合的轴颈的公差带标注为 ϕ50k6。

（3）同一公称尺寸的轴上与几个孔配合，且有不同配合性质，应采用基轴制配合。

如图 2.24 所示为发动机活塞销轴，同时与连杆衬套孔和活塞孔之间进行配合。根据工作要求，活塞销轴与连杆衬套孔间应采用间隙配合（G6/h5）；活塞销轴两端与活塞孔间配合应紧些，应采用过渡配合（M6/h5）。同一公称尺寸的轴需在不同部位与三个孔形成不同松紧的配合，如采用基轴制配合，活塞销可制成一根光轴，便于生产和装配，如图 2.24（c）所示。如采用基孔制配合，三个孔的公差带一样，活塞销要做成两头粗（m5）、中间细（g5）的阶梯轴，如图 2.24（b）所示。这样既不便于加工，又不便于装配。另外，活塞销轴两端直径大于活塞孔径，装配时会刮伤装配表面，影响装配质量。从强度方面考虑，受力最大的截面轴径反而细，也不符合设计要求。所以，这种情况下采用基轴制较为有利。

（4）为了满足配合的特殊需要，允许采用任一孔、轴公差带组成的非基准制配合。如图 2.23 所示，轴承外圈与轴承座孔之间的配合为基轴制，孔公差带为 J7；轴承盖与轴承座内孔之间的配合，为拆卸方便，采用间隙配合，因此选用的配合为 ϕ110J7/f9，属于任意孔、轴公差带组成的配合。

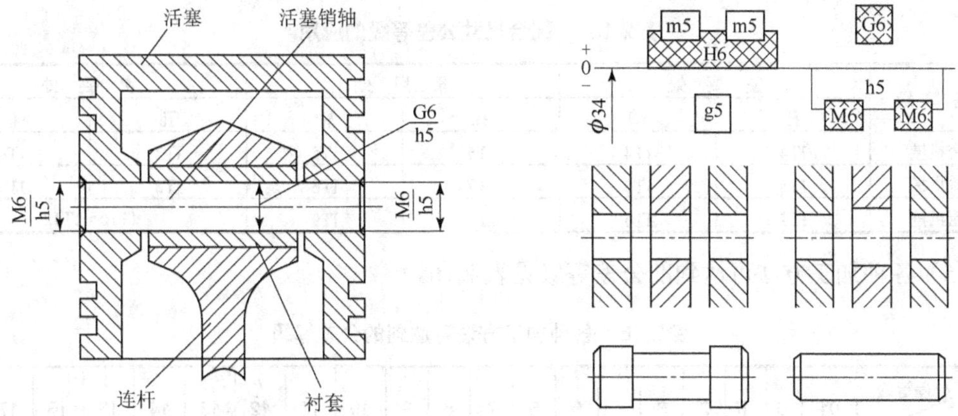

（a）配合示意图　　（b）　　（c）

图 2.24　基准选择示例之二

2.3.2　公差等级的选用

为了保证配合精度，对配合尺寸选取适当的公差等级是极为重要的。公差等级的高低直接影响产品使用性能和加工成本。若公差等级过低，将不能满足产品使用性能和保证产品质量；若公差等级过高，将会增加产品的生产成本和降低生产效率。所以，选择公差等级的原则是：在满足使用要求的前提下，尽可能选择较低的公差等级。

公差等级的选用一般采用类比法。用类比法选择公差等级时应考虑以下几个方面问题。

（1）工艺等价性。即孔和轴的加工难易程度应基本相同。对小于或等于 500mm 的公称尺寸，当公差等级≤IT8 时，因为孔加工比相同尺寸、相同等级的轴加工困难，为了保证工艺等价性，按优先、常用配合（见表 2.9、表 2.10）推荐轴比孔的公差等级高一级，如 H8/f7，H7/s6 等；当公差等级为 IT8 时，也可采用同级孔、轴配合，如 H8/f8；当公差等级大于 IT9 时，一般采用同级孔、轴配合，如 H9/c9。对大于 500 mm 的公称尺寸，一般采用同级孔、轴配合。

（2）加工零件的经济性。如轴承盖和轴承座内孔的配合，则允许选用较大的间隙和较低的公差等级，轴承盖可以比轴承座内孔的公差等级低 2～3 级，如图 2.23 所示，轴承盖与轴承座内孔的配合为 ϕ110J7/f9，公差等级相差 2 级。

（3）相配合零、部件的精度要匹配。如齿轮孔与轴的配合，其公差等级取决于齿轮的精度等级；与滚动轴承配合的外壳体孔和内轴颈的公差等级取决于滚动轴承的公差等级，如图 2.23 所示。

（4）公差等级的应用见表 2.14，配合尺寸公差等级的应用见表 2.15。

表 2.14　公差等级的应用

应用＼公差等级	01	0	1	2	3	4	5	6	7	8	9	10	11	12	13	14	15	16	17	18
量　块	—	—	—																	
量　规			—	—	—	—	—	—	—											
配合尺寸							—	—	—	—	—	—	—	—						
特别精密零件				—	—	—	—													
非配合尺寸														—	—	—	—	—	—	—
原材料										—	—	—	—	—	—	—				

表 2.15　配合尺寸公差等级的应用

公差等级	重要处		常用处		次要处	
	孔	轴	孔	轴	孔	轴
精密机械	IT4	IT4	IT5	IT5	IT7	IT6
一般机械	IT5	IT5	IT7	IT6	IT8	IT9
较粗机械	IT7	IT6	IT8	IT9	IT10～IT12	

（5）各种加工方法可达到的公差等级见表 2.16。

表 2.16　各种加工方法可达到的公差等级

加工方法＼公差等级	01	0	1	2	3	4	5	6	7	8	9	10	11	12	13	14	15	16	17	18
研　磨	—	—	—	—	—	—	—													
珩　磨						—	—	—	—											
圆　磨							—	—	—	—										
平　磨							—	—	—	—										
金刚石车							—	—	—											
金刚石镗							—	—	—											
拉　削							—	—	—	—										
铰　孔								—	—	—	—	—								
精车精镗									—	—	—									
粗　车												—	—	—						
粗　镗												—	—	—						
铣										—	—	—	—							
刨、插												—	—							
钻　削												—	—	—	—					
冲　压												—	—	—	—	—				
滚压、挤压												—	—							
锻　造																	—	—		
砂型铸造																—	—			
金属型铸造																—	—			
气　割																	—	—	—	—

（6）常用配合尺寸 5～12 级的应用见表 2.17。

表 2.17　常用配合尺寸 5～12 级的应用

公差等级	应　用
5 级	主要用在配合公差、形状公差要求很小的地方，它的配合性质稳定，一般在机床、发动机和仪表等重要部位应用。如：与 5 级滚动轴承配合的箱体孔；与 6 级滚动轴承配合的机床主轴、机床尾座与套筒，精密机械及高速机械中的轴径和精密丝杠的轴径等
6 级	配合性质能达到较高的均匀性。如：与 6 级滚动轴承相配合的孔轴径；与齿轮、蜗轮、联轴器、带轮和凸轮等连接的轴径和机床丝杠轴径；摇臂钻立柱；机床夹具中导向件外径尺寸；6 级精度齿轮的基准孔径；7、8 级精度齿轮的基准轴径
7 级	7 级精度比 6 级稍低，应用条件与 6 级基本相似，在一般机械制造中应用较为普遍。如：联轴器、带轮、凸轮等孔径；机床夹盘座孔；夹具中的固定钻套、可换钻套；7、8 级齿轮基准孔，9、10 级齿轮基准轴
8 级	在机器制造中属于中等精度。如：轴承座衬套沿宽度方向尺寸，9～12 级齿轮基准孔，11、12 级齿轮基准轴
9 级、10 级	主要用于机械制造中轴套外径与孔，操纵件与轴，空轴带轮与轴，单键与花键
11 级、12 级	配合精度很低，装配后可能产生很大间隙，适用于基本上没有什么配合要求的场合。如：机床上法兰盘与止口，滑块与滑移齿轮，加工中工序间尺寸，冲压加工的配合件，机床制造中的扳手孔与扳手座的连接

2.3.3　配合的确定

配合的选择包括：配合类别的选择和非基准件基本偏差代号的选择。

1．配合类别的选择

配合可分为间隙配合、过渡配合和过盈配合。

（1）间隙配合。当孔轴有相对运动要求时，一般应选用间隙配合。要求精确定位又便于拆卸的静连接，结合件间只有缓慢移动或转动的动连接可选用间隙小的间隙配合。对配合精度要求不高，只为了装配方便，可选用间隙大的间隙配合。

（2）过渡配合。要求精确定位，结合件间无相对运动，可拆卸的静连接，可选用过渡配合。

（3）过盈配合。装配后需要靠过盈传递载荷，又不需要拆卸的静连接，可选用过盈配合。

具体选择配合类别可参考表 2.18。

表 2.18　配合类别选择

<table>
<tr><td rowspan="4">无相对运动</td><td rowspan="3">需传递力矩</td><td rowspan="2">精确定心</td><td>不可拆卸</td><td>过盈配合</td></tr>
<tr><td>可拆卸</td><td>过渡配合或基本偏差为 H（h）的间隙配合加键、销紧固件</td></tr>
<tr><td colspan="2">不需精确定心</td><td>间隙配合加键、销紧固件</td></tr>
<tr><td colspan="3">不需传递力矩</td><td>过渡配合或过盈量较小的过盈配合</td></tr>
<tr><td rowspan="2">有相对运动</td><td colspan="3">缓慢转动或移动</td><td>基本偏差为 H（h）、G(g)等间隙配合</td></tr>
<tr><td colspan="3">转动、移动或复合运动</td><td>基本偏差为 D~F（d~f）等间隙配合</td></tr>
</table>

2．非基准件基本偏差代号的选择

确定配合类别后，应按优先、常用、一般的顺序选择配合。如仍不能满足要求，可以按孔、轴公差带组成相应的配合。

表 2.19 所示为工作情况对间隙或过盈的影响。表 2.20 所示为基孔制轴的基本偏差选用情况。表 2.21 所示为公称尺寸至 500mm 基孔制常用和优先配合的特征及应用。

表 2.19　工作情况对间隙或过盈的影响

工 作 状 况	间隙应增或减	过盈应增或减
材料许用应力小	—	减
经常拆卸	—	减
用冲击负荷	减	增
工作时孔的温度高于轴的温度（零件材料相同）	减	增
工作时轴的温度高于孔的温度（零件材料相同）	增	减
组合长度较大	增	减
配合表面形位误差大	增	减
零件装配时可能偏斜	增	减
旋转速度较高	增	增
有轴向运动	增	—
润滑油的黏度较大	增	—

续表

工 作 状 况	间隙应增或减	过盈应增或减
表面粗糙	减	增
装配精度较高	减	减
装配精度较低	增	增

表 2.20 基孔制轴的基本偏差选用情况

配 合	基 本 公 差	特性及应用说明
间隙配合	a，b	配合间隙很大，应用较少
	c，d	用于工作条件较差、受力变形的配合，或为了便于装配；可以得到很大的配合间隙，一般用于松的动配合；也适用于大直径滑动轴承配合及其他重型机械中的一些滑动支承配合；也用于热动间隙配合
	e	用于要求有明显间隙，易于转动的支承配合，如大跨距、多点支承、重载等的配合；多用于IT7～IT9
	f	适用于一般转动配合，广泛应用于普通润滑油（或润滑脂）润滑的支承，如齿轮箱、小电动机和泵等的转轴与支承的配合；多用于 IT6～IT8
	g	适用于不回转的精密滑动轴承、定位销等定位配合，配合间隙小，制造成本较高；除很轻负荷的精密装置外，一般不推荐用于转动配合；多用于 IT5～IT7
	h	广泛用于无相对转动的零件，作为一般的定位配合；若没有温度、变形等的影响，也用于精密滑动配合，如车床尾座套筒与尾座体间的配合；多用于 IT4～IT11
过渡配合	js	偏差对称分布，平均间隙小，多用于要求间隙较小并允许略有过盈的精密零件的定位配合，一般可用手或木锤装配；多用于 IT4～IT7
	k	平均间隙接近于零，推荐用于稍有过盈的定位配合，一般可用木锤装配；多用于 IT4～IT7
	m	平均过盈较小，适用于不允许游动的精密定位配合，组成的配合定位好，例如，不允许窜动的轴承内、外圈的配合，一般可用木锤装配；多用于 IT4～IT7
过盈配合	n	平均过盈比 m 稍大，很少得到间隙，用于定位要求较高且不常拆卸的配合，一般可用锤或压力机装配；多用于 IT4～IT7
	p	用于小过盈配合；与 H6 或 H7 组成过盈配合，而与 H8 组成过渡配合；对非铁类零件，为较轻的压入配合，对钢、铁或铜、钢组件类装配是标准压入配合；多用于 IT5～IT7
	r	用于传递大扭矩或受冲击载荷需要加键连接的配合；对铁类零件为中等打入配合，对非铁类零件为轻打入配合，如蜗轮与轴的配合；多用于 IT5～IT7
	s	用于钢铁类零件的永久性或半永久性装配，可产生大的结合力，用压力机或热涨法装配，如曲柄销与曲拐轴的配合；多用于 IT5～IT7
	t～z	过盈量依次增大，除 u 外，一般不推荐采用

表 2.21 公称尺寸至 500mm 基孔制常用和优先配合的特征及应用

配 合 类 别	配 合 特 征	配 合 代 号	应 用
间隙配合	特大间隙	$\frac{H11}{a11}$ $\frac{H11}{b11}$ $\frac{H11}{b12}$	用于高温或工作时要求大间隙的配合
	很大间隙	$\left(\frac{H11}{c11}\right)$ $\frac{H12}{d12}$	用于工作条件较差、受力变形或为了便于装配而需要大间隙的配合和高温工作的配合
	较大间隙	$\frac{H9}{c9}$ $\frac{H10}{c10}$ $\frac{H8}{d8}$ $\left(\frac{H9}{d9}\right)$ $\frac{H10}{d10}$ $\frac{H8}{e7}$ $\frac{H8}{e8}$ $\frac{H9}{e9}$	用于高速重载的滑动轴承或大直径的滑动轴承，也可用于大跨距或多支点支承的配合
	一般间隙	$\frac{H6}{f5}$ $\frac{H7}{f6}$ $\left(\frac{H8}{f7}\right)$ $\frac{H8}{f8}$ $\frac{H9}{f9}$	用于一般转速的动配合；当温度影响不大时，广泛应用于普通润滑油润滑的支承处
	较小间隙	$\left(\frac{H7}{g6}\right)$ $\frac{H8}{g7}$	用于精密滑动零件或缓慢间歇回转的零件的配合部位

续表

配合类别	配合特征	配合代号	应用
间隙配合	很小间隙和零间隙	$\frac{H6}{g5}$ $\frac{H6}{h5}$ $\left(\frac{H7}{h6}\right)$ $\left(\frac{H8}{h7}\right)$ $\frac{H8}{h8}$ $\left(\frac{H9}{h9}\right)$ $\frac{H10}{h10}$ $\left(\frac{H11}{c11}\right)$ $\frac{H12}{h12}$	用于不同精度要求的一般定位件的配合及缓慢移动和摆动零件的配合
过渡配合	绝大部分有微小间隙	$\frac{H6}{js5}$ $\frac{H7}{js6}$ $\frac{H8}{js7}$	用于易于装拆的定位配合或加紧固件后可传递一定静载荷的配合
	大部分有微小间隙	$\frac{H6}{k5}$ $\left(\frac{H7}{k6}\right)$ $\frac{H8}{k7}$	用于稍有振动的定位配合；加紧固件可传递一定载荷，装拆方便可用木锤敲入
	大部分有微小过盈	$\frac{H6}{m5}$ $\frac{H7}{m6}$ $\frac{H8}{m7}$	用于定位精度较高且能抗振的定位配合；加键可传递较大载荷；可用铜锤敲入或小压力压入
	绝大部分有微小过盈	$\left(\frac{H7}{n6}\right)$ $\frac{H8}{n7}$	用于精确定位或紧密组合件的配合；加键可传递大力矩或冲击性载荷；只在大修时拆卸
	绝大部分有较小过盈	$\frac{H8}{p7}$	加键后能传递很大力矩，且承受振动和冲击的配合，装配后不再拆卸
过盈配合	轻型	$\frac{H6}{n5}$ $\frac{H6}{p5}$ $\left(\frac{H7}{p6}\right)$ $\frac{H6}{r5}$ $\frac{H7}{r6}$ $\frac{H8}{r7}$	用于精确的定位配合；一般不能靠过盈传递力矩；要传递力矩尚需加紧固件
	中型	$\frac{H6}{s5}$ $\left(\frac{H7}{s6}\right)$ $\frac{H8}{s7}$ $\frac{H6}{t5}$ $\frac{H7}{t6}$ $\frac{H8}{t7}$	不需加紧固件就可传递较小力矩和轴向力；加紧固件后可承受较大载荷或动载荷的配合
	重型	$\left(\frac{H7}{u6}\right)$ $\frac{H8}{u7}$ $\frac{H7}{v6}$	不需加紧固件就可传递和承受大的力矩和动载荷的配合；要求零件材料有高强度
	特重型	$\frac{H7}{x6}$ $\frac{H7}{y6}$ $\frac{H7}{z6}$	能传递和承受很大力矩和动载荷的配合，需经试验后方可应用

注：① 括号内的配合为优先配合。

② 国家标准规定的 47 种基轴制配合的应用与本表中的同名配合相同。

归纳起来，间隙配合的选择主要看运动的速度、承受载荷、定心要求和润滑要求。相对运动速度高，工作温度高，则间隙应选大一些；相对运动速度低，如一般只作低速的相对运动，则间隙可选小一些。

过盈配合的选择主要根据扭矩的大小以及是否加紧固件与拆装困难程度等要求，无紧固件的过盈配合，其最小过盈量产生的结合力应保证能传递所需的扭矩和轴向力；而最大过盈量产生的内应力不许超出材料的屈服强度。

过渡配合的选择主要根据定心要求与拆装等情况。对于定位配合，要保证不松动；如需要传递扭矩，则还需加键、销等紧固件；经常拆装的部位要比不经常拆装的配合松些。具体按表 2.22、表 2.23 调整。

表 2.22　对选择的间隙配合的调整

具体情况	间隙增大或减小	具体情况	间隙增大或减小
工作温度：孔高于轴时 轴高于孔时	减小 增大	两支承距离较大或多支承时	增大
表面粗糙度值较大时	减小	支承间同轴度误差大时	增大
润滑油黏度较大时	增大	生产类型：单件小批生产时 大批大量生产时	增大 减小
定心精度较低时	增大		

表 2.23　对选择的过盈配合的调整

具 体 情 况	过盈的增或减	具 体 情 况	过盈的增或减
材料强度小时	减	配合长度较大时	减
经常拆卸	减	配合面形位误差较大时	减
有冲击载荷	增	装配时可能歪斜	减
工作时温度 孔高于轴时	增	转速很高时	增
工作时温度 轴高于孔时	减	表面粗糙度值较大时	增

3. 工程中常用机构的配合

工程中常用机构的配合如图 2.25 所示，现简要说明如下。

（1）图 2.25（a）所示为车床尾座和顶尖套筒的配合，套筒在调整时要在车床尾座孔中滑动，需有间隙，但在工作时要保证顶尖高的精度，所以要严格控制间隙量以保证同轴度，故选择了最小间隙为零的间隙定位配合 H/h 类。

（2）图 2.25（b）所示为三角皮带轮与转轴的配合，皮带轮上的力矩通过键连接作用于转轴上，为了防止冲击和振动，两配合件采用了轻微定心配合 H/js 类。

（3）图 2.25（c）所示为起重机吊钩铰链配合，这类粗糙机械只要求动作灵活，便于装配，且多为露天作业，对工作环境要求不高，故采用了特大间隙低精度配合，选用 H12/b12。

（4）图 2.25（d）所示为管道的法兰连接，为使管道连接时能对准，一个法兰上有一凸缘和另一法兰上的凹槽相结合，用凸缘和凹槽的孔径作为对准的配合尺寸。为了防止渗漏，在凹槽底部放有密封填料，并由凸缘将之压紧。凸缘和凹槽的孔径处的配合本来只要求有一定间隙，易于装配即可；但由于凸缘和凹槽的孔径在加工时，不可避免地会产生相对于内径的同轴度误差，所以在此孔径处采用大的间隙配合，选用 H12/h12。

（5）图 2.25（e）所示为内燃机排气阀与导管的配合，由于气门导杆工作时温度很高，为补偿热变形，故采用很大间隙 H7/c6 配合，以确保气门导杆不被卡住。

（6）图 2.25（f）所示为滑轮与心轴的配合（注：心轴是只承受弯矩作用而不承受转矩作用的轴，传动轴正好相反，转轴则兼而有之，既承受弯矩作用又承受转矩作用）。为使滑轮在一轴上能灵活转动，宜采用较大的间隙配合，故采用了 H/d 配合。机器中有些结合本来只需稍有间隙，能有活动作用即可，但为了补偿形位误差对装配的影响，需增大间隙，这时也常采用这种配合。

（7）图 2.25（g）所示为连杆小头孔与衬套的配合，为确保相配两零件连为一个整体，而又不至于在装配时压坏衬套，采用过盈以能产生足够大的夹紧作用，故采用了 H/r 配合。

（8）图 2.25（h）所示为联轴器与传动轴的配合，这种配合要求过盈较大，对钢和铸铁件适于作永久性结合。图 2.20（e）中的内燃机阀座和缸体的配合也属于 H/t 类。

（9）图 2.25（I）所示为火车轮缘与轮毂的配合，属于 H/u 类，这种配合要求过盈量很大，需用热套法装配，且应验算在最大过盈时其内应力不许超出材料的屈服强度。

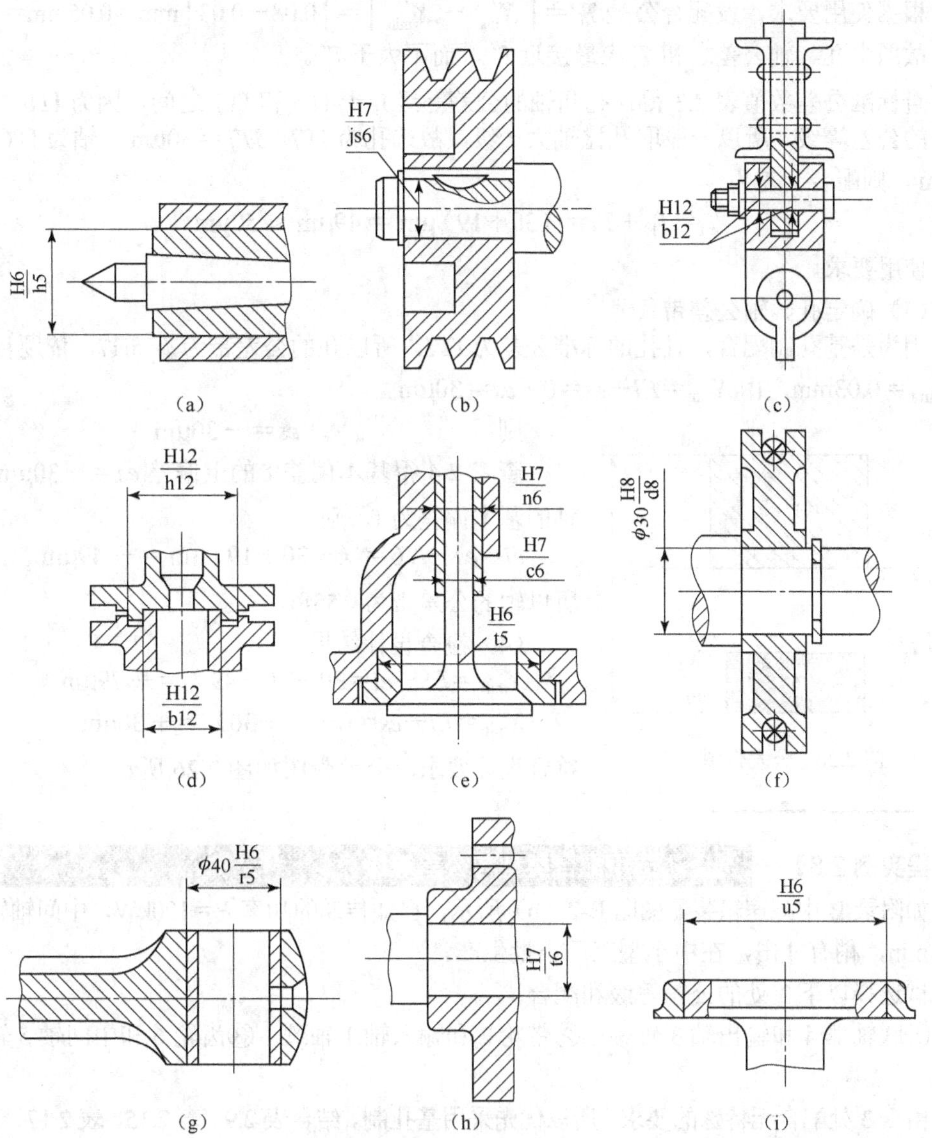

图 2.25 工程中常用机构的配合

2.3.4 尺寸精度设计举例

【工程实例 2.7】 计算法选用配合类型与公差等级

某孔与轴配合的公称尺寸为ϕ55mm，要求间隙在 0.03～0.08mm 之间，试确定孔和轴的公差等级和配合种类。

解：

（1）选择基准制

因为没有特殊要求，所以选用基孔制配合，基孔制配合 $EI=0$。

（2）选择孔、轴公差等级

因为孔和轴配合公差 $T_f=T_D+T_d=|X_{max}-X_{min}|$；

根据使用要求，设配合公差 $T_f'=|X'_{max}-X'_{min}|=|0.08-0.03|\text{mm}=0.05\text{mm}=50\mu\text{m}$；

故题中孔、轴公差之和 T_f 应最接近 T_f'，而不大于 T_f'。

查标准公差数值表 2.3 得：孔和轴的公差等级介于 IT6 和 IT7 之间，因为 IT6 和 IT7 属于高的公差等级，所以一般取孔比轴大一级，故选孔为 IT7，$IT7=30\mu\text{m}$；轴为 IT6，$IT6=19\mu\text{m}$，则配合公差为

$$T_f=T_D+T_d=(30+19)\mu\text{m}=49\mu\text{m}<50\mu\text{m}$$

满足使用要求。

（3）确定孔、轴公差带代号

因为是基孔制配合，且孔的标准公差为 IT7，所以孔的公差带为 ϕ55H7。依题目最小间隙 $X_{min}=0.03\text{mm}$，由 $X_{min}=EI-es=0-es=30\mu\text{m}$

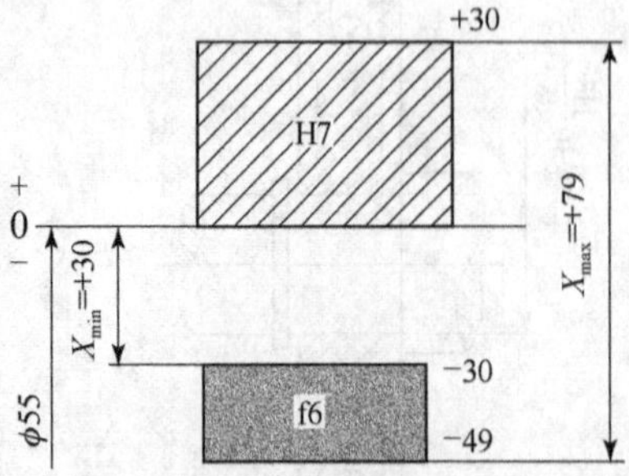

图 2.26　公差带图

则　　　　　　$es=-30\mu\text{m}$

查表 2.4 得基本偏差 f 的上偏差 $es=-30\mu\text{m}$，故取轴的基本偏差为 f，则

$$ei=es-IT6=(-30-19)\mu\text{m}=-49\mu\text{m}$$

所以轴的公差带为 ϕ55f6。

（4）检查设计结果

$$X_{max}=ES-ei=30-(-49)=+79\mu\text{m}$$

$$X_{min}=EI-es=0-(-30)=+30\mu\text{m}$$

符合设计要求。公差带图如图 2.26 所示。

【工程实例 2.8】　类比法选用配合类型与公差等级

如附录 B 中减速箱装配图图 B-2（b）所示，已知传递的功率 $P=100\text{kW}$，中间轴转速 $n=750\text{r/min}$，稍有冲击，在中小型工厂小批生产。

试选择以下 3 处的公差等级和配合：

①联轴器 4 和输出轴 3 轴颈；②带轮 2 和输入轴 1 轴颈；③齿轮 6 和中间轴 5 轴颈。

解：

由于 3 处配合无特殊的要求，所以优先采用基孔制。结合表 2.9、表 2.15、表 2.17、表 2.18、表 2.20、表 2.21 具体选用如下。

（1）联轴器 4 是用精制螺栓连接的固定式刚性联轴器，为防止偏斜引起附加载荷，要求对中性好；又由于联轴器是中速轴上重要的配合件，无轴向附加定位装置，结构上采用紧固件，故联轴器 4 与输出轴 3 轴颈之间的配合选用过渡配合 ϕ45H7/m6。

（2）带轮 2 和输入轴 1 轴颈配合与上述配合相比较，定心精度因是挠性件传动，因而要求不高，且又有轴向定位件，为便于装卸可选用 H8/h7（h8、js7、js8），本例选用 ϕ20H8/h8。

（3）齿轮 6 内孔和轴颈配合是影响齿轮传动的重要配合，内孔公差等级由齿轮精度决定，一般减速器齿轮精度为 8 级，故基准孔为 IT7。传递负载的齿轮和轴的配合，为保证齿轮的工作精度和啮合性能，要求准确对中，一般选用过渡配合加紧固件，可供选用的配合有 H7/_6（k6、m6、n6，甚至 p6、r6），至于采用哪种配合，主要考虑装卸要求、载荷大小、有无冲击振动、转速高低、批量生产等。此处为中速、中载、稍有冲击、小批量生产，故选用 ϕ50H7/m6。

【工程实例 2.9】　钻孔用钻模系列公差与配合

如图 2.27 所示，钻模板 3 上装有固定钻套 4，以引导钻头对准被加工零件中心。

试选择以下 4 处的公差等级和配合：

① 钻套 4 与钻模板 3；

② 钻套 4 内孔与钻头；

③ 轴 2 与底座 1；

④ 轴 2 与钻模板 3。

解：

（1）基准制的选择

因钻头属于定值刀具，可视为标准件，故钻套 4 内孔与钻头的配合应采用基轴制；其余 3 处无特殊要求，应优先选用基孔制。结合表 2.9、表 2.10、表 2.15、表 2.17、表 2.18、表 2.20、表 2.21 具体选用。

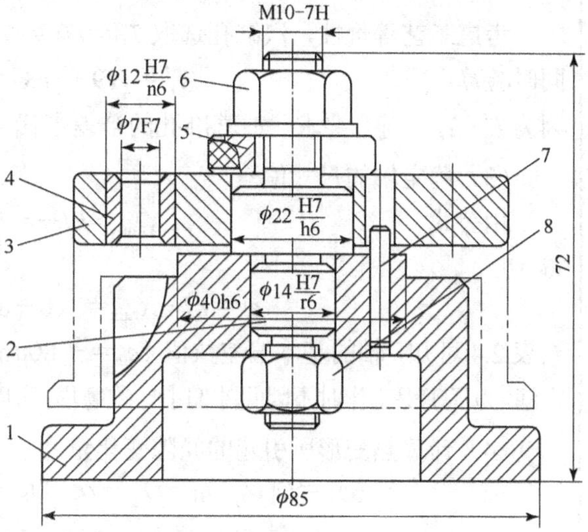

1—底座；2—轴；3—钻模板；4—钻套；5—垫圈；6—螺母；7—圆柱销；8—螺母

图 2.27　钻模

（2）公差等级的选择

参看表 2.15，钻模夹具各元件的连接可按一般机械的常用处选用，即孔用 IT7，轴用 IT6。

本例中钻模板两内孔、底座内孔均按 IT7 选用，而钻套外圆和定位心轴外圆均按 IT6 选用。

（3）配合的选择

① 钻套 4 外圆与钻模板 3 内孔的配合：要求连接牢固，在轻微冲击负荷下不会发生松动，为了保证定位精度，采用了精确定心配合 H/n 类，本例配合选为 ϕ12H7/n6。

② 底座 1 与钻模板 3 靠定位心轴 2 连接成一整体，为了保证定心精度和连接牢固，两处配合分别选择了间隙定位配合 ϕ22H7/h6 和中压定心配合 ϕ14H7/r6。

【工程实例 2.10】　活塞系列公差与配合

图 2.28 所示为发动机中的铝制活塞在钢制汽缸孔内高速往复运动，其工作间隙要求为 80～220μm。工作时，汽缸的温度 t_H =110℃，活塞的温度 t_S = 180℃。汽缸材料的线膨胀系数 α_H =12×10^{-6}/K，活塞材料的线膨胀系数 α_S =24×10^{-6}/K。

已知活塞与汽缸的公称尺寸为 ϕ80mm，试确定活塞与汽缸孔的尺寸偏差。

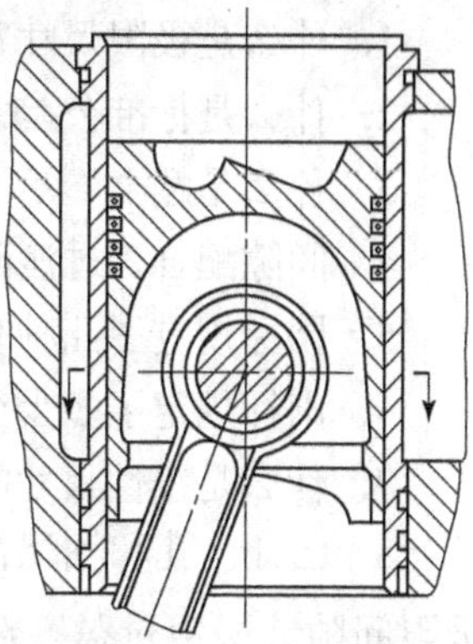

图 2.28　活塞与汽缸的配合

解：

（1）确定基准制

由题意可知，无特殊要求，优先选用基孔制。

（2）确定孔、轴公差等级

由于　$T_f = X_{max} + X_{min} =$（220－80）μm = 140μm

又因为　$T_f = T_D + T_d = 140\mu m$

按
$$T_D = T_d = T_f/2 = 70\mu m \text{（估计值）}$$
查表 2.3 可知：
$$IT8 = 46\mu m，IT9 = 74\mu m$$
考虑工艺等价性，汽缸孔选取 $T_D = IT9 = 74\mu m$，活塞取 $T_d = IT8 = 46\mu m$。

同时验算：
$$T_f' = IT9 + IT8 = 74 + 46 = 120\mu m$$
因为 $T_f' < T_f$，符合要求，故基准孔的公差带代号为 $\phi 80H9\left({}^{+0.074}_{0}\right)$。

（3）确定轴的尺寸偏差

由公式
$$X_{min} = EI - es$$
得
$$es = EI - X_{min} = (0 - 80)\mu m = -80\mu m$$
查表 2.4 可知，轴的基本偏差数值（$es = -80\mu m$）在 e（$es = -60\mu m$）和 d（$es = -100\mu m$）之间。为了确保工作时不因间隙偏小导致磨损，所以非基准件轴的公差代号暂定为 $\phi 80d8\left({}^{-0.080}_{-0.0126}\right)$。

（4）计算热变形所引起的间隙变化量
$$\begin{aligned}\Delta X &= D[\alpha_H(t_H - t) - \alpha_S(t_S - t)]\\ &= 80 \times [12 \times 10^{-6} \times (110 - 20) - 24 \times 10^{-6} \times (180 - 20)]\\ &= -0.22mm = -220\mu m\end{aligned}$$
以上计算结果为负值，说明工作间隙因受热变形而减小。为了补偿热变形，必须在轴的上、下偏差中加入补偿值 ΔX，即
$$es' = es + \Delta X = (-80 - 220) = -300\mu m$$
$$ei' = ei + \Delta X = (-126 - 220) = -346\mu m$$
（5）确定汽缸孔与活塞的尺寸偏差

汽缸： $\phi 80^{+0.074}_{0}$

活塞： $\phi 80^{-0.300}_{-0.346}$

2.4 习题

1．什么是极限尺寸？什么是实际尺寸？两者关系如何？

2．什么是标准公差？什么是基本偏差？两者各自的作用是什么？

3．什么是配合？

4．间隙配合、过渡配合、过盈配合各适用于何种场合？

5．国标规定了几种基准制？如何正确使用？

6．国标规定了多少个公差等级？公差等级的选用原则是什么？

7．什么是线性尺寸的一般公差？分为几个公差等级？

8．已知一孔和轴配合，孔为 $\phi 40^{+0.033}_{0}$，轴为 $\phi 40^{+0.028}_{+0.008}$。试计算孔、轴的极限尺寸及配合的极限间隙或极限过盈，判断配合的性质，并绘制孔和轴各自的尺寸公差带图以及配合公差带图。

9．查表确定下列孔和轴的极限偏差及配合的公差值，并写出含极限偏差配合代号。

① $\phi 30$（H9/f8）　　② $\phi 20$（P8/h7）

10．查表确定下列各尺寸的公差代号。

① $\phi 115^{+0.054}_{0}$（孔）　② $\phi 35^{-0.050}_{-0.075}$（轴）

11．不查表，试直接判断下列各组配合的配合性质是否完全相同。

① $\phi 18\frac{H6}{f5}$ 与 $\phi 18\frac{F6}{h5}$　② $\phi 60\frac{H7}{m6}$ 与 $\phi 60\frac{M7}{h6}$　③ $\phi 80\frac{H8}{t6}$ 与 $\phi 80\frac{T8}{h6}$

第 3 章 测量技术基础

3.1 测量技术的基本知识

3.1.1 概述

测量技术是机械工业发展的基础和先决条件之一。从生产发展的历史来看，加工精度的提高总是与测量技术发展水平相关联。由于有了千分尺类量具，使加工精度达到了 0.01mm；有了测微比较仪，使加工精度达到了 1μm 左右；有了圆度仪等精密测量仪器，使加工精度达到了 0.1μm；有了激光干涉仪，使加工精度达到了 0.01μm。目前，国际上机床的加工水平已能稳定地达到 1μm 的精度，正在向着稳定精度为纳米级的加工水平发展，表面粗糙度的测量则向亚纳米级的水平发展。有人认为材料、精密加工、精密测量与控制是现代精密工程（包括宇航工程）的三大支柱。测量与控制是科学技术发展的促进因素，测量的精度和效率在一定程度上决定着科学技术的水平。

1．基本概念

在实际工作中，人们经常会用到有关测量的名词，如检验、测试、测量等。它们既有相近的含义，又有所区别，分别适用于不同的场合，都是计量学所表现的具体方式。

首先，应该明确什么是计量学。计量学是关于测量的科学，是研究测量、保证量值统一和准确的一门科学。计量学研究的内容有：计量单位及其基准，标准的建立、保存和使用，测量方法和计量器具，测量不确定度，观测者进行测量的能力，以及计量法制和管理等。计量学也包括研究物理常数和物质标准，材料特性的准确测定。

从计量学的定义和内容可以看出，其表现的主要方式是测量。测量是以确定量值为目的的一组操作，也就是为确定被测对象的量值而进行的实验过程。在计量工作中还常用到以下名词。

测试：具有试验性质的测量。也可理解为试验和测量的全过程。

检验：判断被测物理量是否合格（是否在规定范围内）所进行的操作，通常不一定要求测出具体值。因此，检验也可理解为不要求知道具体值的测量。检验的主要对象是工件。

检定：为评定计量器具是否符合法定要求所进行的全部工作，它包括检查、加标记和出具检定证书。检定的主要对象是计量器具。

2．测量过程

综上可知，测量是为确定被测对象的量值而进行实验的过程。具体地说，就是将被测量与一个作为计量单位的标准量进行比较，以求其比值的过程。测量过程可以用一个基本公式

来表示，即

$$L=Ku \tag{3.1}$$

式中　L——被测量，在长度测量中指被测长度；

u——标准量，在长度测量中是长度单位；

K——比值。

式（3.1）被称为测量的基本方程式。它说明被测值 L 等于所采用的长度单位 u 与计量单位比值 K 的乘积。例如 u 为 mm，$K=50$，则被测长度为 50 mm。

这里所指的长度是广义的，这个长度包括长度值（线值）、角度以及被测几何形体表面的形状、位置和粗糙度等各种形式的几何量。

一个完整的测量过程应由下述四部分组成，即测量过程四要素。

1）测量对象和被测量

几何量测量的对象是多种多样的，不同的测量对象有不同的被测量。如孔和轴的主要被测量是直径；箱体零件的被测量有长、宽、高以及孔间距等；螺纹零件的被测量有螺距、中径、牙型半角等；复杂的零件还有复合的被测量，如丝杠和滚刀的螺旋线误差等。无论零件的形状如何不同，被测量的参数如何复杂，从几何量测量的本质来说，均可归结为长度和角度，以及它们的组合。

被测对象和被测量的特性是设计测量方法的主要依据。在被测量和标准量的比较过程中，对被测量的分析研究是非常重要的。

2）计量单位和标准量

几何量测量中常用的长度单位有米、毫米、微米，角度单位为度、分、秒。

在测量过程中，计量单位必须以物质形式来体现。能体现计量单位和标准量的物质形式有：光波波长、精密量块、线纹尺、各种圆分度盘等。

3）测量方法

测量方法是指完成测量任务所用的方法、量具或仪器，以及测量条件的总和。当没有现成的量具或仪器时，需要自行拟定测量方法并设计计量器具，这就需要根据被测对象和被测量的特点（形体大小、精度要求等）确定标准量，拟定测量方案，包括工件的定位、读数和瞄准方式及测量条件（如温度和环境要求等）。

4）测量精度

测量结果与真值的一致程度称为测量精度。在测量过程中不可避免地会存在或大或小的测量误差，测量误差大，则测量结果的可靠性低；测量误差小，则测量结果的可靠性高。因此，不知道测量精度的测量结果是没有意义的。对每一测量结果，特别是精密测量，都应给出测量精度。

3.1.2　计量基准与量值传递系统

1. 长度基准和米定义

为了保证工业生产中长度测量的精度，首先需要建立一个标准的长度单位（长度基准），这个长度单位应稳定可靠，并且有和科学技术水平相适应的最高精度。国际上长度单位的标准有公制和英制两种，我国同全球大多数国家一样采用公制，即以“米”为我国的长度单位。

“米”作为长度计量单位起源于 1790 年，当时法国国民大会通过了以经过巴黎的地球子午线的四千万分之一为一米的建议，并制作了一把档案米尺。约一百年后国际计量局用铂铱合金制成国际米原器，由于实物基准材料内部的不稳定性，以及受环境的影响，其可靠性并不理想。1960 年国际计量大会决定采用光波波长作为长度单位的自然基准，随着激光稳频技术的发展，在 1983 年第 17 届国际计量大会上通过了米的新定义：“米是光在真空中 1/299 792 458 秒时间内的行程长度。”

以光速和时间频率作为长度基准，并用稳频激光来复现，这是计量技术的重大突破，使长度基准精度提高到 1×10^{-11}。

2．长度量值传递

在实际应用中，对各种被测尺寸显然不可能都按“米”的定义去测量，而需借用各种计量器具。因此，为了使生产中使用的计量器具和工件的量值与长度基准保持量值的准确和一致，就需要有一个统一的量值传递关系。我国尺寸量值传递系统如图 3.1 所示。

角度测量也属于长度计量范围，角度是机械制造中重要的几何量之一。由于圆周角定义为 360°，因此，角度基准与长度基准有本质的区别，角度的自然基准是客观存在的，不需要像长度一样再建立一个自然基准。但是为了检定和测量方便的需要，仍然需要建立角度度量的基准。通常在高精度的分度中以多面棱体作为角度基准。

多面棱体用特殊合金钢或石英玻璃经精细加工而成。常见的有 4、6、8、12、24、36、72 等正多面体，如图 3.2 所示为八面棱体，在任意轴切面上相邻两面法线间的夹角为 45°，可作为测量任意 45°×n（n=1，2，3，…）角度的基准角。

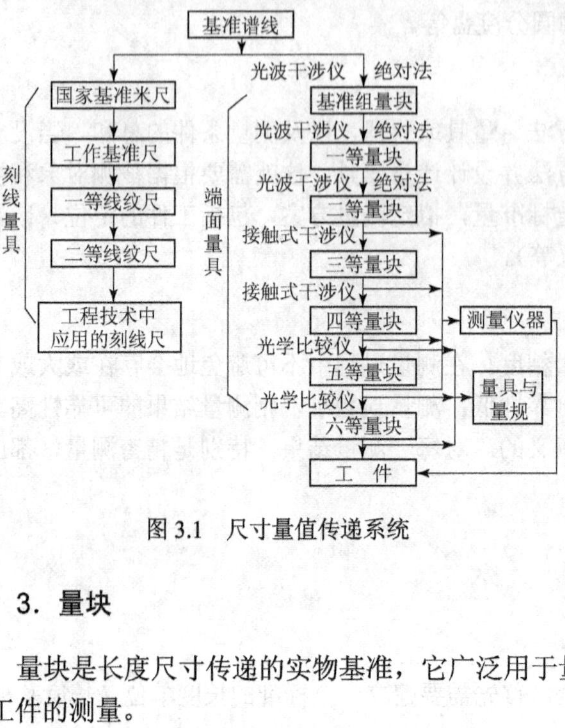

图 3.1　尺寸量值传递系统

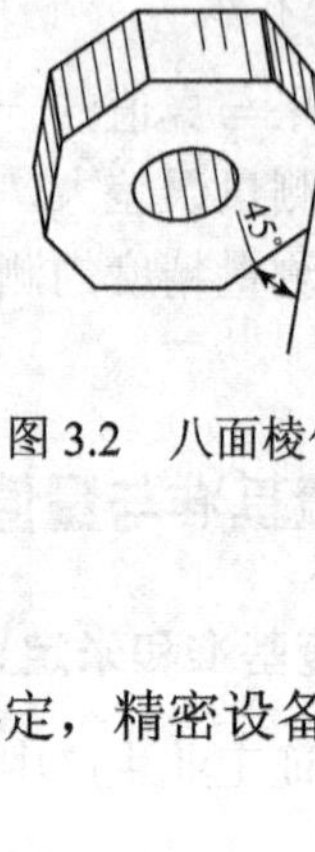

图 3.2　八面棱体

3．量块

量块是长度尺寸传递的实物基准，它广泛用于量仪的校准和鉴定，精密设备的调整和精密工件的测量。

量块通常用轴承钢制成正六面体，具有两个经过精密加工的平行平面（测量平面），如图 3.3 所示。量块长度（l）是指量块测量面上任意一点（距边缘 0.8 mm 区域除外）到与其相对的另一测量面相研合的辅助体（如平晶）表面之间的垂直距离，辅助体的材料与表面质量应与量块相同；量块中心长度（L）是指对应于未研合测量面中心点的量块长度；量块标称长度（l_c）是用以表明与其主单位之间关系的量值，也称为量块长度的示值。两测量平面的表面粗糙度、平面度和平行度要求都很高（$Ra \leqslant 0.01\mu m$ 或 $Ra \leqslant 0.006\mu m$），两个测量面之间的距离要求很准，因此，量块具有尺寸准确、稳定，硬度高，耐磨性好等特点。此外，由于测量面极为光滑平整，将两块量块顺其测量面加压推合就黏合在一起，量块的这种特性称为研合性（或黏合性），利用它可将多个尺寸不同的量块黏合成量块组而扩大了量块的应用。为此，量块往往是成套制成的，每套包括一定数量的不同尺寸的量块，如图 3.4 所示。

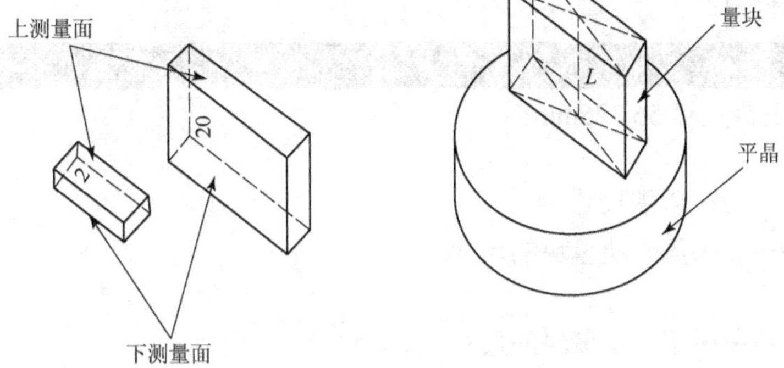

图 3.3　量块

图 3.4　成套量块

1）量块的精度

量块的精度虽然很高，但其测量面也非理想面。为了满足不同应用场合对量块精度的要求，国标 GB/T 6093—2001 对量块的精度规定了两种表达方式：一是按制造精度分为五级，即 0、1、2、3、K 级，0 级精度最高，3 级精度最低，K 级为校准级；二是按量块的中心长度及平面平行度的鉴定精度又可分成六等，即 1、2、3、4、5、6 等。

“级”主要是根据量块长度极限偏差和量块长度变动量的允许值来划分的，而“等”是按中心长度测量的不确定度来划分的。

2）量块的使用

与量块精度对应的使用方法有两种。

（1）按“级”使用：应以量块标称长度作为工作尺寸。该尺寸包含了量块的实际制造误差。

（2）按“等”使用：应以经检定后所给出的量块中心长度的实测值作为工作尺寸。该尺寸不包含量块的实际制造误差，但包含了量块检定时相对较小的测量误差。所以按“等”使用的测量精度比按“级”使用的高。除提高测量精度外，还能延长量块的使用期限。

3）量块的组合

量块是一种单值的定值量具，根据不同尺寸的要求，利用量块的研合性，可在一定范围内组合不同尺寸的量块以构成所需的工作尺寸。我国成套生产的量块共有 17 种套别，每套的块数为 91、83、46、38、12、10、8、5 等。表 3.1 所列为 83 块和 91 块的量块尺寸系列。

表 3.1 成套量块尺寸表

总块数	尺寸系列/mm	间隔/mm	块数	总块数	尺寸系列/mm	间隔/mm	块数
	0.5	—	1		1.01～1.49	0.01	49
	1	—	1		1.5～1.9	0.1	5
	1.005	—	1		2.0～9.5	0.5	16
83	1.01～1.49	0.01	49	91	10～100	10	10
	1.5～1.9	0.1	5		1.001～1.009	0.001	9
	2.0～9.5	0.5	16		1	—	1
	10～100	10	10		0.5	—	1

使用量块时，为了减少量块的累积误差，应力求以最少的块数组成所需的尺寸，一般不超过 4 块。选用量块时，可从所需组合尺寸的最后一位数开始，按照“去尾数”的方法，逐一消去所需尺寸的最后一位或两位数。

【工程实例 3.1】 量块组合

从 83 块一套的量块中组成所需尺寸 56.325mm。

选取步骤如下：

56.325 ……………所需尺寸

−1.005 ……………第一块量块的尺寸

55.320

−1.32 ……………第二块量块的尺寸

54.000

−4.0 ……………第三块量块的尺寸

50 ……………第四块量块的尺寸

即 56.325＝1.005＋1.32＋4＋50

3.1.3 计量器具

计量器具是量具、量仪和其他用于测量目的的测量装置的总称。

1．量具

量具为以固定形式复现量值的计量器具，如量块、线纹米尺等。前者称为单值量具，后者称为多值量具。

2．量仪

量仪是能将被测的量转换成可直接观测的指示值或等效信息的计量器具，又可分为指示式仪器、记录式仪器和数字式仪器。按结构的特点，量仪还可分为以下几种。

（1）卡尺类量仪，如数显卡尺、数显高度尺、数显量角器等。

（2）微动螺旋副类量仪，如数显千分尺、数显内径千分尺等。

（3）机械类量仪，如百分表、千分表、杠杆比较仪、扭簧比较仪等。

（4）光学机械量仪，如光学计、测长仪、投影仪、干涉仪、激光准直仪、激光干涉仪等。

（5）气动类量仪，如压力式气动量仪、流量计式气动量仪等。

（6）电学类量仪，如电感比较仪、电动轮廓仪等。

（7）机电光综合类量仪，如三坐标测量仪、齿轮测量中心等。

在生产中，人们常把结构比较简单的量仪也称为量具，如游标卡尺、千分尺等。

3．专用计量器具

专用计量器具是专用于测量某种或某个特定几何量的计量器具，如量规、圆度仪等。

4．测量装置

测量装置为确定被测量所必需的测量器具和辅助设备的总称。

3.1.4　测量方法

测量方法可以按各种不同形式进行分类。

1．直接测量与间接测量

直接从计量器具的读数装置上得到欲测量的数值或对标准量的偏差，称为直接测量。例如用游标卡尺、比较仪测量外圆直径。测量有关量，并通过一定的函数关系，求得欲测量值的测量，称为间接测量。例如，测量大尺寸圆柱体直径（D）时，可先测出其圆周长度（L），然后通过关系式 $D = L/\pi$ 求得零件的直径。

2．绝对测量与相对测量

能从计量器具读数装置上直接读出被测参数的整个量值，称为绝对测量。例如用千分尺测量零件的直径。在计量器具读数装置上只能读出被测参数相对于某一标准量的偏差值，称为相对测量（或比较测量），由于标准量是已知的，因此，被测参数的整个量值等于量仪所指示的偏差与标准量的代数和。例如用比较仪测量塞规直径。

3．接触测量与非接触测量

量仪的测量头与零件被测表面直接接触，并有机械作用的测量力存在，称为接触测量。量仪的传感部分与零件的被测表面间不接触，没有机械的测量力存在，称为非接触测量。例如光学投影测量、气动量仪测量。

4．分项测量与综合测量

单个地、彼此没有联系地测量工件的单项参数，称为分项测量。例如，分别测量螺纹的螺距或牙型半角等。同时测量零件上的几个有关参数，综合地判断工件是否合格，其目的在于保证被测零件在规定的极限轮廓内达到精度要求，称为综合测量。例如，用花键塞规检验内花键孔，用齿轮动态整体误差测量仪测量齿轮。

5．静态测量与动态测量

在测量过程中，被测件和计量器具的测量头均处于相对静止状态，称为静态测量。例如，用千分尺测量零件的直径。在测量过程中，被测件和测量头均处于相对运动状态，称为动态测量，其目的是为了测得误差的瞬时值及其随时间变化的规律。例如，在磨削过程中，测量零件的直径。

动态测量效率高且能反映出零件在接近使用状态下的情况，但对计量器具有比较高的要求，例如，要消除振动对测量结果的影响，测量头与被测零件的接触要可靠，测量头要耐磨损，对测量信号的反应要灵敏等。

6．主动测量与被动测量

被测件在加工过程中进行的测量，称为主动测量。这种测量把测量与加工紧密结合起来，其测量结果可以反馈，从而决定了工件是否需要继续加工或工艺过程是否需要进行调整，能及时防止废品的产生。被测件在加工完毕之后进行的测量，称为被动测量。这种测量仅用于发现和剔除废品。

7．等精度测量与不等精度测量

在测量过程中，决定测量精度的全部因素或条件不发生变化的测量，称为等精度测量。例如由同一个人使用同一台量仪，在同样条件下，以同样的测量方法，对同一个量仔细地进行测量。可以认为每一测量结果的可靠性和精确度都是相同的。在一般情况下，为了简化对测量结果的处理，大多采用等精度测量。实际上，绝对的等精度测量是不可能的。在测量过程中，决定测量结果的全部因素或条件可能完全改变或部分改变，称为不等精度测量。例如，用不同的测量方法，不同的计量器具，在不同的条件下，由不同人员对同一被测的量进行不同次数的测量。显然，其测量结果的可靠性与精确度各不相同。由于不等精度测量的数据处理比较麻烦，因此只用于重要的科研实验中的高精度测量。

以上测量方法的分类是从不同角度考虑的。对一个具体的测量过程，可能兼有几种测量方法的属性。例如，在内圆磨床上用两点式测量头进行检测，具有主动测量、直接测量、接触测量等几种测量方法的属性。测量方法的选择应考虑被测件的结构特点、精度要求、生产批量、技术条件及经济效益等。

3.2 测量误差和数据处理

3.2.1 测量误差及其来源

1．测量误差

测量中，不管使用多么精确的计量器具，采用多么可靠的测量方法，进行多么仔细的测量，都不可避免地存在误差。如果被测量的真值为 l_0，被测量的测得值为 l，则测量误差 δ 用下式表示：

$$\delta = l - l_0 \tag{3.2}$$

式（3.2）表达的测量误差也称为绝对误差。

在实际测量中，虽然真值不能得到，但往往要求分析或估算测量误差 δ 的范围，即求出

真值 l_0 落在测得值 l 附近的最小范围，称为测量极限误差 $\delta_{\lim}$，它应满足

$$l-|\delta_{\lim}| \leqslant l_0 \leqslant l+|\delta_{\lim}| \tag{3.3}$$

由于 l 可大于或小于 l_0，因此 δ 可能是正值或负值，即

$$l_0 = l \pm |\delta| \tag{3.4}$$

绝对误差 δ 的大小反映了测得值 l 与真值 l_0 的偏离程度，决定了测量的精确度。δ 越小，l 偏离 l_0 越小，测量精度越高；反之测量精度越低。因此，要提高测量的精确度只有从各个方面寻找有效措施来减小测量误差。

对同一尺寸测量，我们可以通过绝对误差 δ 的大小来判断测量精度的高低。但对不同尺寸测量，就要用测量误差的另一种表示方法，即相对误差的大小来判断测量精度。

相对误差 ε 是指测量的绝对误差 δ 与被测量真值 l_0 之比。实用中以被几何量的测量值 l 代替真值 l_0 进行估算，即

$$\varepsilon = \frac{|\delta|}{l_0} \approx \frac{|\delta|}{l} \times 100\% \tag{3.5}$$

例如，某两种轴颈的测量值分别为 100.020mm 和 9.996mm，若它们的绝对误差分别为＋0.020mm 和−0.004mm，由式（3.5）估算其相对误差，分别为

$$\varepsilon_1 = 0.020/100 \times 100\% = 0.02\%$$

$$\varepsilon_2 = 0.004/10 \times 100\% = 0.04\%$$

故前者比后者测量结果的精度高。

在实际生产中，为了提高测量精度，就应该减小测量误差。要减小测量误差，就必须了解测量误差产生的原因、变化规律及误差的处理方法。

2. 测量误差的来源

在实际测量中，产生测量误差的原因很多，主要有以下几个方面。

（1）计量器具误差。它是指计量器具设计、制造和装配调整不准确而产生的误差，分为设计原理误差、仪器制造和装配调整误差。例如，仪器读数装置中刻线尺、刻度盘等的刻线误差和装配时的偏斜或偏心引起的误差；仪器传动装置中杠杆、齿轮副、螺旋副的制造及装配误差；光学系统的制造、调整误差；传动件间的间隙、导轨的平面度、直线度误差；计量器具各零部件本身的制造误差、变形和磨损等引起的误差，都属于仪器制造和装配调整误差。又如，在设计计量器具时，为了简化结构而采用近似设计所产生的误差，属于设计原理误差。

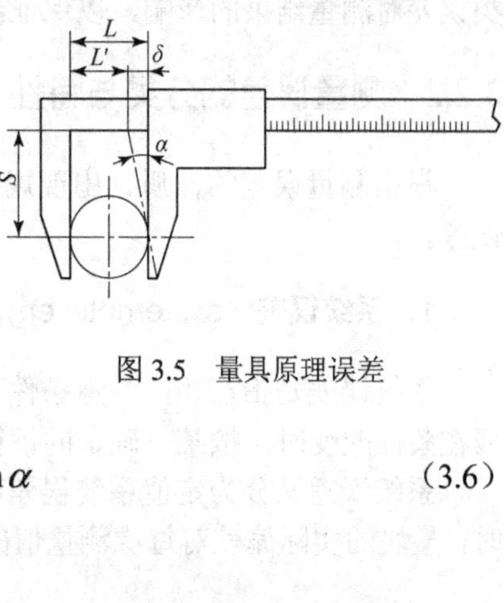

图 3.5　量具原理误差

如图 3.5 所示，游标卡尺测量轴径所引起的误差就属于设计原理误差。根据长度测量的阿贝原则，在设计计量器具或测量工件时，应将被测长度与基准长度置于同一直线上。显然用游标卡尺测量时，不符合阿贝原则，用于读数的刻线尺上的基准长度和被测工件直径不在同一直线上，由于游标框架与主尺之间的间隙影响，可能使内外量爪倾斜，由此产生的测量误差为

$$\delta = L' - L = S\tan\alpha \tag{3.6}$$

式中　α——活动量爪的倾斜角；

　　　S——刻度尺与被测工件尺寸之间的距离。

对于理论误差，可以从设计原理上通过采用近似原理和减少机构，设计时尽量遵守阿贝测长原则等，将误差消除或控制在合理范围内。对于仪器制造和装配调整误差，由于影响因素很多，情况比较复杂，也难于消除掉。在使用中可通过对一台仪器进行检定，掌握其示值误差，列出修正表，以消除其误差，或用多次测量的方法以减小其误差。

（2）标准件误差。它是指作为标准件使用的量块或标准件等本身存在的制造误差和使用过程中磨损产生的误差。特别是用相对测量时，基准件的误差直接反映到测量结果中。

因此，在选择标准件时，一般都希望标准件的精度高一些，但是标准件的精度太高也不经济。所以在生产实践中一般取标准件的误差占总测量误差的 1/5～1/3，并且要经常检验标准件。

（3）测量方法误差。它是指测量时选用的测量方法不完善（包括工件安装不合理，测量方法选择不当，计算公式不准确等）或对被测对象认识不够全面引起的误差。例如，前述测量大型工件的直径，可以采用直接测量法，也可采用测量弦长和弓高的间接测量法，其测量误差是不相同的。

（4）环境误差。它是指测量时的环境条件不符合标准条件所引起的误差，包括有温度、湿度、气压、振动、灰尘等因素引起的误差。其中温度是主要的，其余因素仅在精密测量时才考虑。例如，用光波波长作基准进行绝对测量时，若气压、温度偏离标准状态，则光波波长将发生变化。

测量时，计量器具和被测工件的温度偏离标准温度 20℃而引起的测量误差由下式计算：

$$\delta = L(\alpha_1 \Delta t_1 - \alpha_2 \Delta t_2) \tag{3.7}$$

式中 δ——温度引起的测量误差；

L——被测尺寸（通常用基本尺寸代替）；

α_1、α_2——计量器具、被测工件的线膨胀系数；

Δt_1、Δt_2——计量器具和被测工件的实际温度 t_1、t_2 与标准温度（20℃）之差。

（5）人为误差。它是指测量人员的主观因素（如技术熟练程度、工作疲劳程度、测量习惯、思想情绪等）引起的误差。例如，计量器具调整不正确，瞄准不准确，估读误差等都会造成测量误差。

总之，产生测量误差的因素很多，有些误差是可以避免的，有些误差是可以修正或减小的，还有些误差既不可避免也不能消除。测量时，应采取相应的措施，避免、消除或减小各类误差对测量结果的影响，以保证测量精度。

3.2.2 测量误差的分类与特性

根据测量误差的性质、出现规律和特点，可分为三大类，即系统误差、随机误差和粗大误差。

1. 系统误差（systematic error）

系统误差是指在相同测量条件下，多次测量同一量值时，误差的绝对值与符号保持不变，或在条件改变时，按某一确定的规律变化。系统误差又称为规律性误差。

系统误差又分为定值系统误差和变值系统误差两种。如图 3.6 所示，用比较仪测量零件时，量块的实际偏差对每次测量值的影响是相同的，它所引起的测量误差就是定值系统误差。

又如，指示表的表盘安装偏心所引起的示值误差按确定的正弦规律作周期性变化，这种误差就是变值系统误差。变值系统误差可能是周期性的，也可能是逐渐累积性的或具有确定的复杂规律性。

从理论上讲，系统误差是可以消除的，特别是对多数定值系统误差，通常易于发现，并能够消除或修正（将测得值减去已定系统误差作为测量结果）。但实际上，系统误差不一定能够完全被消除。对于这些未确定的系统误差应在分析原因、发现规律或采取其他手段的基础上，估计误差可能出现的范围。

2．随机误差（random error）

随机误差是指在相同测量条件下，多次测量同一量值时，误差的绝对值和符号均不定，故又称为偶然误差。随机误差是由测量过程中未加控制的多种因素造成的，如测量时温度的波动，测量力不稳定，油膜带来的停滞现象，读数时的视差等。

对单次（某一次）测量而言，随机误差的绝对值和符号以不可预定的方式变化，误差的出现是无规律可循的。但是，如果进行大量、重复测量，则这类误差服从正态分布的统计规律，如图 3.7 所示。由概率论与数理统计可知，正态分布曲线（高斯分布曲线）可用下式表示。

$$y=\frac{1}{\sigma\sqrt{2\pi}}\mathrm{e}^{-\frac{\delta^2}{2\sigma^2}} \tag{3.8}$$

式中 y——随机误差的概率密度；

δ——随机误差；

e——自然对数的底（e=2.718 28…）；

σ——标准偏差（均方根误差）。

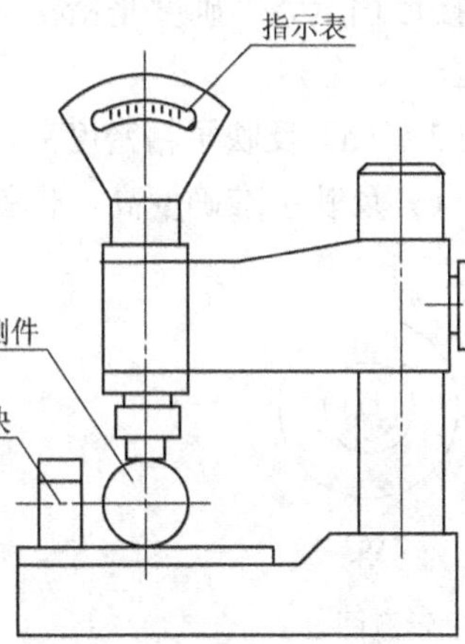

图 3.6 用比较仪测量轴颈

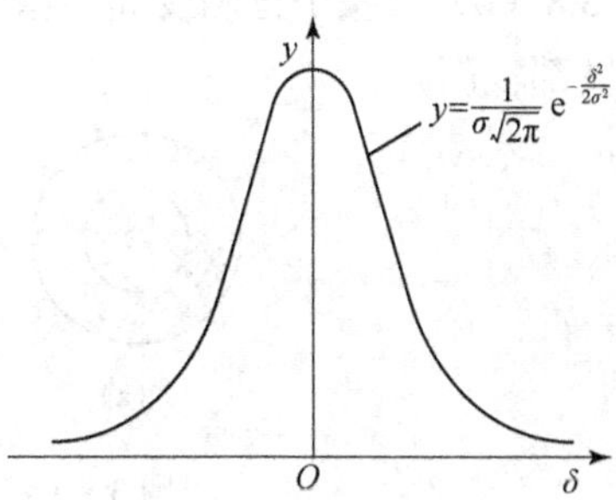

图 3.7 随机误差的分布曲线

$$\sigma=\sqrt{\frac{\delta_1^2+\delta_2^2+\cdots+\delta_n^2}{n}}=\sqrt{\frac{\sum_{i=1}^{n}\delta_i^2}{n}} \tag{3.9}$$

式中测量次数 n 应充分大。同时，随机误差具有以下特性：

（1）对称性：绝对值相等的正负误差出现的概率相同，即纵轴左右对称。

（2）单峰性：在等精度测量中，绝对值小的误差比绝对值大的误差出现的概率大，曲线的形状是中间高两边低。

（3）有界性：在一定的测量条件下，随机误差的绝对值不会超过一定界限。

（4）抵偿性：随着测量次数的增加，随机误差的算术平均值趋于零。抵偿性是随机误差最本质的统计特性，即

$$\lim_{n\to\infty}\left(\frac{1}{n}\sum_{i=1}^{n}\delta_i\right)=0 \tag{3.10}$$

因此，随机误差从理论上讲是不能够被消除的，但是可以利用概率论和数理统计的方法估计误差的分布范围，并通过改善测量方法来减小其对测量结果的影响。

3. 粗大误差（parasitic error）

粗大误差是指超出在规定条件下预计的误差。粗大误差又称为过失误差。这种误差是由于测量者主观上的疏忽或客观条件的剧变（如突然的振动）等原因造成的，测量值有显著的差异。在正常的测量过程中，粗大误差应按一定规则予以剔除。

4. 有关测量精度的几个概念

精度和误差是相对的概念，误差是指测量结果偏离真值的程度，由于误差分系统误差和随机误差，笼统的精度概念已不能反映上述误差的差异，因此，需引出如下概念来区分系统误差、随机误差对测量结果的影响。

精密度（precision）：在相同的条件下进行多次测量时，所得结果的一致程度。精密度反映的是随机误差的大小。

正确度（correctness）：测量结果与真值的接近程度。正确度反映的是系统误差的大小。

准确度（accuracy）：测量结果的一致性及与真值的接近程度。准确度是精密度和正确度的综合反映。

如图 3.8 所示，设圆心为真值，点为测量结果，则图 3.8（a）反映了精密度高，正确度较差；图 3.8（b）反映了正确度高，精密度较差；图 3.8（c）反映了准确度高，也就是正确度和精密度都较高。

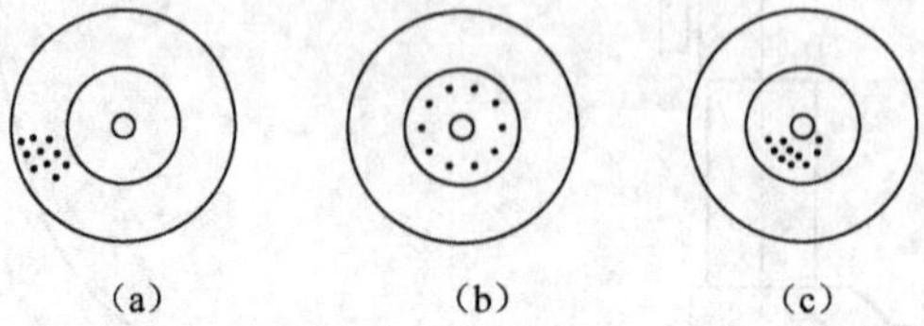

图 3.8 精密度、正确度和准确度示意图

3.2.3 测量误差的评定与处理

在正常的加工和测量中，明显的系统误差应该消除或修正，粗大误差则应予以剔除，而随机误差不可能被完全消除。通常讨论的尺寸误差统计分布主要是针对随机误差而言的。

1. 随机误差的评定指标

随机误差对一次测量来说，误差具有不确定性，而对于一系列等精度测量来说，误差具

有统计规律性。常用三个参数来评定随机误差，即测得值的算术平均值$\overline{L}$、标准偏差σ和极限误差$\delta_{\lim}$。

（1）算术平均值$\overline{L}$。若测量过程中仅存在随机误差，则多次测量的算术平均值$\overline{L}$是真值的最可信赖值（相对真值），应以$\overline{L}$作为测量结果；若测量过程中，既存在系统误差，又存在随机误差，则多次测量的算术平均值经修正后才是真值的最可信赖值。测得值的算术平均值$\overline{L}$为

$$\overline{L}=\frac{\sum_{i=1}^{n}l_i}{n} \tag{3.11}$$

式中 l_i——测量列中第 i 次测得值；

n——测量次数。

（2）标准偏差σ。标准偏差σ是表征随机误差的分散性指标。由式（3.8）可知，σ越小，则$y_{\max}$越大，分布曲线越陡；σ越大，则$y_{\max}$越小，分布曲线越平坦，如图 3.9 所示。

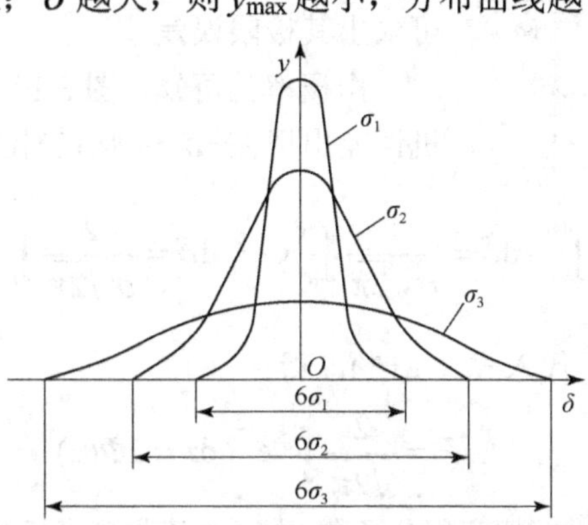

图 3.9 σ不同时正态分布曲线的变化

对测量误差来说，可从两个方面理解σ的含义：以单次测得值作为测量结果时，它是真值可能存在的分散性指标；以算术平均值作为测量结果时，它是一系列测得值对真值的分散性指标。

在实际工作中，由于真值 L 是不可知的，所以很难按式（3.9）计算σ。常用残余误差（简称残差）v_i代替随机误差δ_i。残差是指单个测量值与测量列的算术平均值的代数差，即

$$v_i=l_i-\overline{L} \tag{3.12}$$

当测量次数足够多时，残差的代数和趋近于零。

测量列中单次测得值的标准偏差的估算值σ为

$$\sigma=\sqrt{\frac{\sum_{i=1}^{n}v_i^2}{n-1}} \tag{3.13}$$

式（3.13）又称为贝塞尔（Bessel）公式，该式根号内的分母为（n−1），而不是采用 n，这是因为按 v_i 计算标准偏差时，n 个残差不完全是独立变量，而是受$\sum_{i=1}^{n}v_i=0$条件的约束。

根据误差理论，测量列算术平均值的标准偏差$\sigma_{\overline{L}}$与测量列中任一测得值的标准偏差σ存在如下关系：

$$\sigma_{\bar{L}} = \frac{\sigma}{\sqrt{n}} \tag{3.14}$$

由式（3.14）可以看出，多次测量算术平均值的标准偏差是单次测得值标准偏差的$1/\sqrt{n}$。这说明算术平均值的分散程度比单次测量值要小，即算术平均值比单次测量值更接近于被测量真值。为了减小随机误差的影响，可以采用多次测量并取其算术平均值作为测量结果。其次，随着测量次数的增多，$\sigma_{\bar{L}}$愈小，测量的精密程度就愈高。但是当σ一定时，测量次数大于 20 以后，$\sigma_{\bar{L}}$的减小速度会变得缓慢，也就是说，企图利用增加测量次数的方法来提高测量的精密度，成效是不大的。因此在生产中，测量次数一般取 5～20 次。

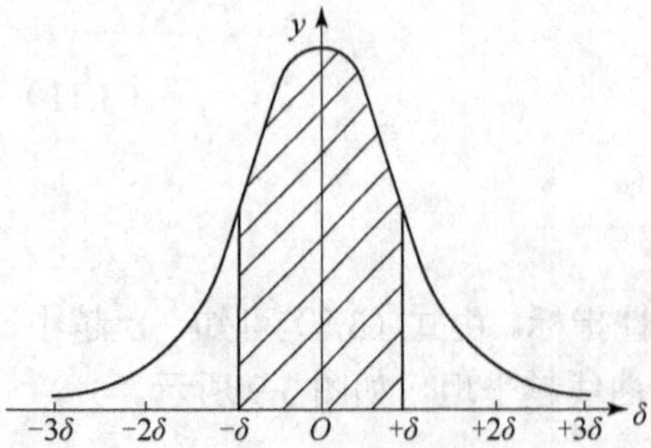

图 3.10 随机误差的极限误差

（3）极限误差$\delta_{\lim}$。极限误差是指测量结果的误差界限。若随机误差服从正态分布，则按照所给的置信概率可求出其极限误差。

由概率论可知，图 3.10 中阴影部分的面积即表示随机误差出现在$-\delta\sim+\delta$范围内的概率 P，其值为

$$P = \int_{-\delta}^{+\delta} y\mathrm{d}\delta = \frac{1}{\sigma\sqrt{2\pi}}\int_{-\delta}^{+\delta} \mathrm{e}^{-\frac{\delta^2}{2\sigma^2}}\mathrm{d}\delta = \frac{2}{\sigma\sqrt{2\pi}}\int_{0}^{+\delta} \mathrm{e}^{-\frac{\delta^2}{2\sigma^2}}\mathrm{d}\delta \tag{3.15}$$

令$z=\delta/\sigma$，则$\mathrm{d}z=\mathrm{d}\delta/\sigma$，代入式（3.15），得

$$P = \frac{2}{\sqrt{2\pi}}\int_{0}^{+z} \mathrm{e}^{-\frac{z^2}{2}}\mathrm{d}z = 2\Phi(z) \tag{3.16}$$

式中，$\Phi(z)$称为拉普拉斯函数或概率积分函数。按 z 值查概率函数积分表，即可求得相应的置信概率 P。现将 z=1，2，3，4 等几个特殊值的积分值查出，并求出其概率列于表 3.2 中。

表 3.2 几个特殊值的概率积分

z	δ	$\Phi(z)$	不超出 δ 的概率 P	超出 δ 的概率 $P'=1-P$
1	σ	0.341 3	0.682 6	0.317 4
2	2σ	0.477 2	0.954 4	0.045 6
3	3σ	0.498 65	0.997 3	0.002 7
4	4σ	0.499 68	0.999 36	0.000 64

从表 3.2 可以看出，若对被测件进行等精度测量，测得值的随机误差超出$\pm 3\sigma$范围的概率仅为 0.27%，即在 370 次连续测量中只有一次测量的随机误差超出$\pm 3\sigma$。考虑到实际上连续测量的次数一般不超过 370 次，故在实践中通常将相应于置信概率 99.73%的$\pm 3\sigma$作为单次测量的随机误差的极限值，即单次测量的极限误差，记作

$$\delta_{\lim} = \pm 3\sigma \tag{3.17}$$

若以多次测量的算术平均值$\bar{L}$表示测量结果，则$\bar{L}$与真值之差不会超过$\pm 3\sigma_{\bar{L}}$，即测量列算术平均值的极限误差为

$$\delta_{\lim\bar{L}} = \pm 3\sigma_{\bar{L}} \tag{3.18}$$

2．系统误差的发现与处理

（1）定值系统误差的发现与处理。由于定值系统误差的大小和方向均不变，因此从测量列的原始数据中，不能揭示是否存在定值系统误差，只能通过实验对比和分析的方法去发现。常用的方法有：预先检定法、标准量替代法和反向补偿法等。

例如，用比较仪测量某一线性尺寸时，若按“级”使用量块进行测量，其结果必定存在定值系统误差，可用高精度仪器对量块进行检定，或用级别更高的量块进行对比测量来发现。

定值系统误差的处理办法，可通过调整好仪器的零位，正确选择测量基准，保证被测件和仪器都处于标准温度条件等产生系统误差的根源上消除，还可取其反向值作为修正值，加到测量列的算术平均值上进行反向补偿，来消除系统误差。

（2）变值系统误差的发现与处理。变值系统误差的大小和符号均按一定规律变化。变值系统误差不仅改变测量误差分布曲线的形状，而且改变测量误差分布中心的位置。揭示变值系统误差，常使用残差观察法。即将残差按测量顺序排列（或作图），观察它们的分布规律，如图 3.11 所示。若残差大体上呈正、负相间出现且无规律性变化，则不存在变值系统误差（见图 3.11（a））；若残差按近似的线性规律递增或递减，则可判定存在线性变值系统误差（见图 3.11（b））；若残差的大小和符号呈规律性周期变化，则可判定存在周期性变值系统误差（见图 3.11（c））。

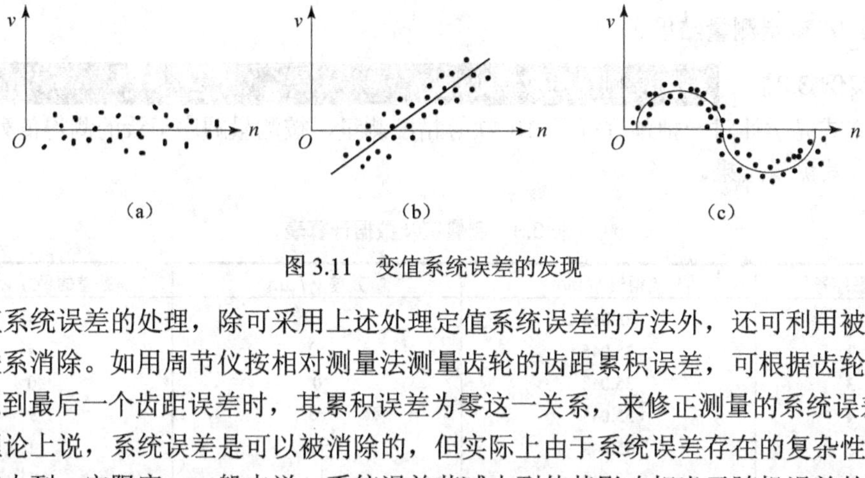

图 3.11　变值系统误差的发现

变值系统误差的处理，除可采用上述处理定值系统误差的方法外，还可利用被测量之间的内在联系消除。如用周节仪按相对测量法测量齿轮的齿距累积误差，可根据齿轮从第一个齿距累积到最后一个齿距误差时，其累积误差为零这一关系，来修正测量的系统误差。

从理论上说，系统误差是可以被消除的，但实际上由于系统误差存在的复杂性，系统误差只能减小到一定限度。一般来说，系统误差若减小到使其影响相当于随机误差的程度，则可认为系统误差已被消除。

3．粗大误差的判别与剔除

粗大误差数值较大，会对测量结果产生明显的歪曲，应当将其从测量列中剔除。剔除粗大误差不能凭主观猜测，通常根据拉依达准则（又称3σ准则）予以判别。拉依达准则认为：当测量列服从正态分布规律时，残余误差超出$\pm 3\sigma$的情况不会发生，故将超出$\pm 3\sigma$的残余误差作为粗大误差，即

$$|v_i| > 3\sigma \tag{3.19}$$

则认为该残余误差对应的测得值含有粗大误差，在数据处理时应予以剔除。在测量列中剔除一个含有粗大误差的测量值之后，应将剩余的测量列重新计算，求出σ，再根据所得的σ按

拉依达准则判断测量列中是否仍有粗大误差。注意，每次操作只能剔除一个粗大误差，必要时应反复操作直至剔除完毕为止。

应该指出，3σ 准则是以测量次数充分大为前提的，当测量次数小于 10 次时，用 3σ 准则就不够可靠。此时，最好选择其他判断粗大误差的准则，如狄克逊准则、格罗布斯准则、t 检验准则等来进行判别，具体可参考误差理论与数据处理类的文献资料[12]。

3.2.4 等精度测量的数据处理

1. 等精度直接测量的数据处理

根据以上分析，在等精度直接测量条件下得到的测量列数据，按以下步骤进行处理：

步骤 1：计算测量列的算术平均值；

步骤 2：计算测量列的残余误差；

步骤 3：分析判断是否存在系统误差，若存在则应设法消除或减小；

步骤 4：估算标准偏差；

步骤 5：判断是否存在粗大误差，若存在则应剔除，并重新组成测量列，重复步骤 1、步骤 2、步骤 4、步骤 5，直至无粗大误差为止。

步骤 6：计算测量列算术平均值的标准偏差和极限误差；

步骤 7：确定测量结果。

【工程实例 3.2】 等精度测量的数据处理

用立式光学计对一轴颈进行了 10 次等精度测量，按测量顺序记录的测得值列于表 3.3 中，试求其测量结果。

表 3.3 测量值及数据计算表

测量序号	测得值 l_i / mm	残差 v_i / μm	残差的平方 v_i^2 /μm²
1	35.050	+2	4
2	35.046	−2	4
3	35.048	0	0
4	35.045	−3	9
5	35.049	+1	1
6	35.049	+1	1
7	35.043	−5	25
8	35.051	+3	9
9	35.047	−1	1
10	35.052	+4	16
n=10	$\overline{L}=\frac{\sum_{i=1}^{n} l_i}{10}=35.048$	$\sum_{i=1}^{n} v_i=0$	$\sum_{i=1}^{n} v_i^2=70$

解：（1）求算术平均值 $\overline{L}=\frac{\sum_{i=1}^{n} l_i}{10}=35.048$（mm）。

（2）求测得值的残差 v_i 和残差平方 v_i^2，并将计算结果列入表 3.3 中。

（3）判断有无变值系统误差存在。根据“残差观察法”，由表 3.3 计算结果可知，测得值的残差无明显的变化规律，所以认为无变值系统误差存在。

（4）估算标准偏差和单次测量的极限误差。由式（3.13）和式（3.17）求得

$$\sigma = \sqrt{\frac{\sum_{i=1}^{n} v_i^2}{10-1}} = 0.002\ 8(\text{mm})$$

$$\delta_{\lim} = \pm 3\sigma = \pm 0.008\ 4(\text{mm})$$

（5）判断有无粗大误差存在。由拉依达准则和表 3.3 中 v_i 的计算结果可知，$|v_i| < 3\sigma$，即该测量列中不含有粗大误差。

（6）计算测量列算术平均值的标准偏差和极限误差。由式（3.14）和式（3.18）求得

$$\sigma_{\bar{L}} = \frac{\sigma}{\sqrt{n}} = \frac{0.002\ 8}{\sqrt{10}} = 0.000\ 88(\text{mm})$$

$$\delta_{\lim \bar{L}} = \pm 3\sigma_{\bar{L}} = \pm 0.002\ 64(\text{mm})$$

（7）写出测量结果。

单次测量结果（如第 5 次）为：$l_5 \pm 3\sigma = 35.049 \pm 0.008\ 4(\text{mm})$（置信概率为 99.73%）。

测量列算术平均值的测量结果为：$\bar{L} \pm 3\sigma_{\bar{L}} = 35.048 \pm 0.002\ 64(\text{mm})$（置信概率为 99.73%）。

2．等精度间接测量的数据处理

间接测量是指被测量与直接测量的量之间有一定的函数关系，因而直接测量的测得值误差也会按一定的函数关系传递到被测量的测量结果中。

设直接测得值为独立变量，分别用 $x_1, x_2, \cdots, x_n$ 表示，被测量为 y，则有

$$y = f(x_1, x_2, \cdots, x_n) \tag{3.20}$$

该函数的增量可用函数的全微分来表示，即

$$\mathrm{d}y = \frac{\partial f}{\partial x_1}\mathrm{d}x_1 + \frac{\partial f}{\partial x_2}\mathrm{d}x_2 + \cdots + \frac{\partial f}{\partial x_n}\mathrm{d}x_n \tag{3.21}$$

式中　$\mathrm{d}y$——函数的增量，即被测量的测量误差；

$\mathrm{d}x_1, \mathrm{d}x_2, \cdots, \mathrm{d}x_n$——自变量的增量，即直接测得值的函数误差；

$\frac{\partial f}{\partial x_1}, \frac{\partial f}{\partial x_2}, \cdots, \frac{\partial f}{\partial x_n}$——函数的偏导数，即误差的传递函数。

式（3.21）称为函数误差的基本计算公式。

1）函数的系统误差计算

若已知各测得值中存在着系统误差分别为 $\Delta x_1, \Delta x_2, \cdots, \Delta x_n$，则被测量值也相应地存在系统误差 Δy，其函数关系由式（3.21）得

$$\Delta y = \frac{\partial f}{\partial x_1}\Delta x_1 + \frac{\partial f}{\partial x_2}\Delta x_2 + \cdots + \frac{\partial f}{\partial x_n}\Delta x_n \tag{3.22}$$

2）函数的随机误差计算

若各直接测得值存在随机误差，且为正态分布，则被测量值也相应地存在随机误差，且服从正态分布。根据误差理论，函数的随机误差可以用函数的标准偏差 σ_y 或函数的极限误差 $\delta_{\lim y}$ 来表示，即

$$\sigma_y=\sqrt{\left(\frac{\partial f}{\partial x_1}\right)^2\sigma_{x_1}^2+\left(\frac{\partial f}{\partial x_2}\right)^2\sigma_{x_2}^2+\cdots+\left(\frac{\partial f}{\partial x_n}\right)^2\sigma_{x_n}^2} \tag{3.23}$$

$$\delta_{\lim y}=\sqrt{\left(\frac{\partial f}{\partial x_1}\right)^2\delta_{\lim x_1}^2+\left(\frac{\partial f}{\partial x_2}\right)^2\delta_{\lim x_2}^2+\cdots+\left(\frac{\partial f}{\partial x_n}\right)^2\delta_{\lim x_n}^2} \tag{3.24}$$

同样有

$$\delta_{\lim y}=\pm 3\sigma_y \tag{3.25}$$

3）间接测量的数据处理步骤

间接测量的数据处理步骤如下。

步骤 1：根据直接测得值 x_i 和函数关系式，计算间接测得值 y_0；

步骤 2：计算函数的系统误差 Δy；

步骤 3：计算函数的标准偏差 σ_y 和函数的极限误差 $\delta_{\lim y}$；

步骤 4：确定测量结果。

$$y=(y_0-\Delta y)\pm\delta_{\lim y} \tag{3.26}$$

【工程实例 3.3】 间接测量大直径

用弦长弓高法测量工件的直径，如图 3.12 所示，若尺寸 l、h 的实际测得值、系统误差和极限误差分别为 $l=200\text{mm}$，$\delta_l=40\,\mu\text{m}$，$\delta_{\lim l}=\pm 2\,\mu\text{m}$；$h=20\text{mm}$，$\delta_h=5\,\mu\text{m}$，$\delta_{\lim h}=\pm 1\,\mu\text{m}$，试写出测量结果。

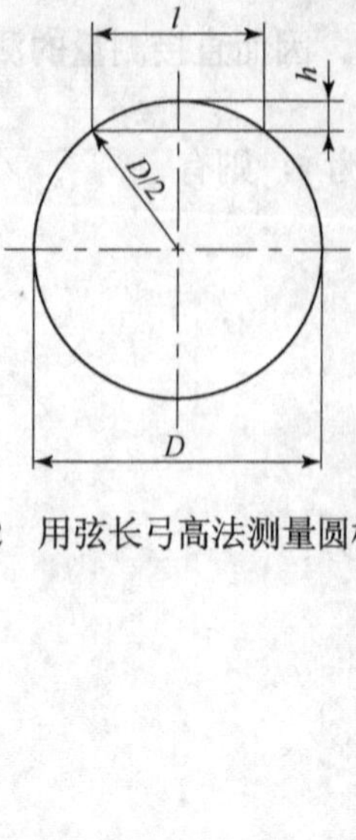

图 3.12 用弦长弓高法测量圆柱直径

解：

（1）列出函数关系式，求出测得值 D_0

$$D_0=\frac{l^2}{4h}+h=\frac{200^2}{4\times 20}+20=520(\text{mm})$$

（2）计算误差传递系数，求函数系统误差 ΔD

误差传递系数：

$$\frac{\partial D}{\partial l}=\frac{2l}{4h}=\frac{2\times 200}{4\times 20}=5$$

$$\frac{\partial D}{\partial h}=(-\frac{l^2}{4h^2})+1=(-\frac{200^2}{4\times 20^2})+1=-24$$

函数系统误差 ΔD：

$$\Delta D=\frac{\partial D}{\partial l}\Delta l+\frac{\partial D}{\partial h}\Delta h=5\times 40+(-24)\times 5=80(\mu\text{m})$$

（3）求函数的极限误差 $\delta_{\lim D}$

$$\delta_{\lim D}=\sqrt{\left(\frac{\partial D}{\partial l}\right)^2\delta_{\lim l}^2+\left(\frac{\partial D}{\partial h}\right)^2\delta_{\lim h}^2}=\sqrt{5^2\times 2^2+(-24)^2\times 1^2}=\sqrt{676}=26(\mu\text{m})$$

（4）写出测量结果

$$D=(D_0-\Delta D)\pm\delta_{\lim D}=(520-0.080)\pm 0.026=519.920\pm 0.026(\text{mm})$$

3.3 光滑工件尺寸的检测

光滑工件尺寸的检测是几何量检测的基础。生产中，光滑工件尺寸的检验常用两种方法：通用计量器具检验和光滑极限量规检验。前者是选择合适的计量器具测量工件尺寸，并按规定的验收极限判断工件尺寸是否合格的一种定量检验过程；后者是采用无刻度的、定值的、专用的、成对的通规和止规来判断工件尺寸是否在极限尺寸内的一种定性检验过程。光滑工件尺寸一般采用通用计量器具检验，在成批大量生产中采用光滑极限量规检验可提高工作效率。

3.3.1 通用计量器具的选用

1．误收和误废

检验工件时，由于有测量误差存在，使得当工件的真实尺寸接近极限尺寸时，可能发生两类错误的判断：误收与误废。误收是指把尺寸超出规定尺寸极限的工件判为合格；误废是指把处于尺寸极限之内的工件判为废品。

显然，误收会影响产品质量，误废会造成经济损失。为保证产品质量，国标 GB/T 3177—2009《产品几何技术规范（GPS）光滑工件尺寸的检验》对光滑工件尺寸检验的验收原则、验收极限、计量器具的测量不确定度允许值和计量器具选用原则等事项做了统一规定。该标准适用于使用通用计量器具，如游标卡尺、千分尺及车间使用的比较仪、投影仪等量具量仪，对图样上注出的公差等级为 IT6～IT18 级，公称尺寸至 500mm 的光滑工件尺寸的检验。该标准也适用于对一般公差尺寸的检验。

2．验收极限和安全裕度

我国国家标准规定的验收原则是：所用验收方法应只接收位于规定的尺寸极限之内的工件。同时规定了按验收极限验收工件。

验收极限是判断所检验工件尺寸合格与否的尺寸界限。由于尺寸误判发生的概率与工件加工方法的工艺能力指数 C_p（$C_p=T/6\sigma$，T 为被检验工件公差）、实际尺寸的分布规律、测量方法的精度等因素有关，同时，工件尺寸的功能要求和重要程度不同，允许尺寸误检的概率也就不同。因此，国标 GB/T 3177—2009 规定了两种验收极限方式。

1）内缩方式

验收极限是从工件规定的最大实体极限（MML）和最小实体极限（LML）分别向工件公差带内移动一个安全裕度（A）来确定，如图 3.13 所示。

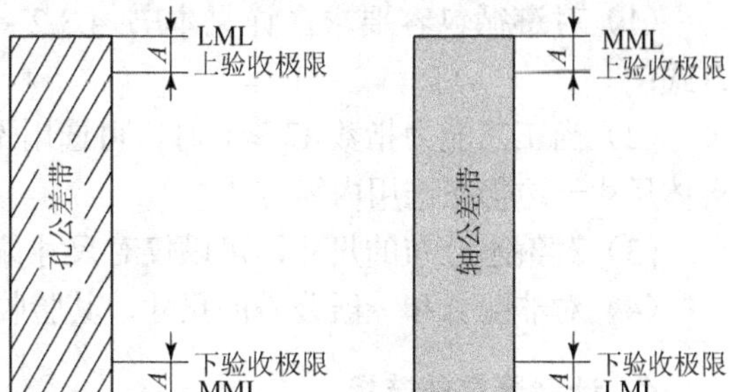

图 3.13　内缩验收极限与安全裕度 A

孔尺寸的验收极限：

$$上验收极限=最小实体尺寸（LMS）-安全裕度（A）$$
$$下验收极限=最大实体尺寸（MMS）+安全裕度（A）$$

轴尺寸的验收极限：

$$上验收极限=最大实体尺寸（MMS）-安全裕度（A）$$
$$下验收极限=最小实体尺寸（LMS）+安全裕度（A） \tag{3.27}$$

安全裕度是测量不确定度的允许值。测量不确定度是与测量结果相联系的参数，一般由测量条件的多个分量组成，其表征项可被合理地赋予被测量量值的分散特性。A 值通常按被检验工件公差（T）的 1/10 确定，其数值在表 3.4 中给出。

表 3.4　安全裕度（A）与计量器具的测量不确定度允许值（u_1）　（μm）

摘自 GB/T 3177—2009

公差等级		6					7					8					9				
基本尺寸/mm		T	A	u_1			T	A	u_1			T	A	u_1			T	A	u_1		
大于	至			Ⅰ	Ⅱ	Ⅲ			Ⅰ	Ⅱ	Ⅲ			Ⅰ	Ⅱ	Ⅲ			Ⅰ	Ⅱ	Ⅲ
—	3	6	0.6	0.54	0.9	1.4	10	1.0	0.9	1.5	2.3	14	1.4	1.3	2.1	3.2	25	2.5	2.3	3.8	5.6
3	6	8	0.8	0.72	1.2	1.8	12	1.2	1.1	1.8	2.7	18	1.8	1.6	2.7	4.1	30	3.0	2.7	4.5	6.8
6	10	9	0.9	0.81	1.4	2.0	15	1.5	1.4	2.3	3.4	22	2.2	2.0	3.3	5.0	36	3.6	3.3	5.4	8.1
10	18	11	1.1	1.0	1.7	2.5	18	1.8	1.7	2.7	4.1	27	2.7	2.4	4.1	6.1	43	4.3	3.9	6.5	9.7
18	30	13	1.3	1.2	2.0	2.9	21	2.1	1.9	3.2	4.7	33	3.3	3.0	5.0	7.4	52	5.2	4.7	7.8	12
30	50	16	1.6	1.4	2.4	3.6	25	2.5	2.3	3.8	5.6	39	3.9	3.5	5.9	8.8	62	6.2	5.6	9.3	14
50	80	19	1.9	1.7	2.9	4.3	30	3.0	2.7	4.5	6.8	46	4.5	4.1	6.9	10	74	7.4	6.7	11	17
80	120	22	2.2	2.0	3.3	5.0	35	3.5	3.2	5.3	7.9	54	5.4	4.9	8.1	12	87	8.7	7.8	13	20
120	180	25	2.5	2.3	3.8	5.6	40	4.0	3.6	6.0	9.0	63	6.3	5.7	9.5	14	100	10	9.0	15	23
180	250	29	2.9	2.6	4.4	6.5	46	4.6	4.1	6.9	10	72	7.2	6.5	11	16	115	12	10	17	26
250	315	32	3.2	2.9	4.8	7.2	52	5.2	4.7	7.8	12	81	8.1	7.3	12	18	130	13	12	19	29
315	400	36	3.6	3.2	5.4	8.1	57	5.7	5.1	8.4	13	89	8.9	8.0	13	20	140	14	13	21	32
400	500	40	4.0	3.6	6.0	9.0	63	6.3	5.7	9.5	14	97	9.7	8.7	15	22	155	16	14	23	35

2）不内缩方式

验收极限等于规定的最大实体尺寸（MMS）和最小实体尺寸（LMS），即 A 值等于零。

3．验收极限方式的选择

验收极限方式的选择要结合工件尺寸的功能要求和重要程度、尺寸精度、测量不确定度和过程能力等因素综合考虑。具体原则是：

（1）对遵循包容要求（详见本书 4.3.2 节）的尺寸、公差等级高的尺寸，应选用内缩方式；

（2）当工艺能力指数 $C_p \geqslant 1$ 时，可选用不内缩方式，但对遵循包容要求的尺寸，其最大实体尺寸一边仍应选用内缩方式；

（3）对偏态分布的尺寸，可以仅对尺寸偏向的一边选用内缩方式；

（4）对非配合和一般公差的尺寸，其验收极限按不内缩方式确定。

4．计量器具的选择

计量器具的选择主要取决于计量器具的技术指标和经济指标，其要求如下。

（1）选择计量器具时，应与被测工件的外形、位置、尺寸的大小及被测参数的特性相适应，使所选计量器具的测量范围能满足工件的测量精度要求。

（2）选择计量器具时，应考虑工件的尺寸公差，使所选计量器具的不确定度既能保证测量精度要求，又能符合经济性要求。

为了保证测量结果的可靠性和量值的统一，国家标准规定：按照计量器具的测量不确定度的允许值（u_1）选择计量器具。在选择时，应使所选用的计量器具的测量不确定度小于或等于选定的计量器具不确定度允许值（u_1）。

计量器具的测量不确定度的允许值（u_1）按测量不确定度（u）与工件公差的比值分为Ⅰ、Ⅱ、Ⅲ挡，分别约为工件公差的 1/10、1/6 和 1/4。对于 IT6～IT11，u_1 值分为Ⅰ、Ⅱ、Ⅲ挡；对于 IT12～IT18，u_1 值分为Ⅰ、Ⅱ挡。计量器具的测量不确定度允许值（u_1）约为测量不确定度（u）的 0.9 倍，u_1 的数值如表 3.4 所示。在一般情况下，优先选用Ⅰ挡，其次为Ⅱ挡、Ⅲ挡。

表 3.5 和表 3.6 给出了在车间条件下，常用的千分尺、游标卡尺和比较仪的测量不确定度。

表 3.5 千分尺和游标卡尺的不确定度 （mm）

<table>
<tr><th colspan="2" rowspan="2">尺寸范围</th><th colspan="4">计量器具类型</th></tr>
<tr><th>分度值 0.01 外径千分尺</th><th>分度值 0.01 内径千分尺</th><th>分度值 0.02 游标卡尺</th><th>分度值 0.05 游标卡尺</th></tr>
<tr><th>大于</th><th>至</th><th colspan="4">不确定度</th></tr>
<tr><td>0</td><td>50</td><td>0.004</td><td rowspan="3">0.008</td><td rowspan="6">0.020</td><td rowspan="4">0.050</td></tr>
<tr><td>50</td><td>100</td><td>0.005</td></tr>
<tr><td>100</td><td>150</td><td>0.006</td></tr>
<tr><td>150</td><td>200</td><td>0.007</td><td rowspan="3">0.013</td></tr>
<tr><td>200</td><td>250</td><td>0.008</td><td rowspan="8">0.100</td></tr>
<tr><td>250</td><td>300</td><td>0.009</td></tr>
<tr><td>300</td><td>350</td><td>0.010</td><td rowspan="3">0.020</td><td rowspan="7"></td></tr>
<tr><td>350</td><td>400</td><td>0.011</td></tr>
<tr><td>400</td><td>450</td><td>0.012</td></tr>
<tr><td>450</td><td>500</td><td>0.013</td><td>0.025</td></tr>
<tr><td>500</td><td>600</td><td></td><td rowspan="3">0.030</td></tr>
<tr><td>600</td><td>700</td><td></td></tr>
<tr><td>700</td><td>1 000</td><td></td><td>0.150</td></tr>
</table>

表 3.6 比较仪的不确定度 （mm）

<table>
<tr><th colspan="2" rowspan="2">尺寸范围</th><th colspan="4">所使用的计量器具</th></tr>
<tr><th>分度值为 0.000 5
（相当于放大倍数
2 000 倍）的比较仪</th><th>分度值为 0.001
（相当于放大倍数
1 000 倍）的比较仪</th><th>分度值为 0.002
（相当于放大倍数
400 倍）的比较仪</th><th>分度值为 0.005
（相当于放大倍数
250 倍）的比较仪</th></tr>
<tr><th>大于</th><th>至</th><th colspan="4">不确定度</th></tr>
<tr><td>0</td><td>25</td><td>0.000 6</td><td rowspan="2">0.001 0</td><td>0.001 7</td><td rowspan="6">0.003 0</td></tr>
<tr><td>25</td><td>40</td><td>0.000 7</td><td rowspan="3">0.001 8</td></tr>
<tr><td>40</td><td>65</td><td>0.000 8</td><td rowspan="2">0.001 1</td></tr>
<tr><td>65</td><td>90</td><td>0.000 8</td></tr>
<tr><td>90</td><td>115</td><td>0.000 9</td><td>0.001 2</td><td rowspan="2">0.001 9</td></tr>
<tr><td>115</td><td>165</td><td>0.001 0</td><td>0.001 3</td></tr>
<tr><td>165</td><td>215</td><td>0.001 2</td><td>0.001 4</td><td>0.002 0</td><td rowspan="3">0.003 5</td></tr>
<tr><td>215</td><td>265</td><td>0.001 4</td><td>0.001 6</td><td>0.002 1</td></tr>
<tr><td>265</td><td>315</td><td>0.001 6</td><td>0.001 7</td><td>0.002 2</td></tr>
</table>

【工程实例 3.4】 计量器具的选用

被检验工件尺寸为孔ϕ35F8Ⓔ，试确定验收极限，并选择适当的计量器具。

解：

（1）确定工件尺寸公差带

由公差与配合标准查得$\phi 35F8 = \phi 35^{+0.064}_{+0.025}$，画出尺寸公差带图，如图 3.14 所示。

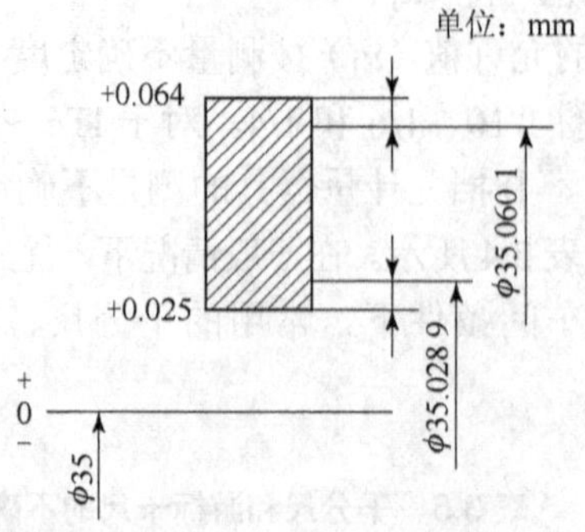

图 3.14 尺寸公差带图

（2）确定验收极限

由表 3.4 查得安全裕度 A=3.9μm，因为工件尺寸遵循包容要求，故选用内缩方案确定验收极限，由式（3.27）得

$$上验收极限=\phi 35.064-0.003\,9=\phi 35.060\,1\ (mm)$$

$$下验收极限=\phi 35.025+0.003\,9=\phi 35.028\,9\ (mm)$$

（3）选择计量器具

由表 3.4 中按优先选用 I 挡原则查得计量器具不确定度允许值 u_1=3.5μm。由表 3.6 查得分度值为 0.005 的比较仪，在尺寸范围大于 25～40mm 内的测量不确定度为 0.003 0mm，小于计量器具不确定度允许值 u_1，故可满足使用要求。

3.3.2 光滑极限量规

1. 量规的作用和分类

光滑极限量规是具有以孔或轴的最大极限尺寸和最小极限尺寸为公称尺寸的标准测量面，能反映控制被检孔或轴边界条件的无刻线长度测量器具。其结构简单，制造容易，使用方便，被广泛应用于大批量生产中。但它只能判断工件尺寸是否合格，不能测出工件的具体实际尺寸。

按被测对象的种类，光滑极限量规分为孔用极限量规和轴用极限量规两种，如图 3.15 所示。量规都是成对使用的，孔用极限量规和轴用极限量规都有通规和止规。用量规检验工件时，如通规能通过，止规不能通过，则该工件为合格品，否则为不合格品。孔用极限量规又叫塞规，其通规按被测孔的最小极限尺寸确定，以防止孔的作用尺寸小于孔的最小极限尺寸；其止规按被测孔的最大极限尺寸设计，以防止孔的实际尺寸大于孔的最大极限尺寸。轴用极限量规又叫卡规或环规，其通规按被测轴的最大极限尺寸设计，以防止轴的作用尺寸大于轴的最大极限尺寸；其止规按被测轴的最小极限尺寸设计，以防止轴的实际尺寸小于轴的最小极限尺寸。国家标准《光滑极限量规 技术条件》（GB/T 1957—2006）规定，光滑极限量规适用于检测国家标准《极限与配合》中规定的孔与轴的基本尺寸。

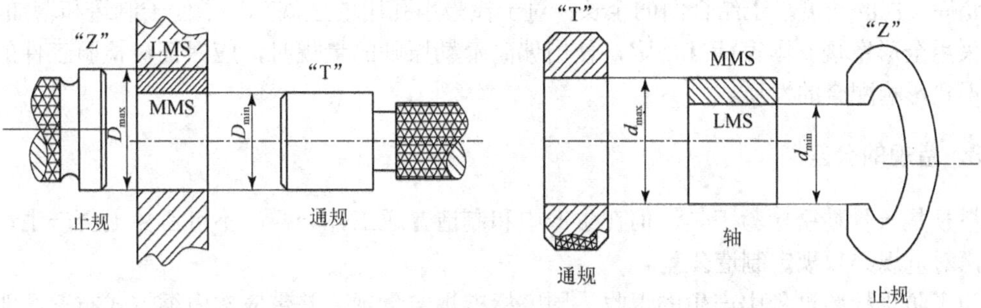

图 3.15　孔用量规和轴用量规

按用途可将光滑极限量规分为工作量规、验收量规和校对量规三种。工作量规是车间工人在生产过程中使用的量规，通规和止规分别用代号"T"和"Z"表示。验收量规是检验部门或用户代表在验收产品时使用的量规。制造厂对工件进行检验时，操作者应该使用新的或者磨损较小的通规，检验部门应该使用与操作者相同形式且已磨损较多的量规；用户代表在使用量规验收工件时，通规应接近工件的最大实体尺寸，止规应接近工件的最小实体尺寸。校对量规是用于校对轴用工作量规的量规，用来检验卡规或环规是否符合制造公差的要求和是否已经达到磨损极限。由于轴用量规是内尺寸，不易检验，故设校对量规。校对量规又分"校通-通"、"校通-损"和"校止-通"三种类型。而孔用量规本身是外尺寸，可以较方便地用通用量仪检验，所以不设校对量规。

2．量规的设计原则

为了准确地评定被测工件是否合格，能否装配，设计光滑极限量规时应遵守泰勒原则（又称为极限尺寸判断原则）的规定。如图 3.16 所示，泰勒原则是指孔或轴的体外作用尺寸（D_m 或 d_m），不允许超出最大实体尺寸（D_M 或 d_M）；在任何位置上的实际尺寸（D_a 或 d_a），不允许超出最小实体尺寸（D_L 或 d_L），即

对于孔 $D_m \geqslant D_{min}$　　且 $D_a \leqslant D_{max}$

对于轴 $d_m \leqslant d_{max}$　　且 $d_a \geqslant d_{min}$

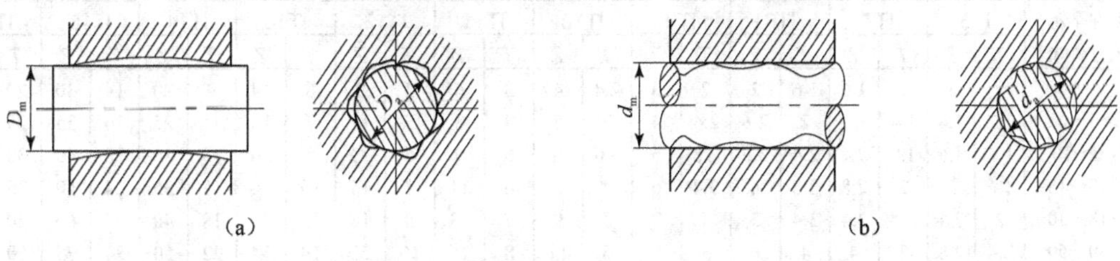

图 3.16　孔、轴体外作用尺寸 D_m、d_m 与实际尺寸 D_a、d_a

当用光滑极限量规检验工件时，对符合泰勒原则的量规要求如下：通规用于控制工件的作用尺寸，其测量面应具有与被测孔或轴相应的完整表面（全形量规），其尺寸应等于被测孔或轴的最大实体尺寸，且量规长度等于配合长度；止规用于控制工件的实际尺寸，其测量面应设计成两点式的非全形量规，其尺寸等于被测孔或轴的最小实体尺寸。

在实际生产中，由于量规在制造和使用方面的原因，完全按照泰勒原则设计量规往往很困难，有时甚至不能实现，因而国家标准也允许采用偏离泰勒原则的量规形式。例如，对于大尺寸的孔，用全形塞规很笨重，不方便使用，允许使用非全形塞规；为了使用标准化的量规，允许通规的长度小于结合面的全长；对于检验小孔用的止规，为了便于制造和增加刚度，允许采用全形塞规。国家标准规定，使用偏离泰勒原则的量规时，应保证被检验工件的形状误差不致影响配合的性质。

3. 量规的公差带

量规是一种精密检验工具，但在生产中和制造普通工件一样，不可避免地会产生误差，因此，对量规必须规定制造公差。

为了防止检验过程中产生的误收，国家标准规定量规公差带应按内缩方式布置，即位于被检验工件的尺寸公差带内。由于通规在使用过程中要经常通过工件，其工作表面会逐渐磨损，为了使通规有一合理的使用寿命，应留出一定的磨损储量，因此，将通规的公差带从工件的最大实体尺寸处向工件公差带内再内缩一段距离，并将被检验工件的最大实体尺寸规定为通规的磨损极限。由于止规在遇到合格件时不通过，不会产生磨损，因此不需留出磨损储量。止规公差带的位置在工件公差带内紧靠工件的最小实体尺寸处，如图 3.17 所示。图中 T 为工作量规尺寸公差，Z 为通端的位置要素，即通端工作量规尺寸公差带的中心线至工件最大实体尺寸之间的距离。T 和 Z 值与被检验工件的尺寸、公差值有关，数值如表 3.7 所示。

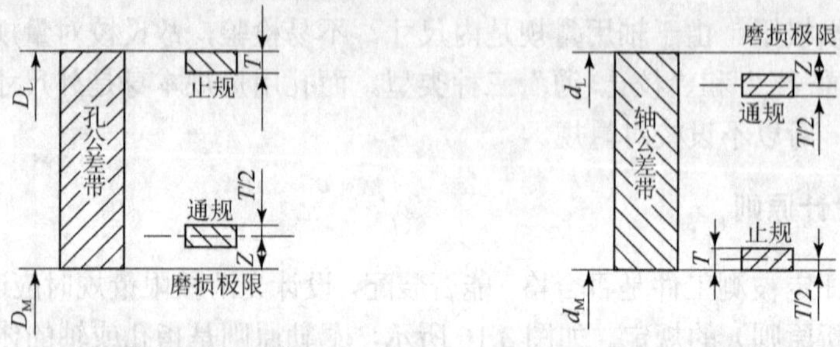

(a) 孔用工作量规的公差带　　(b) 轴用工作量规的公差带

图 3.17 工作量规的公差带图

表 3.7 量规公差 T 和 Z 值 (μm)

工件基本尺寸/mm	IT6		IT7		IT8		IT9		IT10		IT11		IT12		IT13		IT14		IT15		IT16	
	T	Z	T	Z	T	Z	T	Z	T	Z	T	Z	T	Z	T	Z	T	Z	T	Z	T	Z
～3	1	1	1.2	1.6	1.6	2	2	3	2.4	4	3	6	4	9	6	14	9	20	14	30	20	40
>3～6	1.2	1.4	1.4	2	2	2.6	2.4	4	3	5	4	8	5	11	7	16	11	25	16	35	25	50
>6～10	1.4	1.6	1.8	2.4	2.4	3.2	2.8	5	3.6	6	5	9	6	13	8	20	13	30	20	40	30	60
>10～18	1.6	2	2	2.8	2.8	4	3.4	6	4	8	6	11	7	15	10	24	15	35	24	50	35	75
>18～30	2	2.4	2.4	3.4	3.4	5	4	7	5	9	7	13	8	18	12	29	18	40	28	60	40	90
>30～50	2.4	2.8	3	4	4	6	5	8	6	11	8	16	10	22	14	34	22	50	34	75	50	110
>50～80	2.8	3.4	3.6	4.6	4.6	7	6	9	7	13	9	19	12	26	16	40	29	60	40	90	60	130
>80～120	3.2	3.8	4.2	5.4	5.4	8	7	10	8	15	10	22	14	30	20	46	30	70	46	100	70	150
>120～180	3.8	4.4	4.8	6	6	9	8	12	9	18	12	25	16	35	22	52	35	80	52	120	80	180
>180～250	4.4	5	5.4	7	7	10	9	14	10	20	14	29	18	40	26	60	40	90	60	130	90	200
>250～315	4.8	5.6	6	8	8	11	10	16	12	22	16	32	20	45	28	66	45	100	66	150	100	220
>315～400	5.4	6.2	7	9	9	12	11	18	14	25	18	36	22	50	32	74	50	110	74	170	110	250
>400～500	6	7	8	10	10	14	12	20	16	28	20	40	24	55	36	80	55	120	80	190	120	280

4．量规的结构形式

检验圆柱形工件的光滑极限量规的结构形式很多，合理地选择和使用，对正确判断测量结果影响很大。测孔时可用下列几种形式的量规：①全形塞规；②不全形塞规；③片状塞规；④球端杆规。测轴时可用下列形式的量规：①环规；②卡规。

国家标准推荐了量规的结构形式、应用尺寸范围和选用推荐顺序，如图 3.18 所示。具体结构设计可参看国标《螺纹量规和光滑极限量规 形式与尺寸》GB/T 10920—2008。

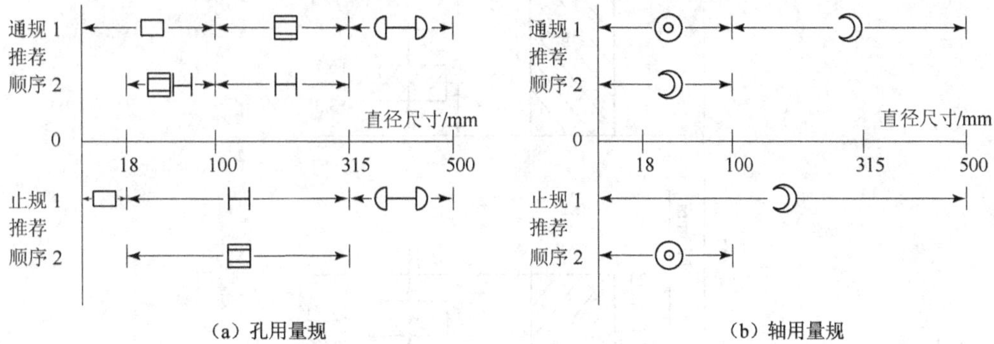

（a）孔用量规　　（b）轴用量规

图 3.18　量规形式和应用尺寸范围

【工程实例 3.5】 工作量规设计

试设计 ϕ25H8/f7 孔和轴用工作量规的工作尺寸。

解：

（1）查表 2.3～表 2.5 确定被检验孔和轴的极限偏差。

ϕ25H8 孔：ES＝＋0.033mm，EI＝0；

ϕ25f7 轴：es＝－0.020mm，ei＝－0.041mm。

（2）画出孔、轴公差带图（如图 3.19 所示），查表 3.7 确定工作量规的制造公差和通规的位置要素。

孔用塞规：T＝0.003 4mm，Z＝0.005mm；

轴用卡规：T＝0.002 4mm，Z＝0.003 4mm。

（3）计算量规的极限偏差和工作尺寸，并画出量规公差带图。

孔用塞规：

通规“T”　上偏差＝$EI+Z+T/2$＝0＋0.005＋0.003 4/2＝＋0.006 7（mm）

下偏差＝$EI+Z-T/2$＝0＋0.005－0.003 4/2＝＋0.003 3（mm）

工作尺寸为 $\phi 25^{+0.006\,7}_{+0.003\,3}$

止规“Z”　上偏差＝ES＝＋0.033（mm）

下偏差＝$ES-T$＝0.033-0.003 4＝＋0.029 6（mm）

工作尺寸为 $\phi 25^{+0.033\,0}_{+0.029\,6}$

轴用卡规：

通规“T”　上偏差＝$es-Z+T/2$＝－0.020－0.003 4＋0.002 4/2＝－0.022 2（mm）

下偏差＝$es-Z-T/2$＝－0.020－0.003 4－0.002 4/2＝－0.024 6（mm）

工作尺寸为 $\phi 25^{-0.022\,2}_{-0.024\,6}$

止规“Z” 上偏差＝$ei+T$＝$-0.041+0.0024$＝-0.0386（mm）

下偏差＝ei＝-0.041mm

工作尺寸为$\phi 25_{-0.041}^{-0.0386}$

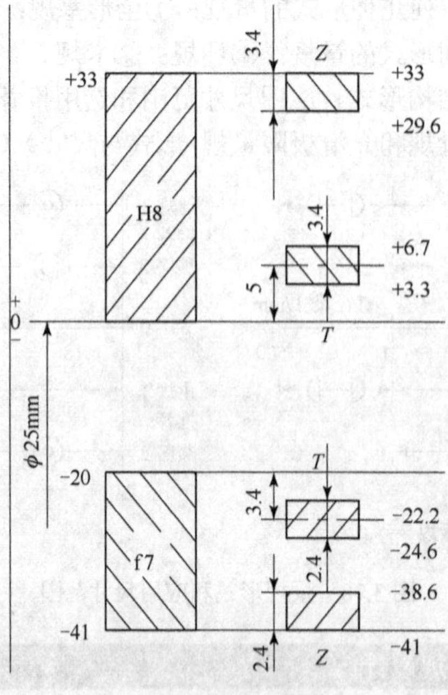

图 3.19 量规公差带

（4）画出量规工作简图，如图 3.20 所示。

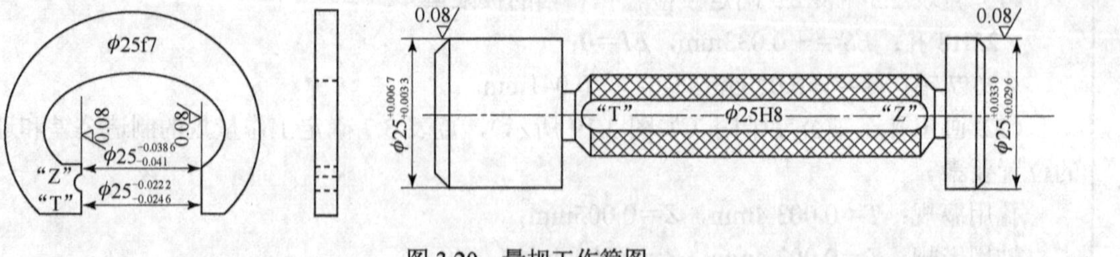

图 3.20 量规工作简图

3.4 习题

1. 什么是测量？一个完整的测量过程包括哪几个要素？

2. 什么是尺寸传递系统？为什么要建立尺寸传递系统？

3. 量块分级、分等的依据是什么？按级使用和按等使用量块有何不同？

4. 试从 91 块一套的量块中组合下列尺寸（单位 mm）：45.83、92.56、25.875。

5. 测量误差按性质分几类？各有何特征？如何消除它们对测量结果的影响？

6. 在等精度测量条件下，怎样表达单次测量和多次测量的测量结果？测量列中单次测量值的标准偏差和多次测量值的标准偏差有何不同？

7. 用比较仪对某轴颈进行了 15 次等精度测量，测得数据如下（单位 mm）：10.492，10.435，

10.432，10.429，10.427，10.428，10.430，10.434，10.428，10.431，10.430，10.429，10.432，10.429，10.429。若测量中没有系统误差，试求其测量结果。

8．四个量块的实际尺寸和检定时的极限误差分别为（单位 mm）：1.005±0.000 3，1.32±0.000 2，5.5±0.000 2，30±0.000 3。试求这四块量块组合后的尺寸和极限误差。

9．为什么要规定安全裕度和验收极限？如何确定它们？

10．用光滑极限量规检验工件时，通规和止规分别用来检验工件的什么尺寸？工件的合格条件是什么？

11．试计算ϕ50H7/m6 配合中孔和轴工作量规工作部分的极限尺寸，并画出孔、轴工作量规的尺寸公差带图。

12．某轴的尺寸要求为ϕ40h8，因加工时是用试切法加工的，因此其尺寸分布偏向于最大极限尺寸，试确定验收极限。当选用Ⅱ挡测量不确定度允许值u_1时，试选择合适的计量器具。

第 4 章 几何公差及检测

在机械加工中，由于机床、夹具、刀具和工件组成的工艺系统的波动，使得被加工零件不可避免地会产生各种误差，这些误差不仅包含有尺寸误差，还包含有几何形状和相互位置误差。

几何误差对机械零件的使用性能会产生较大的影响。例如，在孔与轴的配合中，由于有几何误差的存在，使配合中的间隙或过盈量分布不均匀，导致表面间磨损加快，或影响零件的连接强度，从而降低零件的工作寿命。又如，机床导轨表面的直线度、平面度不好，将影响机床刀架的运动精度。因此，为了满足零件装配后的功能要求，保证其互换性和经济性，必须对零件的几何误差加以限制，即对零件的几何要素规定必要的几何公差。

几何公差是评定机械产品质量的一项重要的基础性技术标准。为适应经济发展和国际间技术交流，我国根据国际标准 ISO/TC 213《产品尺寸和几何技术规范及检验》制定了有关几何公差的一系列国家标准。现行主要标准有：GB/T 18780.1—2002《产品几何技术规范（GPS）几何要素 第一部分：基本术语和定义》、GB/T 18780.2—2003《产品几何技术规范（GPS）几何要素 第二部分：圆柱面和圆锥面的提取中心线、平行平面的提取中心面、提取要素的局部尺寸》、GB/T 1182—2008《产品几何技术规范（GPS）几何公差形状、方向、位置和跳动公差标注》、GB/T 4249—2009《公差原则》、GB/T 16671—2008《最大、最小实体要求》、GB/T 1184—1996《形状和位置公差 未注公差值》、GB/T 13319—2003《位置度公差注法》、GB/T 17851—2008《基准和基准体系》、GB/T 1958—2004《产品几何技术规范（GPS）形状和位置公差 检测规定》、GB/T 7235—2004《圆度误差评定》、GB/T 11336—2004《直线度误差检测》、GB/T 11337—2004《平面度误差检测》等。

4.1 概述

4.1.1 几何要素

任何机械零件都是由点、线、面组合构成的，几何公差的研究对象就是构成零件几何特征的点、线、面，统称几何要素。如图 4.1 所示的零件就是由多种几何要素构成的。

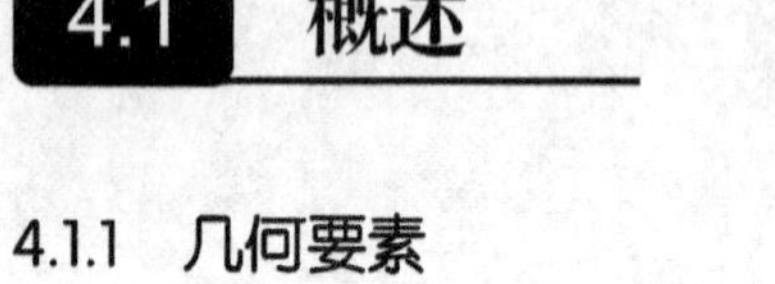

图 4.1 零件几何要素

几何要素可分为组成要素和导出要素两大类。组成要素是指组成零件的面或面上的线。由一个或几个组成要素得到的中心点、中心线或中心面称为导出要素。根据要素在设计、制造、检验及评定等生产阶段的表征不同，将组成要素分为：公称组成要素、实际组成要素、提取组成要素和拟合组成要素；导出要素也因此分为：公称导出要素、提取导出要素和拟合导出要素。具体定义如下。

1）公称组成要素（nominal integral feature）

由技术制图或其他方法确定的理论正确组成要素（如图 4.2（a）所示）。公称组成要素是具有几何学意义的要素。

2）公称导出要素（nominal derived feature）

由一个或几个公称组成要素导出的中心点、轴线或中心平面（如图 4.2（a）所示）。

3）实际组成要素（real integral feature）

限定工件实际表面的组成要素部分（如图 4.2（b）所示）。因为不可避免地存在加工误差，所以实际组成要素总是偏离其公称组成要素。

4）提取组成要素（extracted integral feature）

按规定方法，由实际（组成）要素提取有限数目的点所形成的实际组成要素的近似替代（如图 4.2（c）所示）。测量时，由提取的值替代实际要素。由于测量误差总是客观存在的，因此它并非是该要素的真实状态。

5）提取导出要素（extracted derived feature）

由一个或几个提取组成要素得到的中心点、中心线或中心面。为方便起见，提取圆柱面的导出中心线称为提取中心线，它是指圆柱面的各横截面中心的轨迹（如图 4.2（c）所示）。两相对提取平面的导出中心面称为提取中心面，它是指两对应提取表面的所有对应点之间中点的轨迹。

6）拟合组成要素（associated integral feature）

按规定的方法由提取组成要素形成的并具有理想形状的组成要素。一般地，圆柱体横截面的拟合圆为最小二乘圆，拟合圆柱面为最小二乘圆柱面（如图 4.2（d）所示），两拟合平行平面多由最小二乘法得到。也可以使用其他数学方法拟合。

7）拟合导出要素（associated derived feature）

由一个或几个拟合组成要素导出的中心点、中心线或中心面。如圆柱面任一横截面上的导出中心点即拟合圆的圆心，圆柱面的导出中心线即拟合圆柱面的中心线（如图 4.2（d）所示）。

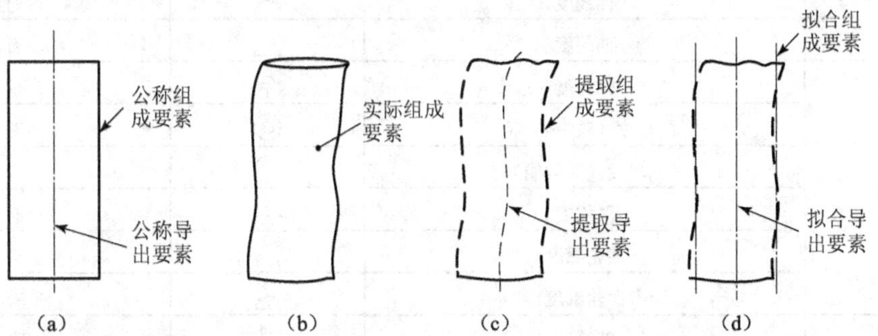

图 4.2　几何要素

有必要指出以上各几何要素间的相互关系。公称要素是由设计所给定的，实际要素是通过制造加工后实际存在的，而在检验过程中通过对工件进行测量得到的是提取要素，在评定过程中经过数据处理则取得拟合要素。几何要素定义间的相互关系见图 4.3。

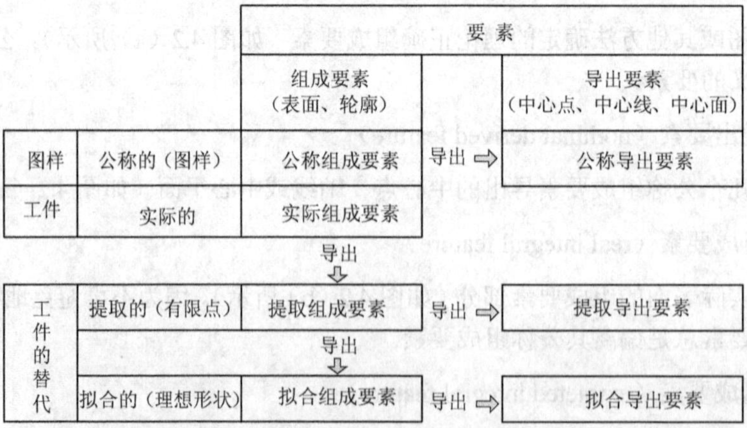

图 4.3 几何要素定义间相互关系的结构框图

4.1.2 几何公差分类

几何公差类型与其特征项目、符号见表 4.1。

表 4.1 几何公差类型与其特征项目、符号

公差类型	特征项目	符号	有无基准要求
形状公差	直线度	⏤	无
	平面度	⏥	无
	圆度	○	无
	圆柱度	⌭	无
	线轮廓度	⌒	无
	面轮廓度	⌓	无
方向公差	平行度	∥	有
	垂直度	⊥	有
	倾斜度	∠	有
	曲线度	⌒	有
	曲面度	⌓	有
位置公差	位置度	⌖	有或无
	同心度（对中心点）	◎	有
	同轴度（对轴线）	◎	有
	对称度	⌯	有
	线轮廓度	⌒	有
	面轮廓度	⌓	有
跳动公差	圆跳动	↗	有
	全跳动	⌰	有

附加符号见表 4.2。

表 4.2　附加符号

说　明	符　号	说　明	符　号
被测要素	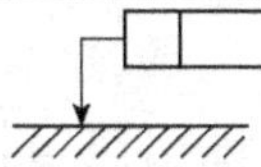	基准要素	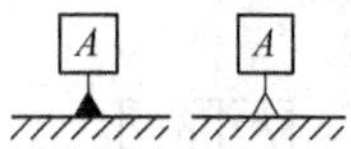
基准目标	$\frac{\phi 2}{A1}$（圆内）	理论正确尺寸	50（方框内）
包容要求	Ⓔ	公共公差带	CZ
最大实体要求	Ⓜ	小径	LD
最小实体要求	Ⓛ	大径	MD
自由状态条件（非刚性零件）	Ⓕ	中径、节径	PD
延伸公差带	Ⓟ	线要素	LE
全周（轮廓）	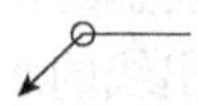	不凸起	NC
		任意横截面	ACS

注：① GB/T 1182—1996 中规定的基准符号为 。

② 如需要标注可逆要求时可采用符号Ⓡ，见 GB/T 16671—2008。

各类几何公差之间遵循如下关系。

（1）如果功能需要，可以规定一项或多项几何特征项目的公差以限定要素的几何误差。限定要素几何误差的某种类型的几何公差，也可能限制该要素其他类型的几何误差。

（2）要素的位置公差可同时控制该要素的位置误差、方向误差和形状误差。

（3）要素的方向公差可同时控制该要素的方向误差和形状误差。

（4）要素的形状公差只能控制该要素的形状误差。

4.1.3　几何公差的标注

根据国家标准 GB/T 1182—2008 的规定，几何公差在图样上的标注按矩形框格的形式给出，用带箭头的指引线将框格与被测要素相连，并对有基准要求的几何公差按规定形式用符号标出。

1. 公差框格

用公差框格进行公差标注时，公差要求注写在划分成两格或多格的矩形框格内。各格自左至右顺序注写以下内容（见图 4.4（a）~（e））。

（1）几何公差特征项目符号。

（2）公差值，以线性尺寸量表示。如果公差带为圆形或圆柱形，则公差值前应加注符号“ϕ”；如果公差带为球形，则公差值前应加注符号“$S\phi$”。

（3）基准，用一个字母表示单个基准或用几个字母表示基准体系或组合基准（见图 4.4（b）～（e））。

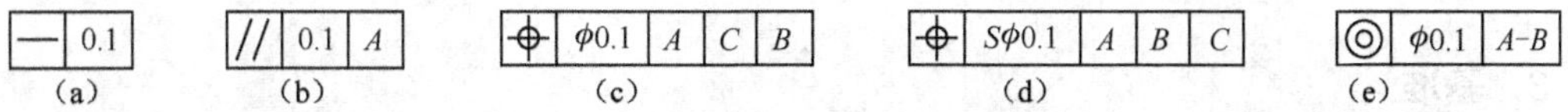

图 4.4　公差框格的标注（一）

当某项公差应用于几个相同要素时，应在公差框格的上方被测要素的尺寸之前注明要素的个数，并在两者之间加上符号“×”(见图 4.5（a），(b))。

如果某个要素需要给出几种特征项目的公差，可将一个公差框格放在另一个的下面，如图 4.6 所示。

图 4.5　公差框格的标注（二）

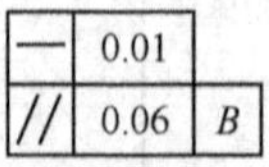

图 4.6　公差框格的标注（三）

2．被测要素

被测要素用指引线与公差框格连接，指引线引自框格的任意一侧，终端带一箭头，按下列方式之一指向被测要素。

（1）当公差涉及轮廓线或轮廓面时，箭头指向该要素的轮廓线或其延长线（应与尺寸线明显错开，如图 4.7、图 4.8 所示）；箭头也可指向引出线的水平线段，而引出线引自被测面（见图 4.9）。

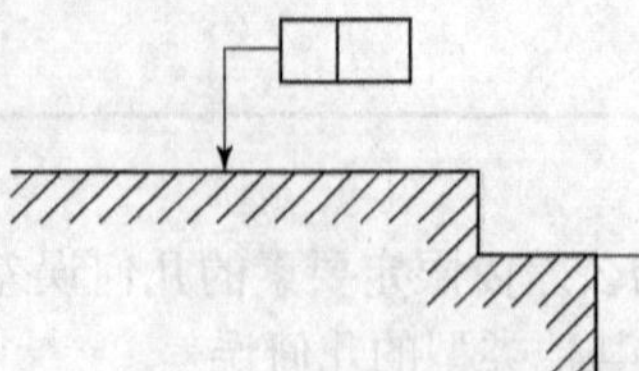

图 4.7　被测要素的图样标注（一）

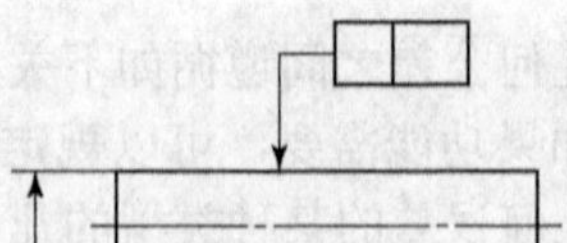

图 4.8　被测要素的图样标注（二）

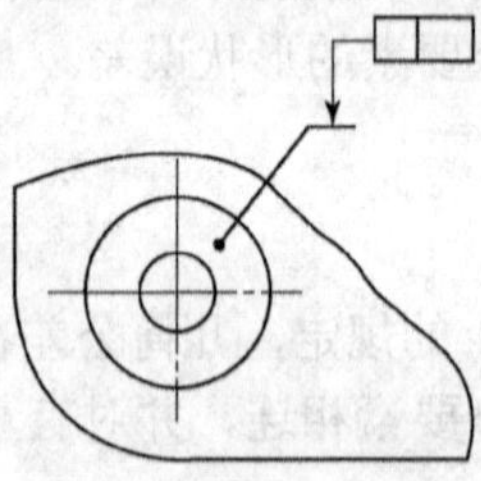

图 4.9　被测要素的图样标注（三）

（2）当公差涉及要素的中心线、中心面或中心点时，箭头应位于相应尺寸线的延长线上（见图 4.10（a）～（c））。

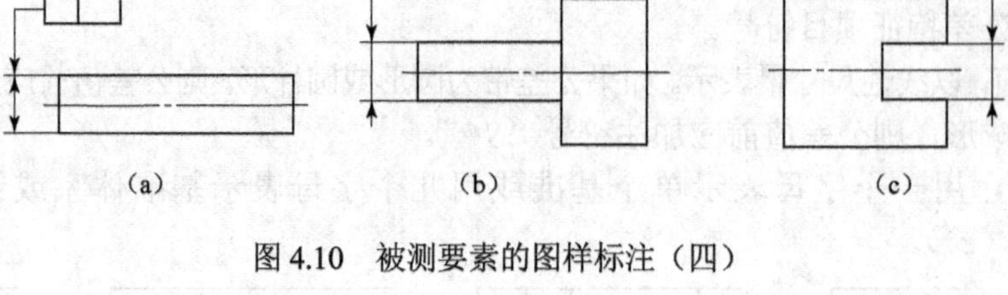

图 4.10　被测要素的图样标注（四）

3．基准

与被测要素相关的基准用一个大写字母表示。字母填写在基准框格内，与一个涂黑的或空白的三角形相连以表示基准（如图 4.11 所示）；表示基准的同一字母还应标注在公差框格内。涂黑的和空白的基准三角形含义相同。

（a）　　（b）

图 4.11　基准符号

带基准字母的基准三角形应按如下规定放置。

（1）当基准要素是轮廓线或轮廓面时，基准三角形放置在要素的轮廓线或其延长线上（与尺寸线明显错开），示例见图 4.12（a）；基准三角形也可放置在该轮廓面引出线的水平线段上，如图 4.12（b）所示。

（a）　　（b）

图 4.12　基准符号的图样标注（一）

（2）当基准是由尺寸的要素确定的轴线、中心平面或中心点时，基准三角形应放置在该尺寸线的延长线上，如图 4.13（a）～（c）所示。如果没有足够的位置标注基准要素尺寸的两个箭头，那么其中一个箭头可用基准三角形代替，如图 4.13（b），（c）所示。

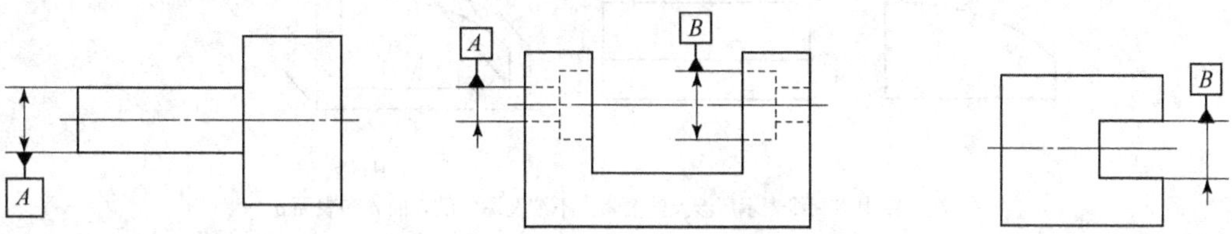

（a）　　（b）　　（c）

图 4.13　基准符号的图样标注（二）

如果只以要素的某一局部作为基准，则应用粗点画线示出该部分并加注尺寸（见图 4.14）。

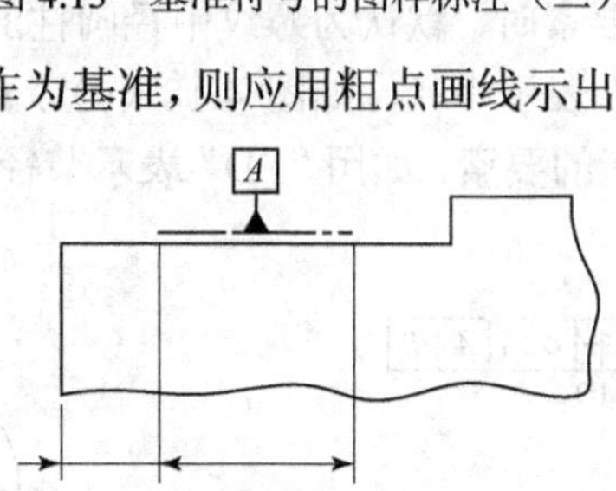

图 4.14　基准符号的图样标注（三）

以单个要素作为基准时，用一个大写字母表示（见图 4.15（a））。

以两个要素建立公共基准时，用中间加连字符的两个大写字母表示（见图 4.15（b））。

以两个或三个要素建立基准体系（采用多基准，可参见本章4.5.2节内容）时，表示基准的大写字母按基准的优先顺序自左至右注写在各框格内（见图4.15（c））。

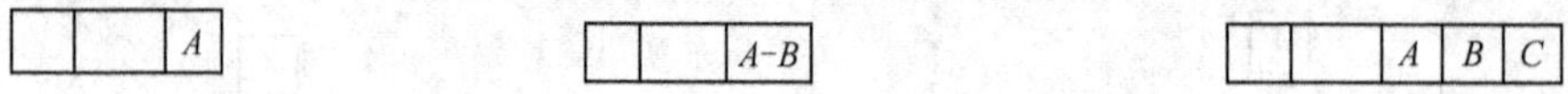

（a）　（b）　（c）

图4.15　基准符号的图样标注（四）

4．附加标记

如果轮廓度公差适用于横截面的整个轮廓线或由该轮廓线所示的整个表面时，则应该用"全周"符号表示，如图4.16和图4.17所示。"全周"符号并不包括整个工件，只包括由轮廓线和公差标注所表示的各表面。

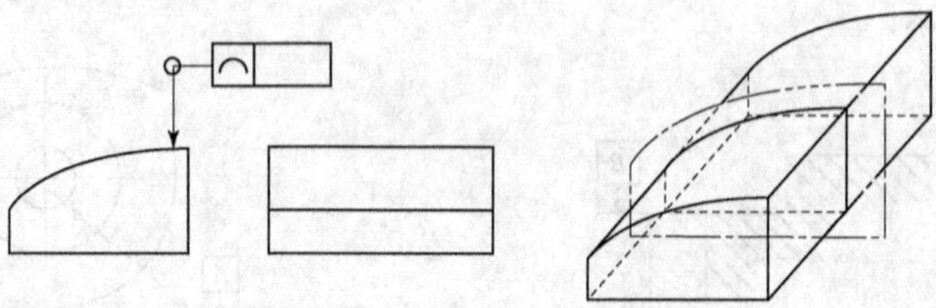

图4.16　横截面轮廓线的全周标记

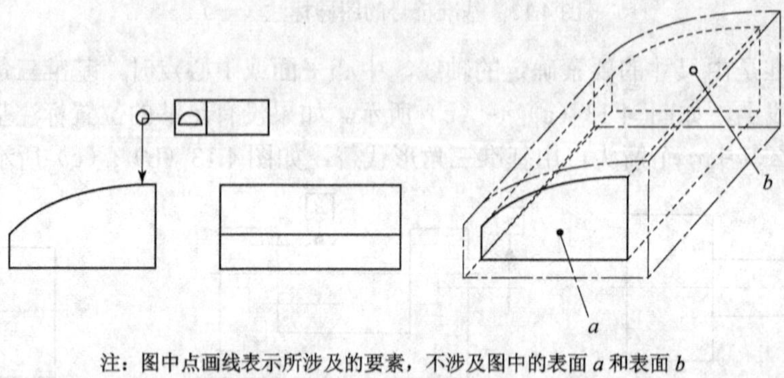

注：图中点画线表示所涉及的要素，不涉及图中的表面 a 和表面 b

图4.17　整个轮廓线的全周标记

以螺纹为被测要素或基准要素时，默认为螺纹中径圆柱的轴线，否则应另有说明。例如，用"MD"表示大径，用"LD"表示小径，如图4.18（a），（b）所示。以齿轮、花键为被测要素或基准要素时，需说明所指的要素，如用"PD"表示节径，用"MD"表示大径，用"LD"表示小径。

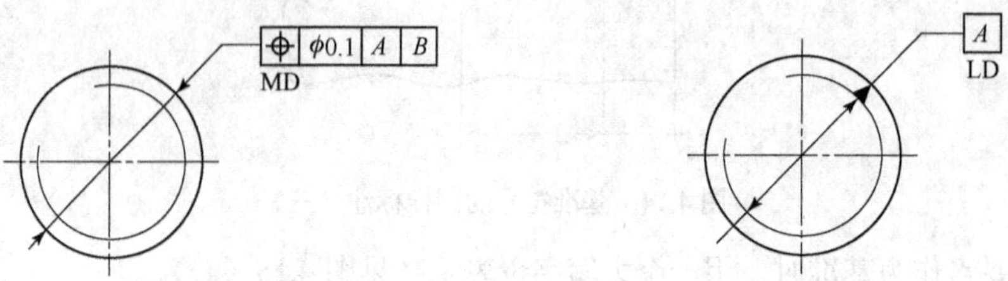

（a）　（b）

图4.18　螺纹要素的附加标记

5．理论正确尺寸（TED）

当给出一个或一组要素的位置、方向或轮廓公差时，分别用来确定其理论正确位置、方向或轮廓的尺寸称为理论正确尺寸（TED）。

TED 也用做确定基准体系中各基准之间方向关系的尺寸。TED 没有公差，并标注在一个方框中（如图 4.19 所示）。

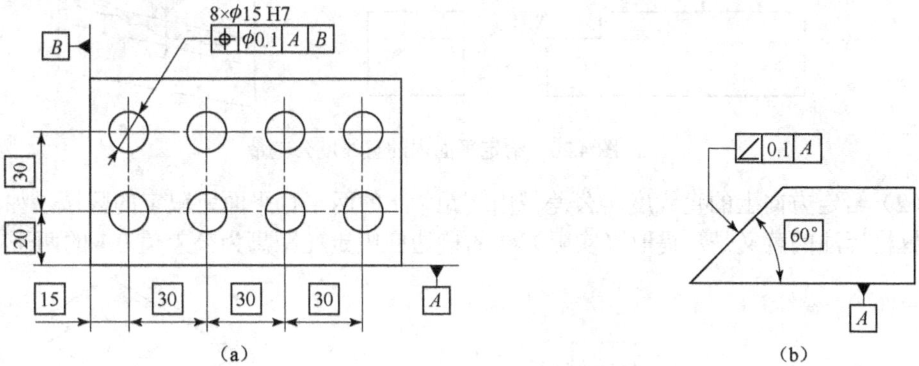

图 4.19　理论正确尺寸的标记

4.2　几何公差

几何公差是用来限制零件本身几何形位误差的，它是实际被测要素的允许变动量。国标将几何公差分为形状公差、方向公差、位置公差和跳动公差（见表 4.1）。

几何公差带是由一个或几个几何上理想的线或面所限定的，由线性公差值表示的区域。根据公差项目特征及其标注方式，公差带的主要形式有：

- 圆内的区域；
- 两同心圆之间的区域；
- 两等距线或两平行直线之间的区域；
- 圆柱面内的区域；
- 两同轴圆柱面之间的区域；
- 两等距面或两平行平面之间的区域；
- 球面内的区域。

4.2.1　形状公差

形状公差是指提取（实际）要素的形状对其拟合要素的允许变动量。形状公差带是某一实际提取要素允许变动的区域。形状公差有直线度、平面度、圆度、圆柱度、（无基准的）线轮廓度和面轮廓度。

1．直线度（ — ）

直线度公差是平面内或空间直线的形状误差。根据零件的功能要求不同，可分为给定平面内、给定方向上和任意方向上的直线度要求。

（1）给定平面内的直线度。公差带为在给定平面内的给定方向上，间距等于公差值 t 的两平行直线所限定的区域，如图 4.20 所示。框格标注的意义是：在任一平行于图示投影面的测量平面内，被测平面的提取（实际）线应限定在距离为公差值 0.1 的两平行直线内。

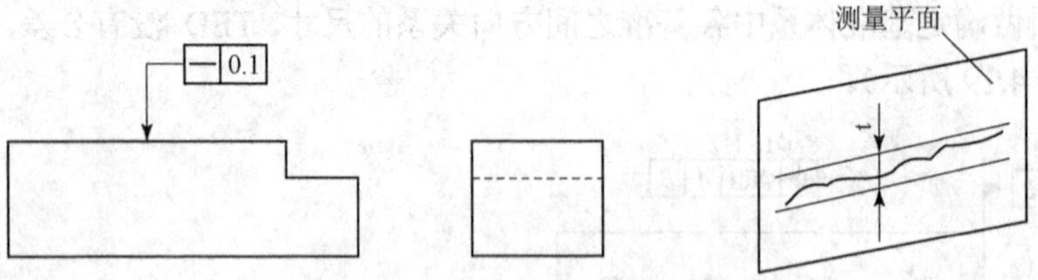

图 4.20　给定平面内的直线度公差带

（2）给定方向上的直线度。公差带由间距为 t 的两平行平面所限定的区域，如图 4.21 所示。框格标注的意义是：提取（实际）线的棱边应限定在距离为公差值 0.1 的两平行平面内。

图 4.21　给定方向上的直线度公差带

（3）任意方向上的直线度。由于公差值前加注了符号 ϕ，公差带即直径为 t 的圆柱面所限定的区域，如图 4.22 所示。框格标注的意义是：外圆柱面的提取（实际）中心线应限定在直径为 0.08 的圆柱面内。

图 4.22　任意方向上的直线度公差带

2．平面度（▱）

公差带为间距等于公差值 t 的两平行平面所限定的区域，如图 4.23 所示。框格标注的意义是：提取（实际）表面应限定在间距等于 0.08 的两平行平面之间。

图 4.23　平面度公差带

3．圆度（○）

公差带为在给定横截面内、半径差为 t 的两同心圆所限定的区域，如图 4.24 所示。框格标注的意义是：在圆柱面和圆锥面的任意横截面内，提取（实际）圆周应限定在半径差为 0.03 的两共面同心圆内。

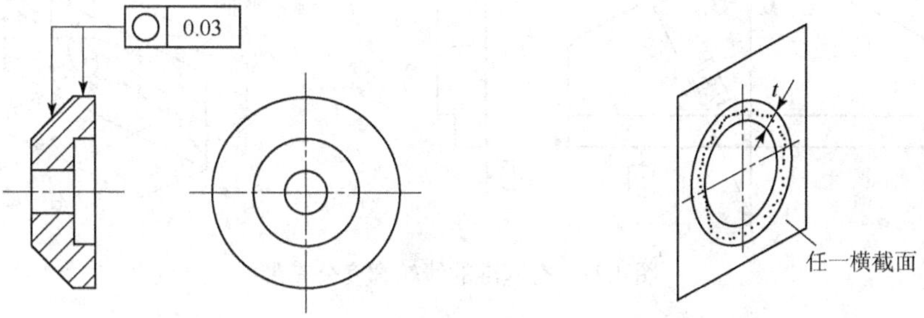

图 4.24　圆度公差带

4．圆柱度（⌭）

公差带为半径差等于 t 的两同轴圆柱面所限定的区域，如图 4.25 所示。框格标注的意义是：提取（实际）圆柱面应限定在半径差为 0.1 的两同轴圆柱面内。

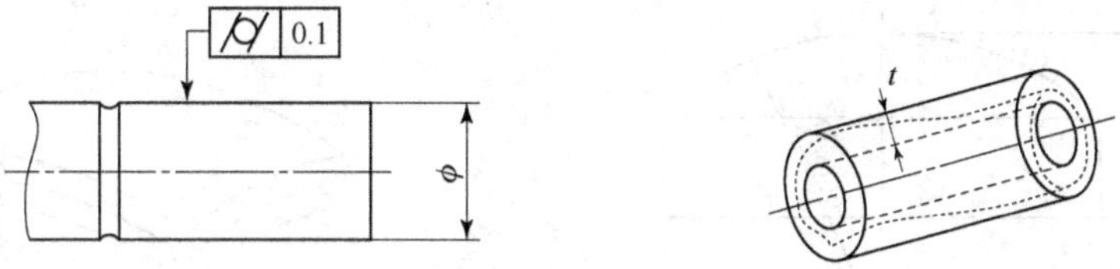

图 4.25　圆柱度公差带

5．线轮廓度（⌒）

无基准的线轮廓度公差属形状公差，公差带为直径等于公差值 t，圆心位于具有理论正确几何形状上的一系列圆的两包络线所限定的区域，如图 4.26 所示。框格标注的意义是：在任一平行于图示投影面的截面内，提取（实际）轮廓线应限定在直径等于 0.04，圆心位于被测要素理论正确几何形状上的一系列圆的两包络线内。

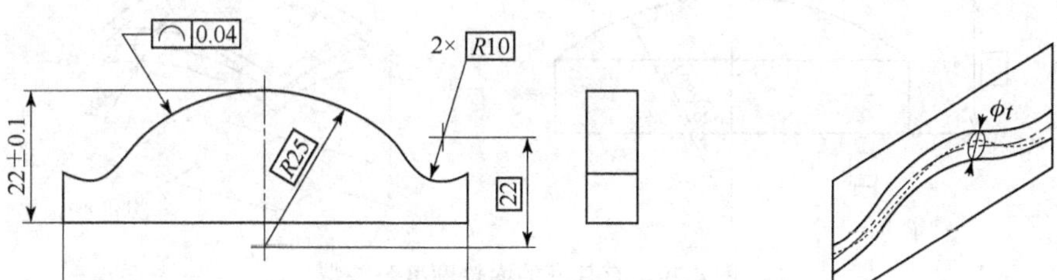

图 4.26　无基准的线轮廓度公差带

相对于基准体系的线轮廓度公差则为方向公差或位置公差，如图 4.27 所示。其公差带为直径等于公差值 t，圆心位于相对于基准平面 A 和基准平面 B 确定的被测要素理论正确几何形状上的一系列圆的两包络线所限定的区域。

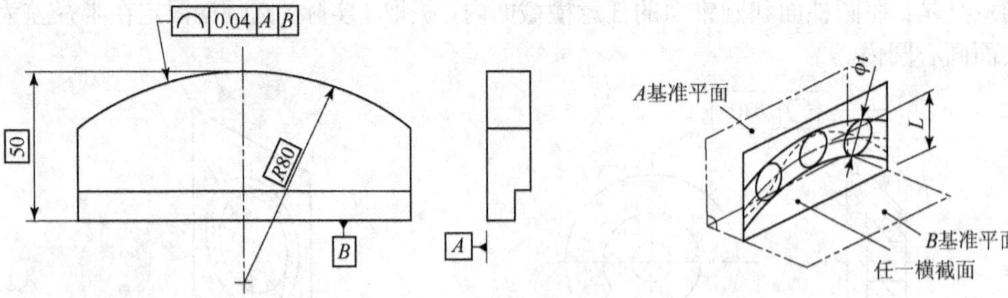

图 4.27　有基准的线轮廓度公差带

6. 面轮廓度（⌓）

无基准的面轮廓度公差带为直径等于公差值 t，球心位于被测要素理论正确形状上的一系列球的两包络面所限定的区域，如图 4.28 所示。框格标注的意义是：提取（实际）轮廓面应限定在直径等于 0.02，球心位于被测要素理论正确几何形状上的一系列球的两等距包络面内。

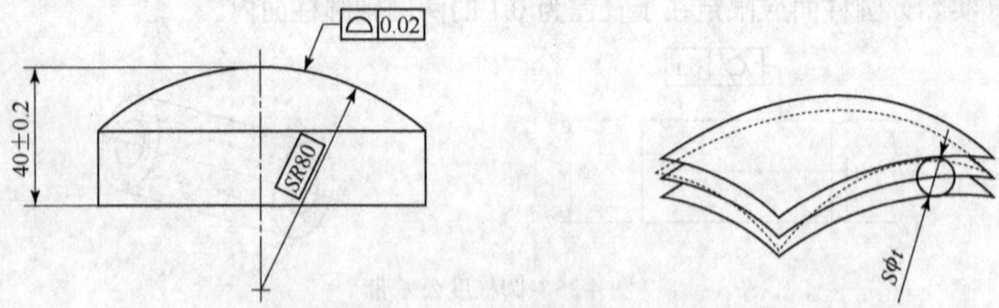

图 4.28　无基准的面轮廓度公差带

相对于基准体系的面轮廓度公差为方向公差或位置公差，如图 4.29 所示。其公差带为直径等于公差值 t，球心位于相对于基准平面 A 确定的被测要素理论正确几何形状上的一系列球的两包络面所限定的区域。

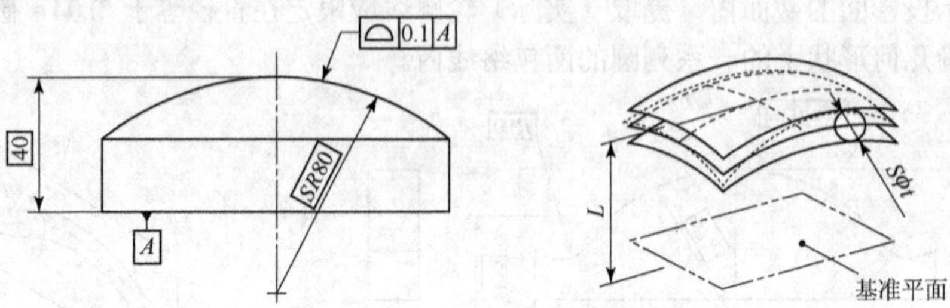

图 4.29　有基准的面轮廓度公差带

4.2.2　方向公差

方向公差是指提取（实际）要素对其基准拟合要素在规定方向上的允许变动量，也称定向公差，包括平行度、垂直度、倾斜度、（有基准的）线轮廓度和面轮廓度。方向公差带是某一实际提取要素对其基准拟合要素在方向上允许变动的区域，其相对基准有确定的方向，并且公差带的位置可以浮动。

1. 平行度（//）

平行度公差用于限制实际要素对基准要素平行的误差。根据平行度功能要求的不同，可将平行度分为线对基准体系、线对线、线对面、面对线和面对面等形式。

（1）线对基准体系的平行度。当给定一个方向时（如图 4.30 所示），公差带为间距等于公差值 t，平行于基准轴线且垂直于基准平面的两平行平面所限定的区域。图 4.30 中框格标注的意义是：提取（实际）中心线应限定在间距等于公差值 0.1 的两平行平面内。该两平行平面平行于基准轴线 A 且垂直于基准平面 B。

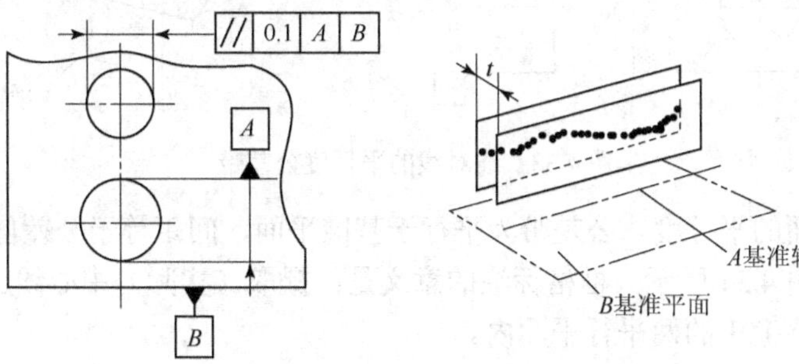

图 4.30　给定一个方向的平行度公差带

当给定两个相互垂直方向时（如图 4.31 所示），公差带为平行于基准轴线和平行或垂直于基准平面，间距分别等于公差值 t_1 和 t_2，且相互垂直的两组平行平面所限定的区域。图 4.31 中框格标注的意义是：提取（实际）中心线应限定在平行于基准轴线 A 和平行或垂直于基准平面 B，间距分别等于公差值 0.1 和 0.2，且相互垂直的两组平行平面内。

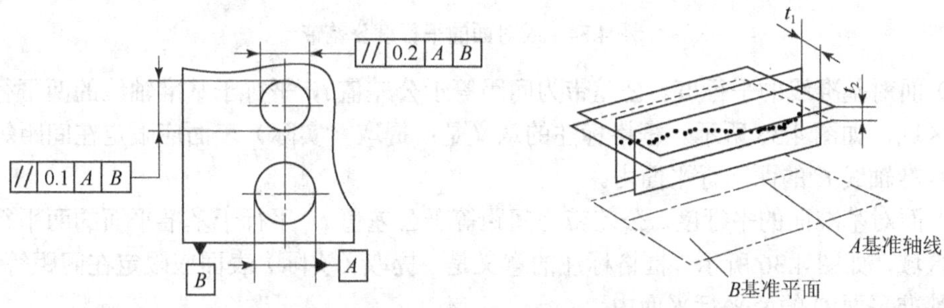

图 4.31　给定两个垂直方向的平行度公差带

当被测要素为线要素（LE）时，公差带为间距等于公差值 t 的两平行直线之间的区域，如图 4.32 所示。该两平行直线平行于基准平面 A 且处于平行于基准平面 B 的平面内。图中框格标注的意义是：提取（实际）要素应限定在间距等于 0.02 的两平行直线内。该两平行直线平行于基准平面 A，且处于平行于基准平面 B 的平面内。

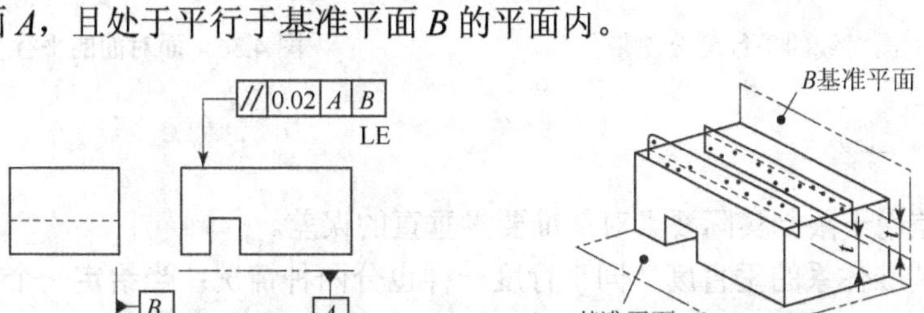

图 4.32　线要素的平行度公差带

（2）线对基准线的平行度。若公差值前加注符号ϕ，则公差带为平行于基准轴线，直径等于公差值t的圆柱面所限定的区域，如图4.33所示。框格标注的意义是：提取（实际）中心线应限定在平行于基准轴线A，直径等于0.03的圆柱面内。

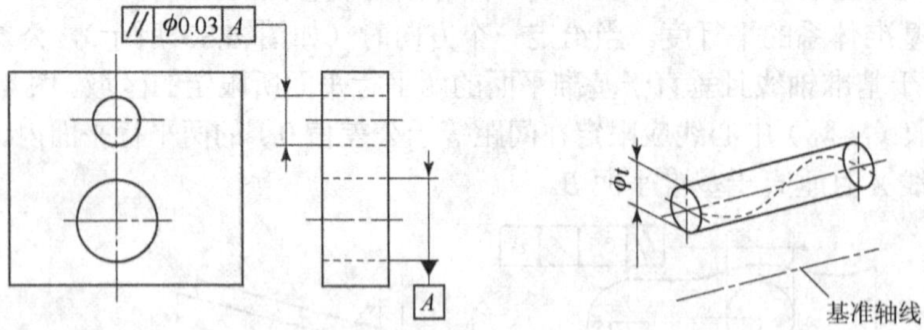

图4.33 线对线的平行度公差带

（3）线对基准面的平行度。公差带为平行于基准平面，间距等于公差值t的两平行平面所限定的区域，如图4.34所示。框格标注的意义是：提取（实际）中心线应限定在平行于基准平面B，间距等于0.01的两平行平面内。

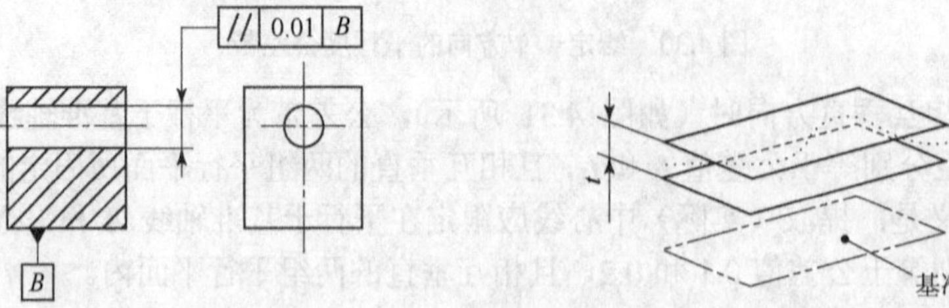

图4.34 线对面的平行度公差带

（4）面对基准线的平行度。公差带为间距等于公差值t，平行于基准轴线的两平行平面所限定的区域，如图4.35所示。框格标注的意义是：提取（实际）表面应限定在间距等于0.1，平行于基准轴线C的两平行平面内。

（5）面对基准面的平行度。公差带为间距等于公差值t，平行于基准平面的两平行平面所限定的区域，如图4.36所示。框格标注的意义是：提取（实际）表面应限定在间距等于0.01，平行于基准平面D的两平行平面内。

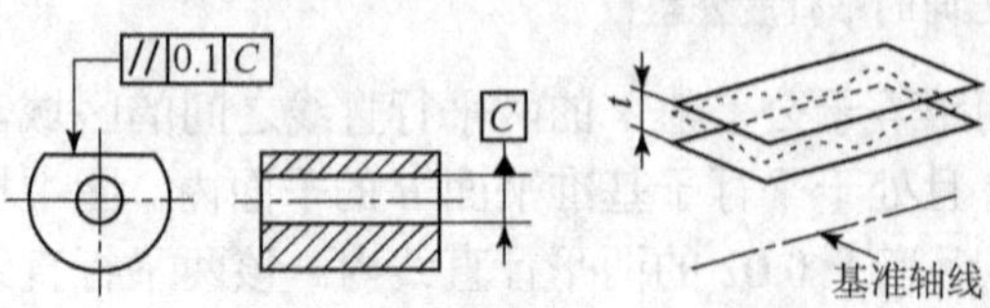

图4.35 面对线的平行度公差带

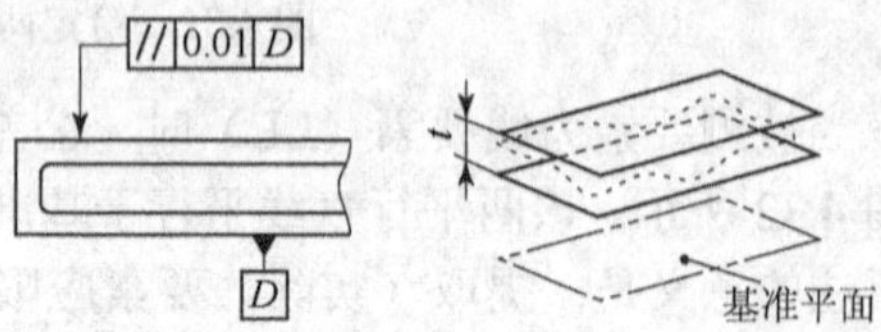

图4.36 面对面的平行度公差带

2．垂直度（⊥）

垂直度公差用于限制实际要素对基准要素垂直的误差。

（1）线对基准体系的垂直度。同平行度一样也分两种情况：当给定一个方向时，公差带为间距等于公差值t的两平行平面所限定的区域。该两平行平面垂直于基准平面A，且平行于基准平面B，如图4.37所示。框格标注的意义是：圆柱的提取中心线应限定在间距等于0.1

的两平行平面内。该两平行平面垂直于基准平面 A，且平行于基准平面 B。当给定两个相互垂直方向时，公差带为间距分别为 t_1 和 t_2 且互相垂直的两组平行平面所限定的区域，如图 4.38 所示。该两组平行平面都垂直于基准平面 A。其中一组平行平面垂直于基准平面 B（见图 4.38（b）），另一组平行平面平行于基准平面 B（见图 4.38（c））。

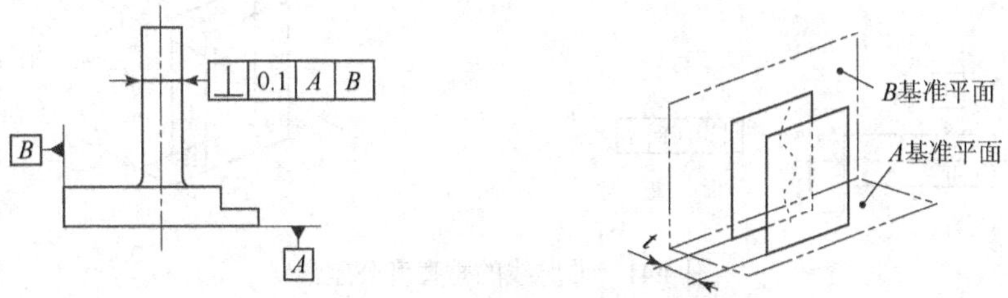

图 4.37　给定一个方向的垂直度公差带

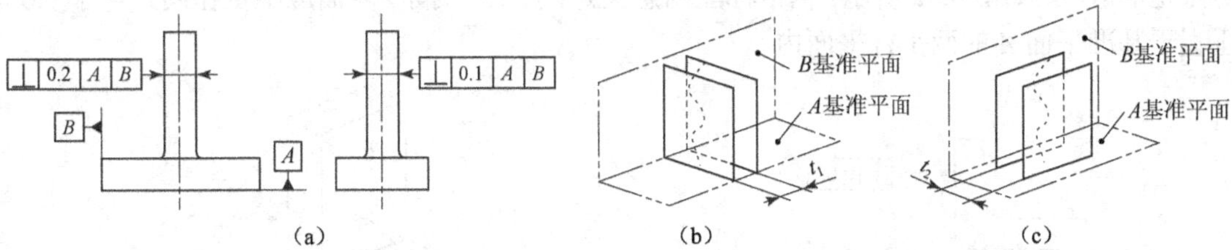

图 4.38　给定两个垂直方向的垂直度公差带

（2）线对基准线的垂直度公差。公差带为间距等于公差值 t，垂直于基准线的两平行平面所限定的区域，如图 4.39 所示。框格标注的意义是：提取中心线应限定在间距等于 0.06，垂直于基准轴线 A 的两平行平面内。

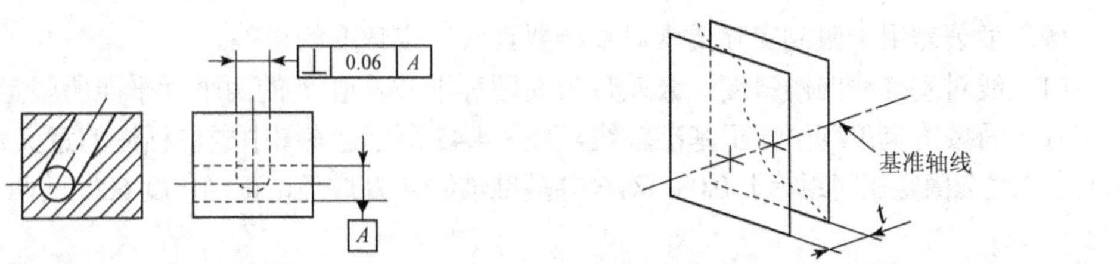

图 4.39　线对线的垂直度公差带

（3）线对基准面的垂直度。若公差值前加注符号 ϕ，公差带为直径等于公差值 t，轴线垂直于基准面的圆柱面所限定的区域，如图 4.40 所示。框格标注的意义是：圆柱的提取中心线应限定在直径等于 0.01，垂直于基准平面 A 的圆柱面内。

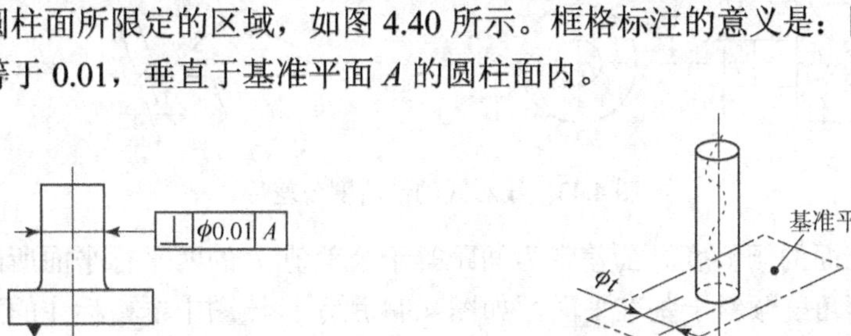

图 4.40　线对面的垂直度公差带

（4）面对基准线的垂直度。公差带为间距等于公差值 t 且垂直于基准轴线的两平行平面所限定的区域，如图 4.41 所示。框格标注的意义是：提取（实际）表面应限定在间距等于 0.08 的两平行平面内。该两平行平面垂直于基准轴线 A。

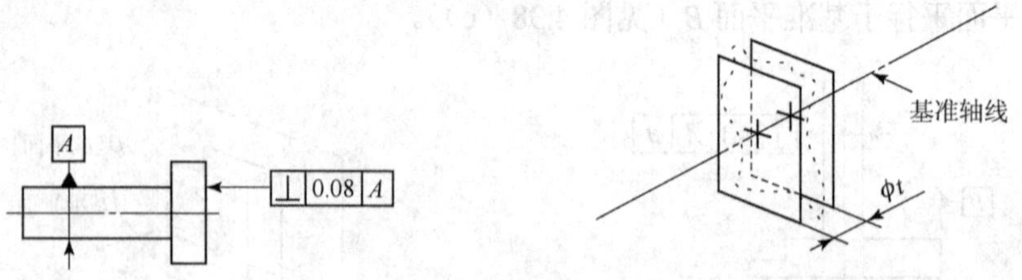

图 4.41 面对线的垂直度公差带

（5）面对基准平面的垂直度。公差带为间距等于公差值 t，垂直于基准平面的两平行平面所限定的区域，如图 4.42 所示。框格标注的意义是：提取（实际）表面应限定在间距等于 0.08，垂直于基准平面 A 的两平行平面内。

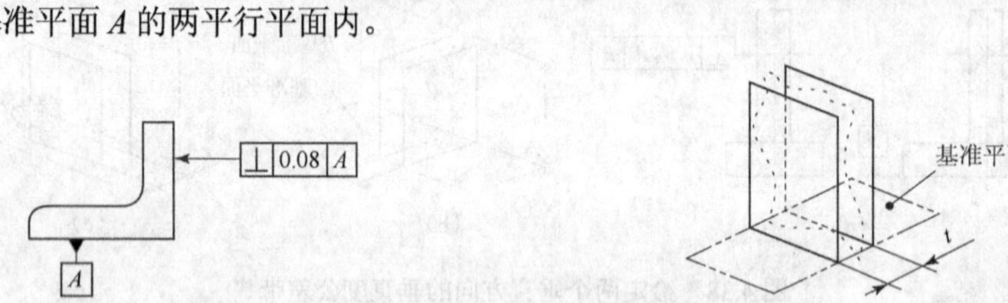

图 4.42 面对面的垂直度公差带

3．倾斜度（∠）

倾斜度公差用于限制实际要素对基准要素成一定角度的误差。

（1）线对基准线的倾斜度。公差带为间距等于公差值 t 的两平行平面所限定的区域，该两平行平面按给定角度倾斜于基准轴线，如图 4.43 所示。该图中框格标注的意义是：提取（实际）中心线应限定在间距等于 0.08，对公共基准轴线 A–B 成理论正确角度 60° 的两平行平面内。

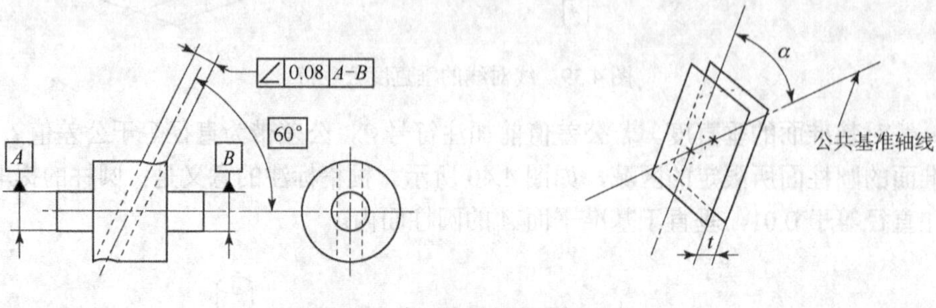

图 4.43 线对线的倾斜度公差带

（2）线对基准面的倾斜度。公差带为间距等于公差值 t 的两平行平面所限定的区域。该两平行平面按给定角度倾斜于基准平面，如图 4.44 所示。该图中框格标注的意义是：提取中心线应限定在间距等于 0.08，对基准平面 A 倾斜成理论正确角度 60° 的两平行平面内。

若公差值前加注符号 ϕ，公差带为直径等于公差值 t 的圆柱面所限定的区域。如图 4.45 所示，该圆柱面公差带的轴线平行于基准平面 B，并按给定角度倾斜于基准平面 A。

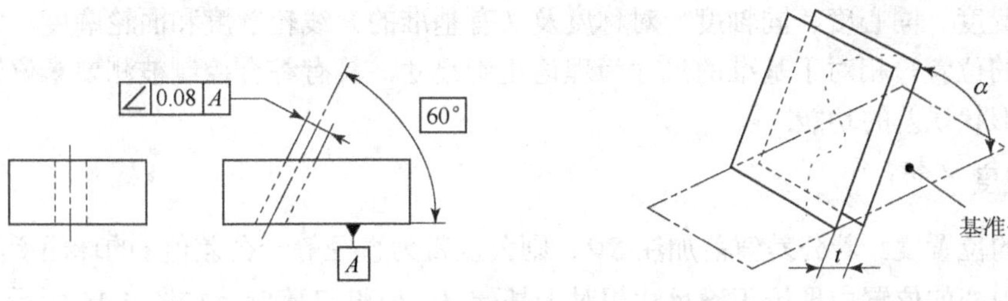

图 4.44　线对面的倾斜度公差带（一）

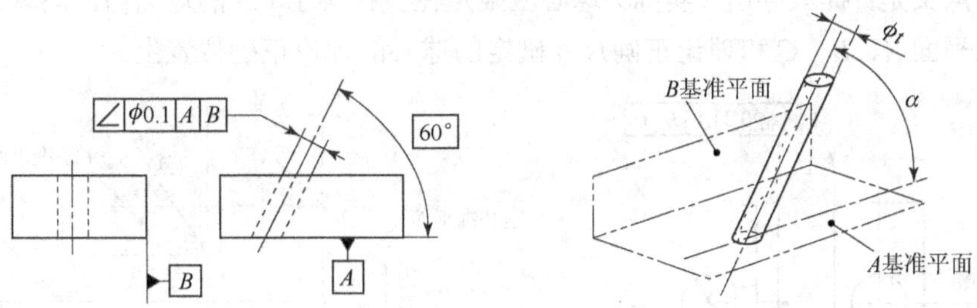

图 4.45　线对面的倾斜度公差带（二）

（3）面对基准线的倾斜度。公差带为间距等于公差值 t 的两平行平面所限定的区域。该两平行平面按给定角度倾斜于基准直线，如图 4.46 所示。该图中框格标注的意义是：提取表面应限定在间距等于 0.1 的两平行平面内。该两平行平面按理论正确角度 75° 倾斜于基准轴线 A。

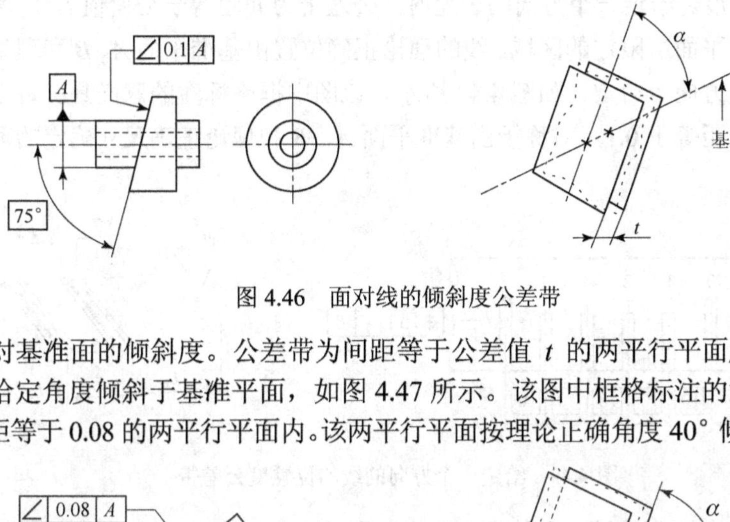

图 4.46　面对线的倾斜度公差带

（4）面对基准面的倾斜度。公差带为间距等于公差值 t 的两平行平面所限定的区域。两平行平面按给定角度倾斜于基准平面，如图 4.47 所示。该图中框格标注的意义是：提取表面应限定在间距等于 0.08 的两平行平面内。该两平行平面按理论正确角度 40° 倾斜于基准平面 A。

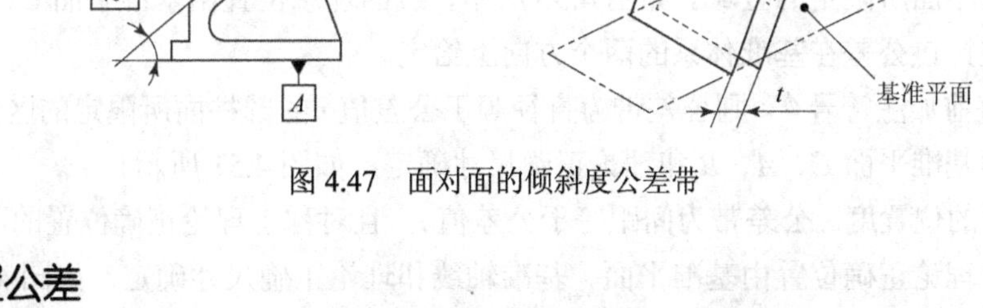

图 4.47　面对面的倾斜度公差带

4.2.3　位置公差

位置公差是指提取（实际）要素对其基准拟合要素在位置上的允许变动量，也称定位公差，包括位置度、同心度、同轴度、对称度及（有基准的）线轮廓度和面轮廓度。定位公差带具有确定的位置，相对于基准的尺寸为理论正确尺寸，具有综合控制被测要素位置误差、方向误差和形状误差的功能。

1．位置度（⌖）

（1）点的位置度。若公差值前加注 $S\phi$，则公差带为直径等于公差值 t 的球面所限定的区域。该球面中心的位置由理论正确尺寸相对于基准 A、B 和 C 确定，如图 4.48 所示。该图中框格标注的意义是：提取导出（实际）球心应限定在直径等于 0.3 的球面内。该球面的中心应位于由基准平面 A、B、C 和理论正确尺寸确定的球心的理论正确位置上。

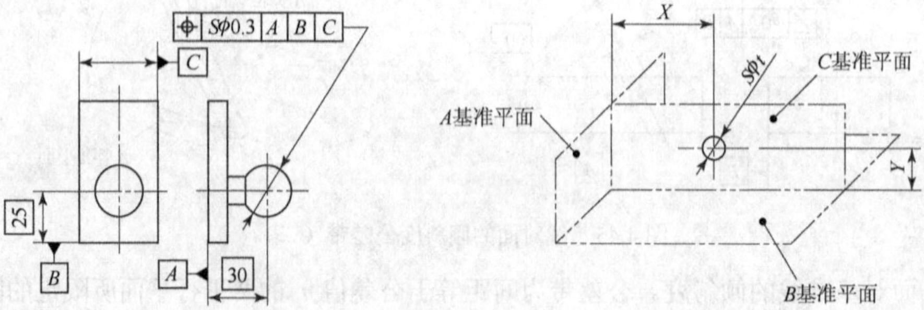

图 4.48　点的位置度公差带

（2）线的位置度。给定一个方向的公差时，公差带为间距等于公差值 t，对称于线的理论正确位置的两平行平面所限定的区域。线的理论正确位置由基准平面 A、B 和理论正确尺寸确定。公差只在一个方向上给定，如图 4.49 所示。该图中框格标注的意义是：每条刻线的提取中心线应限定在间距等于 0.1，对称于由基准平面 A、B 和理论正确尺寸确定的理论正确位置的两平行直线内。

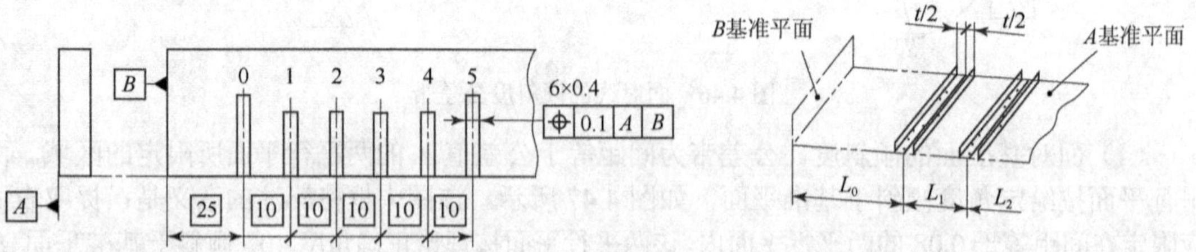

图 4.49　给定一个方向的线的位置度公差带

给定两个方向上的公差时，公差带为间距分别等于 t_1 和 t_2，对称于线的理想位置的两对相互垂直平行平面所限定的区域。如图 4.50 所示，线的理想位置由基准平面 C、A、B 和理论正确尺寸确定，该公差在基准体系的两个方向上给定。

若公差值前加注符号 ϕ，则公差带为直径等于公差值 t 的圆柱面所限定的区域。该圆柱面轴线的位置由基准平面 C、A、B 和理论正确尺寸确定，如图 4.51 所示。

（3）平面的位置度。公差带为间距等于公差值 t，且对称于理论正确位置的两平行平面所限定的区域。理论正确位置由基准平面、基准轴线和理论正确尺寸确定，如图 4.52 所示。

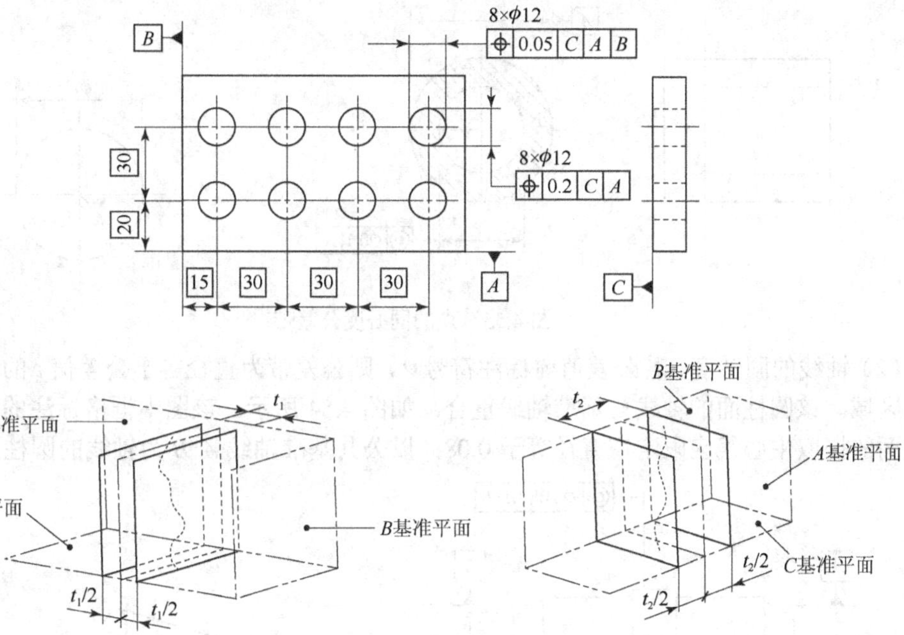

图 4.50 给定两个垂直方向的线的位置度公差带

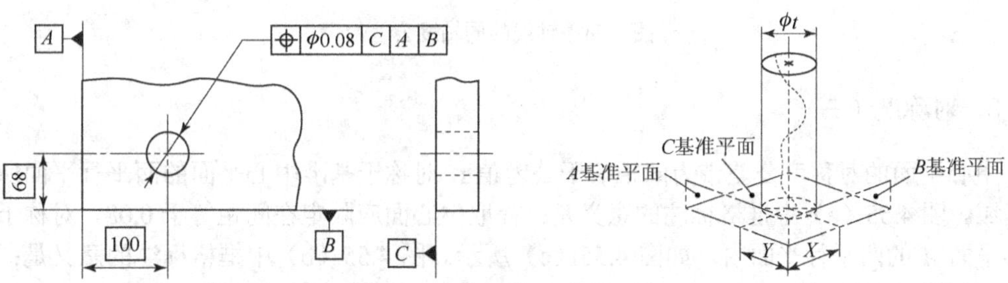

图 4.51 任意方向的线的位置度公差带

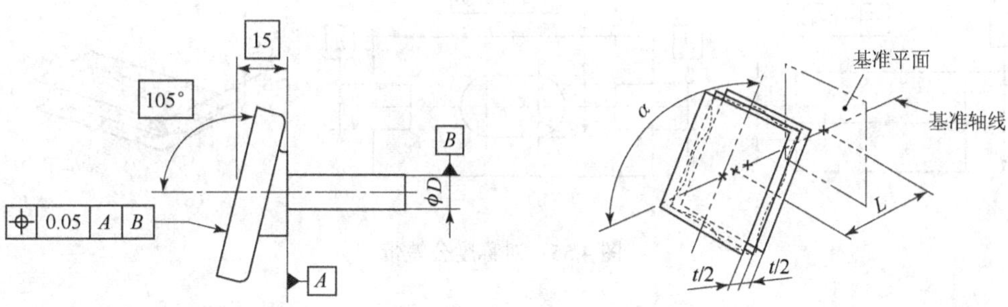

图 4.52 面的位置度公差带

2. 同心度和同轴度（◎）

（1）点的同心度。若公差值前标注符号ϕ，则公差带为直径等于公差值t的圆所限定的区域。该圆的圆心与基准点重合，如图 4.53 所示。该图中框格标注的意义是：在任意横截面（ACS）内，内圆的提取中心应限定在直径等于 0.1，以基准A为圆心的圆内。

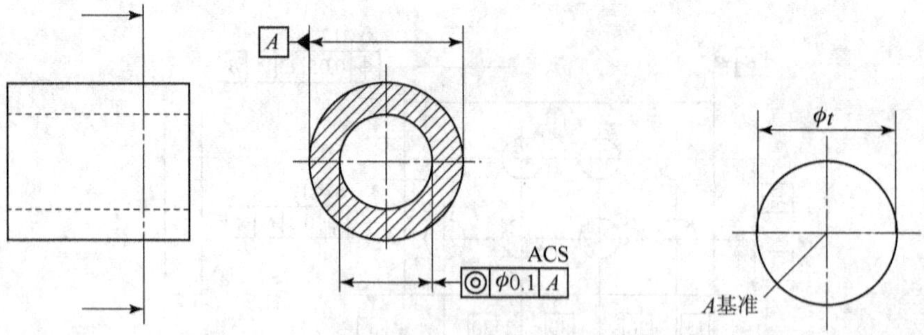

图 4.53　点的同心度公差带

（2）轴线的同轴度。若公差值前标注符号 ϕ，则公差带为直径等于公差值 t 的圆柱面所限定的区域。该圆柱面的轴线与基准轴线重合，如图 4.54 所示。该图中框格标注的意义是：大圆柱面的提取中心线应限定在直径等于 0.08，以公共基准轴线 A–B 为轴线的圆柱面内。

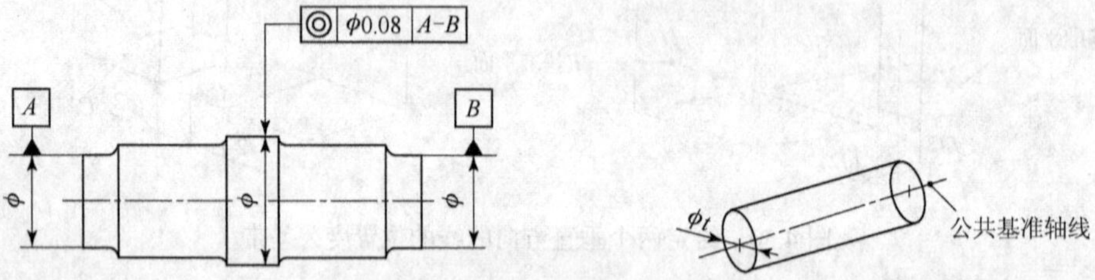

图 4.54　轴线的同轴度公差带

3．对称度（⌯）

中心平面的对称度公差带为间距等于公差值 t，对称于基准中心平面的两平行平面所限定的区域。图 4.55（a）中框格标注的意义是：提取中心面应限定在间距等于 0.08，对称于基准中心平面 A 的两平行平面内，如图 4.55（c）所示。图 4.55（b）中框格标注的意义是：提取中心面应限定在间距等于 0.08，对称于公共基准中心平面 A–B 的两平行平面内。

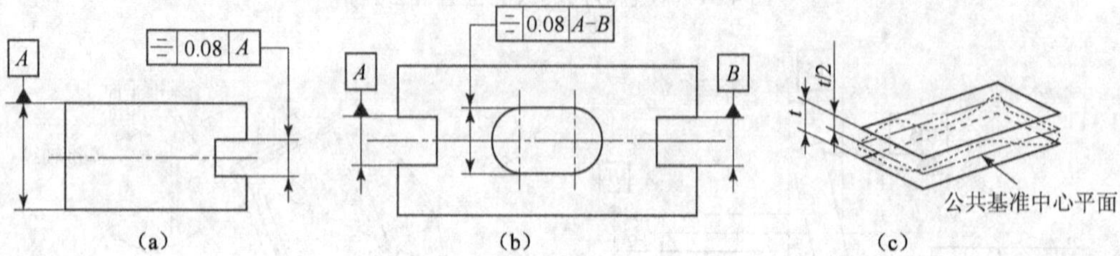

图 4.55　对称度公差带

4.2.4　跳动公差

跳动公差是以测量方法为依据规定的一种几何公差，用于综合控制被测要素的形状和位置误差，分为圆跳动和全跳动两大类。圆跳动公差是被测提取要素绕基准轴线，做无轴向移动回转一周时，所允许的最大变动量，此量值由位置固定的指示计在给定方向上测得。而全跳动公差是被测提取要素绕基准轴线，做无轴向移动连续回转时所允许的最大变动量，此量值由指示计在给定方向上做定向移动时测得，全跳动控制的是整个实际要素相对基准要素的跳动总量。

1．圆跳动（↗）

（1）径向圆跳动。公差带为在任一垂直于基准轴线的横截面内，半径差等于公差值 t，圆心在基准轴线上的两同心圆所限定的区域，如图 4.56 所示。该图中框格标注的意义是：在任一垂直于公共基准轴线 A–B 的横截面内，提取（实际）线应限定在半径差等于 0.1，圆心在基准轴线 A–B 上的两同心圆内。

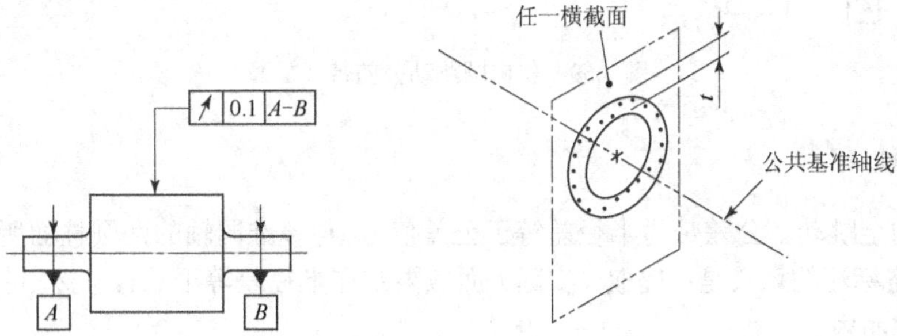

图 4.56　径向圆跳动公差带

（2）轴向圆跳动。公差带为与基准同轴的任一半径的圆柱截面上，间距等于公差值 t 的两圆所限定的区域，如图 4.57 所示。

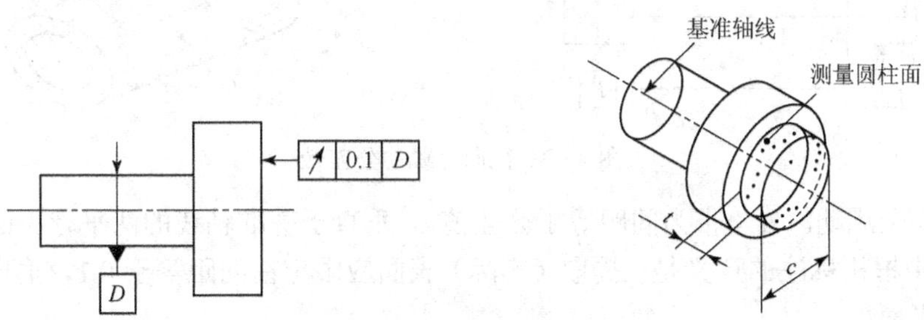

图 4.57　轴向圆跳动公差带

（3）斜向圆跳动。公差带为与基准同轴的任一圆锥截面上，间距等于公差值 t 的两圆所限定的区域。测量方向应沿表面的法向。当标注公差的素线不是直线时，圆柱截面的锥角要随实际位置而变化，如图 4.58 所示。

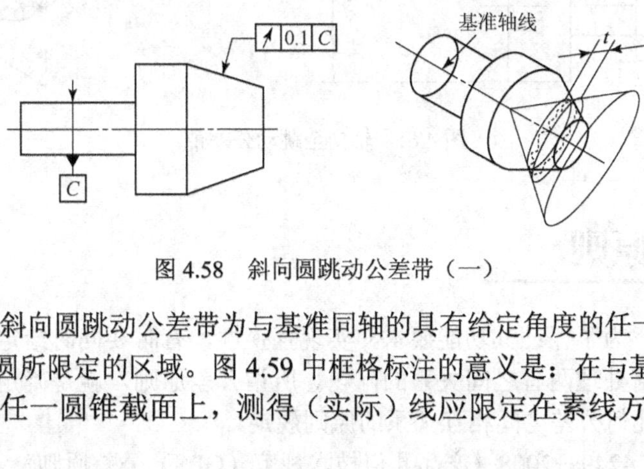

图 4.58　斜向圆跳动公差带（一）

当给定方向时斜向圆跳动公差带为与基准同轴的具有给定角度的任一圆锥截面上，间距等于公差值 t 的两圆所限定的区域。图 4.59 中框格标注的意义是：在与基准轴线 C 同轴且具有给定角度 60° 的任一圆锥截面上，测得（实际）线应限定在素线方向间距等于 0.1 的两不等圆内。

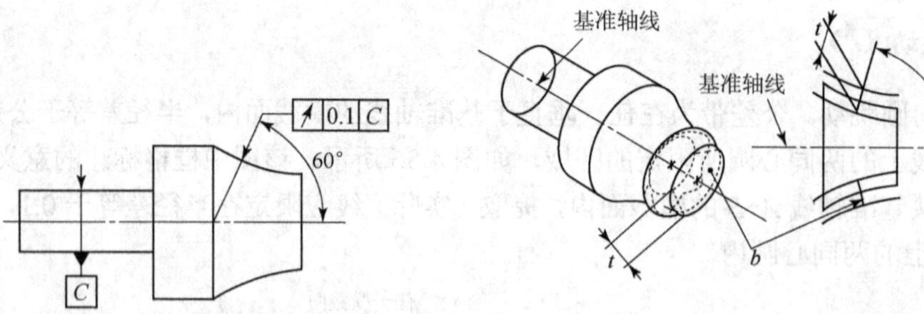

图 4.59 斜向圆跳动公差带（二）

2. 全跳动（⌰）

（1）径向全跳动。公差带为半径差等于公差值 t，与基准同轴的两圆柱面所限定的区域。图 4.60 中框格标注的意义是：提取（实际）面应限定在半径差等于 0.1，与公共基准轴线 A–B 同轴的两圆柱面内。

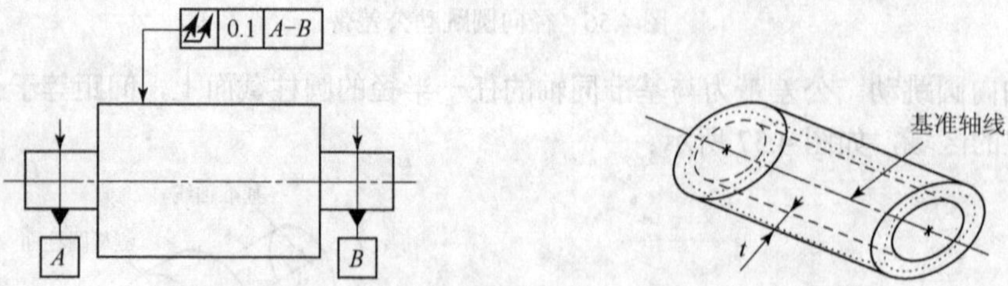

图 4.60 径向全跳动公差带

（2）轴向全跳动。公差带为间距等于公差值 t，垂直于基准轴线的两平行平面所限定的区域。图 4.61 中框格标注的意义是：提取（实际）表面应限定在间距等于 0.1，垂直于基准轴线 D 的两平行平面内。

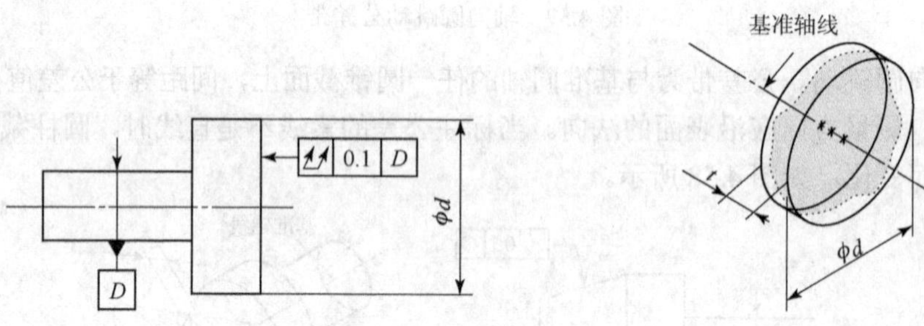

图 4.61 轴向全跳动公差带

4.3 公差原则

在设计零件时，为了保证其功能要求，实现互换性，有时要同时给定尺寸公差和几何公差，这就产生了如何处理两者之间关系的问题。所谓公差原则，就是确定尺寸（线性尺寸和角度尺寸）公差和几何公差之间相互关系的原则规定。

国家标准 GB/T 4249—2008《产品几何技术规范（GPS）公差原则》、GB/T 16671—2008

《产品几何技术规范（GPS）几何公差 最大实体要求、最小实体要求和可逆要求》规定了尺寸公差和几何公差之间的关系。

公差原则分为独立原则和相关要求两大类，相关要求又有包容要求、最大实体要求、最小实体要求和可逆要求等。

4.3.1　独立原则

独立原则是指图样上给定的每一个尺寸（线性尺寸和角度尺寸）和几何（形状、方向或位置）要求均是独立的，应分别满足要求。遵守独立原则的公差要求不需要在图样上特别注明，如果对尺寸和几何（形状、方向或位置）要求之间的相互关系有特定要求，应在图样上规定。

在独立原则中，尺寸公差和几何公差各自独立地控制提取要素的尺寸误差和几何误差。例如图 4.62（a）所示为一外圆柱面，仅标注了直径公差。此标注说明其提取圆柱面的局部直径必须位于 149.96～150mm 之间，线性尺寸公差（0.04mm）不控制提取圆柱面的奇数棱圆度误差以及提取中心线直线度误差引起的提取圆柱面的素线直线度误差，如图 4.62（b）所示。又如图 4.63（a）所示为一注有直径公差和素线直线度公差、圆度公差的外圆柱尺寸要素。此标注说明其提取圆柱面的局部尺寸应在上极限尺寸与下极限尺寸之间，其形状误差应在给定的相应形状公差之内。不论提取圆柱面的局部尺寸如何，其形状误差（素线直线度误差和圆度误差）均允许达到给定的最大值，如图 4.63（b）所示。

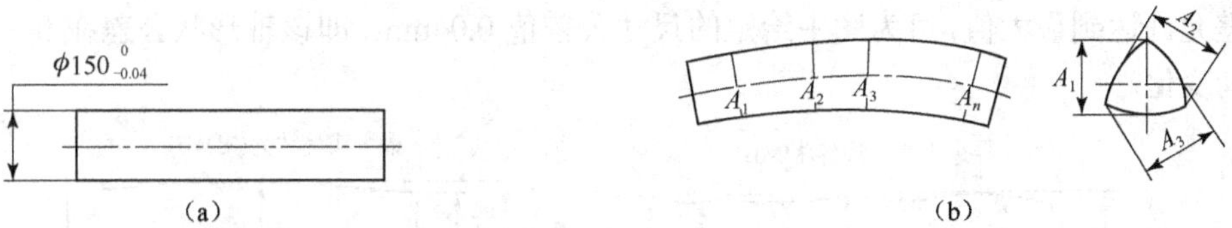

图 4.62　独立原则的标注（一）

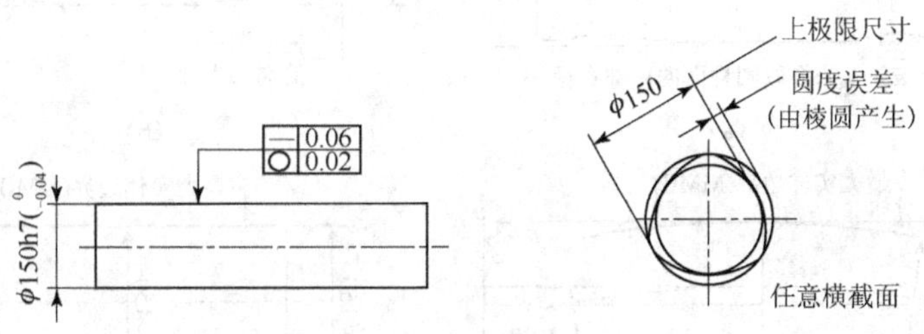

图 4.63　独立原则的标注（二）

4.3.2　相关要求

1．包容要求（envelope requirement，ER）

包容要求是尺寸要素的非理想要素不得违反其最大实体边界（MMB）的一种尺寸要素要求。包容要求适用于圆柱表面或两平行对应面。包容要求是尺寸要素相应的组成要素的尺寸公差与其导出要素的形状公差之间相互有关的公差要求。

采用包容要求的尺寸要素，其提取组成要素不得超越其最大实体边界（MMB），其局部尺寸不得超出最小实体尺寸（LMS）。

最大实体边界（MMB）是指最大实体状态的理想形状的极限包容面。

采用包容要求的尺寸要素应在其尺寸极限偏差或公差带代号之后加注符号Ⓔ（见表 4.2），如图 4.64 所示。

【工程实例 4.1】 包容要求标注的示例

试述图 4.64 所示标注的含义。

图 4.64 包容要求的标注

解：

该标注的含义是：提取圆柱面必须在其最大实体边界（MMB）之内，该边界的尺寸为最大实体尺寸（MMS）ϕ150mm；其局部尺寸不得小于 149.96mm（见图 4.65）。也即当轴为最大实体状态（MMC）时，其形状公差为零；若该轴为最小实体状态（LMC），则其形状误差允许达到最大值，可为图中给定的尺寸公差值 0.04mm，即该轴形状公差在 0～ϕ0.04mm之间变化。

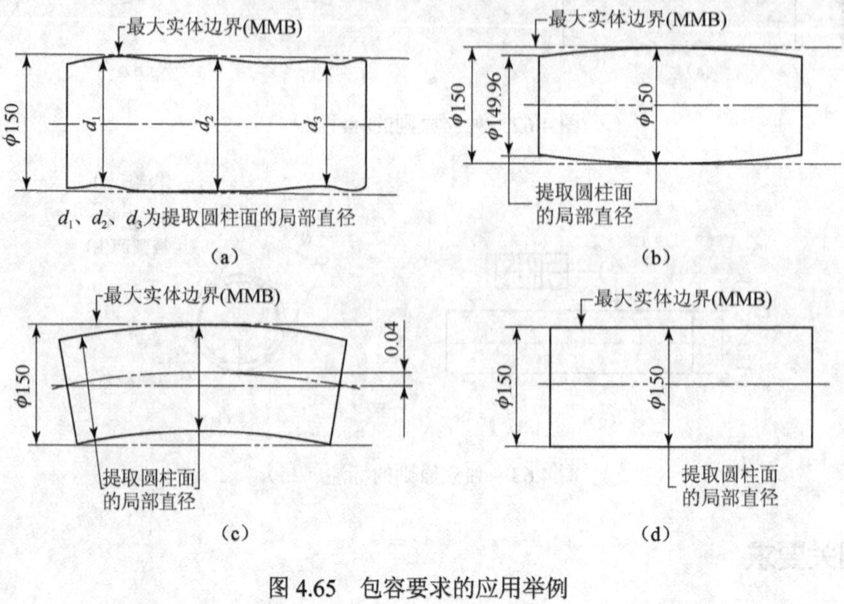

图 4.65 包容要求的应用举例

2. 最大实体要求（maximum material requirement，MMR）

最大实体要求适用于尺寸要素的导出要素，是指尺寸要素的非理想要素不得违反其最大实体实效状态（MMVC）的一种尺寸要素要求，也即尺寸要素的非理想要素不得超越其最大实体实效边界（MMVB）的一种尺寸要素要求，常应用于保证可装配性的场合。下面解释几个有关术语和定义。

最大实体实效尺寸（MMVS）是指尺寸要素的最大实体尺寸与其导出要素的几何公差（形状、方向或位置）共同作用产生的尺寸。

对于外尺寸要素（如图 4.66 所示），MMVS=MMS+几何公差，即 $d_{MV}=d_M+t$；

对于内尺寸要素（如图 4.67 所示），MMVS=MMS−几何公差，即 $D_{MV}=D_M-t$。

最大实体实效状态（MMVC）是指拟合要素的尺寸为其最大实体实效尺寸（MMVS）时的状态。

最大实体实效边界（MMVB）是指最大实体实效状态对应的极限包容面。

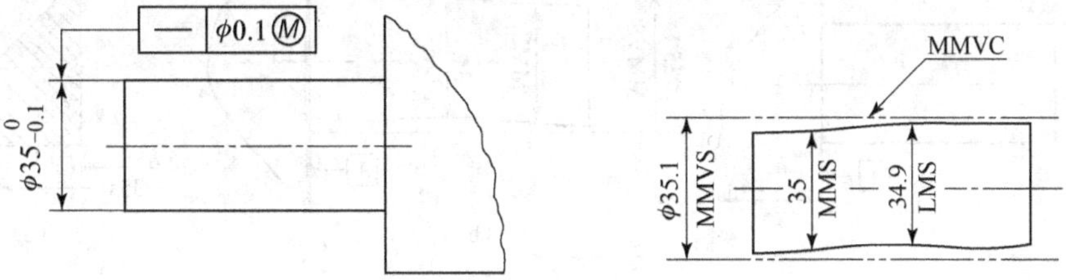

图 4.66　外尺寸要素应用最大实体要求

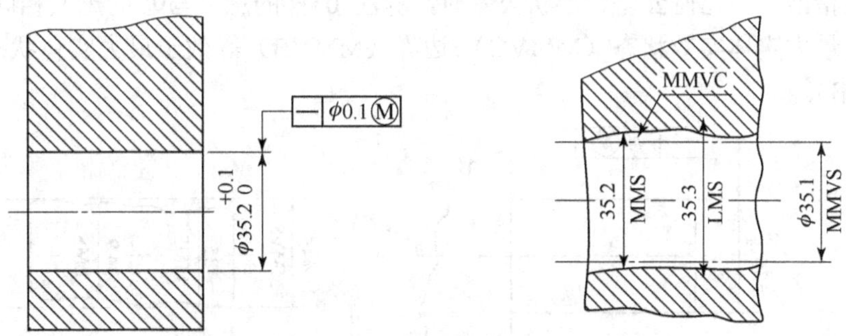

图 4.67　内尺寸要素应用最大实体要求

最大实体要求的符号为Ⓜ，当应用于注有公差的要素时，应在导出要素的几何公差值之后标注Ⓜ；当应用于基准要素时，应在几何公差框格内的基准字母代号后标注符号Ⓜ。

1）最大实体要求应用于注有公差的要素

当最大实体要求应用于注有公差的要素时，注有公差的要素的提取组成要素不得违反其最大实体实效状态，即在给定长度上处处不得超出最大实体实效边界；其提取局部尺寸不得超出最大和最小实体尺寸。当注有公差的要素的导出要素标注方向或位置公差时，其最大实体实效状态或最大实体实效边界要与各自基准的理论正确方向或位置相一致。

【工程实例 4.2】　最大实体要求应用举例

试述如图 4.68 所示零件标注的含义。

解：

该标注的含义如下。

（1）轴的提取组成要素不得违反其最大实体实效状态（MMVC），其直径为

MMVS=ϕ35.1mm。

（2）MMVC 的方向与基准垂直，但其位置无约束。

（3）轴的提取要素各处的局部直径应大于 LMS 且应小于 MMS；圆柱导出要素的几何公差值ϕ0.1mm 是在该要素处于最大实体状态时给出的，当提取组成要素偏离其最大实体状态，即拟合要素的尺寸偏离其最大实体尺寸ϕ35mm 时，几何误差值可以超出在最大实体状态下给出的几何公差值；当提取组成要素为最小实体尺寸ϕ34.9mm 时，几何误差值允许达到最大，即为(MMS－LMS)＋t＝ϕ0.1＋ϕ0.1＝ϕ0.2（mm）。图 4.68（c）给出了表达上述关系的动态公差带图。

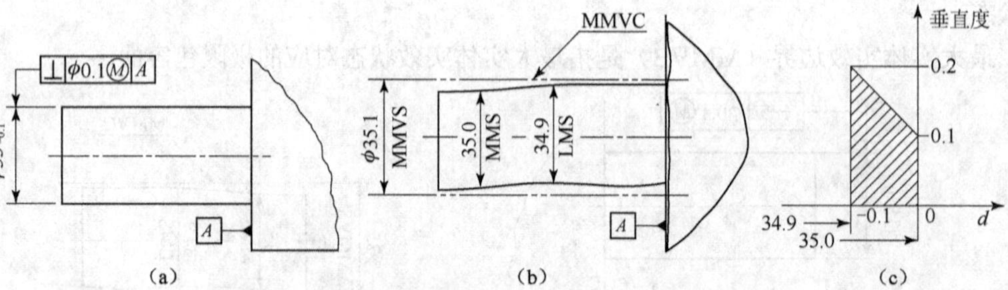

图 4.68 最大实体要求应用举例

需特别指出，当几何公差为形状公差时，标注 0Ⓜ的意义与Ⓔ的意义相同，如图 4.69 所示。此时最大实体实效状态（MMVC）/边界（MMVB）等效于最大实体状态（MMV）/边界（MMB）。

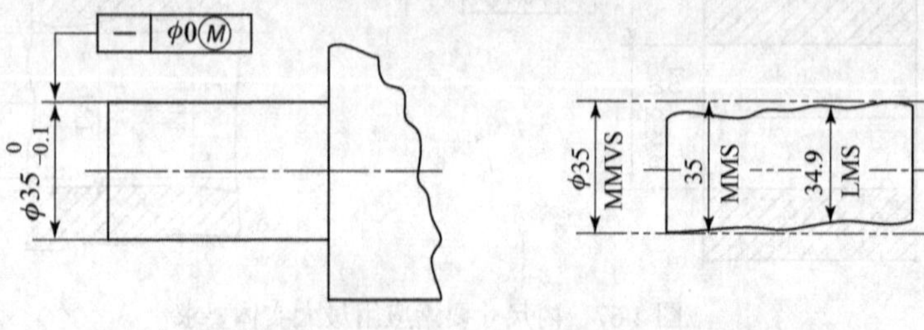

图 4.69 最大实体要求的零形状公差

2）最大实体要求应用于基准要素

最大实体要求应用于基准要素时，基准要素的提取组成要素不得违反基准要素的最大实体实效状态（MMVC）或最大实体实效边界（MMVB）。分两种情况：

当基准要素的导出要素没有标注几何公差要求，或者注有几何公差但其后没有符号Ⓜ时（如图 4.70 所示），基准要素的最大实体实效尺寸（MMVS）=最大实体尺寸（MMS），其相应的边界为最大实体边界。

当基准要素的导出要素注有几何公差，且其后有符号Ⓜ时，基准要素的最大实体实效尺寸为 MMS 加上（对外部要素）或减去（对内部要素）该几何公差值。此时其相应的边界为最大实体实效边界，基准代号应直接标注在形成最大实体实效边界的几何公差框格下面，如图 4.71 所示。

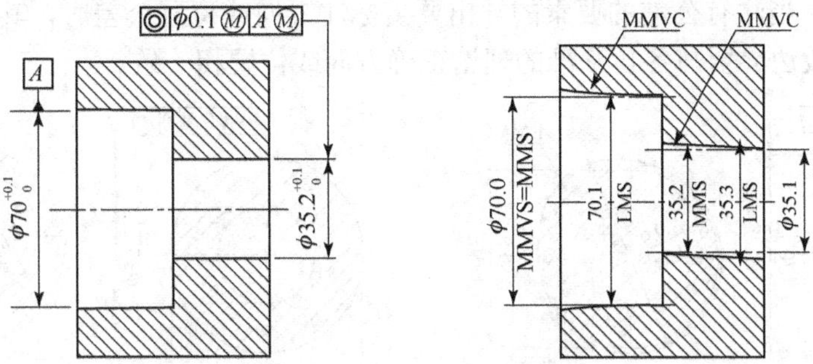

图 4.70　最大实体要求应用于基准要素（一）

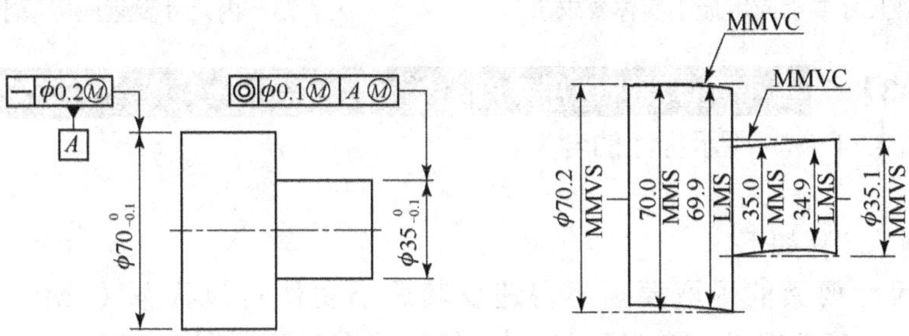

图 4.71　最大实体要求应用于基准要素（二）

对于以上两种情况，当尺寸要素的拟合尺寸偏离最大实体尺寸时，允许其导出要素的形位误差相应增大；当基准要素的拟合尺寸偏离最大实体尺寸时，则允许基准在一定的范围内浮动，其浮动范围等于基准要素的拟合尺寸与其相应边界尺寸之差。

3．最小实体要求（least material requirement，LMR）

最小实体要求是指尺寸要素的非理想要素不得违反其最小实体实效状态（LMVC）的一种尺寸要素要求，也即尺寸要素的非理想要素不得超越其最小实体实效边界（LMVB）的一种尺寸要素要求。最小实体要求应用于保证最小壁厚的场合。有必要先解释几个有关术语和定义。

最小实体实效尺寸（LMVS）是尺寸要素的最小实体尺寸与其导出要素的几何公差（形状、方向或位置）共同作用产生的尺寸。

对于外尺寸要素（如图 4.72 所示），LMVS=LMS－几何公差；

对于内尺寸要素（如图 4.73 所示），LMVS=LMS＋几何公差。

最小实体实效状态（LMVC）是拟合要素的尺寸为其最小实体实效尺寸（LMVS）时的状态。

最小实体实效边界（LMVB）是最小实体实效状态对应的极限包容面。

最小实体要求适用于导出要素。因此，当最小实体要求应用于注有公差的要素时，标注Ⓛ在导出要素的几何公差值之后。当应用于基准要素时，应在几何公差框格内的基准字母代号后标注符号Ⓛ。

1）最小实体要求应用于注有公差的要素

最小实体要求应用于注有公差的要素时，注有公差的要素的提取组成要素不得违反其最小实体实效状态，即在给定长度上处处不得超出最小实体实效边界；其提取局部尺寸不得超出最大和最小实体尺寸；当尺寸要素的拟合尺寸偏离最小实体尺寸时，允许其导出要素的形位误差相应增大。当注有公差的要素的导出要素标注方向或位置公差时，其最小实体实效状态或最小实体实效边界要与各自基准的理论正确方向或位置相一致。

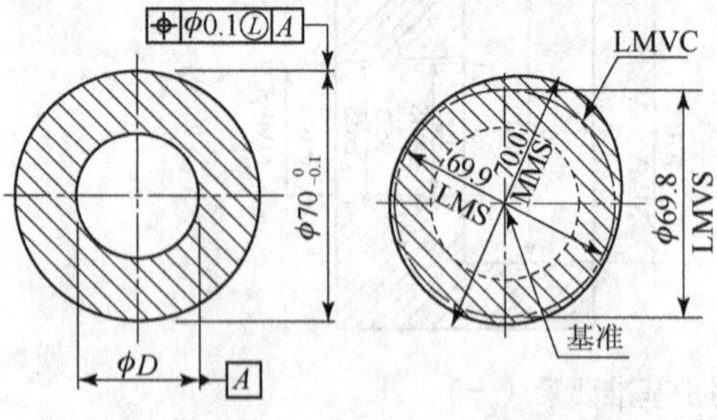

图 4.72 外尺寸要素应用最小实体要求

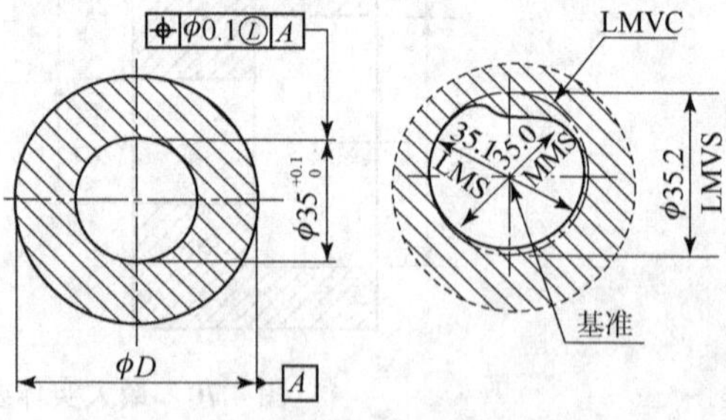

图 4.73 内尺寸要素应用最小实体要求

【工程实例 4.3】 最小实体要求应用举例

试解释图 4.74（a）所示标注的含义。

解:

对该图例的解释如下。

（1）外尺寸要素的提取要素不得违反其最小实体实效状态（LMVC），其直径为 LMVS=69.8mm；LMVC 的方向与基准 *A* 相平行，并且其位置在与基准 *A* 同轴的理论正确位置上。

（2）外尺寸要素的提取要素各处的局部直径应小于 MMS=70mm，且应大于 LMS=69.9mm。

（3）轴线的位置度公差 ϕ0.1mm 是该外尺寸要素为其最小实体状态（LMC）时给定的，若该外尺寸要素为最大实体状态（MMC），则其轴线位置度误差允许达到最大值，即轴线位置度公差 ϕ0.1mm 与轴线尺寸公差 ϕ0.1mm 之和 ϕ0.2mm；若该轴处于 LMC 与 MMC 之间，其轴线位置度公差在 ϕ0.1～0.2mm 之间变化。图 4.74（c）所示给出了表达上述关系的动态公差带图。

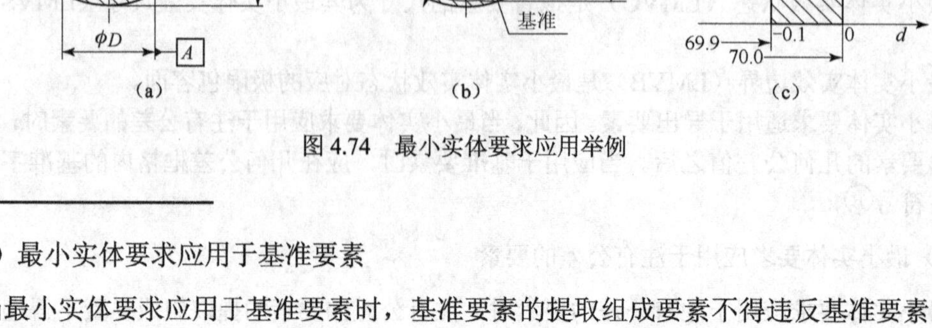

图 4.74 最小实体要求应用举例

2）最小实体要求应用于基准要素

当最小实体要求应用于基准要素时，基准要素的提取组成要素不得违反基准要素的最小实体实效状态（LMVC）或最小实体实效边界（LMVB）。分两种情况：

当基准要素的导出要素没有标注几何公差要求，或者注有几何公差但其后没有符号Ⓛ时

（如图 4.75 所示），基准要素的最小实体实效尺寸（LMVS）=最小实体尺寸（LMS），可认为其相应的边界为最小实体边界。

当基准要素的导出要素注有几何公差，且采用最小实体要求时，基准要素的最小实体实效尺寸为 LMS 减去（对外部要素）或加上（对内部要素）该几何公差值。此时其相应的边界为最小实体实效边界，基准代号应直接标注在形成最小实体实效边界的几何公差框格下面，如图 4.76 所示。

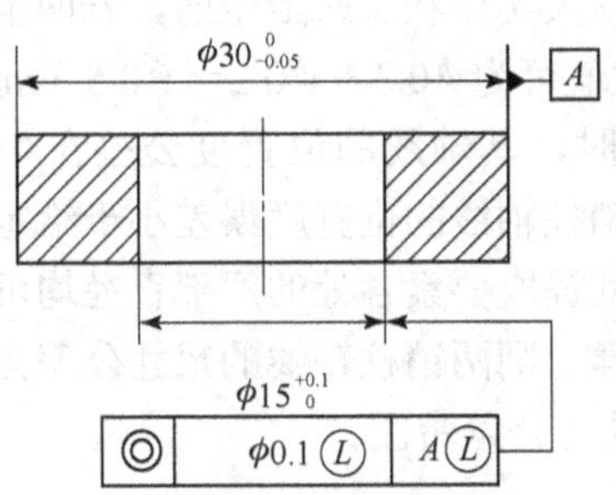

图 4.75 最小实体要求应用于基准要素（一）

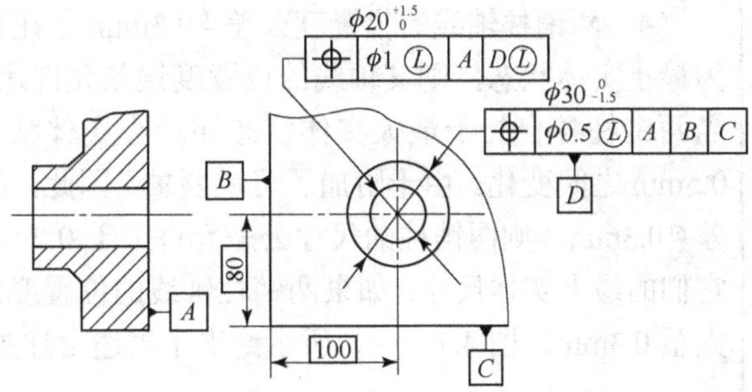

图 4.76 最小实体要求应用于基准要素（二）

对于以上两种情况，当尺寸要素的拟合尺寸偏离最小实体尺寸时，允许其导出要素的形位误差相应增大；当基准要素的拟合尺寸偏离最小实体尺寸时，则允许基准在一定的范围内浮动，其浮动范围等于基准要素的拟合尺寸与其相应边界尺寸之差。

4. 可逆要求（reciprocity requirement，RPR）

可逆要求（RPR）是最大实体要求（MMR）或最小实体要求（LMR）的附加要求，不能单独使用。表示尺寸公差可以在实际几何误差小于几何公差之间的差值范围内增大。

可逆要求在图样上用符号Ⓡ标注在Ⓜ或Ⓛ之后。可逆要求仅用于注有公差的要素，用可逆要求可以充分利用最大实体实效状态（MMVC）和最小实体实效状态（LMVC）的尺寸，在制造可能性的基础上，可逆要求允许尺寸和几何公差之间相互补偿。它多用于低精度装配的场合。

【工程实例 4.4】 可逆要求的应用举例

图 4.77 所示零件的预期功能是两销柱要与一个具有两个公称尺寸为ϕ10mm 的孔相距 25mm 的板类零件装配，且要与平面 *A* 相垂直。试述其标注含义。

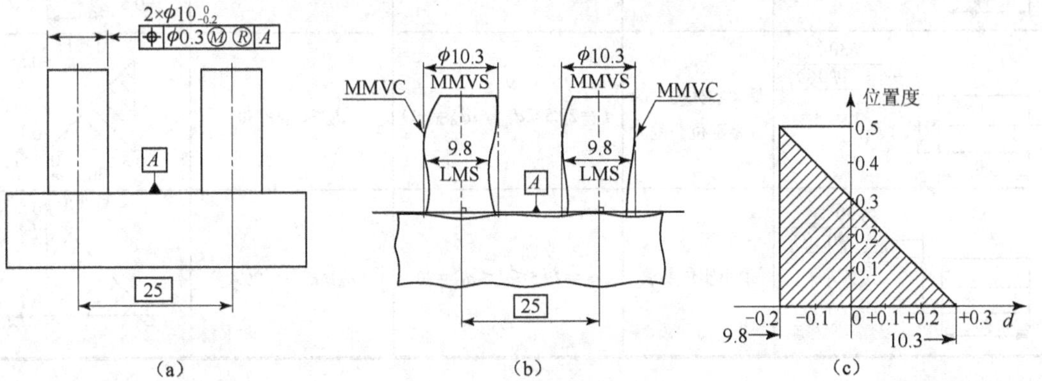

图 4.77 可逆要求的应用举例

解：

该标注的含义如下。

（1）两销柱的提取要素不得违反其最大实体实效状态（MMVC），其直径为 MMVS=10.3mm。

（2）两个 MMVC 其轴线彼此相距为理论正确尺寸 25mm，且与基准 *A* 保持理论正确垂直。

（3）两销柱的提取要素各处的局部直径均应大于 LMS=9.8mm，可逆要求允许其局部直径从 MMS（=10mm）增至 MMVS（=10.3mm）。

（4）两销柱轴线的位置度公差ϕ0.3mm 是在其均为最大实体状态时给定的，若两销柱均为最小实体状态，则其轴线的位置度误差允许达到最大值可为$\phi 0.3+\phi 0.2=\phi 0.5$（mm）；当两销柱各自处于最大实体状态和最小实体状态之间时，其轴线的位置度公差在ϕ0.3～0.5mm 之间变化。由于附加了可逆要求，因此，如果两销柱轴线的位置度误差小于给定的公差ϕ0.3mm，则两销柱的尺寸公差允许大于 0.2mm，即其提取要素各处的局部直径均可大于它们的最大实体尺寸；如果两销柱轴线的位置度误差为零，则两销柱轴线的尺寸公差允许增大至 0.3mm。图 4.77（c）所示给出了表述上述关系的动态公差带图。

独立原则和相关要求的比较见表 4.3。

表 4.3 公差原则的比较

图样标注	公差原则	设计要求		动态公差带图
		尺寸精度合格性要求	形位精度合格性要求	
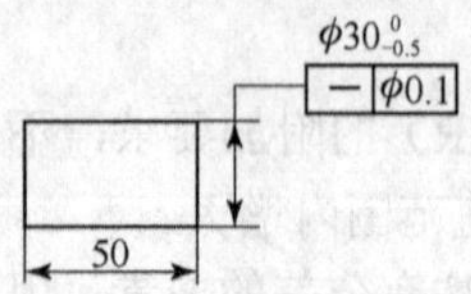	独立要求	$d_L=29.5\leqslant d_a\leqslant d_M=30$	$f\leqslant t=0.1$	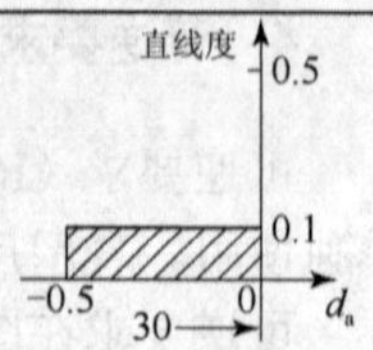
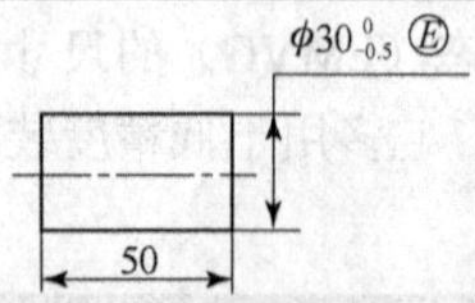	包容要求	$d_L=29.5\leqslant d_a$（$\leqslant d_M=30$）	$d_{fe}\leqslant d_M=30$	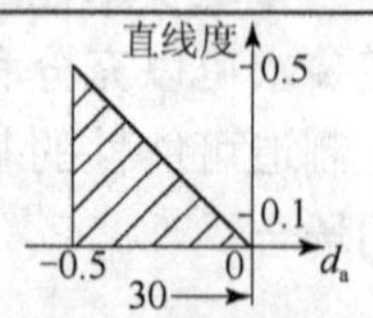
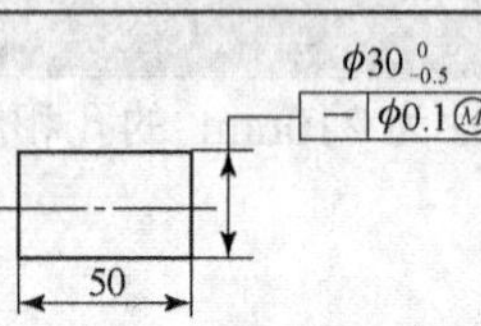	最大实体要求	$d_L=29.5\leqslant d_a$（$\leqslant d_M=30$）	$d_{fe}\leqslant d_{MV}=30.1$	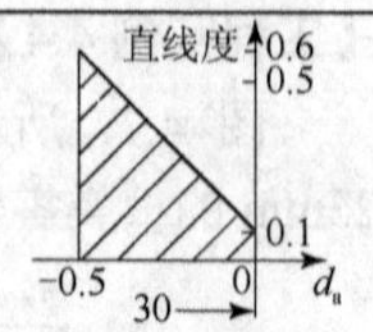
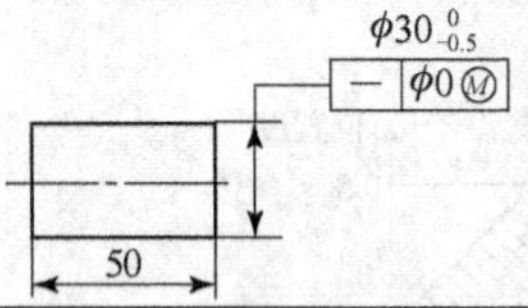	最大实体要求的零形位公差	$d_L=29.5\leqslant d_a$（$\leqslant d_M=30$）	$d_{fe}\leqslant d_{MV}=30$	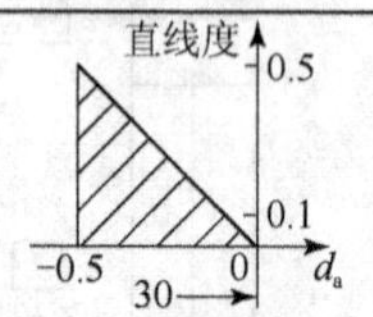
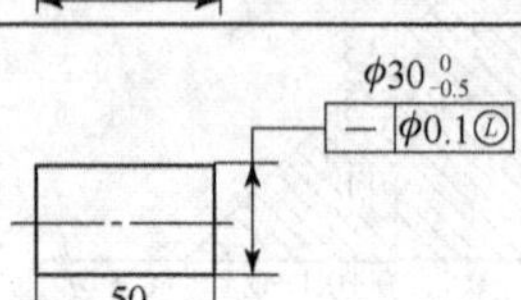	最小实体要求	$d_L=29.5\leqslant d_a\leqslant d_M=30$	$d_{fi}\geqslant d_{LV}=29.4$	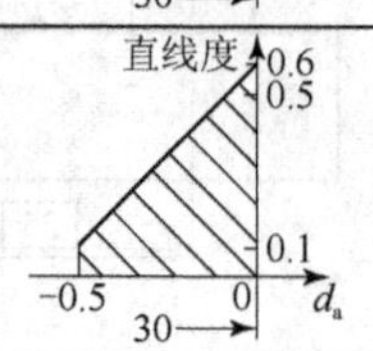

续表

图样标注	公差原则	设计要求		动态公差带图
		尺寸精度合格性要求	形位精度合格性要求	
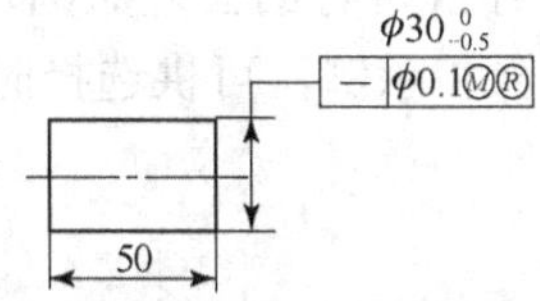	可逆的最大实体要求	$d_L=29.5 \leqslant d_a$	$d_{fe} \leqslant d_{MV}=30.1$	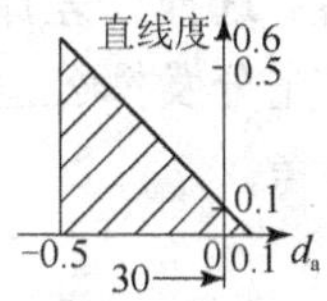

注：d_{fe} 为外要素的体外作用尺寸，d_{fi} 为外要素的体内作用尺寸，d_a 为提取要素的尺寸。

4.4 几何公差的选择及未注几何公差的规定

正确合理地选择几何公差对提高产品质量，降低制造成本，实现产品的互换性等方面具有十分重要的意义。几何公差的选择主要包括：几何公差项目的选择、公差数值（或公差等级）的选择和公差原则的选用等。

在图样上是否给出几何公差要求，可按下述原则确定：凡几何公差值符合工厂的常用精度等级，用一般机床加工能保证的，则不需在图样上注出，其公差值应按 GB/T 1184—1996《形状和位置公差未注公差值》执行；凡由于功能原因，某要素要求比未注公差值小的公差数值不属于未注公差范畴的，应按 GB/T 1182—2008《产品几何技术规范（GPS）几何公差形状、方向、位置和跳动公差标注》的规定进行标注；如功能要求允许大于未注公差值，而这个较大的公差值会给工厂带来经济效益，则这个较大的形位公差值应单独注在要素上，如金属薄壁件、挠性材质零件（如橡胶件、塑料件）等。

4.4.1 几何公差项目的选择

选择几何公差项目的基本原则是：在保证零件使用功能的前提下，尽量减少几何公差项目的数量，并尽量简化控制几何误差的方法。选择时可主要考虑以下几个方面。

（1）考虑零件功能要求和几何特征。零件的功能要求和几何特征是选择几何公差项目的重要依据。要认真分析零件各重要部位的功能要求和几何特征，确定是否要标注几何公差，应该标注哪些几何公差项目。例如，机床导轨的直线度误差影响机床移动部件的运动精度，应对机床导轨规定直线度公差；减速器各轴承孔轴线间的平行度误差会影响齿轮的啮合精度和齿侧间隙的均匀性，可对箱体轴承孔的轴线规定平行度公差要求。

（2）避免重复标注。如果要在同一要素上标注几个几何公差项目，则应进行分析。若标注了综合性项目已能满足功能要求，则不必再标注其他项目。例如，若标注了圆柱度公差已能满足功能要求，则不要再标注圆度公差，以免重复。

（3）考虑零件检测方便。应从工厂现有的检测条件来考虑几何公差项目的选择。例如，用圆跳动代替同轴度，用圆度、素线直线度及平行度来代替圆柱度，或用全跳动代替圆柱度等。

（4）参考相关专业标准。确定几何公差项目要参照有关专业标准的规定。例如，与滚动轴承相配合的壳体孔和轴颈的几何公差项目，在滚动轴承标准中已有规定；单键、花键、齿轮等标准对相关零件部位的几何公差也都有相应的要求和规定。

4.4.2 公差原则的选择

选择公差原则时，应根据提取要素的功能要求，选择合适的、经济可行的公差原则，以充分发挥公差的控制职能。表 4.4 给出了各种公差原则的应用场合和示例，可供选择时参考。

表 4.4 公差原则选择参考表

公差原则	应用场合	示例与说明
独立原则	尺寸精度与几何精度需要分别满足要求	齿轮箱体孔的尺寸精度与两孔轴线的平行度；连杆活塞销孔的尺寸精度与圆柱度；滚动轴承内外圈滚道的尺寸精度与几何精度
	尺寸精度与几何精度要求相差较大，保证运动精度或密封性等	滚筒类、平板类零件的尺寸精度要求很低，形状精度要求较高；导轨的形状精度要求严格，尺寸精度要求次要；冲模架的下模座尺寸精度要求不高，而方向、位置精度要求较高；汽缸套的形状精度要求严格，尺寸精度要求次要
	几何精度与尺寸精度要求均较低的非配合要素，未注公差要素	凡未注几何公差与注出尺寸公差要素、未注几何公差与未注尺寸公差要素均采用独立原则，如退刀槽圆角、倒角等非功能要素
包容要求	严格保证配合性质	尺寸要素的非理想要素不得违反其最大实体边界（MMB）。如 ϕ 20H7 孔与 ϕ 20h6 轴的配合，可以保证配合的最小间隙等于零
最大实体要求	适用于尺寸要素或基准要素的导出要素上，保证装配性（无严格配合要求）	尺寸要素的非理想要素不得违反其最大实体实效状态（MMVC）。如轴承端盖上用于穿过螺钉的通孔，减速器盖与基座上用于穿过螺栓的通孔
最小实体要求	适用于尺寸要素或基准要素的导出要素上，保证零件强度要求或最小壁厚	尺寸要素的非理想要素不得违反其最小实体实效状态（LMVC），如承受内压并防止崩裂的套筒两同轴圆柱面
可逆要求	是附加要求，不能单独使用，要与最大或最小实体要求一起使用；多用于低精度装配场合，提高效益	可逆要求与最大或最小实体要求一起使用时，不仅尺寸公差能补偿给几何公差，在一定条件下，尺寸公差也可以获得来自几何公差的补偿

4.4.3 基准的选择

用来定义公差带的位置和（或）方向的方位要素称为基准。当几何要素有相关要求时，基准还可用来定义实体状态的位置和（或）方向。选择基准时，主要应根据零件的功能要求和设计要求，并兼顾基准统一原则和零件的结构特征，从以下几个方面来考虑。

（1）从设计考虑，根据零件形状的功能要求及要素间的几何关系选择基准。例如，对于旋转的轴类零件，常选用与轴承配合的轴颈表面或轴两端的中心孔作为基准。

（2）从加工工艺考虑，应选择零件被加工时在工装夹具中的定位要素作为基准。

（3）从测量考虑，应选择零件在测量和检验时，在计量器具中的定位要素作为基准。

（4）从装配关系考虑，应选择零件相互配合、相互接触的表面作为基准，以保证零件能正确装配。

比较理想的基准是设计、加工、测量和装配中的基准是同一要素，也即遵循基准统一原则。

4.4.4　几何公差值的选择

1．几何公差值的选用原则

（1）根据零件的功能要求，并考虑加工的经济性和零件的结构刚性等情况，按公差表中数系确定要素的公差值，并考虑下列情况。

① 素线的形状公差值应小于由该要素形成的面的形状公差值；在同一要素上给出的形状公差值应小于其方向或位置公差值；对同一基准或基准体系，同一要素的方向公差值应小于其位置公差值；跳动公差具有综合控制的性质，因此回转表面及其素线的形状公差值和方向、位置公差值均应小于相应的跳动公差值；同一要素的圆跳动公差值应小于全跳动公差值。

② 圆柱形零件的形状公差值（轴线的直线度除外）应小于其尺寸公差值。形状公差占尺寸公差的百分比过小，会对工艺装备的精度要求过高；而占尺寸公差的百分比过大，则会给保证尺寸本身的精度带来困难。因此，根据功能要求和工艺条件，通常在尺寸公差的 25%～63%中选取。

③ 当需要通过计算来确定几何公差时，可以从产品的功能要求出发，根据总装精度指标的公差值，以关键零件为中心分配各零件的几何公差值（参见第 8 章机械系统的精度设计）。

（2）对于下列情况，考虑到加工的难易程度和除主参数外其他参数的影响，在满足零件功能的要求下适当降低 1～2 级选用。

① 孔相对于轴；

② 长径比较大的轴或孔；

③ 距离较大的轴或孔；

④ 宽度较大（一般大于长度）的零件表面；

⑤ 线对线和线对面相对于面对面的平行度；

⑥ 线对线和线对面相对于面对面的垂直度。

2．几何公差等级和公差值

（1）直线度、平面度、平行度、垂直度、倾斜度、同轴度、对称度、圆跳动和全跳动公差等级由高到低分为 1、2、3、…、12 级，相应地公差值按序递增，如表 4.5～表 4.7 所示。

表 4.5　直线度、平面度（摘自 GB/T 1184—1996）

主参数 *L*/mm	公差等级											
	1	2	3	4	5	6	7	8	9	10	11	12
	公差值/μm											
≤10	0.2	0.4	0.8	1.2	2	3	5	8	12	20	30	60
>10～16	0.25	0.5	1	1.5	2.5	4	6	10	15	25	40	80
>16～25	0.3	0.6	1.2	2	3	5	8	12	20	30	50	100
>25～40	0.4	0.8	1.5	2.5	4	6	10	15	25	40	60	120
>40～63	0.5	1	2	3	5	8	12	20	30	50	80	150
>63～100	0.6	1.2	2.5	4	6	10	15	25	40	60	100	200
>100～160	0.8	1.5	3	5	8	12	20	30	50	80	120	250
>160～250	1	2	4	6	10	15	25	40	60	100	150	300
>250～400	1.2	2.5	5	8	12	20	80	50	80	120	200	400

续表

主参数 L/mm	公差等级											
	1	2	3	4	5	6	7	8	9	10	11	12
	公差值/μm											
>400～630	1.5	3	6	10	15	25	40	60	100	150	250	500
>630～1 000	2	4	8	12	20	30	50	80	120	200	300	600
>1 000～1 600	2.5	5	10	15	25	40	60	100	150	250	400	800
>1 600～2 500	3	6	12	20	30	50	80	120	200	300	500	1 000
>2 500～4 000	4	8	15	25	40	60	100	150	250	400	600	1 200
>4 000～6 300	5	10	20	30	50	80	120	200	300	500	800	1 500
>6 300～10 000	6	12	25	40	60	100	150	250	400	600	1 000	2 000

直线度、平面度主参数 L 图例如图 4.78 所示。

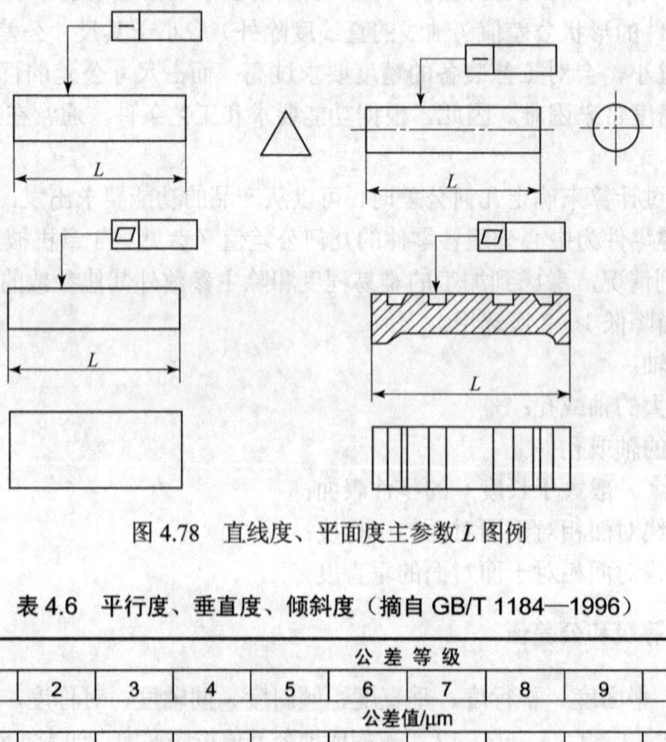

图 4.78 直线度、平面度主参数 L 图例

表 4.6 平行度、垂直度、倾斜度（摘自 GB/T 1184—1996）

主参数 L，d（D） mm	公差等级											
	1	2	3	4	5	6	7	8	9	10	11	12
	公差值/μm											
≤10	0.4	0.8	1.5	3	5	8	12	20	30	50	80	120
>10～16	0.5	1	2	4	6	10	15	25	40	60	100	150
>16～25	0.6	1.2	2.5	5	8	12	20	30	50	80	120	200
>25～40	0.8	1.5	3	6	10	15	25	40	60	100	150	250
>40～63	1	2	4	8	12	20	30	50	80	120	200	300
>63～100	1.2	2.5	5	10	15	25	40	60	100	150	250	400
>100～160	1.5	3	6	12	20	30	50	80	120	200	300	500
>160～250	2	4	8	15	25	40	60	100	150	250	400	600
>250～400	2.5	5	10	20	30	50	80	120	200	300	500	800
>400～630	3	6	12	25	40	60	100	150	250	400	600	1 000
>630～1 000	4	8	15	30	50	80	120	200	300	500	800	1 200
>1 000～1 600	5	10	20	40	60	100	150	250	400	600	1 000	2 000
>1 600～2 500	6	12	25	50	80	120	200	300	500	800	1 200	2 000
>2 500～4 000	8	15	30	60	100	150	250	400	600	1 000	1 500	2 500
>4 000～6 300	10	20	40	80	120	200	300	500	800	1 200	2 000	3 000
>6 300～10 000	12	25	50	100	150	250	400	600	1 000	1 500	2 500	4 000

平行度、垂直度、倾斜度主参数 L、d（D）图例如图 4.79 所示。

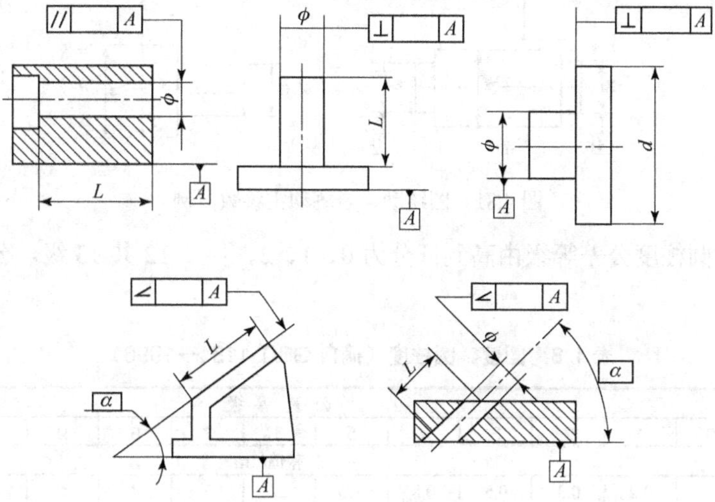

图 4.79　平行度、垂直度、倾斜度主参数 L、d（D）图例

表 4.7　同轴度、对称度、圆跳动和全跳动（摘自 GB/T 1184—1996）

主参数 d（D），B，L mm	公差等级											
	1	2	3	4	5	6	7	8	9	10	11	12
	公差值/μm											
≤1	0.4	0.6	1.0	1.5	2.5	4	6	10	15	25	40	60
>1～3	0.4	0.6	1.0	1.5	2.5	4	6	10	20	40	60	120
>3～6	0.5	0.8	1.2	2	3	5	8	12	25	50	80	150
>6～10	0.6	1	1.5	2.5	4	6	10	15	30	60	100	200
>10～18	0.8	1.2	2	3	5	8	12	20	40	80	120	250
>18～30	1	1.5	2.5	4	6	10	15	25	50	100	150	300
>30～50	1.2	2	3	5	8	12	20	30	60	120	200	400
>50～120	1.5	2.5	4	6	10	15	25	40	80	150	250	500
>120～250	2	3	5	8	12	20	30	50	100	200	300	600
>250～500	2.5	4	6	10	15	25	40	60	120	250	400	800
>500～800	3	5	8	12	20	30	50	80	150	300	500	1 000
>800～1 250	4	6	10	15	25	40	60	100	200	400	600	1 200
>1 250～2 000	5	8	12	20	30	50	80	120	250	500	800	1 500
>2 000～3 150	6	10	15	25	40	60	100	150	300	600	1 000	2 000
>3 150～5 000	8	12	20	30	50	80	120	200	400	800	1 200	2 500
>5 000～8 000	10	15	25	40	60	100	150	250	500	1 000	1 500	3 000
>8 000～10 000	12	20	30	50	80	120	200	300	600	1 200	2 000	4 000

同轴度、对称度、圆跳动和全跳动主参数 d（D）、B、L 图例分别如图 4.80 和图 4.81 所示。

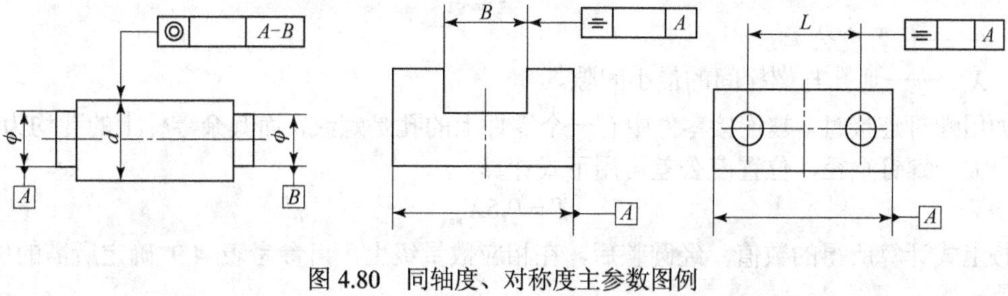

图 4.80　同轴度、对称度主参数图例

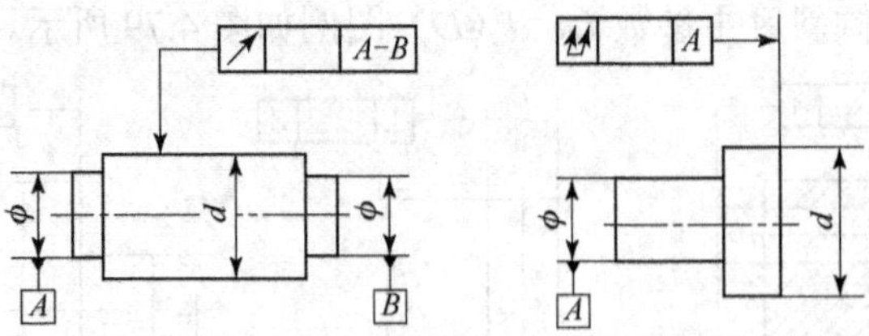

图 4.81　圆跳动、全跳动主参数图例

（2）圆度、圆柱度公差等级由高到低分为 0、1、2、…、12 共 13 级，公差值逐次递增，如表 4.8 所示。

表 4.8　圆度、圆柱度（摘自 GB/T 1184—1996）

主参数 d（D）mm	公差等级												
	0	1	2	3	4	5	6	7	8	9	10	11	12
	公差值/μm												
≤3	0.1	0.2	0.3	0.5	0.8	1.2	2	3	4	6	10	14	25
>3～6	0.1	0.2	0.4	0.6	1	1.5	2.5	4	5	8	12	18	30
>6～10	0.12	0.25	0.4	0.6	1	1.5	2.5	4	6	9	15	22	36
>10～18	0.15	0.25	0.5	0.8	1.2	2	3	5	8	11	18	27	43
>18～30	0.2	0.3	0.6	1	1.5	2.5	4	6	9	13	21	33	52
>30～50	0.25	0.4	0.6	1	1.5	2.5	4	7	11	16	25	39	62
>50～80	0.3	0.5	0.8	1.2	2	3	5	8	13	19	30	46	74
>80～120	0.4	0.6	1	1.5	2.5	4	6	10	15	22	35	54	87
>120～180	0.6	1	1.2	2	3.5	5	8	12	18	25	40	63	100
>180～250	0.8	1.2	2	3	4.5	7	10	14	20	29	46	72	115
>250～315	1.0	1.6	2.5	4	6	8	12	16	23	32	52	81	130
>315～400	1.2	2	3	5	7	9	13	18	25	36	57	89	140
>400～500	1.5	2.5	4	6	8	10	15	20	27	40	63	97	155

圆度、圆柱度主参数 *d*（*D*）图例如图 4.82 所示。

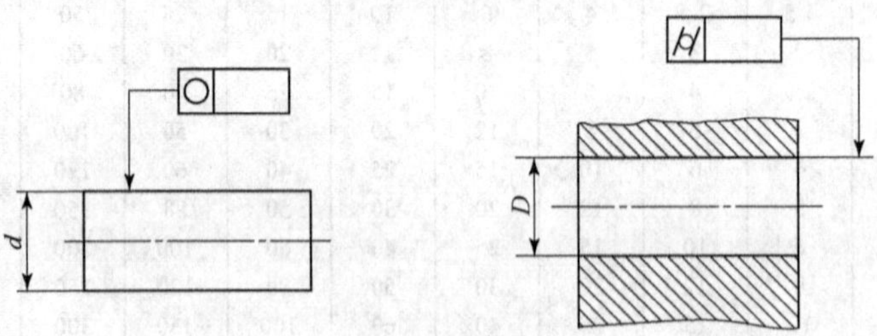

图 4.82　圆度、圆柱度主参数 *d*（*D*）图例

（3）位置度公差值应通过计算得出。例如，螺栓连接时，被连接件上的孔均为通孔，其孔径大于螺栓的直径。位置度公差可用下式计算：

$$t = X_{min}$$

式中　t——位置度公差；

X_{min}——通孔与螺栓间的最小间隙。

如用螺钉连接时，被连接零件中有一个零件上的孔是螺纹，而其余零件上的孔均为通孔，且孔径大于螺钉直径，位置度公差可用下式计算。

$$T = 0.5X_{min}$$

按上式计算所得的数值，经圆整后，在相应数量级上，可参考表 4.9 确定所需的位置度公差值。

表 4.9 位置度数系（摘自 GB/T 1184—1996）

1	1.2	1.5	2	2.5	3	4	5	6	8
1×10^n	1.2×10^n	1.5×10^n	2×10^n	2.5×10^n	3×10^n	4×10^n	5×10^n	6×10^n	8×10^n

注：n 为正整数。

4.4.5 未注几何公差的规定

在图样或有关文件中没有单独标注几何公差的要素，其几何精度要求按未注几何公差来控制。

1）采用未注公差值的优点

（1）图样易读，可高效地进行信息交换；

（2）节省设计时间，不用详细地计算公差值，只需了解某要素的功能是否允许大于或等于未注公差值；

（3）图样很清楚地指出哪些要素可以用一般加工方法加工，既保证工程质量又不需一一检测；

（4）对于大多数零件来说，注出形位公差值的要素是由于功能要求采用相应小的公差值，必然给生产带来特殊的效益，有利于安排生产质量控制和检验；

（5）由于工厂的常用精度在合同生效前就已经知道，图样完整无疑，购买者和提供分合同的工程师可更方便地进行谈判，避免在购销之间造成争论。

2）几何公差的未注公差值

（1）直线度和平面度。表 4.10 给出了直线度和平面度的未注公差值。在表中选择公差值时，对于直线度应按其相应线的长度选择；对于平面度应按其表面的较长一侧或圆表面的直径选择。

表 4.10 直线度和平面度的未注公差值（mm）

公差等级	基本长度范围					
	≤10	>10～30	>30～100	>100～300	>300～1 000	>1 000～3 000
H	0.02	0.05	0.1	0.1	0.3	0.4
K	0.05	0.1	0.2	0.4	0.6	0.8
L	0.1	0.2	0.4	0.8	1.2	1.6

（2）圆度。圆度的未注公差值等于标注的直径公差值，如图 4.83 所示，但不能大于表 4.7 中的径向圆跳动值。

（3）圆柱度。圆柱度的未注公差值不做规定。圆柱度误差由三个部分组成：圆度、直线度和相对素线的平行度误差，而其中每一项误差均由它们的注出公差或未注公差控制。如因功能要求，圆柱度应小于圆度、直线度和平行度的未注公差的综合结果，则应在提取要素上按 GB/T 1182—2008 的规定注出圆柱度公差值，或采用包容要求。

（4）平行度。平行度的未注公差值等于给出的尺寸公差值或在直线度和平面度未注公差值中的相应公差值中取较大者。应取两要素中的较长者作为基准，若两要素的长度相等，则可选任一要素作为基准。

（5）垂直度。表 4.11 给出了垂直度的未注公差值，取形成直角的两边中较长的一边作为基准，较短的一边作为提取要素。若两边的长度相等，则可取其中的任意一边作为基准。

表 4.11　垂直度未注公差值（mm）

公差等级	基本长度范围			
	≤100	>100～300	>300～1 000	>1 000～3 000
H	0.2	0.3	0.4	0.5
K	0.4	0.6	0.8	1
L	0.6	1	1.5	2

（6）对称度。表 4.12 给出了对称度的未注公差值。应取两要素中较长者作为基准，较短者作为提取要素。若两要素长度相等，则可选任一要素作为基准。

表 4.12　对称度未注公差值（mm）

<table>
<tr><th rowspan="2">公差等级</th><th colspan="4">基本长度范围</th></tr>
<tr><th>≤100</th><th>>100～300</th><th>>300～1 000</th><th>>1 000～3 000</th></tr>
<tr><td>H</td><td colspan="4">0.5</td></tr>
<tr><td>K</td><td colspan="2">0.6</td><td>0.8</td><td>1</td></tr>
<tr><td>L</td><td>0.6</td><td>1</td><td>1.5</td><td>2</td></tr>
</table>

注意：对称度的未注公差值用于至少两个要素中的一个是中心平面，或两个要素的轴线相互垂直。

（7）同轴度。同轴度的未注公差值未做规定。在极限状况下，同轴度的未注公差值可以和表 4.13 中规定的径向圆跳动的未注公差值相等。应选两要素中的较长者作为基准，若两要素长度相等，则可选任一要素作为基准。

（8）圆跳动。表 4.13 给出了圆跳动（径向、端面和斜向）的未注公差值。对于圆跳动的未注公差值，应以设计或工艺给出的支承面作为基准，否则应取两要素中较长的一个作为基准。若两要素的长度相等，则可选任一要素作为基准。

表 4.13　圆跳动未注公差值（mm）

公差等级	圆跳动公差值
H	0.1
K	0.2
L	0.3

3）未注公差值的图样表示法

若采用标准 GB/T 1184—1996 规定的未注公差值，应在标题栏附近或在技术要求、技术文件（如企业标准）中注出标准号及公差等级代号：

"GB/T 1184-X"

示例 1，圆要素注出直径公差值 $\phi25_{-0.1}^{\ 0}$ mm，圆度未注公差值等于尺寸公差值 0.1mm（见图 4.83（a））。

示例 2，圆要素直径采用未注公差值按 GB/T 1184—1996 中的 m 级（见图 4.83（b））。

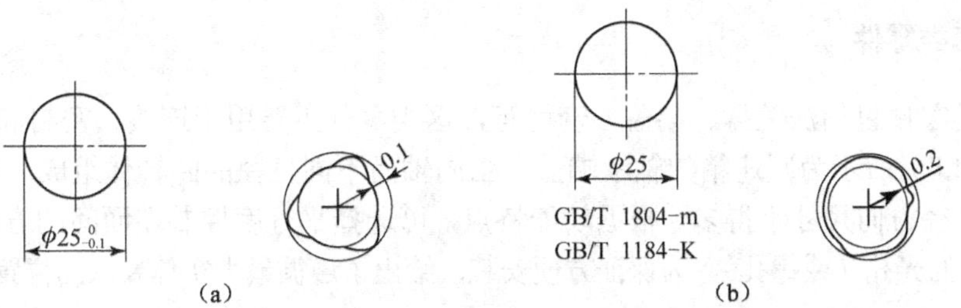

图 4.83　圆度未注公差示例

【工程实例 4.5】 典型零件几何公差选用示例

1. 轴类零件

轴类零件在机器中主要用来实现旋转运动并传递动力。

图 4.84 所示为减速器中间轴。两轴颈ϕ45k6 与滚动轴承的内圈相配合，为保证配合性质，采用了包容要求；为保证轴承的旋转精度，在遵循包容要求的前提下，又进一步给出了轴颈圆柱度公差要求，由国标对与滚动轴承相配合的轴颈的几何公差规定（GB/T 275—1993），查得圆柱度公差值为 0.004mm（为检测方便，也可给出径向圆跳动公差要求）。ϕ45mm 和ϕ50mm 处的两轴肩都是止推面，起轴向定位作用，为保证定位精度，给出了两对轴肩相对于基准轴线的端面圆跳动公差分别为 0.012mm（由 GB/T 275—1993 查得）和 0.025mm（圆跳动公差 7 级）。ϕ50m7 与齿轮相配合，为保证齿轮运动精度，对两配合圆柱面分别给出了相对基准轴线的径向圆跳动公差 0.025mm（跳动公差 7 级）。对两键槽尺寸 14N9 分别给出了对称度公差 0.02mm（对称度公差 8 级），以保证键槽的安装精度和工作中的受力均衡。

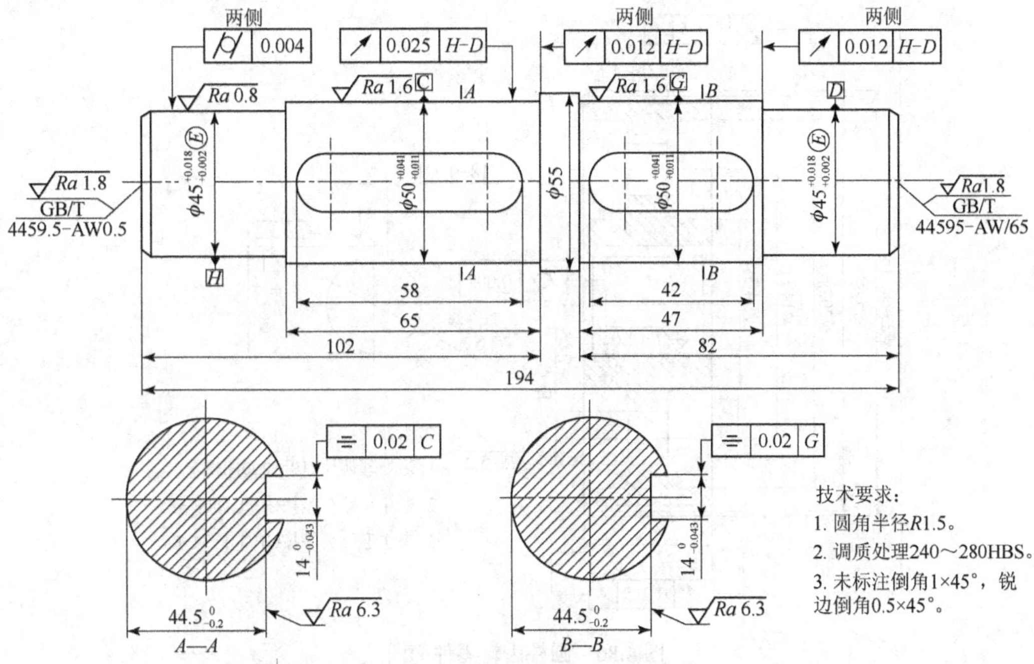

图 4.84　减速器中间轴零件图

2. 盘套类零件

盘套类零件包括法兰盘、端盖、套筒等，这类零件主要用于连接、密封和轴向定位等。

如图 4.85 所示为减速箱的轴承端盖，由同轴而不同直径的回转体组成。其厚度方向尺寸往往比直径方向尺寸小得多。根据功能特点，可选择平行度控制端面间的方向误差，并对起连接作用的光孔（或螺孔），为保证方便安装，给出了遵循最大实体要求的位置度公差要求。

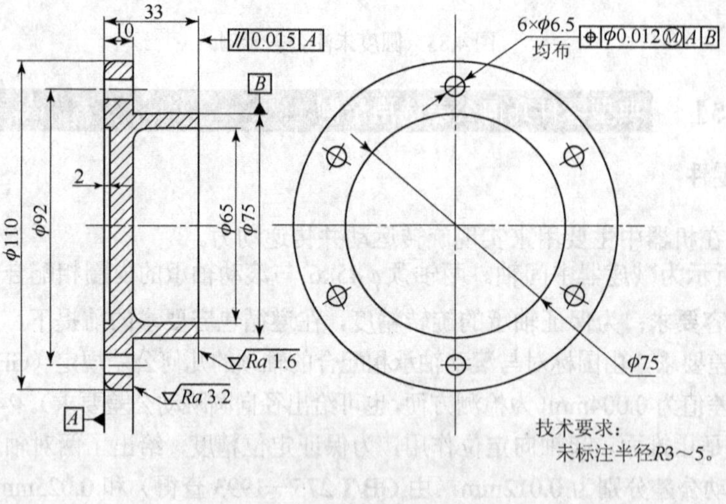

图 4.85 减速箱轴承端盖零件图

图 4.86 所示为圆柱齿轮零件简图，除尺寸精度的要求外，对作为定位基准和安装基准的齿轮内孔、顶圆和端面分别给出了几何公差的要求。

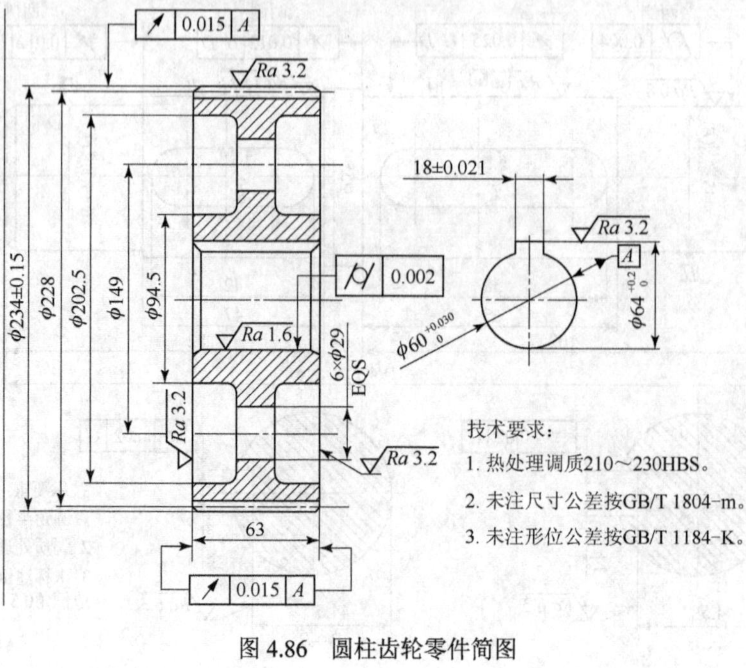

图 4.86 圆柱齿轮零件简图

4.5 几何误差的检测

4.5.1 几何误差的评定

1. 形状误差的评定

形状误差是指被测提取要素对其拟合要素的变动量。将被测提取要素与其拟合要素比较时，拟合要素相对于提取要素处于不同的位置，评定的形状误差值也不同，因此确定拟合要素的位置是评定形状误差的前提。国家标准规定，拟合要素的位置应符合统一的原则——最小条件。所谓最小条件，即被测提取组成要素对其拟合要素的最大变动量为最小。此时，对被测提取要素评定的误差值为最小。

对提取组成要素（线、面轮廓度除外），其拟合要素位于实体之外且与被测提取组成要素相接触，使提取要素对它的最大变动量为最小。如图 4.87（a）所示，被测提取组成要素的拟合要素是直线，与被测提取要素接触的直线的位置可有无穷多个。例如，图中直线的位置可处于 A_1–B_1、A_2–B_2 和 A_3–B_3 位置，则提取组成要素对其拟合要素的最大变动量依次为 h_1、h_2 和 h_3，由于 $h_3<h_2<h_1$，h_1 为最小，所以符合最小条件的拟合要素为 A_1–B_1。

对提取导出要素（中心线、中心面等），其拟合要素位于被测提取导出要素之中，如图 4.87（b）所示的理想轴线 L_1。

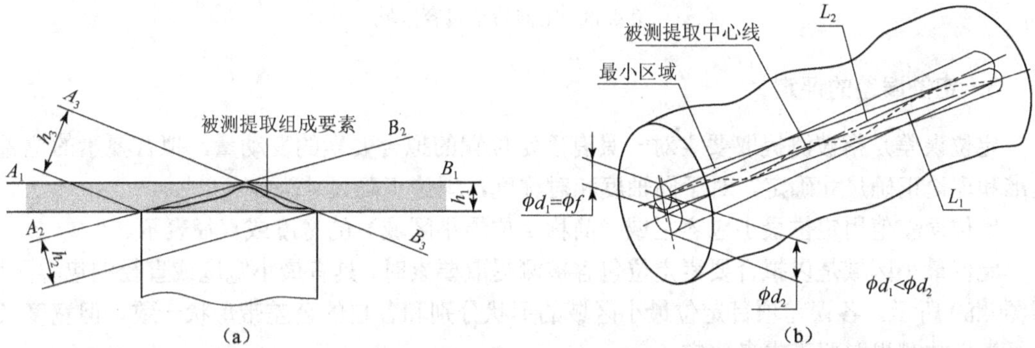

图 4.87　最小条件

评定形状误差时，形状误差值的大小可用最小包容区域（简称最小区域）的宽度或直径来表示。所谓最小区域是指包容被测提取要素时，具有最小宽度 f 或直径 ϕf 的包容区域，如图 4.87（b）所示。必须指出，各误差项目最小区域的形状分别和各自的公差带形状一致，但宽度（或直径）由被测提取要素本身决定。

显然，按最小区域法评定的形状误差值为最小，可以最大限度地保证产品作为合格件而通过。最小区域法是评定形状误差的基本方法，因为这时的拟合要素符合最小条件。由于符合最小条件的拟合要素是唯一的，按此评定的形状误差值也将是唯一的。所以最小条件不仅是确定拟合要素方向或位置的原则，也是评定形状误差的基本原则。

2．定向误差的评定

定向误差是指被测提取要素对一具有确定方向的拟合要素的变动量，拟合要素的方向由基准确定。

定向误差值用定向最小包容区域（简称定向最小区域）的宽度或直径表示。定向最小区域是指按拟合要素的方向包容被测提取要素时，具有最小宽度或直径的包容区域。如图 4.88（a）所示为评定被测提取组成要素对基准平面的平行度误差，拟合要素首先要平行于基准平面，再按此方向来包容提取组成要素，所形成的最小包容区域，即定向最小包容区域。定向最小包容区域的宽度 f 即为被测提取组成要素对基准平面的平行度误差。

如图 4.88（b）所示为评定被测提取导出要素对基准平面的垂直度误差。包容被测提取导出要素的定向最小包容区域为一圆柱体，该圆柱体的轴线为垂直于基准平面的拟合轴线，圆柱体的直径 ϕf 为提取导出要素对基准平面的垂直度误差。可以看出，各误差项目定向最小区域的形状分别和各自的公差带形状相一致，但宽度（或直径）由被测提取要素本身决定。

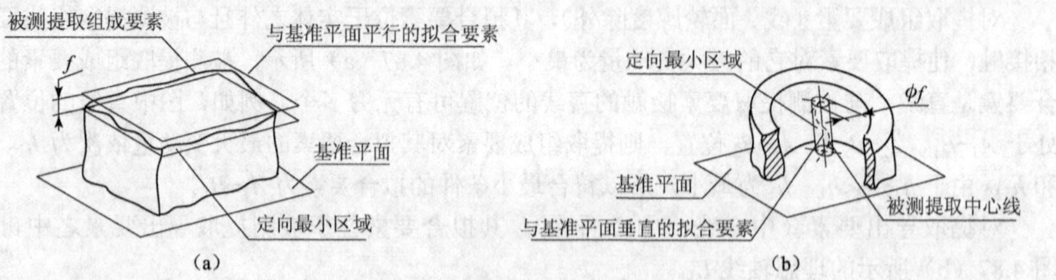

图 4.88　定向最小包容区域

3．定位误差的评定

定位误差是指被测提取要素对一具有确定位置的拟合要素的变动量，拟合要素的位置由基准和理论正确尺寸确定。对于同轴度和对称度，理论正确尺寸为零。

定位误差值用定位最小包容区域（简称定位最小区域）的宽度或直径表示。

定位最小区域是以拟合要素定位包容被测提取要素时，具有最小宽度或直径的包容区域，如图 4.89 所示。各误差项目定位最小区域的形状分别和各自的公差带形状一致，但宽度（或直径）由被测提取要素本身决定。

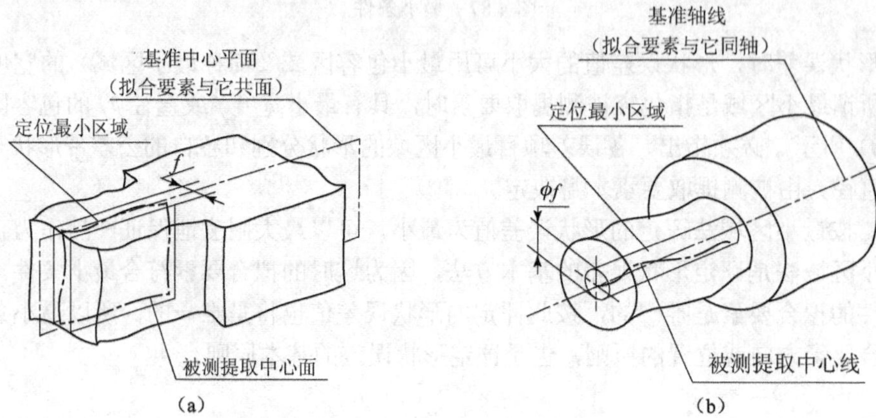

图 4.89　定位最小包容区域

4．跳动误差的评定

跳动误差是当被测要素绕基准轴线旋转，并以指示器测量被测提取要素表面时，用测量点的示值变动来反映的几何误差。跳动误差与测量方法有关，是提取要素形状、方向和位置误差的综合反映。跳动误差值的大小由指示器的变动量确定。

4.5.2　基准与基准体系的建立

1．基准的建立

基准是用来定义公差带位置和（或）方向的方位要素。在设计中给出方向公差、位置公差和跳动公差时，必须标明基准。

在零件上用来建立基准并实际起基准作用的实际（组成）要素叫基准要素。由于基准要素存在加工误差，因此由基准要素建立起基准时，基准为该基准要素的拟合要素。拟合要素的位置应符合最小条件。通常，可选用下列方法建立基准。

1）采用模拟基准要素建立基准

模拟基准要素是指在加工和检测过程中用来建立基准并与实际基准要素相接触，且具有足够精度的实际表面（如一个平板、一个支撑或一根心棒等）。基准要素与模拟基准要素接触时，可能形成“稳定接触”，也可能形成“非稳定接触”。

（1）稳定接触：基准要素与模拟基准要素接触之间自然形成符合最小条件的相对位置关系，如图 4.90（a）所示。

（2）非稳定接触：此类接触可能有多种位置状态，测量时应作调整，使基准要素和模拟基准要素之间尽可能达到符合最小条件的相对位置关系，如图 4.90（b）和图 4.91 所示。

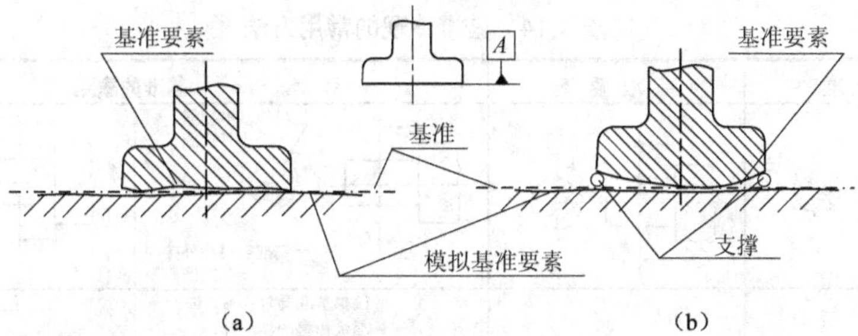

图 4.90　采用模拟基准要素建立基准（一）

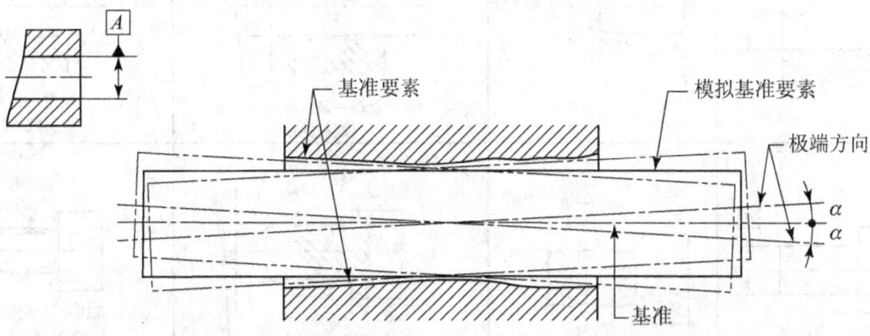

图 4.91　采用模拟基准要素建立基准（二）

当基准要素的形状误差对测量结果的影响可忽略不计时，可不考虑非稳定接触的影响。

2）采用基准要素的拟合组成要素或拟合导出要素建立基准

拟合组成（导出）要素是数字化的理想要素。基准要素的拟合组成（导出）要素是按规定的方法由提取组成（导出）要素形成的并具有理想形状的组成（导出）要素，如图 4.92 和图 4.93 所示。

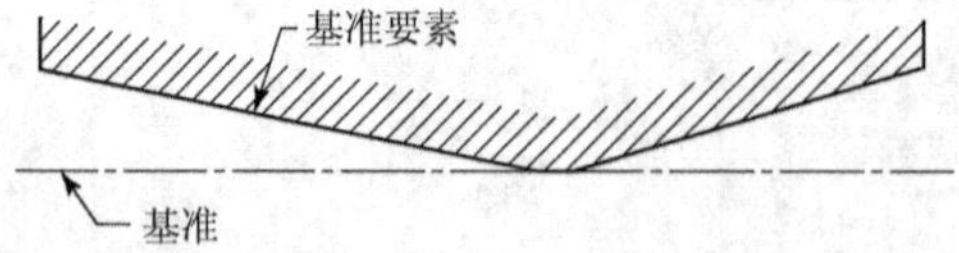

图 4.92　采用基准要素的拟合组成要素建立基准

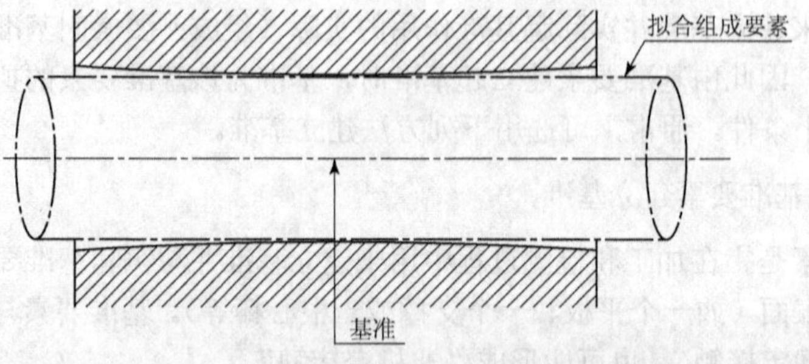

图 4.93　采用基准要素的拟合导出要素建立基准

在方向误差、位置误差和跳动的检测中，为了确定定向最小包容区域的方向或定位最小包容区域的位置，必须正确地建立基准，并在实际检测中予以体现。基准体现的常用方法示例见表 4.14。

表 4.14　基准体现的常用方法

序号	基　准	基 准 要 素	基准的建立	
1	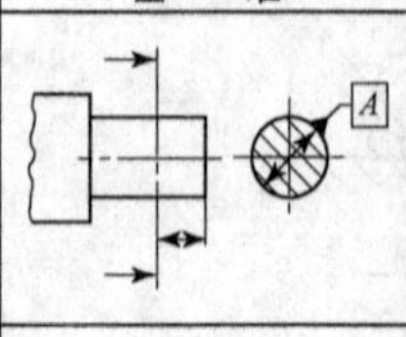	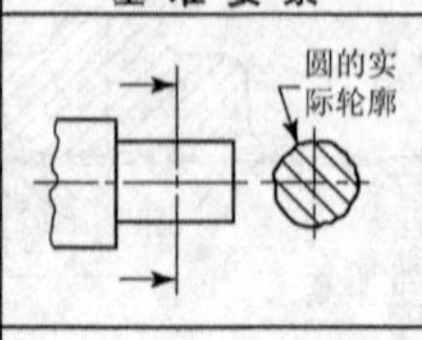	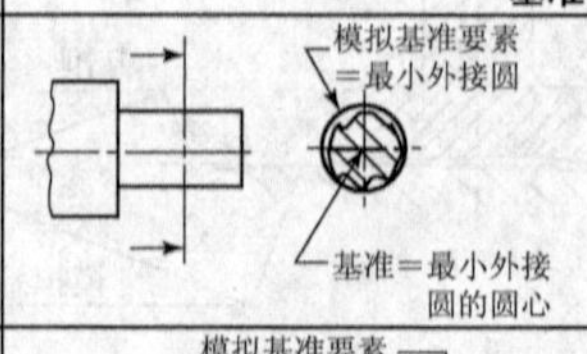	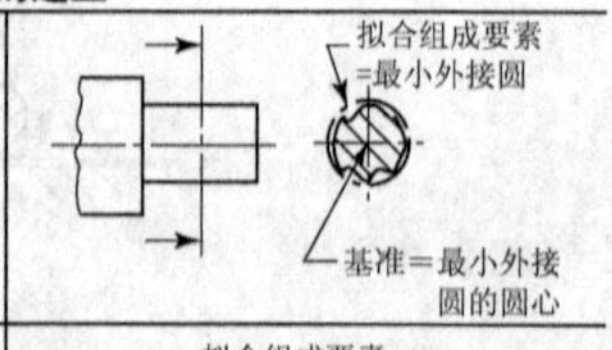
2	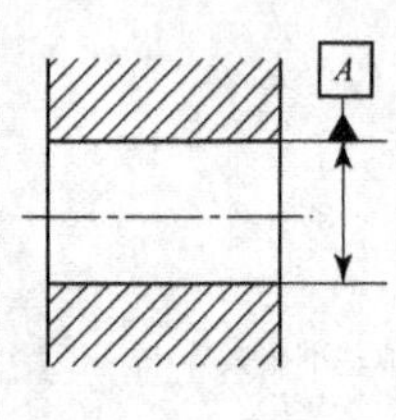	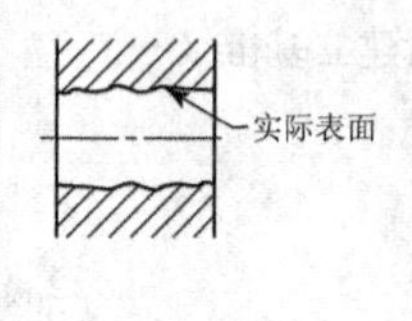	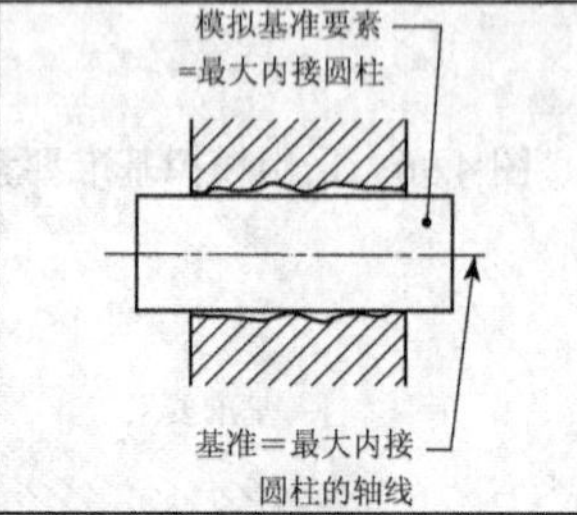	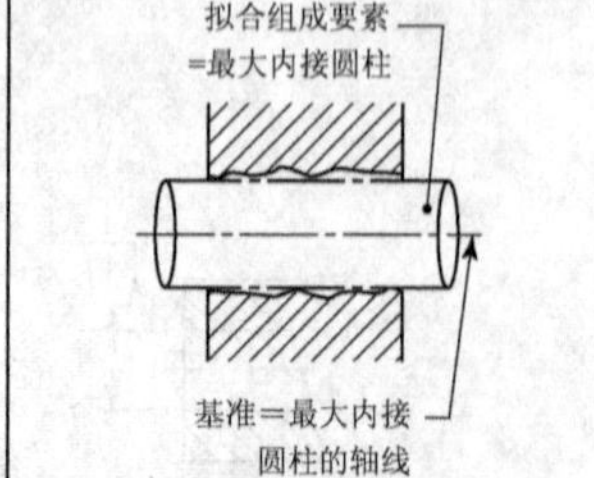
3	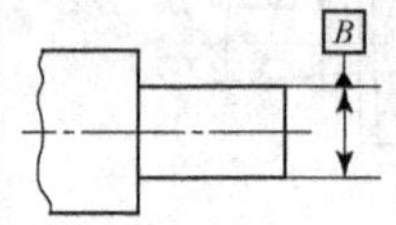	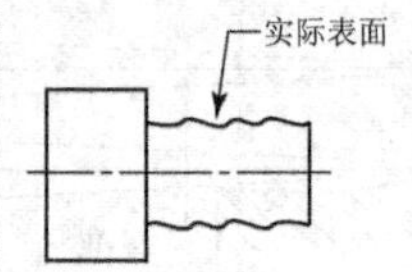	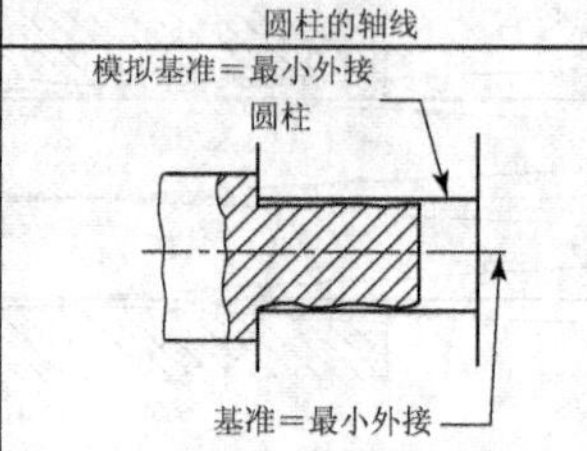	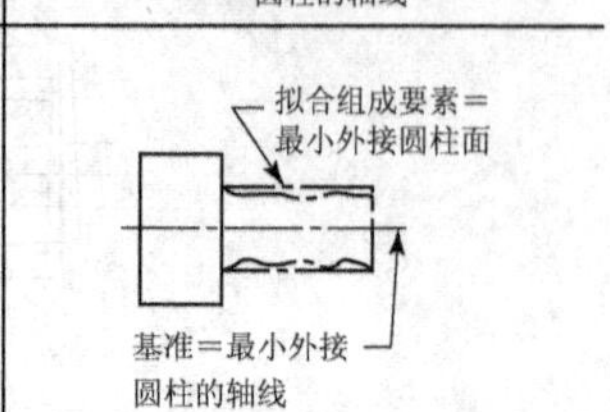

续表

序号	基　准	基准要素	基准的建立	
4	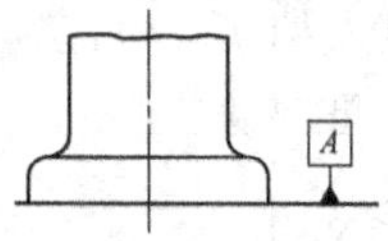	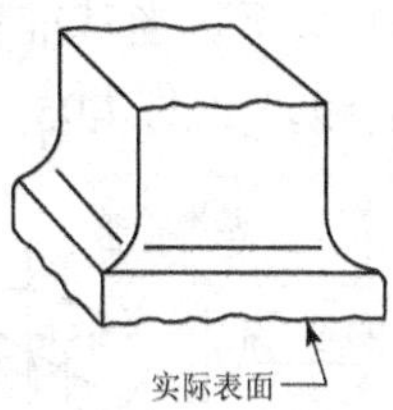	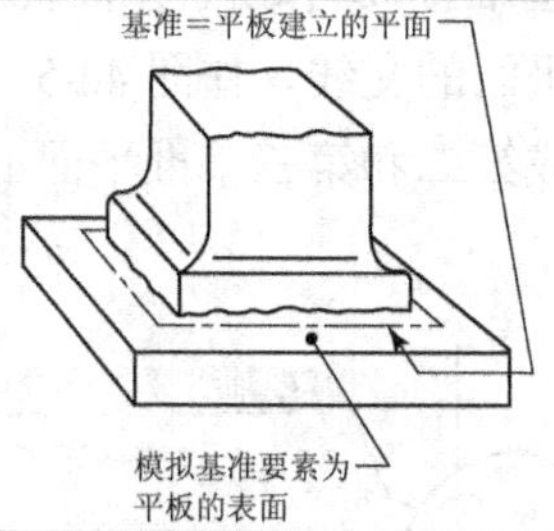	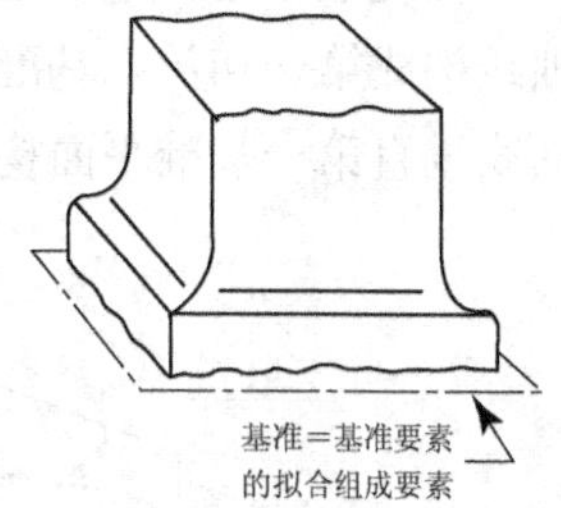
5	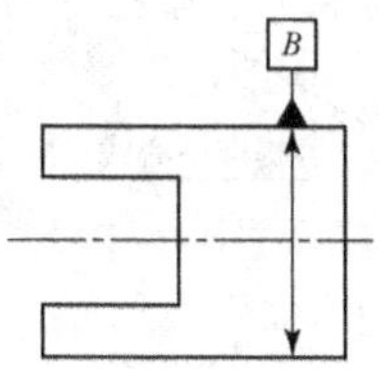	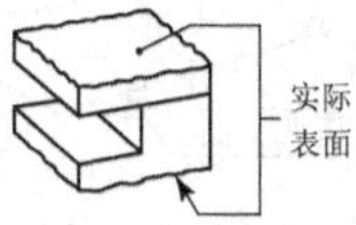	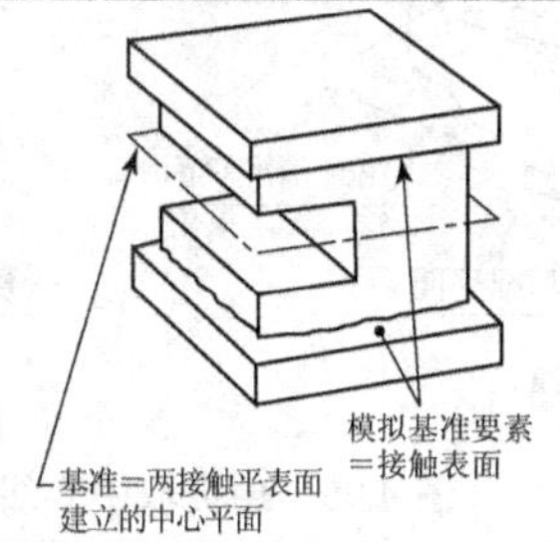	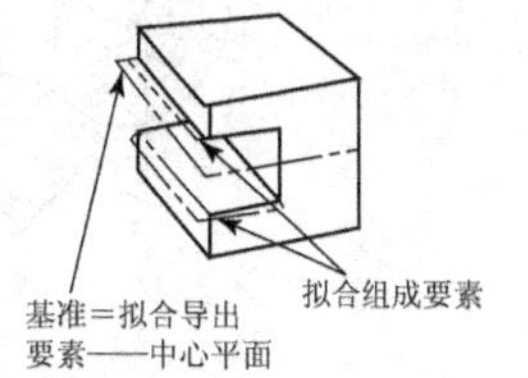

2．基准体系的建立

在方向公差、位置公差和跳动公差中，有时往往需要用多个基准才能确定被测理想要素的方位。如图 4.51 所示，被测孔轴线的理想位置，就是用三个相互垂直的基准平面 A、B、C 定位的。这三个相互垂直的平面就构成一个基准体系，也称三基面体系。

三基面体系中的三个平面，按功能要求分别称为第一基准平面、第二基准平面和第三基准平面。

（1）由提取表面建立基准体系，如图 4.94 所示。

第一基准平面由第一基准提取表面建立，为该提取表面的拟合平面。

第二基准平面由第二基准提取表面建立，为该提取表面垂直于第一基准平面的拟合平面。

第三基准平面由第三基准提取表面建立，为该提取表面垂直于第一和第二基准平面的拟合平面。

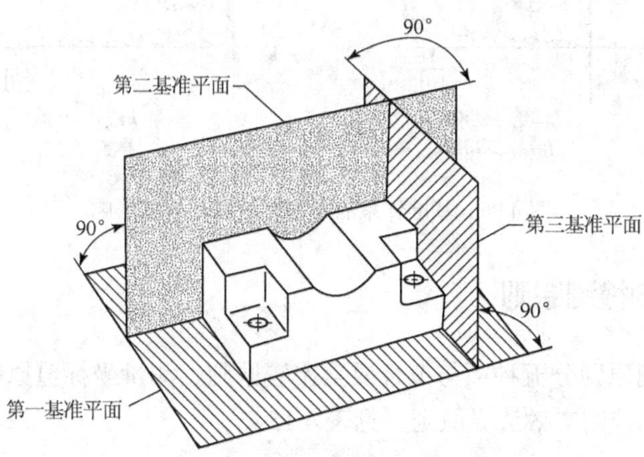

图 4.94　由提取表面建立基准体系

（2）由提取中心线建立基准体系。

由提取中心线建立的基准轴线构成两基准平面的交线。当基准轴线为第一基准时，则该轴线构成第一和第二基准平面的交线，如图 4.95（a）所示。当基准轴线为第二基准时，则该轴线垂直第一基准平面构成第二和第三基准平面的交线，如图 4.95（b）所示。

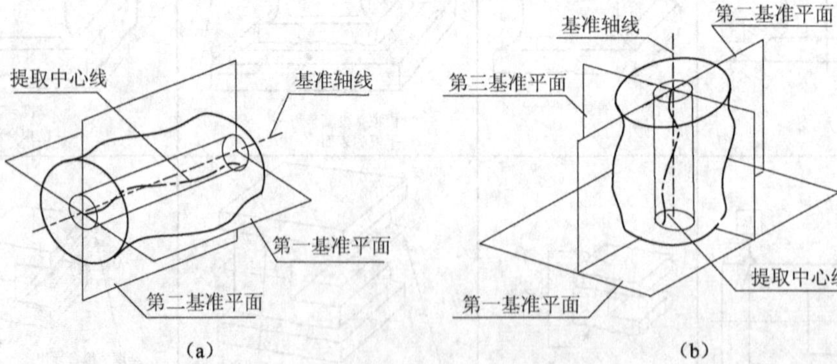

图 4.95　由提取中心线建立基准体系

（3）由提取中心面建立基准体系时，该提取中心面的拟合平面构成某一基准平面。

一般地，定向公差仅需 1～2 个基准，定位公差则常需 2～3 个基准，各基准的先后顺序要考虑功能要求。测量时，三基面体系也可采用近似方法（如模拟法）来体现，体现三基面体系时也必须注意基准的顺序，如图 4.96 所示。

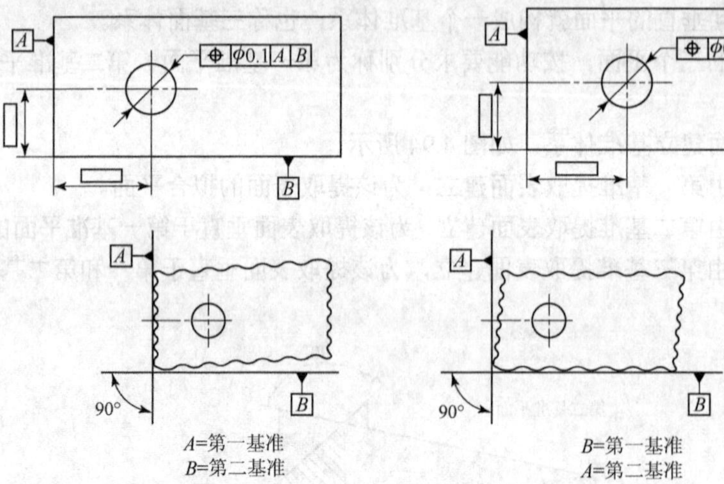

图 4.96　基准体系的顺序对控制结果的影响

4.5.3　几何误差的检测原则

几何误差的检测原则分五种：与拟合要素比较原则、测量坐标值原则、测量特征参数原则、测量跳动原则和控制实效边界原则，见表 4.15。

表 4.15　几何误差的检测原则（摘自 GB/T 1958—2004）

序号	检测原则名称	说　明	示　例
1	与拟合要素比较原则	将被测提取要素与其拟合要素相比较，量值由直接法或间接法获得。拟合要素用模拟方法获得	1. 量值由直接法获得 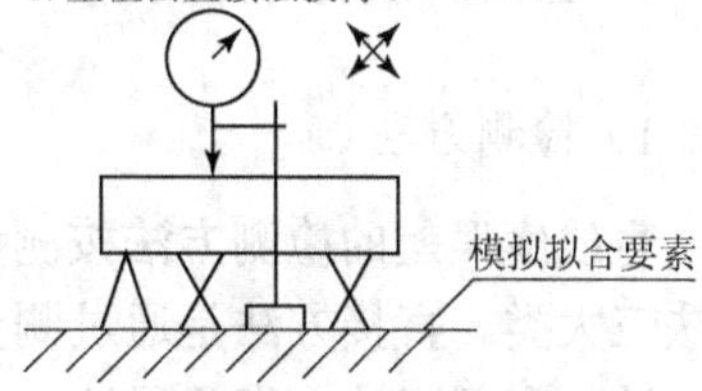 2. 量值由间接法获得 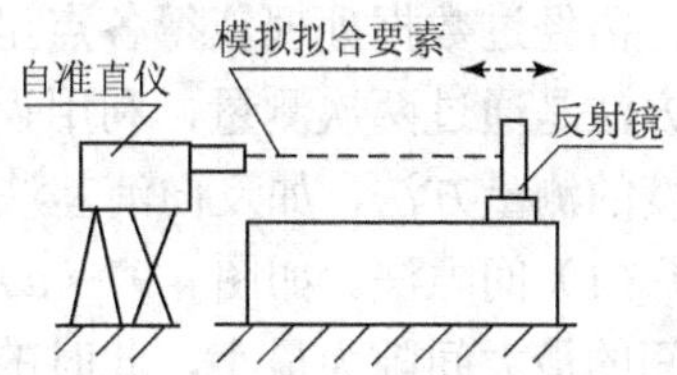
2	测量坐标值原则	测量被测要素的坐标值（如直角坐标值、极坐标值、圆柱面坐标值），并经过数据处理获得几何误差值	测量直角坐标值 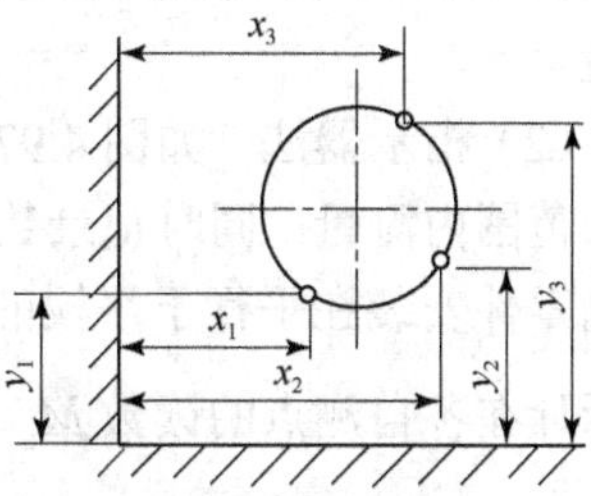
3	测量特征参数原则	测量被测提取要素上具有代表性的参数（特征参数）来表示几何误差值	两点法测量圆度特征参数 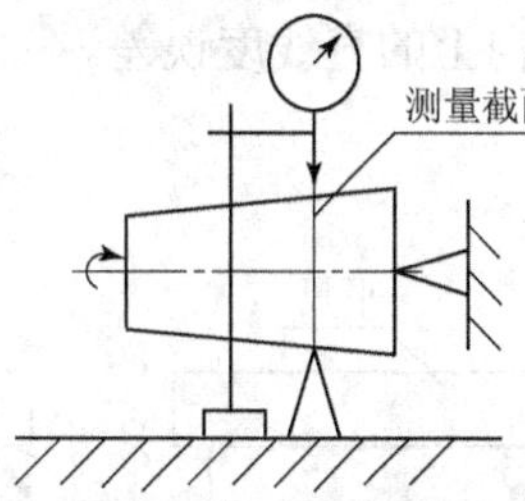
4	测量跳动原则	被测提取要素绕基准轴线回转过程中，沿给定方向测量其对某参考点或线的变动量	测量径向跳动 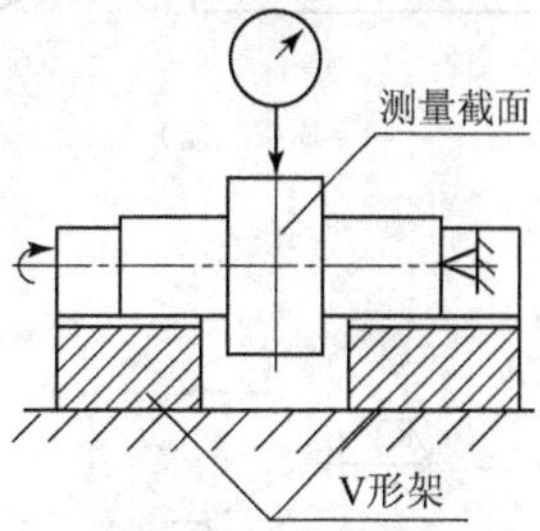
5	控制实效边界原则	检验被测提取要素是否超过实效边界，以判断合格与否	用综合量规检验同轴度误差 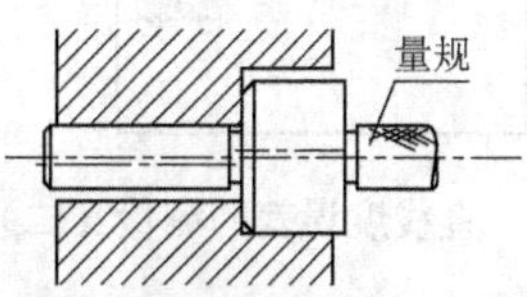

4.5.4 几何误差的检测方法简介

1. 直线度误差的检测

1）检测方法

直线度误差的检测方法按测量原理和测量器具的不同可分为直接方法、间接方法和组合方法三大类。直接方法是通过测量可直接测得直线各点坐标值或直接评定直线度误差值的测量方法，有间隙法、指示器法、钢丝法等；间接方法是通过测量不能直接测得直线各点坐标值，需经过数据处理获得各点坐标值的测量方法，如水平仪法、自准直仪法、平晶法等；组合方法是通过两次测量，利用误差分离技术，消除测量基线本身直线度误差，从而提高测量精度的测量方法，如反向消差法、移位消差法、量规检验法等。

（1）间隙法。如图 4.97（a）所示，将平尺（或刀口尺）与被测素线直接接触，并使两者之间的最大间隙为最小，此时的最大间隙即为该条被测素线的直线度误差，误差的大小根据光隙测定。当光隙较小时，可按标准光隙来估读；当光隙较大时，则可用厚薄规（塞尺）测量。

（2）指示器法。如图 4.97（b）所示，将被测素线的两端点调整到与平板等高，在素线的全长范围内测量，同时记录数值，按最小条件法计算直线度误差。又如图 4.97（c）所示，将被测零件安装在平行于平板的两顶尖之间，沿铅垂轴截面的两条素线测量，同时分别记录两指示计在各自测点的读数 M_a、M_b；取各测点读数差之半（$\frac{M_a-M_b}{2}$）中的最大值作为该截面轴线的直线度误差。按上述方法测量若干个截面，取其中最大的误差值作为该零件轴线在任意方向上的直线度误差。

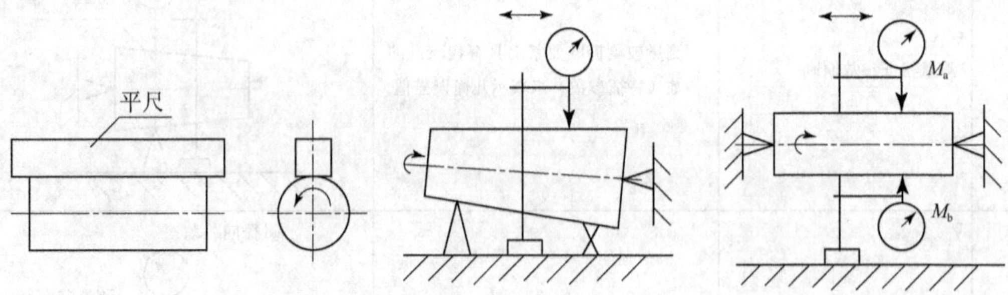

（a）（b）（c）

图 4.97 直线度误差的测量（一）

（3）水平仪法。将固定有水平仪的桥板放置在被测直线上，等跨距首尾衔接地移动桥板，测出被测直线各相邻两点连线相对水平面的倾斜角，通过数据处理求出直线度误差值，见图 4.98。该方法适用于大、中型零件垂直截面内的直线度误差测量。

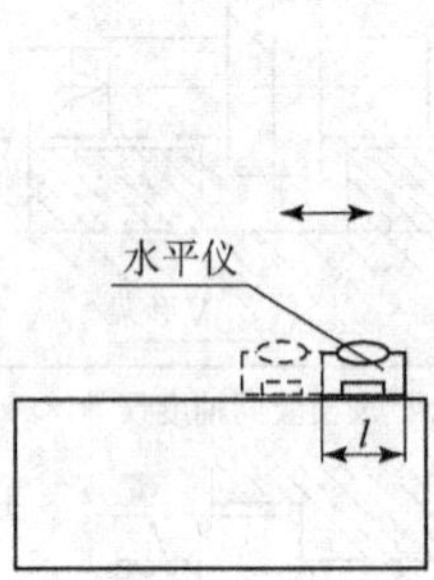

图 4.98 直线度误差的测量（二）

2）最小包容区域判别法

评定给定平面内直线度误差的最小包容区域应符合以下

条件。

（1）由两平行直线包容实际直线；

（2）两平行直线与误差曲线成“高—低—高”或“低—高—低”相间接触形式之一。

【工程实例 4.6】 导轨直线度误差评定

用水平仪测量导轨的直线度误差，依次测得各点读数（已转换成线值，单位为μm）分别为+20，−10，+40，−20，−10，−10，+20，+20。试按最小包容区域法评定该导轨直线度误差值。

解：

选定 $h_0 = 0$，将各测点的读数依次累加，即得到各点相应的统一坐标值 h_i，如表 4.16 所示。以测点的序号 i 为横坐标值，以 h_i 为纵坐标值作图，并将相邻点用直线相接，所得折线即为导轨的直线度误差曲线，如图 4.99 所示。

表 4.16 数据表

序号 i	0	1	2	3	4	5	6	7	8
读数 a_i（μm）	0	+20	−10	+40	−20	−10	−10	+20	+20
累积值（μm）$h_i=h_{i-1}+a_i$	0	+20	+10	+50	+30	+20	+10	+30	+50

按最小包容区域法评定。

作图法一：

（1）作测得直线图形的外接多边形，如图 4.99（a）所示。此时，多边形的任一内角必须小于 180° 或必须为凸边形。

（2）沿 h 轴方向读取该多边形的最大距离 f，则该导轨的直线度误差值为 $f_{MZ} = f = 42$（μm）。

作图法二：

（1）在测得直线图形上作首末两端点连线，找出连线上方和下方的最大偏离值点，如图 4.98（b）中的 h_3 和 h_6 点。

（2）过上方最大偏离值点（h_3 点），向下方的最大偏离值点（h_6 点）一侧作测得直线图形的上外接线（过图 4.99（b）中的 h_8 点）l_1。

（3）过下方最大偏离值点（h_6 点），向上方的最大偏离值点（h_3 点）一侧作测得直线图形的下外接线（过图 4.99（b）中的 h_0 点）l_2。

（4）分别以两条连线为评定基线，沿 h 方向量取各测得点到基线的最大距离 f_1 和 f_2。

（5）两值中的最小值即为直线度误差值 f_{MZ}。$f_{MZ} = f_2 = 42$（μm）。

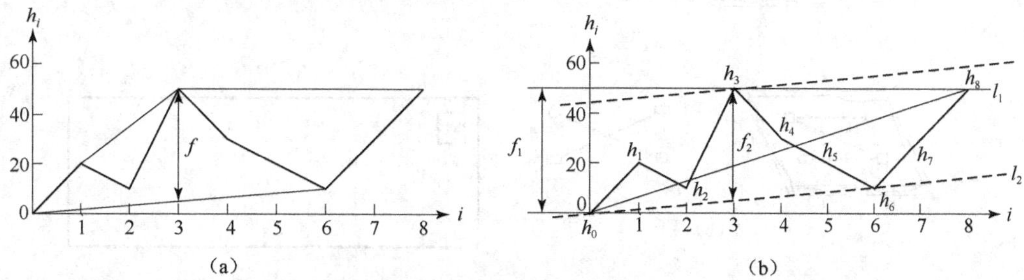

图 4.99 用最小包容区域法评定直线度误差

2．平面度误差的检测

1）检测方法

常见的平面度误差检测方法如图 4.100 所示。图 4.100（a）中用指示器法测量，将被测零件支承在平板上，调整被测表面最远三点，使其与平板等高；按一定的布点测量被测表面，同时记录示值，一般可用指示器最大与最小示值的差值近似地作为平面度误差。必要时，可根据记录的示值用计算法（或图解法）按最小条件计算平面度误差。

图 4.100（b）中用干涉法测量平面度误差。将平晶贴在被测表面上，观察干涉条纹，利用光波干涉原理，根据干涉条纹的形状、条数，经过计算确定平面度误差值。此方法适用于测量高精度的小平面。

图 4.100（c）中用水平仪法测量平面度误差。将被测表面调水平，用水平仪按一定的布点和方向逐点测量被测表面，同时记录示值，并换算成线值；由各线值通过数据处理得出平面度误差值。

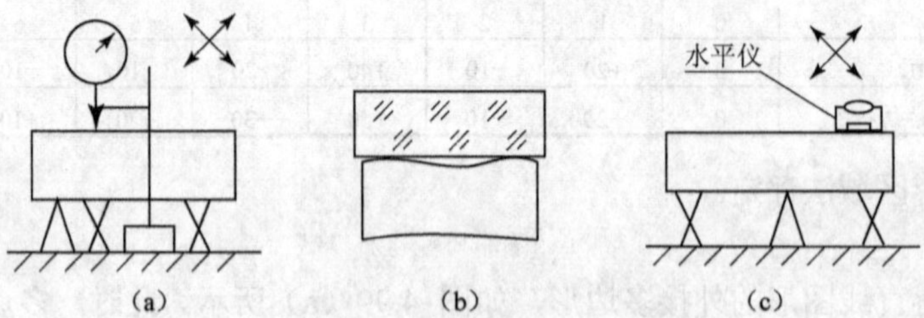

图 4.100　平面度误差检测方法

2）最小包容区域判别法

按最小包容区域评定平面度误差时，应由两平行平面包容实际表面，两平行平面与实际表面至少有三点或四点相接触，接触点应符合下列三种准则之一。

（1）三角形准则：有三个高极点与一个低极点（或相反），其中一个低极点（或高极点）位于三个高极点（或低极点）构成的三角形之内或位于一条线上，如图 4.101（a）所示。

（2）交叉准则：成相互交叉形式的两个高极点与两个低极点，如图 4.101（b）所示。

（3）直线准则：成直线排列的两个高极点与一个低极点（或相反），如图 4.101（c）所示。

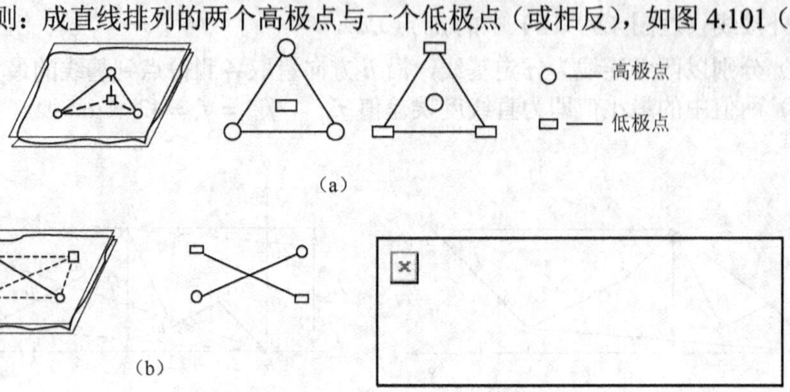

图 4.101　平面度误差最小包容区域判别准则

最小包容区域确定后，两平行平面之间的距离即为平面度误差值。而最小包容区域平面的确定一般采用基面旋转法。

【工程实例 4.7】　平面度误差评定

用指示器法测得一平面相对其测量基准面的坐标值，如图 4.102 所示（单位为μm），试按最小包容区域法确定其平面度误差值。

0	+4	+6
−3	+20	−9
−10	−3	+8

图 4.102　平面度误差读数

解：

根据测得值原始坐标值分析，可暂估三个低点（10，−9，−10）和一个高点（+20）可能构成三角形准则。进行基面旋转：

（1）以图 4.102 所示数据的第一行为转轴旋转，转动量如图 4.103（a）所示，转动后的数据如图 4.103（b）所示。

（2）再以左数第一行为转轴旋转，转动量如图 4.103（b）所示，转动后的数据如图 4.103（c）所示。显然这些数据符合三角形准则。

因此，平面度误差为：$f_{MZ}=(+27)-0=27$（μm）。

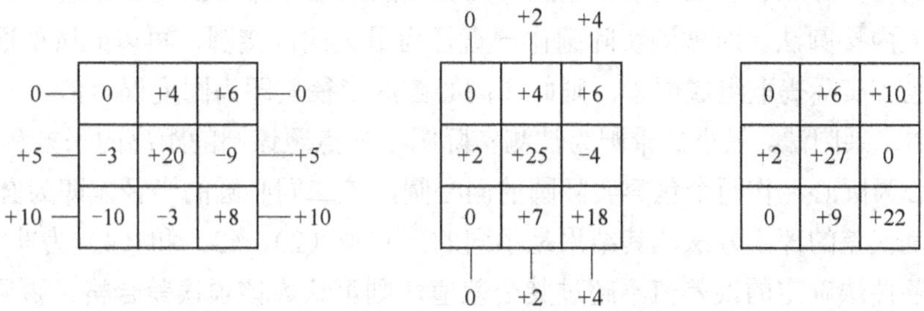

（a）　　　（b）　　　（c）

图 4.103　基面旋转法

3．圆度误差的检测

1）检测方法

圆度误差可用圆度仪、坐标测量机或带计算机的测量显微镜、指示器、V 形块、千分尺等量仪测量。在被测零件的提取要素上选取若干个正截面进行测量，评定出各个截面的圆度误差后，取其中最大的误差值作为提取要素的圆度误差。

图 4.104 所示是用三点法测量圆度误差。将被测零件放在 V 形块上，使其轴线垂直于测量截面，同时固定轴向位置。在被测零件回转一周过程中，指示计示值的最大差值与反映系数 K 之商，作为单个截面的圆度误差。

图 4.105 所示是用圆度仪测量圆度误差。圆度仪有转台式和转轴式两种，其工作原理如图 4.105（a），（b）所示。例如，用转轴式圆度仪测量时，将被测零件安置在量仪工作台上，调整其轴线使之与量仪的回转轴线同轴。记录被测零件在回转一周过程中测量截面各点的半径差，绘制极坐标图，然后评定圆度误差。现在生产的圆度仪都配有计算机，可自动实现数据的采集、图形生成以及误差评定，同时还可自动调整被测工件的位置，使其轴线与仪器回转轴线重合。

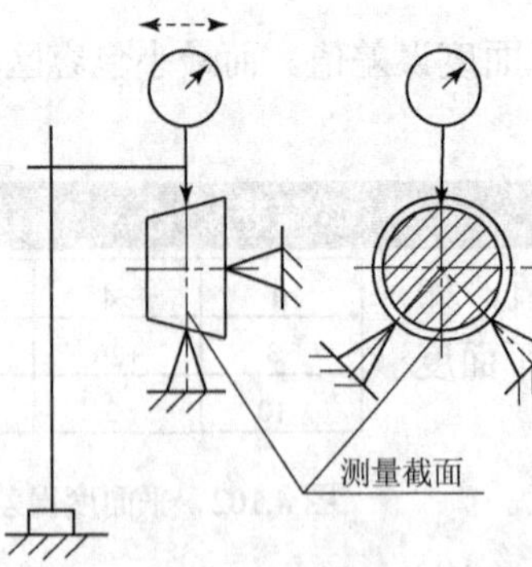

图 4.104 三点法测量圆度误差

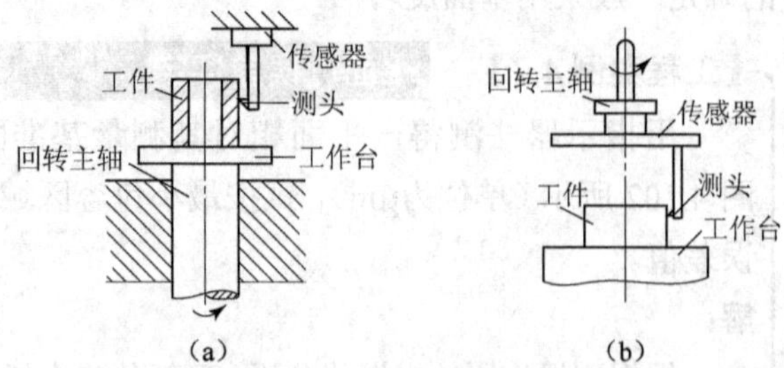

图 4.105 圆度仪测量圆度误差

2）误差评定方法

（1）最小条件法。两个理想同心圆与被测实际圆至少呈四点相间接触（外—内—外—内），如图 4.106 所示的 a、b、c、d。该二同心圆的半径差为圆度误差值。

（2）最小外接圆法。对被测实际圆作一直径为最小的外接圆，再以此圆的圆心为圆心作一内接圆，包容实际提取组成要素，则此二同心圆的半径差即为圆度误差值。

（3）最大内接圆法。对被测实际圆作一直径为最大的内接圆，再以此圆的圆心为圆心作一外接圆，包容实际提取组成要素，则此二同心圆的半径差即为圆度误差值。

（4）最小二乘圆法。最小二乘圆为被测实际圆上各点至该圆的距离的平方和为最小的圆。以该圆的圆心为圆心，作两个包容实际圆的同心圆，该二同心圆的半径差即为圆度误差值。

上述圆度误差的评定方法，其结果是不同的。其中（2）、（3）和（4）为非最小条件法，若按非最小条件法确定的误差值不超过其公差值，则可认为该项误差合格，否则不可判断其合格与否；需按最小条件法所得的误差值与公差值比较，方可得出该项误差合格与否的结论。

4．垂直度误差的检测

图 4.107 所示为面对面的垂直度误差的测量。将被测零件的基准表面固定在直角座上，同时调整靠近基准的被测表面的指示器示值之差为最小值，移动指示表的水平位置，对被测实际表面的不同点进行测量，取指示表的最大与最小示值之差作为被测实际表面对其基准平面的垂直度误差。必要时，可按定向最小包容区域评定垂直度误差。

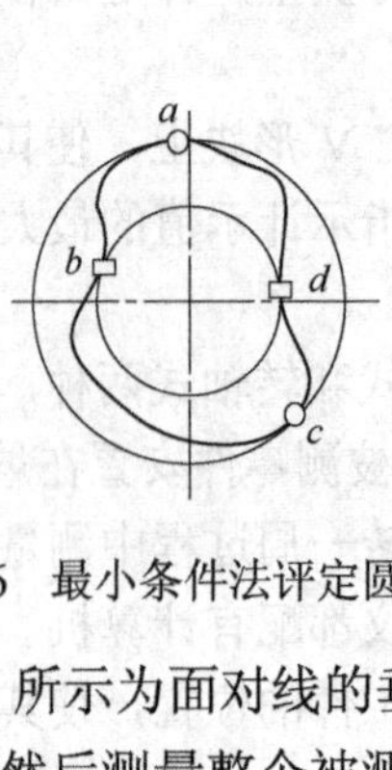

图 4.106 最小条件法评定圆度误差

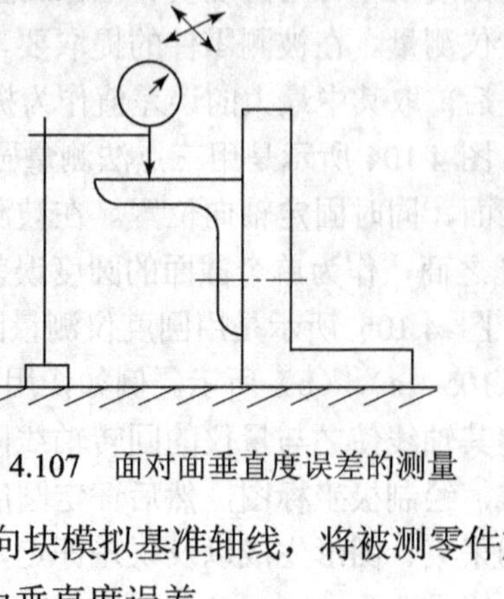
图 4.107 面对面垂直度误差的测量

图 4.108 所示为面对线的垂直度误差的测量。用导向块模拟基准轴线，将被测零件放置在导向块内，然后测量整个被测表面，取最大读数差作为垂直度误差。

5. 位置度误差的检测

位置度误差可用坐标测量装置或专用测量设备等测量。图 4.109 所示为用坐标测量装置测量孔的位置度误差。将心轴无间隙地安装在被测孔中，用心轴轴线模拟被测孔的实际轴线。在靠近被测孔的端面处测得 x_1、y_1、x_2、y_2，分别计算出 $x'=(x_1+x_2)/2$，$y'=(y_1+y_2)/2$，再分别求出 $f_x=x'-x$，$f_y=y'-y$（x 和 y 是理论正确尺寸），则被测孔在该端的位置度误差为 $f=2\sqrt{f_x^2+f_y^2}$。然后，对被测孔的另一端依上述方法进行测量，取两端测量中所得较大的误差值作为该被测孔的位置度误差。

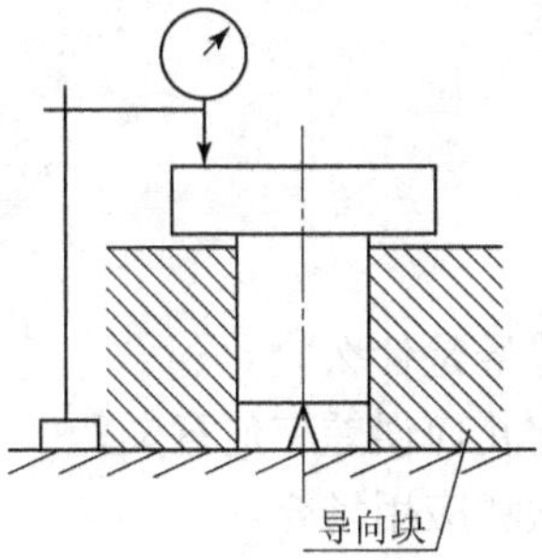

图 4.108　面对线垂直度误差的测量

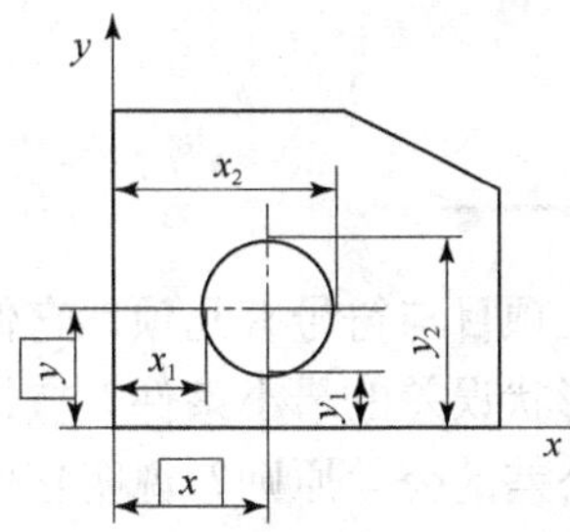

图 4.109　位置度误差的测量

6. 跳动误差的检测

圆跳动误差是被测提取要素绕基准轴线回转一周时，在无轴向移动的条件下，由位置固定的指示计在给定方向上测得的最大与最小示值之差。如图 4.110 所示为径向圆跳动误差的测量。基准轴线由 V 形架模拟，被测零件支承在 V 形架上，并在轴向定位。在被测零件回转一周过程中指示计示值的最大差值即为单个测量平面上的径向跳动；按上述方法测量若干个截面，取各截面上测得的跳动量中的最大值，作为该零件的径向跳动。该测量方法受 V 形架角度和基准要素形状误差的综合影响。

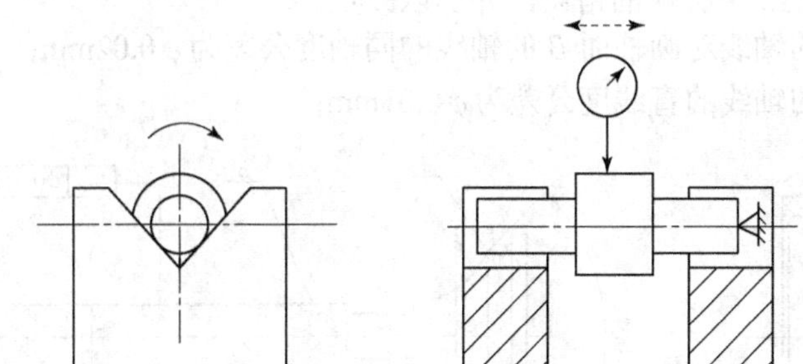

图 4.110　径向圆跳动误差的测量

全跳动误差是被测提取要素绕基准轴线作无轴向移动回转多周，同时指示计沿平行或垂直于基准方向连续移动（或被测提取要素每回转一周，指示计沿给定方向的理想直线作间断移动），由指示计在给定方向上测得的最大与最小示值之差。图 4.111（a)，（b）所示分别为径向全跳动和端面全跳动误差的测量，基准轴线由导向套模拟，被测零件支承在导向套内，并在轴向上固定。基准轴线也可以用一对 V 形块或一对顶尖的简单方法来体现。

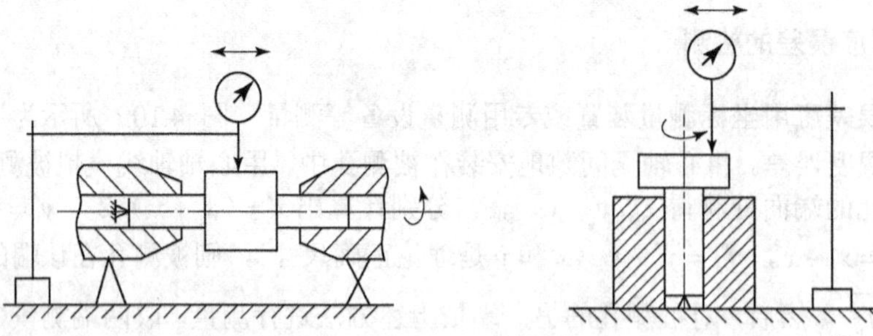

图 4.111　全跳动误差的测量

4.6 习题

1．几何公差特征项目与符号有几项？它们的名称和符号是什么？

2．什么是评定形状误差的最小条件？按最小条件评定几何误差有何意义？

3．什么是几何公差的公差原则？说明它们的表示方法和应用场合。

4．选用几何公差包括哪些内容？什么时候选用未注几何公差？未注几何公差在图样上如何表示？

5．试将下列形位公差要求标注在图 4.112 上。

（1）圆锥面的圆度公差 0.004mm；

（2）圆锥母线的直线度公差 0.002 5mm；

（3）圆锥面对 $\phi80_{-0.015}^{\ 0}$ mm 孔的轴线的圆跳动公差 0.01mm；

（4）$\phi80_{-0.015}^{\ 0}$ mm 孔的圆柱度公差 0.008mm；

（5）左端面对 $\phi80_{-0.015}^{\ 0}$ mm 孔的轴线的垂直度公差 0.01mm；

（6）右端面对左端面的平行度公差 0.06mm。

6．试指出图 4.113 中标注的错误，并加以改正。

（1）圆锥面 A 的轴线对圆柱面 B 的轴线的同轴度公差为 ϕ0.02mm；

（2）圆柱面 B 的轴线的直线度公差为 ϕ0.01mm；

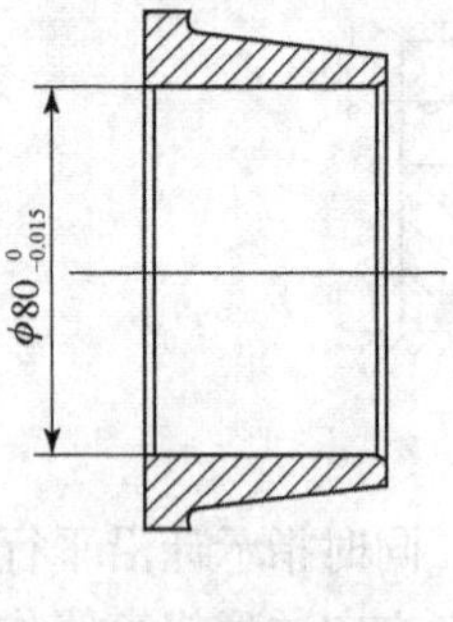

图 4.112　题 5 用图

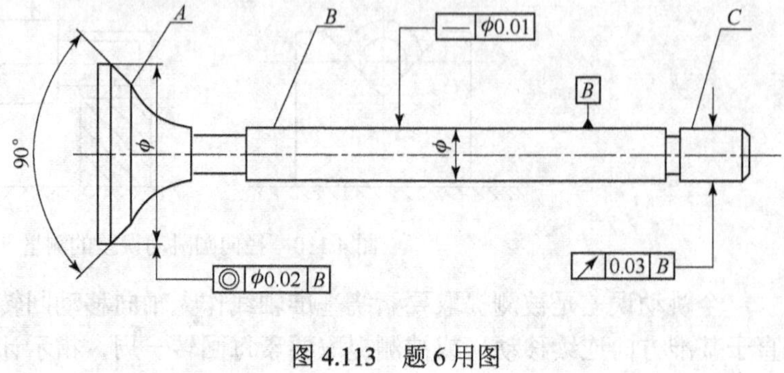

图 4.113　题 6 用图

（3）圆柱面 C 对圆柱面 B 轴线的圆跳动公差为 0.03mm。

7．试指出图 4.114 中标注的错误，并加以改正。

8．试根据图 4.115 的标注填写表 4.17。

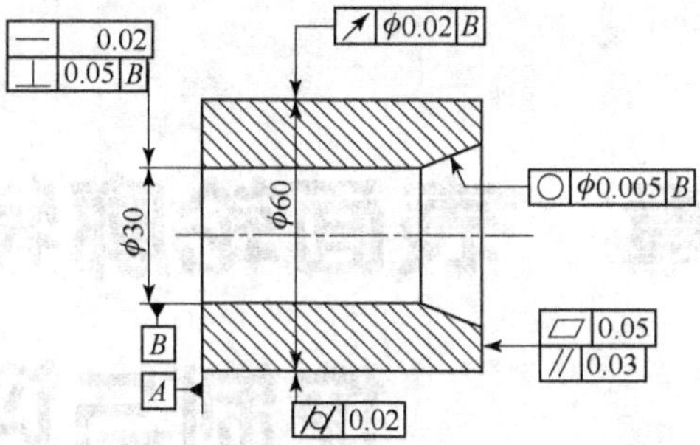

图 4.114　题 7 用图

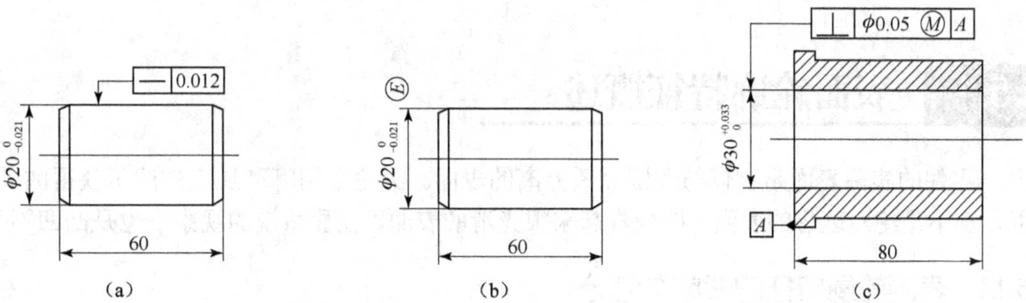

图 4.115　题 8 用图

表 4.17　题 8 用表

图　号	采用的公差原则	理想边界及边界尺寸	MMC 时的几何公差值/mm	LMC 时的几何公差值/mm	局部实际尺寸的合格范围/mm
(a)					
(b)					
(c)					

9. 用分度值为 0.01 的合像水平仪测量某机床导轨的直线度误差，桥板节距为 200mm，依次测得各点的读数为（格）：+6，+6，0，−1.5，−1.5，+3，+3，+9。试用最小区域法求直线度误差值。

10. 如图 4.116 所示，用打表法沿给定方向测量直线 *A* 和 *B*，各点读数如表 4.18 所列。

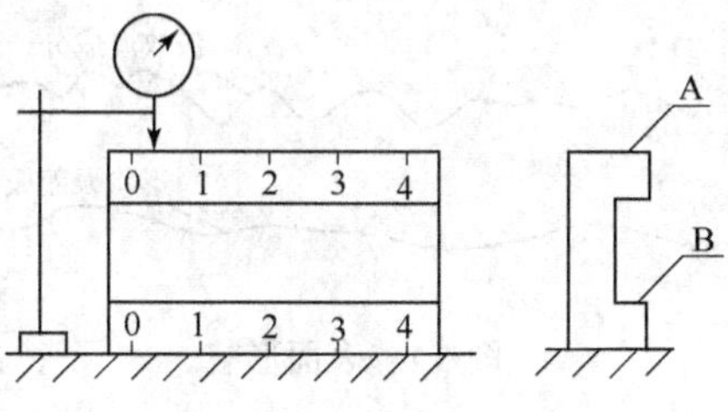

图 4.116　题 10 用图

（1）用最小区域法求出 *A* 和 *B* 的直线度误差值；

（2）假若直线 *A* 和 *B* 在同一给定平面内，求直线 *A* 对基准直线 *B* 的平行度误差值。

表 4.18　题 10 用表

测点序号		0	1	2	3	4
读数/μm	*A*	0	+2	+11	−8	−10
	B	+4	+3	−2	−1	−2

第 5 章　表面轮廓特征的控制与评定

5.1　表面轮廓特征概述

零件的实际表面是物体与周围介质分离的表面。无论采用哪种加工方法所获得的零件表面，都不是绝对理想的表面，即使看起来很光滑的表面，在显微镜的观察下也是凸凹不平的。

5.1.1　表面轮廓特征的形成与划分

零件的实际表面是由表面粗糙度、表面波纹度和形状误差叠加而成的，如图 5.1 所示。三者通常按波距来划分，波距小于 1mm 的属于表面粗糙度（微观几何形状误差）；波距在 1～10mm 的属于表面波纹度（中间几何形状误差）；波距大于 10mm 的属于形状误差（宏观几何形状误差）。

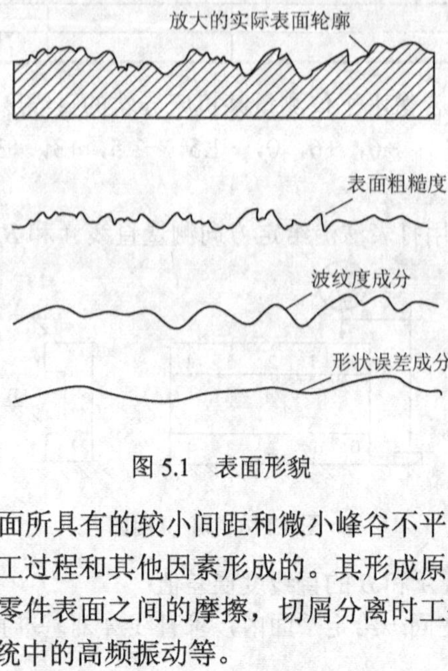

图 5.1　表面形貌

表面粗糙度是指加工表面所具有的较小间距和微小峰谷不平度。这种微观几何形状的尺寸特征，一般是由零件的加工过程和其他因素形成的。其形成原因主要有：加工过程中在工件表面留下的刀痕，刀具和零件表面之间的摩擦，切屑分离时工件表面层的塑性变形，切削过程中的残留物以及工艺系统中的高频振动等。

表面波纹度是由间距比粗糙度大得多的、随机的或接近周期形式的成分构成的表面不平度，通常包含工件表面加工时由意外因素所引起的那种不平度，例如，由一个工件或某一刀具的失控运动所引起的工件表面的纹理变化。

5.1.2　表面轮廓特征对机械零件使用性能的影响

1．表面粗糙度对零件性能的影响

（1）表面粗糙度影响零件的耐磨性。零件工作表面之间的摩擦会增加能量的耗损，表面越粗糙，摩擦系数就越大，因摩擦而消耗的能量也越大。此外，表面越粗糙，配合表面间的有效接触面积越小，压强越大，磨损就越快。

但需指出，零件表面越光滑，磨损量也不一定越小。因为零件的耐磨性除受表面粗糙度影响外，还与磨损下来的金属微粒的刻划及润滑油被挤出和分子间的吸附作用等因素有关，因此，过于光滑的表面其耐磨性也不一定好。

（2）表面粗糙度影响配合性质的稳定性。对间隙配合来说，表面越粗糙，就越易磨损，使工作过程中间隙逐渐增大；对过盈配合来说，由于装配时将微观凸峰挤平，因而减小了实际有效过盈，降低了连接强度。

（3）表面粗糙度影响零件的疲劳强度。粗糙零件的表面存在较大的波谷，它们像尖角缺口和裂纹一样，对应力集中很敏感，从而影响零件的疲劳强度。

（4）表面粗糙度影响零件的抗腐蚀性。粗糙的表面，易使腐蚀性气体或液体通过表面的微观凹谷渗入到金属内层，造成表面腐蚀。

（5）表面粗糙度影响零件的密封性。粗糙的表面之间无法严密地贴合，气体或液体通过接触面间的缝隙渗漏。

（6）影响零件的测量精度。零件被测表面和测量工具测量面的表面粗糙度都会直接影响测量的精度，尤其是在精密测量时。

此外，表面粗糙度对零件的镀涂层、导热性和接触电阻、反射能力和辐射性能、液体和气体流动的阻力、导体表面电流的流通等都会有不同程度的影响。

2．表面波纹度对零件性能的影响

表面波纹度对零部件性能的影响除部分与表面粗糙度相同外，还有其自身的特点，特别是对某些产品性能的影响尤为突出。

对于滚动轴承来讲，工作时产生振动的主要因素是表面波纹度。因为形状误差主要反映零件表面的低频分量，而这些低频分量对轴承振动的影响要远远小于高频分量。滚珠的波纹度会使钢球的单体振动值上升，从而使合套后的轴承整体振动和噪声增大。试验表明，滚动轴承的振动和噪声与零件的表面波纹度成正比，波纹度的大小直接影响轴承的多项性能指标。把轴承滚道和滚动体的表面波纹度控制在一定范围内，对提高滚动轴承的精度和延长其使用寿命有重要作用。

波纹度对机械接触式密封件的性能有重要影响。随着波纹度幅值的增加，流体膜承受的负荷将明显增加，泄漏量也将迅速增加。从密封设计和使用要求看，对一个给定的工况，波纹度幅值有最佳值。

表面波纹度对光学介质表面的光散射具有不可忽视的影响。研究发现，当光学介质的表面粗糙度要求已提高到纳米水平时，反射率并无明显提高，其原因就是由于波纹度的影响。

5.2 表面结构的术语及定义

5.2.1 一般术语及定义

（1）轮廓滤波器：把轮廓分成长波和短波成分的滤波器。按波长从短到长的顺序，轮廓滤波器可分为 λ_s 滤波器、λ_c 滤波器及 λ_f 滤波器。在测量粗糙度、波纹度和原始轮廓的仪器中使用的三种滤波器，如图 5.2 所示。它们的传输特性相同，但截止波长不同。

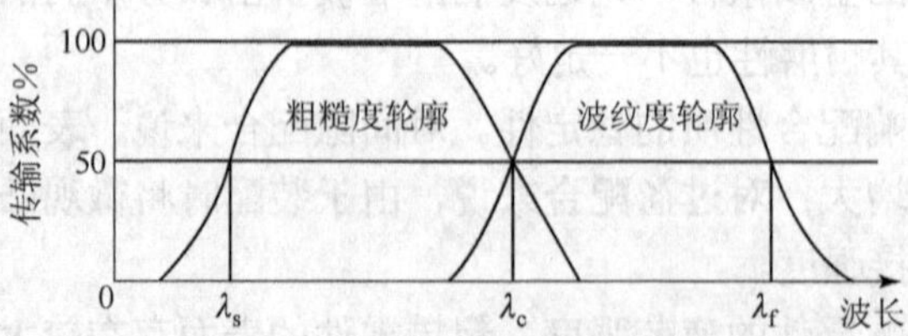

图 5.2 粗糙度和波纹度轮廓的传输特性

（2）表面轮廓：一个指定平面与实际表面相交所得的轮廓，如图 5.3 所示。通常采用一条名义上与实际表面平行，并在一个适当方向上的法线来选择一个平面。

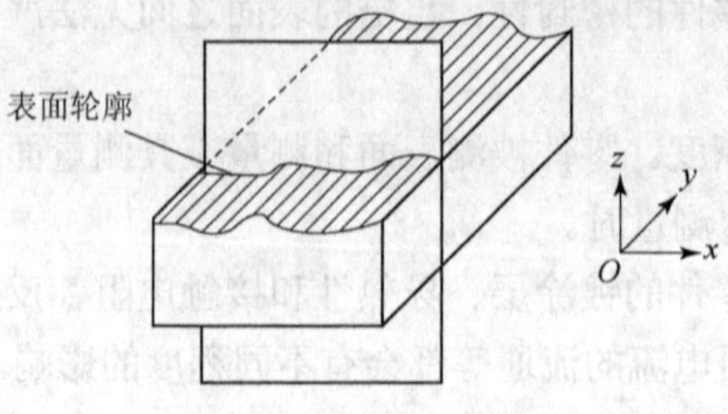

图 5.3 表面轮廓

（3）原始轮廓：通过 λ_s 轮廓滤波器后的总轮廓。原始轮廓是评定原始轮廓参数的基础。

（4）粗糙度轮廓：对原始轮廓采用 λ_c 轮廓滤波器抑制长波成分以后形成的轮廓，是经过人为修正的轮廓。

（5）波纹度轮廓：对原始轮廓连续应用 λ_f 和 λ_c 两个轮廓滤波器以后形成的轮廓，采用 λ_f 轮廓滤波器抑制长波成分，而采用 λ_c 轮廓滤波器抑制短波成分，是经过人为修正的轮廓。波纹度通频带的极限由高斯滤波器的长波截止波长和短波截止波长 $\lambda_f:\lambda_c$ 之比确定，若无特殊规定，此比值通常为10:1。

（6）取样长度 lp、lr、lw：在 x 轴方向判别被评定轮廓不规则特征的长度。评定表面粗糙度和波纹度的取样长度 lr 和 lw 在数值上分别与 λ_c 和 λ_f 轮廓滤波器的截止波长相等。原始轮廓的取样长度等于评定长度。

（7）评定长度 ln：用于判别被评定轮廓 x 轴方向上的长度。评定长度包含一个或几个取样长度。

（8）中线：具有几何轮廓形状并划分轮廓的基准线。计算各类表面轮廓参数大小的基准。

（9）轮廓最小二乘中线 m：在取样长度内使轮廓上各点至一条假想线距离的平方和为最

小，即

$$\sum_{i=1}^{n} z_i^2 = \min \tag{5.1}$$

这条假想线就是最小二乘中线，如图 5.4 所示。

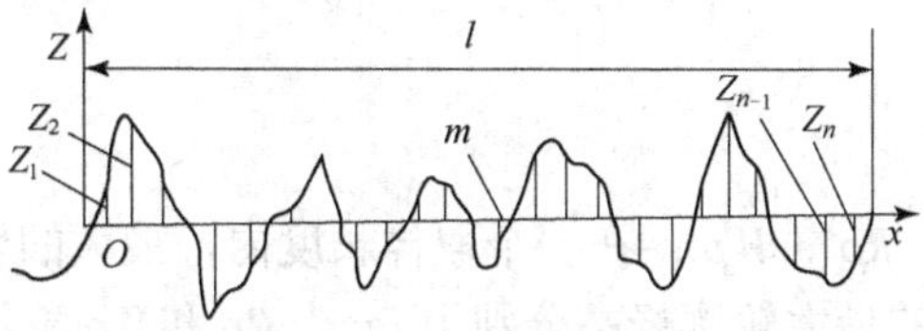

图 5.4　轮廓最小二乘中线

5.2.2　几何参数术语及定义

（1）*P* 参数：在原始轮廓上计算所得的参数。

（2）*R* 参数：在粗糙度轮廓上计算所得的参数。

（3）*W* 参数：在波纹度轮廓上计算所得的参数。

（4）轮廓单元：轮廓峰和相邻轮廓谷的组合，如图 5.5 所示。

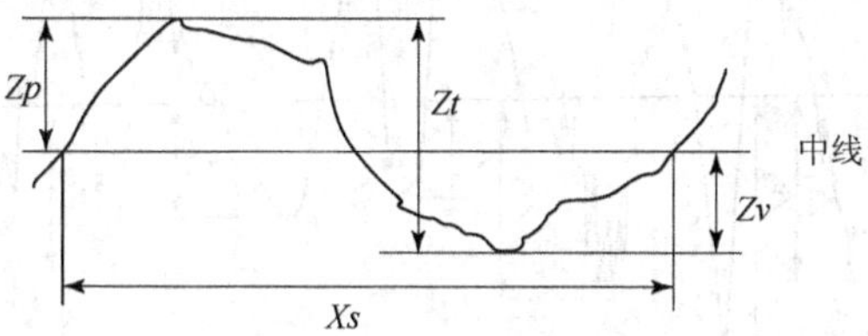

图 5.5　轮廓单元

（5）轮廓谷：轮廓与轮廓中线相交，相邻两交点之间的内凹（从周边介质到材料）轮廓部分。

（6）轮廓峰：轮廓与轮廓中线相交，相邻两交点之间的外凸（从材料到周边介质）轮廓部分，如图 5.6 所示。

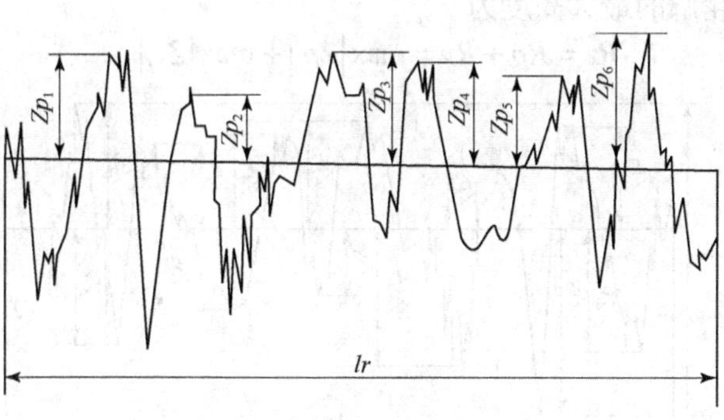

图 5.6　粗糙度最大轮廓峰高 *Rp*

（7）轮廓峰高 Zp：轮廓最高点至中线的距离，如图 5.5 所示。

（8）轮廓峰谷 Zv：轮廓最低点至中线的距离，如图 5.5 所示。

（9）轮廓单元高度 Zt：一个轮廓单元的轮廓峰与轮廓谷之和，如图 5.5 所示。

（10）轮廓单元宽度 Xs：一个轮廓单元与中线所交线段的长度，如图 5.5 所示。

（11）纵坐标值 $Z(x)$：被评定轮廓在任一位置距 x 轴的高度。若纵坐标值位于 x 轴下方，则该高度被视为负值，反之则为正值。

5.2.3 表面轮廓参数术语及定义

1．幅度参数

最大轮廓峰高 Pp、Rp、Wp：在一个取样长度内，最大的轮廓峰高 Zp。原始轮廓、粗糙度轮廓及波纹度轮廓的最大轮廓峰高分别用 Pp、Rp 和 Wp 表示。图 5.6 中以粗糙度为例，表明粗糙度轮廓的最大轮廓峰高应为

$$Rp = \max\left|Zp_i\right| \tag{5.2}$$

最大轮廓谷深 Pv、Rv、Wv：在一个取样长度内，最大的轮廓谷深 Zv。原始轮廓、粗糙度轮廓及波纹度轮廓的最大轮廓谷深分别用 Pv、Rv 和 Wv 表示。图 5.7 中以粗糙度为例，表明粗糙度轮廓的最大轮廓谷深应为

$$Rv = \max\left|Zv_i\right| \tag{5.3}$$

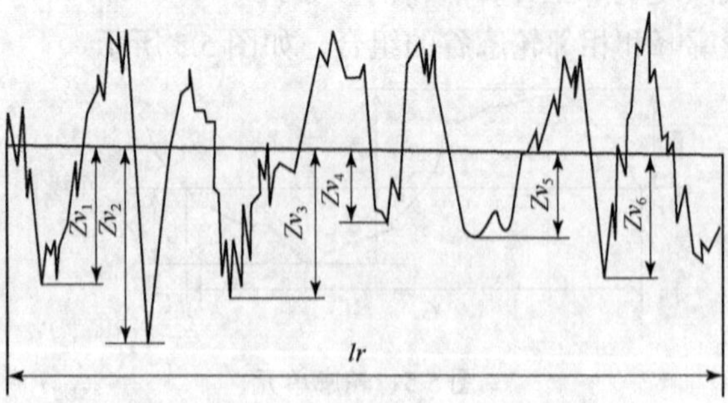

图 5.7 粗糙度最大轮廓谷深 Rv

轮廓最大高度 Pz、Rz、Wz：在一个取样长度内，最大的轮廓峰高与最大的轮廓谷深之和。原始轮廓、粗糙度轮廓及波纹度轮廓的最大高度分别用 Pz、Rz 和 Wz 表示。图 5.8 中以粗糙度为例，粗糙度轮廓的最大高度为

$$Rz = Rp + Rv = \max\left|Zp_i\right| + \max\left|Zv_i\right| \tag{5.4}$$

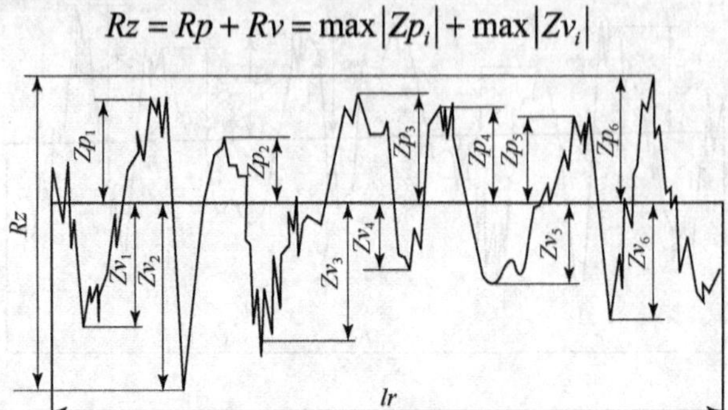

图 5.8 粗糙度轮廓最大高度 Rz

评定轮廓的算术平均偏差 Pa、Ra、Wa：在一个取样长度内纵坐标绝对值 $Z(x)$ 的算术平均值。原始轮廓、粗糙度轮廓及波纹度轮廓的算术平均偏差分别用 Pa、Ra 和 Wa 表示，即

$$Pa、Ra、Wa=\frac{1}{l}\int_0^l|Z(x)|\mathrm{d}x \tag{5.5}$$

依据不同的情况，式中 $l=lp$、lr 或 lw。以粗糙度为例，轮廓算术平均偏差 Ra 如图 5.9 所示，用公式表示为

$$Ra=\frac{1}{lr}\int_0^{lr}|y|\mathrm{d}x \tag{5.6}$$

或近似值为

$$Ra=\frac{1}{n}\sum_{i=1}^{n}|y_i| \tag{5.7}$$

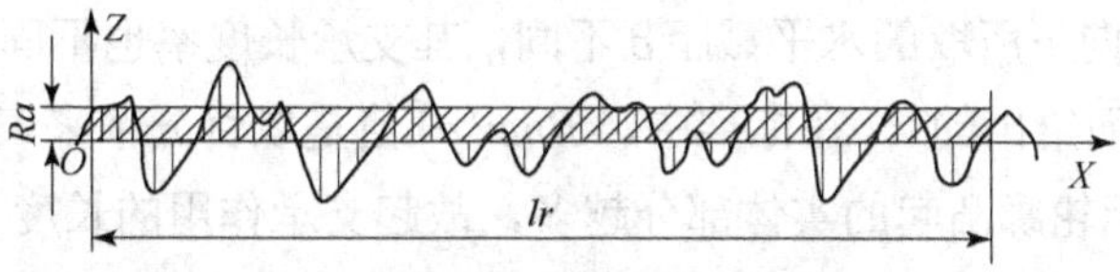

图 5.9　粗糙度轮廓算术平均偏差 Ra

2．间距参数

轮廓单元的平均宽度 Psm、Rsm、Wsm：在一个取样长度内轮廓单元宽度 Xs 的平均值，原始轮廓、粗糙度轮廓及波纹度轮廓单元的平均宽度分别用 Psm、Rsm 和 Wsm 表示。图 5.10 中以粗糙度为例，即

$$Rsm=\frac{1}{m}\sum_{i=1}^{m}Xs_i \tag{5.8}$$

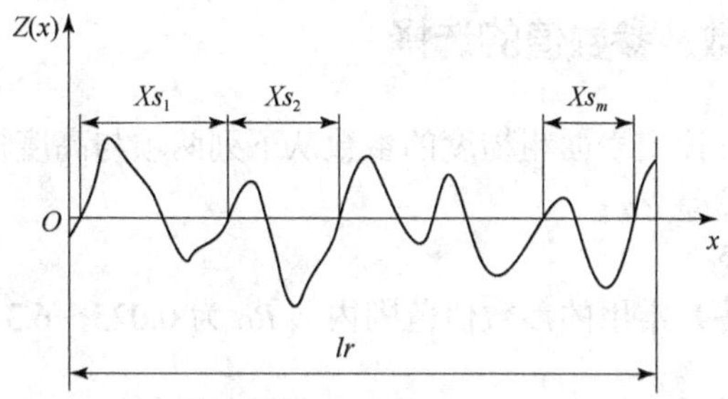

图 5.10　粗糙度轮廓单元的平均宽度 Rsm

3．曲线和相关参数

轮廓支承长度率 $Pmr(c)$、$Rmr(c)$、$Wmr(c)$：在给定水平截面高度 c 上轮廓的实体材料长度 $Ml(c)$ 与评定长度的比率。原始轮廓、粗糙度轮廓及波纹度轮廓支承长度率分别用 $Pmr(c)$、$Rmr(c)$ 和 $Wmr(c)$ 表示，即

$$Pmr(c)、Rmr(c)、Wmr(c)=\frac{Ml(c)}{ln} \tag{5.9}$$

$$Ml(c)=b_1+b_2+\cdots+b_i+\cdots+b_n=\sum_{i=1}^{n}b_i \tag{5.10}$$

以粗糙度为例，轮廓支承长度率 $Rmr(c)$ 如图 5.11 所示。

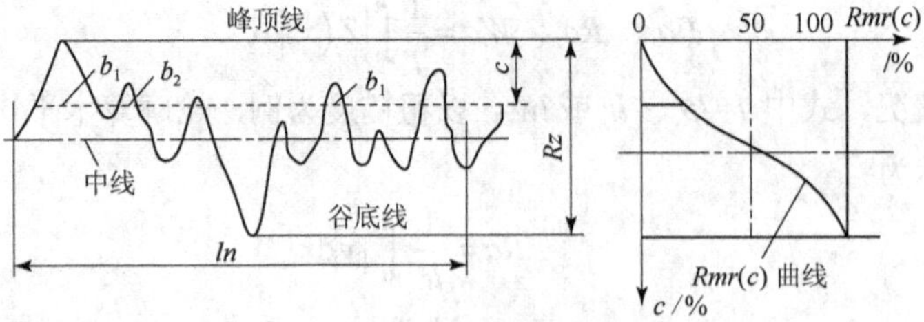

图 5.11 轮廓的支承长度率 $Rmr(c)$

显然，从峰顶线向下所取的水平截距 c 不同，其支承长度率也不同，因此 $Rmr(c)$ 值应是对应于水平截距 c 值而给出的 。在标准中，$Rmr(c)$ 值是以百分率来表示的，当 c 值一定时，$Rmr(c)$ 值越大，表示轮廓凸起的实体部分越多，故起支承作用的长度长，表面接触刚度高，耐磨性好。如图 5.12 所示，图 5.12（a）所示承载能力强，图 5.12（b）所示承载能力差。

图 5.12 表面粗糙度的不同形状

5.3 表面粗糙度的选择与标注

5.3.1 表面粗糙度参数及参数值的选择

（1）国家标准规定，评定表面粗糙度的参数从下列两项与高度特性有关的参数中选取：

——轮廓算术平均偏差 Ra；

——轮廓最大高度 Rz。

在幅度参数（峰和谷）常用的参数值范围内（Ra 为 0.025～6.3 μm，Rz 为 0.1～25 μm）推荐优先选用 Ra。

轮廓算术平均偏差 Ra 的数值规定见表 5.1。轮廓最大高度 Rz 的数值规定见表 5.2。

表 5.1 轮廓算术平均偏差 Ra 的数值 （μm）

Ra	0.012	0.2	3.2	50
	0.025	0.4	6.3	100
	0.05	0.8	12.5	
	0.1	1.6	25	

表 5.2 轮廓最大高度 Rz 的数值 （μm）

Rz	0.025	0.4	6.3	100	1 600
	0.05	0.8	12.5	200	
	0.1	1.6	25	400	
	0.2	3.2	50	800	

（2）根据表面功能的需要，除表面粗糙度高度参数（*Ra*、*Rz*）外可选用下列的附加参数：

——轮廓单元的平均宽度 *Rsm*；

——轮廓的支承长度率 $Rmr(c)$。

附加评定参数轮廓单元的平均宽度 *Rsm* 的数值规定见表 5.3；轮廓的支承长度率 $Rmr(c)$ 的数值规定见表 5.4。选用轮廓的支承长度率参数时，应同时给出轮廓截面高度 *c* 值，它可用微米或 *Rz* 的百分数表示。

表 5.3　轮廓单元的平均宽度 *Rsm* 的数值　（μm）

Rsm			
	0.006	0.1	1.6
	0.012 5	0.2	3.2
	0.025	0.4	6.3
	0.05	0.8	12.5

表 5.4　轮廓的支承长度率 $Rmr(c)$ 的数值　（μm）

$Rmr(c)$	10	15	20	25	30	40	50	60	70	80	90

（3）表面粗糙度的取样长度 *lr* 的数值从表 5.5 给出的系列中选取。一般情况下，在测量 *Ra*、*Rz* 时，国家标准推荐按表 5.6 和表 5.7 选用对应的取样长度，此时取样长度值的标注在图样上或技术文件中可省略；当有特殊要求时，应给定相应的取样长度，并在图样上或技术文件中注出。

表 5.5　取样长度 *lr* 的数值

lr /mm	0.08	0.25	0.8	2.5	8	25

表 5.6　*Ra* 参数值与取样长度 *lr* 值的对应关系

Ra / μm	*lr*/mm	*ln* /mm（*ln*=5×*lr*）
≥0.008～0.02	0.08	0.4
＞0.02～0.1	0.25	1.25
＞0.1～2.0	0.8	4.0
＞2.0～10.0	2.5	12.5
＞10.0～80.0	8.0	40.0

表 5.7　*Rz* 参数值与取样长度 *lr* 值的对应关系

Rz / μm	*lr*/mm	*ln*/mm（*ln*=5×*lr*）
≥0.025～0.10	0.08	0.4
＞0.10～0.50	0.25	1.25
＞0.50～10.0	0.8	4.0
＞10.0～50.0	2.5	12.5
＞50～320	8.0	40.0

在实际工作中，由于粗糙度和零件的功能关系相当复杂，难以全面而精确地按零件表面功能要求确定粗糙度的参数值，因此常用类比法来确定。具体选用时，可先根据经验统计资料初步选定表面粗糙度参数值，然后再对比工作条件作适当调整。调整时应考虑如下几点。

（1）同一零件上，工作表面的粗糙度值应比非工作表面小。

（2）摩擦表面的粗糙度值应比非摩擦表面小，滚动摩擦表面的粗糙度值应比滑动摩擦表面小。

（3）运动速度高，单位面积压力大的表面以及受交变应力作用的重要零件圆角、沟槽的表面粗糙度值都应该小。

（4）配合性质要求越稳定，其配合表面的粗糙度值应越小。配合性质相同时，小尺寸结合面的粗糙度值应比大尺寸结合面小；同一公差等级时，轴的粗糙度值应比孔的小。

（5）表面粗糙度参数值应与尺寸公差及形位公差协调。

一般来说，尺寸公差和形位公差小的表面，其粗糙度的值也应小。

（6）防腐性、密封性要求高，外表美观等表面的粗糙度值应较小。

（7）凡有关标准已对表面粗糙度要求做出规定（如与滚动轴承配合的轴颈和外壳孔、键槽、各级精度齿轮的主要表面等）的，则应按标准确定的表面粗糙度参数值选用。

5.3.2 表面粗糙度的标注

1．表面粗糙度符号

表面粗糙度符号如表 5.8 所示。

表 5.8 表面粗糙度符号

符 号	意义及说明
	基本符号，表示表面可用任何方法获得。不加注粗糙度参数值或有关说明（例如表面处理、局部处理状况等）时，仅适用简化代号标注
	基本符号加一短画，表示表面是用去除材料的方法获得的，例如，车，铣、钻、磨、剪切、抛光、腐蚀、电火花加工、气割等
	基本符号加一小圆，表示表面是用不去除材料的方法获得的，例如铸、锻、冲压变形、热轧、冷轧、粉末冶金等。或者用于保持原供应状况的表面（包括保持上道工序的状况）
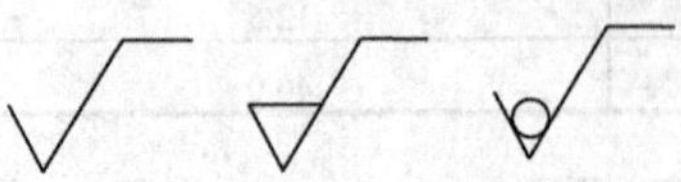	在上述三个符号的长边上均可加一横线，用于标注有关参数和说明

2．表面粗糙度完整图形符号的组成

标注表面粗糙度其他数值及有关规定符号时，其标注方法如图 5.13 所示。

位置 a～e 分别注写如下内容。

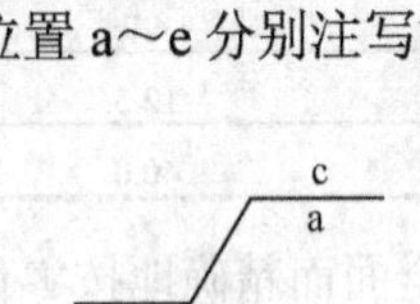

图 5.13 表面粗糙度参数的标注位置

a——粗糙度参数代号、极限值和传输带或取样长度。为了避免误解，在参数代号和极限值间应插入空格。传输带或取样长度后应有一斜线“/”，之后是表面结构参数代号，最后是数值。

a、b——注写两个或多个表面粗糙度要求。

c——注写加工方法、表面处理、涂层或其他加工工艺

要求等，如车、磨、镀等加工表面。

d——注写所要求的表面纹理和方向。

e——注写所要求的加工余量，以毫米为单位给出数值。

3. 表面粗糙度标注示例

表面粗糙度标注示例如表 5.9 所示。

表 5.9　表面粗糙度标注示例

符　号	含　义
Rz 0.4	表示不允许去除材料，单向上限值，默认传输带，*R* 轮廓，粗糙度的最大高度 0.4 μm，评定长度为 5 个取样长度（默认），“16%规则”（默认）
Rz max 0.2	表示去除材料，单向上限值，默认传输带，*R* 轮廓，粗糙度的最大高度最大值 0.2 μm，评定长度为 5 个取样长度（默认），“最大规则”（默认）
0.008−0.8/*Ra* 3.2	表示去除材料，单向上限值，传输带 0.008～0.8mm，*R* 轮廓，算术平均偏差 3.2 μm，评定长度为 5 个取样长度（默认），“16%规则”（默认）
	表示去除材料，单向上限值，传输带：根据 GB/T 6060，取样长度为 0.8 μm，*R* 轮廓，算术平均偏差 3.2 μm，评定长度为 3 个取样长度（默认），“16%规则”（默认）
U *Ra* max 3.2 L *Ra* 0.8	表示不允许去除材料，双向极限值，两极限值均使用默认传输带，*R* 轮廓，上限值：算术平均偏差 3.2 μm，评定长度为 5 个取样长度（默认），“最大规则”；下限值：算术平均偏差 0.8 μm，评定长度为 5 个取样长度（默认），“16%规则”（默认）

注：

——传输带：两个定义的滤波器之间的波长范围，见 GB/T 6062—2009 和 GB/T 18777—2009。

——16%规则：对于按一个参数的上限值（GB/T 131—2006）规定要求时，如果在所选参数都用同一评定长度上的全部实测值中，大于图样或技术文件中规定值的个数不超过总数的 16%，则该表面是合格的。对于给定表面参数下限值的场合，如果在同一评定长度上的全部测得值中，小于图样或技术文件中规定值的个数不超过总数的 16%，该表面也是合格的。为了指明参数的上下限值，所用参数符号没有“max”标记。

——最大规则：检验时，若规定了参数的最大值要求（见 GB/T 131—2006 中 3.4 的规定），则在被检的整个表面上测得的参数值一个也不应超过图样或技术文件中的规定值。为了指明参数的最大值，应在参数符号后面增加一个“max”的标记。

带有补充注释的符号标注示例如表 5.10 所示。

表 5.10　带有补充注释的符号标注示例

符　号	含　义	符　号	含　义
铣	加工方法：铣削	M	表面纹理：纹理呈多方向
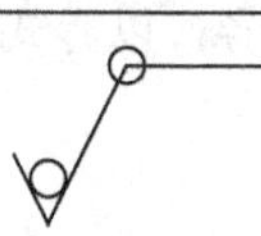	对投影视图上封闭的轮廓线所表示的各表面有相同的表面结构要求	3	加工余量 3mm

4. 加工纹理符号

为保证零件的功能要求，有时需对加工纹理作出规定。如对于密封表面，加工纹理需呈同心圆状；对于相互移动的表面，加工纹理最好按一定方向呈直线状。常用加工纹理的标注如表 5.11 所示。

表 5.11　表面纹理的标注

符号和解释	示　例	符号和解释	示　例
= 纹理平行于视图所在的投影面	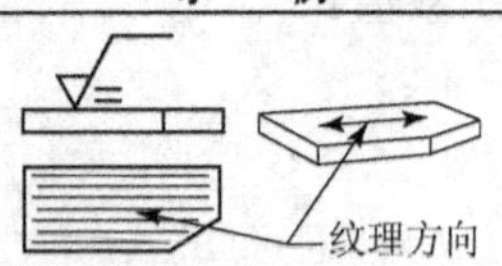	X 纹理呈两斜向交叉且与视图所在的投影面相交	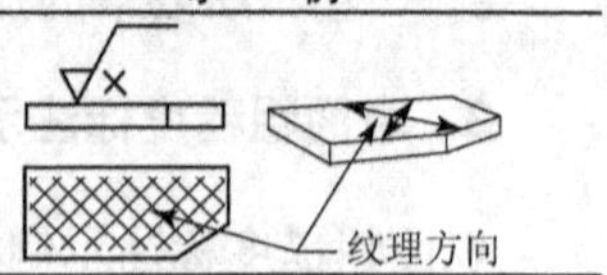
⊥ 纹理垂直于视图所在的投影面	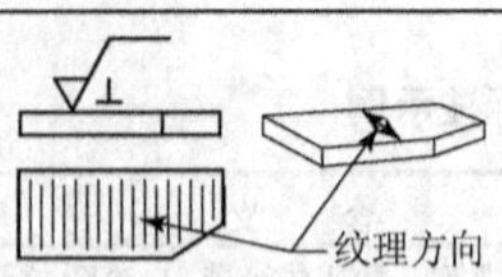	M 纹理呈多方向	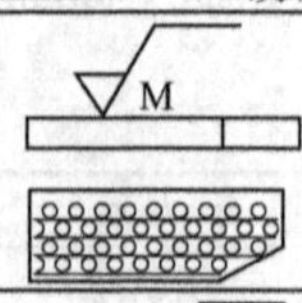
C 纹理呈近似同心圆且圆心与表面的中心相关	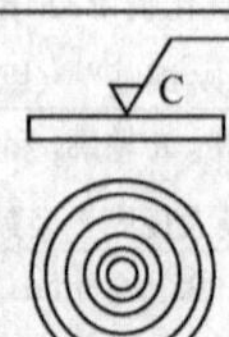	R 纹理呈近似放射状且与表面圆心相关	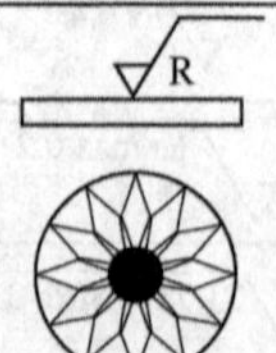
P 纹理呈微粒、凸起，无方向	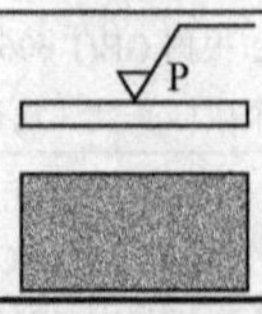	注：如果表面纹理不能清楚地用这些符号表示，必要时，可以在图样上加注说明。	

5. 图样上表面粗糙度的标注方法

表面粗糙度符号应注在可见轮廓线、尺寸界线或它们的延长线上，有时也可标注在尺寸线上。符号的尖端必须从材料外指向表面，符号中数字及符号的方向必须与尺寸数字方向一致。标注示例如图 5.14 所示。

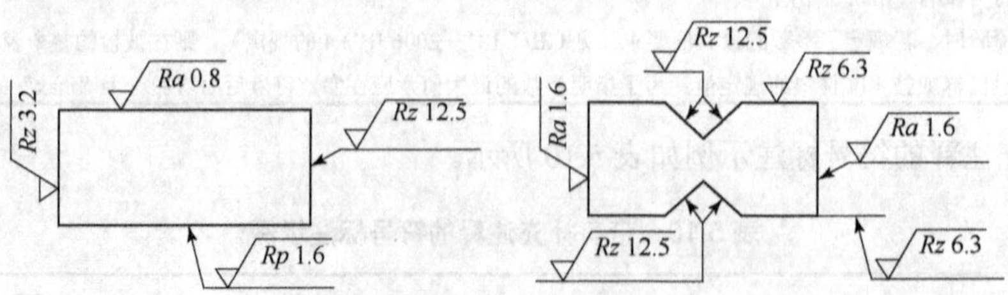

(a)　　(b)

图 5.14　图样上表面粗糙度标注示例

当零件的大部分表面具有相同的表面粗糙度要求时，可用带字母的完整符号，以等式的形式，在图形或标题栏附近进行简化标注。标注示例如图 5.15 所示。

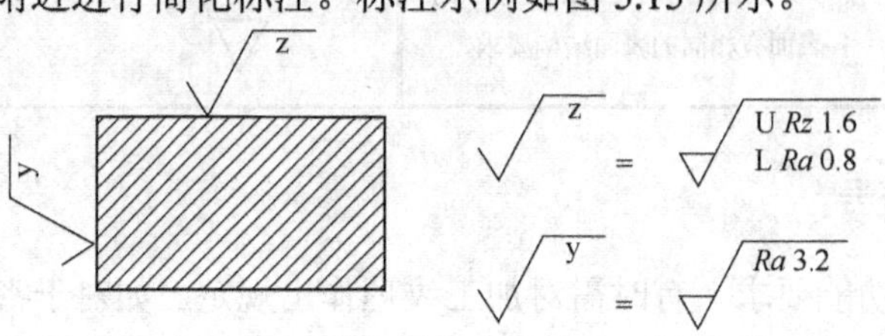

图 5.15　图样上简化标注示例

【工程实例 5.1】　粗糙度选择与标注

如附录 B 图 B-4 减速器输出轴零件图所示，轴上有轴承、齿轮、套筒、联轴器等零部件与之配合，由于是中等精度的普通减速器，所以采用表面粗糙度参数“轮廓算术平均偏差 *Ra*”作为评定参数，具体选用时，采用类比法考虑了上述 7 点注意事项来确定。参考表面尺寸精度，根据精度协调性将所选粗糙度值分为如下几组：

（1）与轴承配合外圆柱表面及两个定位用中心孔 *Ra* 0.8；

（2）与齿轮、联轴器配合外圆柱表面 *Ra* 1.6；

（3）与套筒非配合圆柱面、轴向定位端面、键槽两工作侧面 *Ra* 3.2；

（4）键槽非工作底面 *Ra* 12.5。

5.4 表面粗糙度的测量

1. 目前常用的表面粗糙度测量方法

主要有样板比较法、光切法、干涉法、触针法等。

（1）比较法。它是在工厂里常用的方法，用眼睛或放大镜，对被测表面与粗糙度样板比较，或用手摸靠感觉来判断表面粗糙度的情况。这种方法不够准确，凭经验因素较大，只能对粗糙度参数值情况给个大概范围的判断。

（2）光切法。它是利用光切原理来测量表面粗糙度的方法。在实验室中用光切显微镜（如图 5.16 所示）或者双管显微镜就可实现测量，它的测量准确度较高，但它是对 *Rz* 以及较为规则的表面测量，不适用于对粗糙度较高的表面及不规则表面进行测量。

（3）干涉法。它是利用光学干涉原理测量表面粗糙度的一种方法。如图 5.17 所示，这种方法要找出干涉条纹，找出相邻干涉带距离和干涉带的弯曲高度，就可测出微观不平度的实际高度。这种方法调整仪器比较麻烦，不太方便，其准确度和光切显微镜差不多。

图 5.16　光切显微镜

图 5.17　干涉显微镜

（4）触针法。它是利用仪器的测针与被测表面相接触，并使测针沿其表面轻滑过以测量表面粗糙度的测量方法。采用这种方法的仪器最广泛的就是电动轮廓仪，它的特点是：显示数值直观，可测量许多形状的被测表面，如轴类、孔类、锥体、球类、沟槽类工件，测量时间少，方便快捷。

它可分为便携式和台式电动轮廓仪，如图 5.18 和图 5.19 所示。便携式仪器可在现场进行测量，携带方便；带记录仪的电动轮廓仪，可绘制出表面的轮廓曲线，带微机的轮廓仪可显示轮廓的形状情况，并由打印机打印出数据和表面的轮廓线，便于分析和比较。它的测量范围较大，*Ra* 值一般在 0.02～50 μm 。

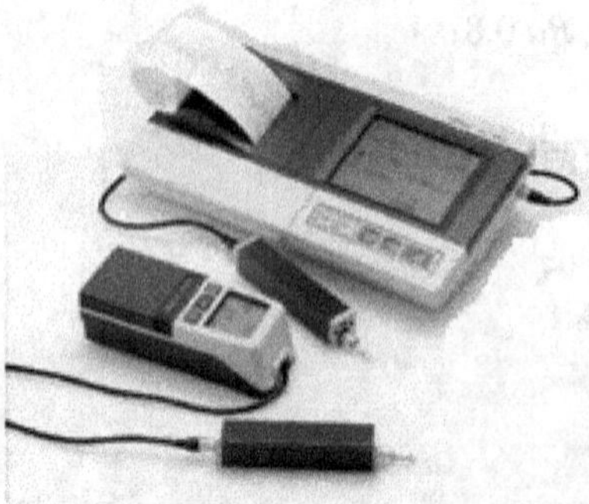

图 5.18 便携式轮廓仪

图 5.19 台式电动轮廓仪

2．测量注意事项

（1）测量方向。评定表面粗糙度的二维参数值，是在垂直于被测表面的法向截面上给出的。如图纸或技术文件上已注明测量方向，则应按所指定的方向进行测量；如没有注明，则应在能给出最大的粗糙度高参数值的方向上测量。

如被测表面的加工痕迹方向不明显（如研磨表面）或没有一定的方向（如某些非切削加工表面），则应选择几个不同的方向测量，取测得的最大参数值作为测量结果。

（2）测量部位。由于表面加工后的微观起伏不平具有随机性，不同部位测得的粗糙度参数值往往不相同，有时差别还很大。因此，对较重要的表面，应在不同部位多处测量，取平均值作为测量结果。必要时，可将不同部位测得的结果都记录下来，以便参考。

（3）表面粗糙度不包括表面缺陷，如气孔、砂眼、划痕、擦伤等，因此在测量时应予排除。对于表面缺陷，必要时应另外提出要求。

5.5 习题

1．表面粗糙度的含义是什么？它与形状误差和表面波纹度有何区别？

2．表面粗糙度对零件的功能有何影响？

3．为什么要规定取样长度和评定长度？两者之间的关系如何？

4. 表面粗糙度国家标准中规定了哪些评定参数？哪些是主参数？它们各有什么特点？与之相应的有哪些测量方法和测量仪器？大致的测量范围是多少？

5．选择表面粗糙度参数值的一般原则是什么？选择时应考虑些什么问题？

第 6 章　典型零部件的精度设计

6.1 滚动轴承结合的精度设计

6.1.1 概述

在支撑载荷和彼此相对运动的零件间作滚动运动的部件称为滚动轴承，滚动轴承是机器上广泛应用的标准部件，可以减小运动副的摩擦，提高效率。滚动轴承由于用途和工作条件不同，其结构变化甚多，但其基本结构由内圈、外圈、滚动体（钢球或滚子）和保持架（又称保持器或隔离圈）所组成，如图 6.1 所示。除此之外，各种不同结构的轴承与其相配的零件还有防尘盖、密封圈、止动垫圈及紧定套等。滚动轴承的基本结构与作用如表 6.1 所示。

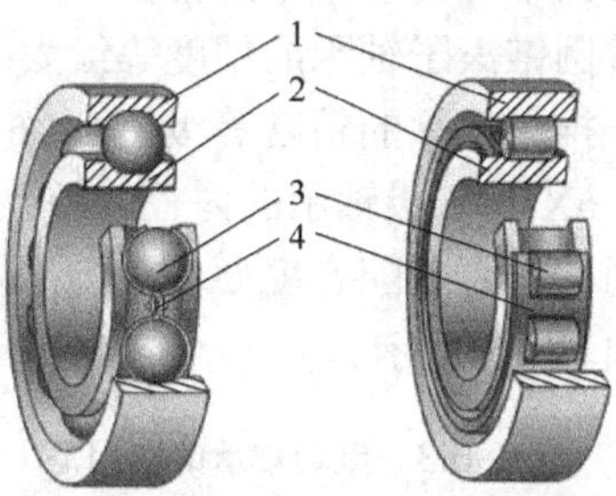

1—外圈；2—内圈；3—滚动体（钢球或滚子）；4—保持架（保持器或隔离圈）

图 6.1　滚动轴承

表 6.1　滚动轴承的基本结构与作用

基本结构	作　用
外圈	通常固定在轴承座或机器的壳体上，起支撑滚动体的作用，外圈内表面有供滚动体滚动的内滚道
内圈	通常固定在轴颈上，多数情况下，内圈与轴一起旋转，内圈外表面有供滚动体滚动用的外滚道
滚动体（钢球或滚子）	在滚道间滚动的球或滚子，滚动体装在内圈和外圈之间，起滚动和传递载荷的作用
保持架（保持器或隔离圈）	将轴承中的滚动体均匀地相互隔开，使每个滚动体在内、外圈之间正常滚动

生产中应用的滚动轴承种类多种多样，通常按承受载荷的方向（或接触角）和滚动体的形状进行分类，如表 6.2 所示。

表 6.2 滚动轴承的分类

分类方式	种 类	特 点
按承受载荷的方向（或接触角）	向心轴承	承受径向载荷
	推力轴承	承受轴向载荷
	向心推力轴承	承受径向和轴向载荷
按滚动体的形状	球轴承	滚动体为球形
	滚子轴承	滚动体为滚子（圆柱滚子、圆锥滚子、滚针等）

为了便于在机器中安装轴承和更换新轴承，滚动轴承作为标准部件具有两种互换性：滚动轴承内圈与轴颈的配合及滚动轴承外圈与壳体的配合为外互换，滚动体与轴承内、外圈的配合为内互换。

6.1.2 滚动轴承的精度等级

滚动轴承的精度等级由轴承的公称尺寸精度和旋转精度决定。轴承的公称尺寸精度是指轴承内径 d、外径 D、宽度 B 等的尺寸精度，如图 6.2 所示。旋转精度是指轴承内、外圈作相对转动时跳动的程度，包括成套轴承内、外圈的径向跳动，成套轴承内、外圈端面对滚道的跳动，内圈基准端面对内孔的跳动等。

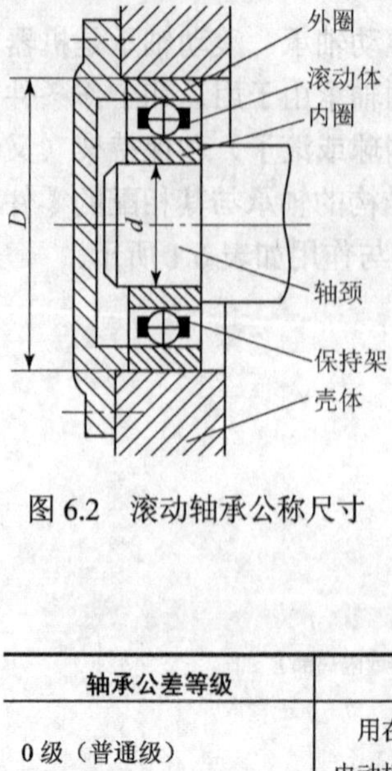

图 6.2 滚动轴承公称尺寸

国家标准 GB/T 307.3—2005《滚动轴承 通用技术规则》规定，滚动轴承的精度等级按公称尺寸精度和旋转精度分为 0、6、5、4、2 五级，它们依次由低到高，0 级最低，2 级最高。

其中，向心轴承的精度等级为：0、6、5、4、2 五级；

圆锥滚子轴承的精度等级为：0、6X、5、4、2 五级；

推力轴承的精度等级为 0、6、5、4 四级。

6X 和 6 级轴承的内径公差、外径公差和径向跳动公差均分别相同，前者装配宽度要求较为严格。各公差等级的滚动轴承的应用如表 6.3 所示。

表 6.3 滚动轴承的应用

轴承公差等级	应 用
0 级（普通级）	用在中等负荷、中等转速、旋转精度要求不高的一般机构中，如普通机床中的变速机构、普通电动机、水泵、压缩机等旋转机构中所用的轴承。这级轴承在机械制造行业中应用数量较多
6 级、6X 级（中级） 5 级（较高级）	用于旋转精度和转速高的机构中，例如普通机床的主轴轴承（一般为主轴后轴承），精密机床传动轴使用的轴承
4 级（高级）	用于旋转精度和转速高的旋转机构中，如精密机床的主轴轴承，精密仪器和机械使用的轴承
2 级（精密级）	用于旋转精度和转速很高的旋转机构中，如坐标镗床的主轴轴承、高精度仪器和高转速机构中使用的轴承

6.1.3 滚动轴承及其与孔、轴结合的公差与配合

1．滚动轴承内、外径公差带及其特点

滚动轴承是标准件，其内圈与轴颈的配合采用基孔制，外圈与壳体孔的配合采用基轴制。

多数情况下，轴承内圈与轴一起旋转，为了防止内圈和轴颈的配合面相对滑动而产生磨损，要求配合具有一定的过盈，但由于内圈是薄壁零件，过盈量不能太大。过盈较大则会使薄壁的内圈产生较大的变形，影响轴承内部的游隙大小。因此，国家标准规定：轴承内圈基准孔公差带位于以轴承内径（d）为零线的下方，且上偏差为零，如图 6.3 所示。这种特殊的基准孔公差带不同于 GB/T 1800.1—2009《极限与配合 第 1 部分：公差、偏差和配合的基础》中基本偏差代号为 H 的基准孔公差带。当轴承内圈与基本偏差代号为 k、m、n 等的轴颈配合时形成了具有小过盈的配合，而不是过渡配合，比 GB/T 1801—2009《极限与配合 公差带和配合的选择》中形成的同名配合性质稍紧。

轴承外圈安装在壳体孔中，通常不能旋转。工作时温度升高，会使轴膨胀，两端轴承中应有一端是游动支承，因此，可以把轴承外圈与壳体孔的配合稍微松一点，使之能补偿轴的热胀伸长。因此，国家标准规定：轴承外圈外圆柱面公差带位于以轴承外径（D）为零线的下方，且上偏差为零，如图 6.3 所示。该公差带的基本偏差与一般基轴制配合的基准轴的公差带的基本偏差 h 的位置相同，但这两种公差带的公差数值不相同，因此，壳体孔公差带与轴承外圈外圆柱面公差带形成配合，基本上保持了 GB/T 1801—2009《极限与配合 公差带和配合的选择》同名配合的配合性质。

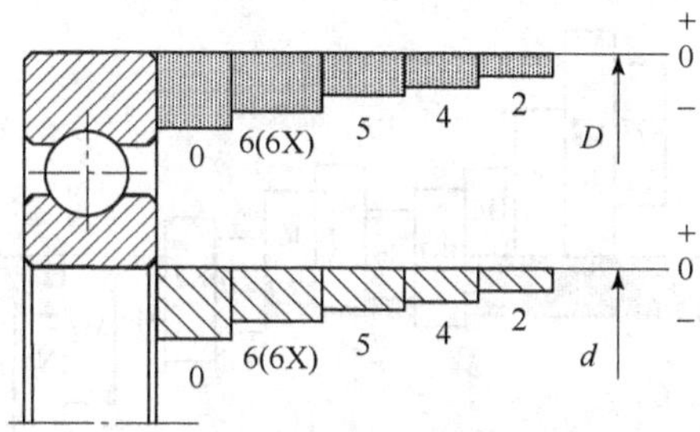

图 6.3　滚动轴承内、外圈公差带

2．滚动轴承与孔、轴结合的公差带

轴承的内、外圈都是薄壁零件，在制造和自由状态下都容易变形，在装配后又得到校正。根据这种特点，国家标准对滚动轴承公差不仅规定了两种尺寸公差，还规定了两种形状公差，如表 6.4 所示。其目的是控制轴承与轴和壳体孔配合的尺寸公差，并且控制轴承的变形程度。

表 6.4　滚动轴承内、外径公差项目

公差项目	符　号
尺寸公差	轴承单一内径（d_s）与外径（D_s）的偏差（Δd_s，ΔD_s）
	轴承单一平面平均内径（d_{mp}）与外径（D_{mp}）的偏差（Δd_{mp}，ΔD_{mp}）
形状公差	轴承单一径向平面内，内径（d_s）与外径（D_s）的变动量（Vd_p，VD_p）
	轴承平均内径与外径的变动量（Vd_{mp}，VD_{mp}）

凡是合格的滚动轴承，应同时满足所规定两种公差的要求。

由于滚动轴承内圈内径和外圈外径的公差带在生产轴承时就已经确定，因此在使用轴承时，它与轴颈和壳体孔的配合面间所要求的配合性质分别由轴颈和壳体孔的公差带确定。为了实现各种松紧程度的配合性质要求，GB/T 275—1993《滚动轴承与轴和外壳的配合》规定了 0 级和 6 级轴承与轴颈和壳体孔配合时轴颈和壳体孔常用的公差带，对轴颈规定了 17 种公差带，如图 6.4 所示；对壳体孔规定了 16 种公差带，如图 6.5 所示。

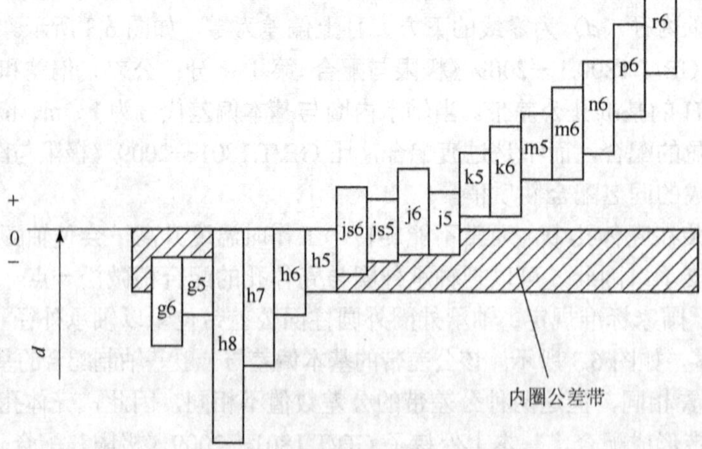

图 6.4　与滚动轴承配合的轴颈的常用公差带

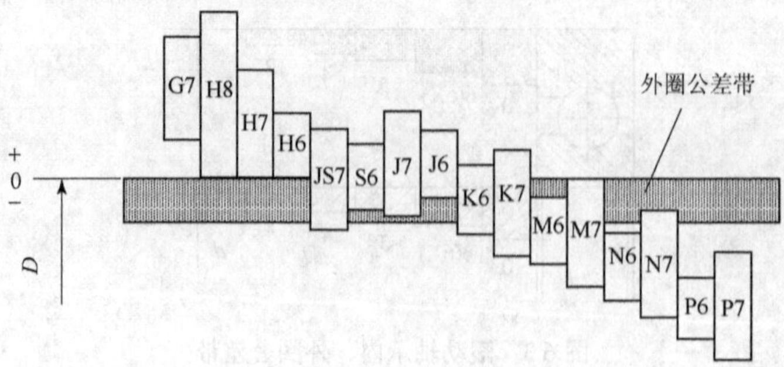

图 6.5　与滚动轴承配合的壳体孔的常用公差带

由公差带可以看出，轴承内圈与轴颈的配合与 GB/T 1801—2009《极限与配合　公差带和配合的选择》中基孔制同名配合相比较，前者的配合性质偏紧。h5、h6、h7、h8 轴颈与轴承内圈的配合为过渡配合，k5、k6、m5、m6、n6 轴颈与轴承内圈配合为过盈较小的过盈配合，其余配合也偏紧。

轴承外圈与外壳孔的配合与 GB/T 1801—2009《极限与配合　公差带和配合的选择》中基轴制同名配合相比较，两者配合基本一致。

6.1.4　滚动轴承与孔、轴结合的配合选用

正确地选用滚动轴承与孔、轴的配合，对保证机器正常运转，提高轴承寿命，充分发挥轴承的承载能力关系很大。在选用滚动轴承时，应根据轴承的工作条件（作用在轴承上的负荷类型、大小）确定轴承与孔、轴结合的公差带，还应考虑工作温度、轴承类型和尺寸、旋转精度和速度等一系列因素。

1．轴颈和壳体孔公差带的确定

选用轴颈和壳体孔的公差等级应与滚动轴承公差等级相协调，与 0、6 级轴承配合的轴颈

一般为 IT6，壳体孔为 IT7。对旋转精度和运行平稳性有较高要求的工作条件，轴颈为 IT5，壳体孔为 IT6。轴颈和壳体孔的公差带分别根据表 6.5 和表 6.6 进行选取。

表 6.5　与向心轴承配合的轴颈公差带

运转状态		负荷状态	深沟球轴承、调心轴承和角接触轴承	圆柱滚子轴承和圆锥滚子轴承	调心滚子轴承	公差带
说明	举例		轴承公称内径/mm			
旋转的内圈负荷及摆动负荷	一般通用机械、电动机、机床主轴、齿轮传动装置等	轻负荷	≤18	—	—	h5
			>18～100	≤18	≤40	j6
			>100～200	>40～140	>40～140	k6
			—	>140～200	>140～200	m6
		正常负荷	≤18	—	—	j5，js5
			>18～100	≤40	≤40	k5
			>100～140	>40～100	>40～65	m5
			>140～200	>100～140	>65～100	m6
			>200～280	>140～200	>100～140	n6
			—	>200～400	>140～280	p6
			—	—	>280～500	r6
		重负荷		>50～140	>50～100	n6
				>140～200	>100～140	p6
				>200	>140～200	r6
				—	>200	r7
固定的内圈负荷	静止轴上的各种轮子、振动器等	所有负荷	所有尺寸			f6 g6 h6 j6
仅有轴向负荷		所有尺寸				j6，js6

注：对精度要求较高的场合，应该选用 j5、k5、m5、f5 来代替 j6、k6、m6、f6。

表 6.6　与向心轴承配合的壳体孔公差带

运转状态		负荷状态	其他状况		公差带	
说明	举例				球轴承	滚子轴承
固定的外圈负荷	一般机械、电动机、泵、曲轴主轴等	轻、正常、重负荷	轴向容易移动	轴处于高温下工作	G7	
				采用剖分式外壳	H7	
		冲击负荷	轴向能移动，采用整体式或剖分式外壳		J7、JS7	
摆动负荷		轻、正常负荷				
		正常、重负荷	轴向不移动，采用整体式外壳		K7	
		冲击负荷			M7	
旋转的外圈负荷	张紧滑轮、轮毂轴承	轻负荷			J7	K7
		正常负荷			K7、M7	M7、N7
		重负荷			—	N7、P7

2．负荷类型

轴承转动时，根据作用于轴承上合成径向负荷相对套圈的旋转情况，可将所受负荷分为局部负荷、循环负荷和摆动负荷三类，如图 6.6 所示。

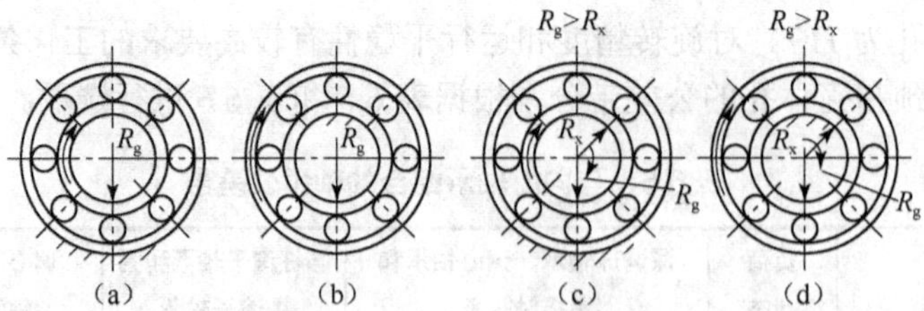

R_g—大小和方向均固定的径向负荷；R_x—旋转的径向负荷

图 6.6 滚动轴承套圈承受的负荷类型

（1）局部负荷。作用于轴承上的合成径向负荷与套圈相对静止，即负荷方向始终不变地作用在套圈滚道的局部区域上，该套圈所承受的这种负荷称为局部负荷。当套圈承受局部负荷时应选用小间隙配合。

（2）循环负荷。作用于轴承上的合成径向负荷与套圈相对旋转，即合成径向负荷顺次地作用在套圈滚道的整个圆周上，该套圈所能承受的这种负荷性质，称为循环负荷。当套圈承受循环负荷时，应选用过盈配合或过渡配合。

（3）摆动负荷。作用于轴承上的合成径向负荷与所承受的套圈在一定区域内相对摆动，即其负荷向量经常变动地作用在套圈滚道的局部圆周上，该套圈所承受的负荷性质，称为摆动负荷。当套圈承受摆动负荷时，应选用小过盈配合或过渡配合。

3．负荷的大小

滚动轴承套圈与轴或壳体孔配合的松紧程度取决于负荷的大小。国家标准 GB/T 275—1993《滚动轴承与轴和外壳的配合》规定：向心轴承按其径向当量动负荷 *Pr* 与径向额定动负荷 *Cr* 的比值将负荷状态分为轻负荷、正常负荷和重负荷三类，如表 6.7 所示。

表 6.7 向心轴承负荷状态分类

负荷状态	轻负荷	正常负荷	重负荷
Pr/Cr	≤0.07	＞0.07～0.15	＞0.15

承受较重的负荷或冲击负荷时，将引起轴承较大的变形，使结合面间实际过盈减小和轴承内部的实际间隙增大，这时为了使轴承运转正常，应选较大的过盈配合。同理，承受较轻的负荷，可选用较小的过盈配合。

4．工作温度

轴承工作时，由于摩擦发热和其他热源影响，套圈的温度会高于相配合零件的温度。内圈的热膨胀会引起它与轴颈配合的松动，而外圈的热膨胀则会引起它与壳体孔配合变紧。因此，轴承工作温度一般应低于 100℃，在高于此温度中工作的轴承，应将所选用的配合适当修正。

5．旋转精度和转速

对于负荷较大，有较高旋转精度要求的轴承，为了消除弹性变形和振动的影响，应避免采用间隙配合。对精密机床的轻负荷轴承，为避免孔与轴的形状误差对轴承精度的影响，常采用较小的间隙配合。例如，内圆磨床磨头处的轴承，其内圈间隙 1～4μm，外圆间隙 4～10μm。对于转速较高，又在冲击振动负荷下工作的轴承，与轴颈和壳体孔的配合最好选用过盈配合。

6．其他因素

空心轴颈比实心轴颈，薄壁壳体比厚壁壳体，轻合金壳体比钢或铸铁壳体采用的配合要紧些；剖分式壳体比整体式壳体采用的配合要松些，以避免过盈将轴承外圈夹扁，甚至将轴卡住。对于 K7 的配合或当壳体孔的标准公差小于 IT6 时，应选用整体式壳体。

滚动轴承的尺寸愈大，选取的配合应愈紧。但对于重型机械上使用的特别大尺寸的轴承，应采用较松的配合。为了便于安装、拆卸，特别对于重型机械，宜采用较松的配合。如果要求拆卸，而又要用较紧配合时，可采用分离型轴承或内圈带锥孔和紧定套或退卸套的轴承。当要求轴承的内圈或外圈能沿轴向游动时，该内圈与轴或外圈与壳体孔的配合，应选较松的配合。

7．形位公差及表面粗糙度

滚动轴承的内、外圈都是薄壁零件，其径向刚度较差，易受径向负荷而产生变形，最终影响旋转精度。因此，轴颈和壳体孔应采用包容要求，为了防止套圈装配后产生变形，对轴颈和壳体孔规定了圆柱度公差和端面圆跳动公差，如表 6.8 所示。此外，对表面粗糙度也作了规定，如表 6.9 所示。

表 6.8　轴颈和壳体孔的形位公差

公称尺寸/mm		圆柱度 t				端面圆跳动 t_1			
		轴颈		外壳孔		轴肩		外壳孔肩	
		轴承公差等级							
		0	6（6X）	0	6（6X）	0	6（6X）	0	6（6X）
超过	到	公差值/μm							
—	6	2.5	1.5	4	2.5	5	3	8	5
6	10	2.5	1.5	4	2.5	6	4	10	6
10	18	3.0	2.0	5	3.0	8	5	12	8
18	30	4.0	2.5	6	4.0	10	6	15	10
30	50	4.0	2.5	7	4.0	12	8	20	12
50	80	5.0	3.0	8	5.0	15	10	25	15
80	120	6.0	4.0	10	6.0	15	10	25	15
120	180	8.0	5.0	12	8.0	20	12	30	20
180	250	10.0	7.0	14	10.0	20	12	30	20
250	315	12.0	8.0	16	12.0	25	15	40	25
315	400	13.0	9.0	18	13.0	25	15	40	25
400	500	15.0	10.0	20	15.0	25	15	40	25

表 6.9　轴颈和壳体孔的表面粗糙度

与轴承配合的轴或座孔直径/mm		与轴承配合的轴或座孔配合表面直径尺寸公差等级								
		IT7			IT6			IT5		
		表面粗糙度值/μm								
超过	到	*Rz*	*Ra*		*Rz*	*Ra*		*Rz*	*Ra*	
			磨	车		磨	车		磨	车
—	80	10	1.6	3.2	6.3	0.8	1.6	3.2	0.4	0.8
80	500	16	1.6	3.2	10	1.6	3.2	6.3	0.8	1.6
端面		25	3.2	6.3	25	3.2	6.3	10	1.6	3.2

【工程实例 6.1】 **轴颈和壳体孔的公差与配合**

如附录 B 图 B-2 减速箱装配图所示，已知：该减速器的输出轴两端安装了 211 深沟球轴承，轴承承受的当量径向负荷 Pr=2 880N，轴颈直径 d=55mm，外壳孔径 D=100mm。确定轴颈和壳体孔的公差带代号（查表确定尺寸极限偏差）、形位公差值和表面粗糙度，并在装配图和零件图上标出。

解：

减速器属于一般传动机械，轴的转速不高，所以选用 0 级轴承。

负荷类型：减速器中的齿轮啮合力的径向分力和输出轴另一端负载作用在输出轴上，两端轴承座有反作用力。因此，轴承内圈和轴颈承受定向、静止的径向负荷。内圈和轴一起旋转；外圈安装在剖分式箱体孔中，不旋转。轴承在输出轴上轴向不能移动。因此，内圈相对于负荷方向旋转，承受循环负荷，配合应紧一些。外圈静止，所以，外圈相对负荷静止，承受局部负荷，配合应松一些。

负荷大小：211 球轴承的额定动负荷可查《机械工程手册》，Cr=33 354N。由已知条件可得：Pr/Cr＝0.086，其中"$0.07<Pr/Cr\leqslant 0.15$"，故轴承的负荷大小属于正常负荷。

轴颈与壳体孔的尺寸公差带在 GB/T 273—1993《滚动轴承与轴和外壳的配合》规定中选取。

根据工作条件：内圈承受循环负荷、正常负荷，深沟球轴承，直径 55mm，初选ϕ55k5，结合轴承精度 0 级，精度不高，轴颈尺寸公差带应选择为ϕ55k6。

根据工作条件：外圈承受局部负荷、正常负荷，轴承在轴向不能移动，剖分式外壳，可供选择公差带 H7、J7、K7，轴承精度 0 级，壳体孔尺寸公差带应选择为ϕ100J7。

在装配图上标出配合代号，如图 6.7 所示。

轴承精度 0 级，在 GB/T 273—1993《滚动轴承与轴和外壳的配合》中，查得轴颈圆柱度公差为 0.005，轴肩端面圆跳动公差为 0.015，壳体孔圆柱度公差为 0.010。

轴颈和壳体孔尺寸公差应用包容要求，即 $\phi 55^{+0.021}_{+0.002}$Ⓔ、$\phi 100^{+0.022}_{-0.013}$Ⓔ。

按表 6.9 所示选取轴颈和壳体孔的表面粗糙度参数值：轴颈 $Ra\leqslant 1.6\,\mu m$，壳体孔 $Ra\leqslant 3.2\,\mu m$。表中推荐：轴肩端面 $Ra\leqslant 6.3\,\mu m$，此处与轴承接触，考虑到与轴颈表面精度协调，推荐选用 $Ra\leqslant 3.2\,\mu m$。

将上述选取的结果标注在样图上，如图 6.7～图 6.9 所示。

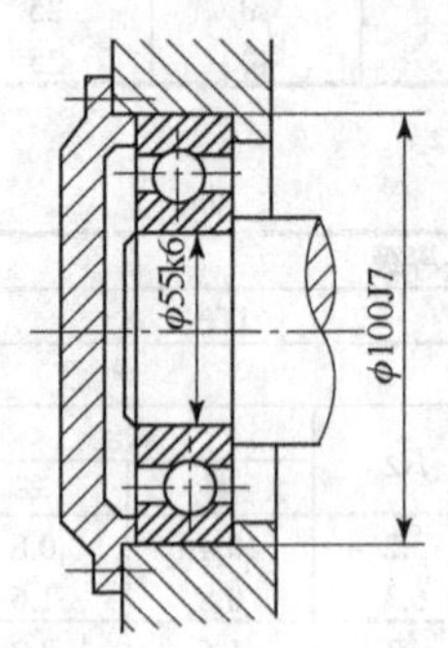

图 6.7 减速器局部装配图

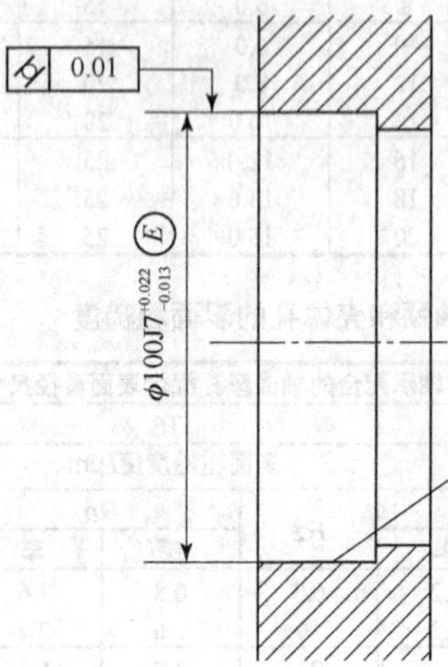

图 6.8 减速器输出轴壳体孔局部样图

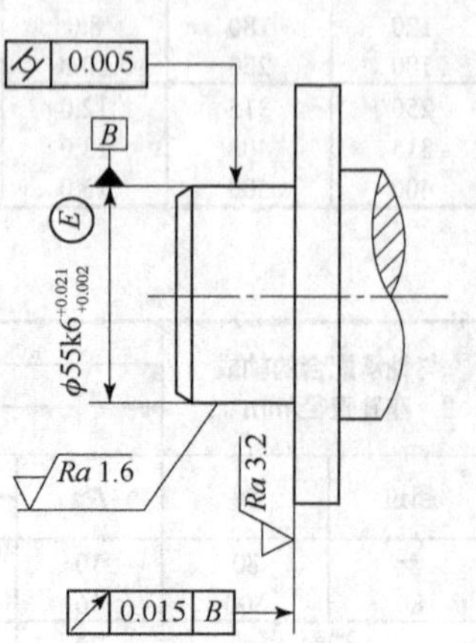

图 6.9 减速器输出轴端局部样图

6.2　键与花键连接的精度设计

6.2.1　概述

1. 键连接的用途

键连接是在机械产品中应用广泛的可拆卸的机械连接结构，通常用于轴与轴上零件（如齿轮、带轮、联轴器等）之间的连接，用以传递运动和扭矩，如图 6.10 所示。必要时，配合件之间还可以有轴向相对运动（如变速箱中的滑移齿轮可以沿花键轴向移动），在轴向传动零件中起导向作用，如图 6.11 所示。

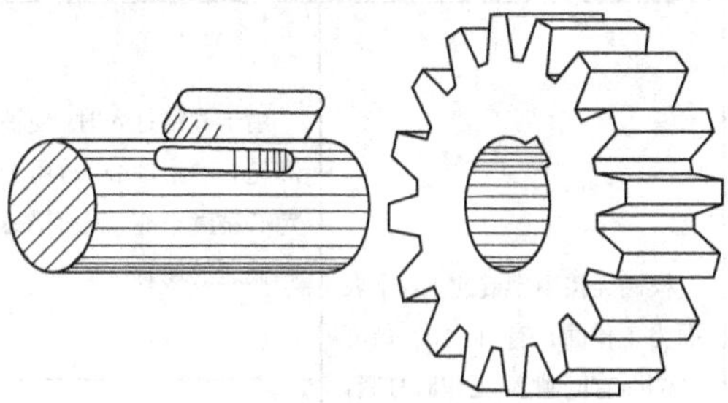

图 6.10　平键连接

图 6.11　花键连接

2. 键连接的分类

键连接根据其结构形式和功能要求不同，可分为单键连接和花键连接两大类。单键连接中，以普通平键和半圆键应用最为广泛，各种单键的结构如表 6.10 所示。花键连接按其键齿形状分为矩形花键、渐开线花键和三角形花键三种，其结构如表 6.11 所示，其中矩形花键在生产中应用广泛。

表 6.10　单键的结构

类型		结构示意图	特点	
平键	普通平键	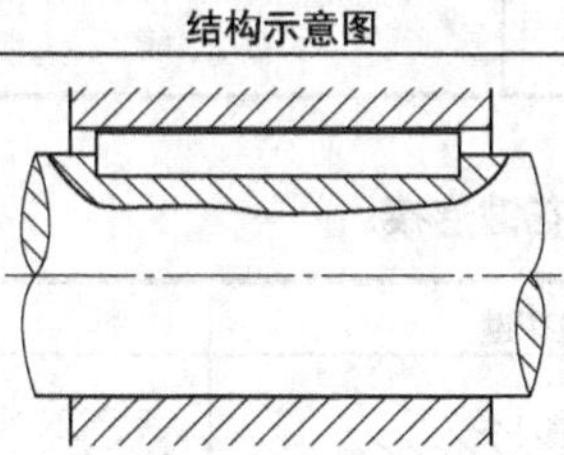	键两侧与键槽相配合（静连接为过渡配合，动连接为间隙配合），上端面与轮毂键槽底面有间隙。两侧面是工作面，靠键两侧面与键槽的挤压传递转矩。结构简单，装拆方便，加工容易，对中性好，承载能力大，作用可靠，多用于高精度连接。但只能圆周固定，不能承受轴向力	用于静连接
	导向平键	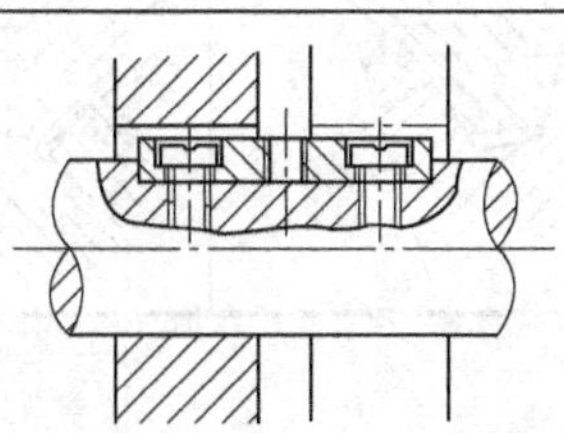		导键用螺钉固定在轴槽中，轴上零件能沿键作轴向滑移，用于短距离动连接

续表

类型		结构示意图	特点	
平键	滑键	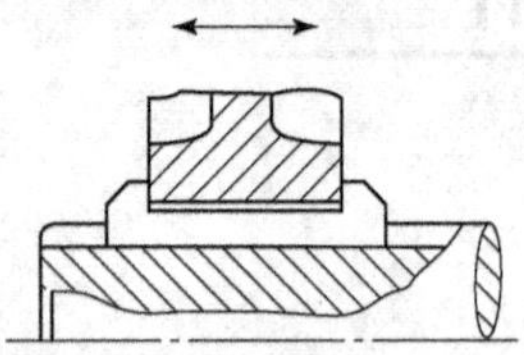		用于长距离动连接
	半圆键	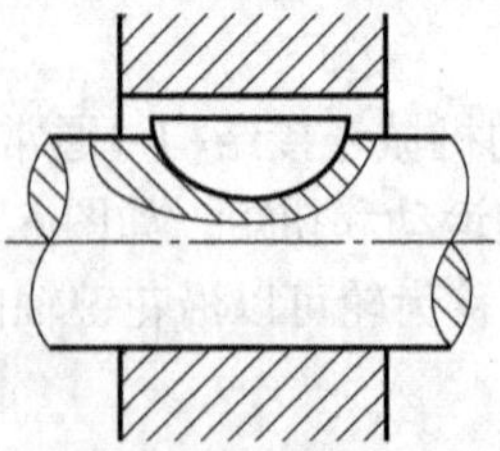	键为半圆板，键两侧与键槽配合，键上端面与轮毂键槽底面有间隙，键在轴上键槽中能绕其圆心转动。便于安装，对中好，锥形轴与轮毂连接，但轴槽较深，对轴的强度削弱大，只用于轻载连接	
楔键	普通楔键	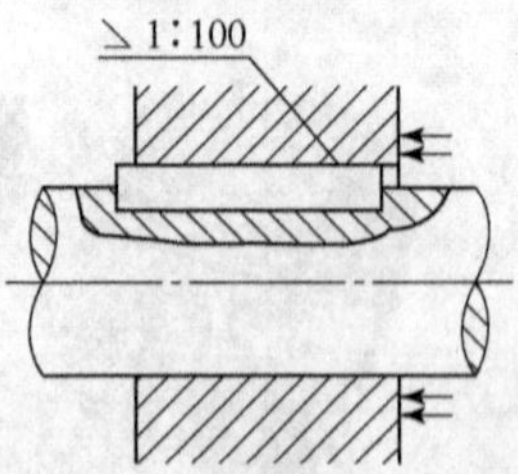	楔键连接中楔键的上、下表面为工作面，有 1∶100 斜度（侧面有间隙），工作时打紧，靠上、下面摩擦传递扭矩，能承受一定的单向轴向载荷	由于楔键打入时，使轴和轮毂产生偏心，故用于定心精度不高，载荷平稳和低速的场合
	钩头楔键	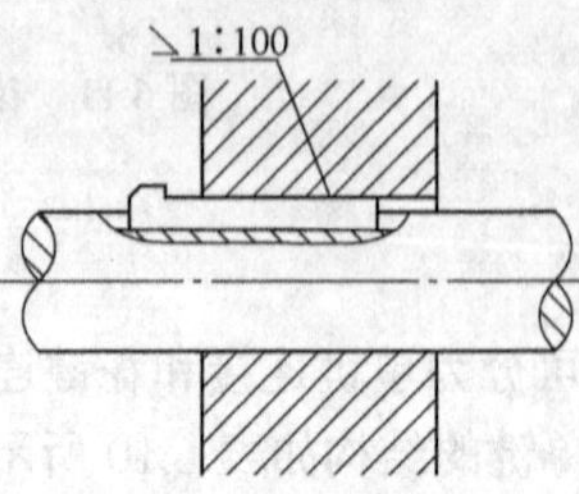		钩头只用于轴端连接，如在中间用，键槽应比键长两倍才能装入，且要罩安全罩，可实现轮毂在轴上单向轴向固定
	切向键	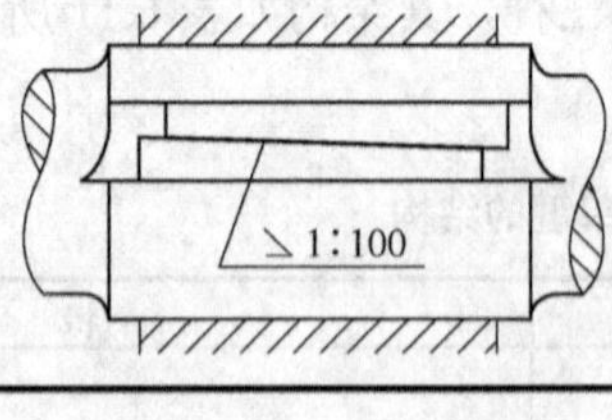	两个斜度为 1∶100 的普通楔键组成，上、下两面为工作面（打入），布置在圆周的切向，靠工作面与轴及轮毂相挤压来传递扭矩，能传递很大的转矩	

表 6.11 花键连接

矩 形 花 键	渐开线花键	三角形花键
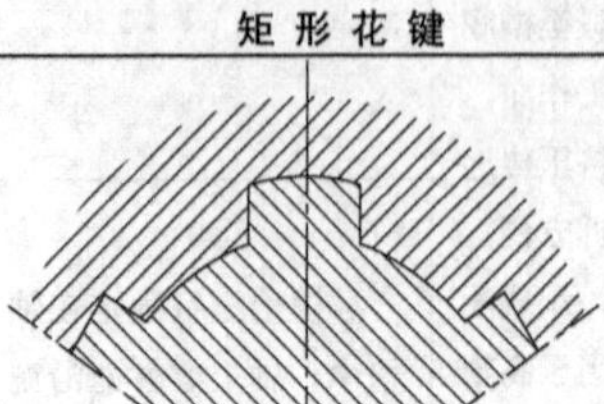	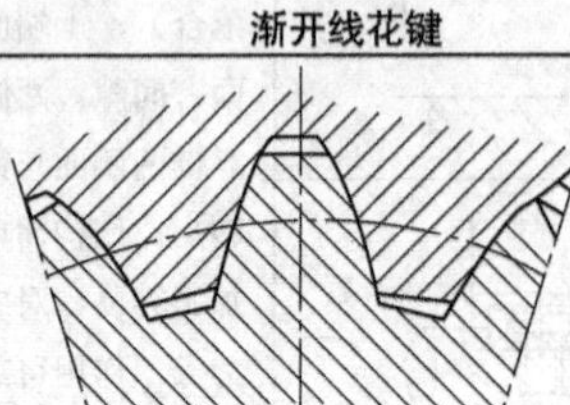	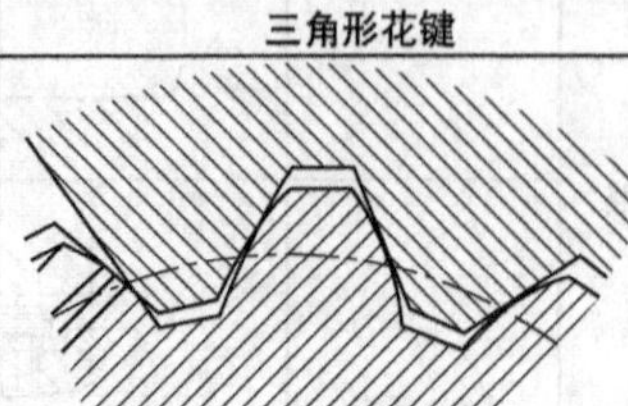

花键连接与平键连接相比有如下特点。

（1）花键与轴或孔为一整体，强度高，负荷分布均匀，可传递较大的扭矩；

（2）花键连接可靠，导向精度高，定心性好，易达到较高的同轴度要求；

（3）花键的加工制造比单键复杂，其成本比较高。

6.2.2　单键连接的公差与配合

单键连接中以普通平键连接应用广泛，普通平键连接由键、轴键槽和轮毂键槽三部分组成，如图 6.12 所示。b 为键宽，d 为轴和轮毂的公称直径，键长为 L，键高为 h，t_1 和 t_2 为轴键槽的深度和轮毂键槽深度。国家标准 GB/T 1095—2003《平键 键槽的剖面尺寸》对普通平键、键槽剖面尺寸及键槽公差规定如表 6.12 所示。

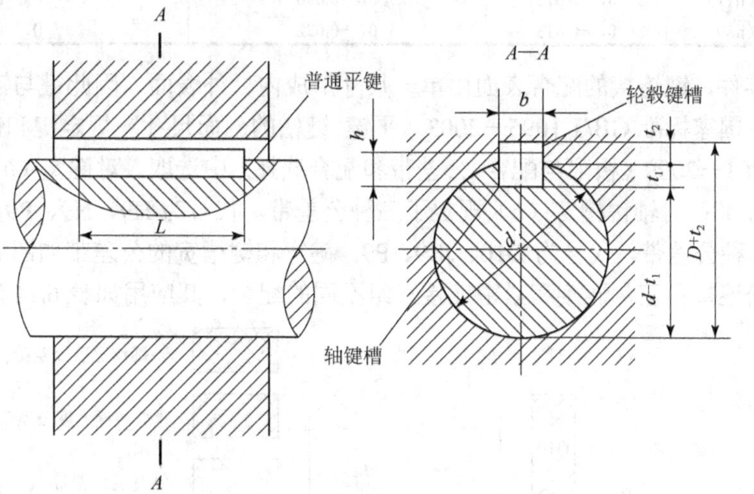

图 6.12　普通平键和键槽的尺寸

表 6.12　普通平键、键槽剖面尺寸及键槽公差

<table>
<tr><th>轴</th><th>键</th><th colspan="12">键　槽</th></tr>
<tr><th rowspan="2">公称尺寸</th><th rowspan="2">键尺寸</th><th colspan="6">宽　度 b</th><th colspan="4">深　度</th><th colspan="2" rowspan="2">半径 r</th></tr>
<tr><th rowspan="3">公称尺寸</th><th colspan="5">极 限 偏 差</th><th colspan="2">轴 t_1</th><th colspan="2">毂 t_2</th></tr>
<tr><th rowspan="2">d</th><th rowspan="2">$b\times h$</th><th colspan="2">较松连接</th><th colspan="2">正常连接</th><th>紧密连接</th><th rowspan="2">公称尺寸</th><th rowspan="2">极限偏差</th><th rowspan="2">公称尺寸</th><th rowspan="2">极限偏差</th><th rowspan="2">min</th><th rowspan="2">max</th></tr>
<tr><th>轴 H9</th><th>毂 D10</th><th>轴 N9</th><th>毂 JS9</th><th>轴和毂 P9</th></tr>
<tr><td>>10～12</td><td>4×4</td><td>4</td><td rowspan="3">+0.030
0</td><td rowspan="3">+0.078
+0.030</td><td rowspan="3">0
−0.030</td><td rowspan="3">±0.015</td><td rowspan="3">−0.012
−0.042</td><td>2.5</td><td rowspan="3">+0.1
0</td><td>1.8</td><td rowspan="3">+0.1
0</td><td>0.08</td><td>0.16</td></tr>
<tr><td>>12～17</td><td>5×5</td><td>5</td><td>3.0</td><td>2.3</td><td rowspan="3">0.16</td><td rowspan="3">0.25</td></tr>
<tr><td>>17～22</td><td>6×6</td><td>6</td><td>3.5</td><td>2.8</td></tr>
<tr><td>>22～30</td><td>8×7</td><td>8</td><td rowspan="2">+0.036
0</td><td rowspan="2">+0.098
+0.040</td><td rowspan="2">0
−0.036</td><td rowspan="2">±0.018</td><td rowspan="2">−0.015
−0.051</td><td>4.0</td><td rowspan="7">+0.2
0</td><td>3.3</td><td rowspan="7">+0.2
0</td></tr>
<tr><td>>30～38</td><td>10×8</td><td>10</td><td>5.0</td><td>3.3</td><td rowspan="5">0.25</td><td rowspan="5">0.40</td></tr>
<tr><td>>38～44</td><td>12×8</td><td>12</td><td rowspan="4">+0.043
0</td><td rowspan="4">+0.120
+0.050</td><td rowspan="4">0
−0.043</td><td rowspan="4">±0.021</td><td rowspan="4">−0.018
−0.061</td><td>5.0</td><td>3.3</td></tr>
<tr><td>>44～50</td><td>14×9</td><td>14</td><td>5.5</td><td>3.8</td></tr>
<tr><td>>50～58</td><td>16×10</td><td>16</td><td>6.0</td><td>4.3</td></tr>
<tr><td>>58～65</td><td>18×11</td><td>18</td><td>7.0</td><td>4.4</td></tr>
<tr><td>>65～75</td><td>20×12</td><td>20</td><td>+0.052
0</td><td>+0.149
+0.065</td><td>0
−0.052</td><td>±0.026</td><td>−0.022
−0.074</td><td>7.5</td><td>4.9</td><td>4.10</td><td>0.60</td></tr>
</table>

注：（$d-t_1$）和（$D+t_2$）两组尺寸的极限偏差按相应的 t_1 和 t_2 的极限偏差选取，但（$d-t_1$）极限偏差值应取负号（−）。

普通平键连接通过键的侧面、轴键槽和轮毂键槽的侧面相互接触来传递扭矩，键的顶部表面与轮毂键槽的底部表面之间留有一定的间隙。因此在普通平键连接中，键和轴键槽、轮毂槽的宽度 b 是配合尺寸，而键的高度 h 和长度 L 均是非配合尺寸。

1. 配合尺寸的公差与配合

普通平键连接中，键宽 b 是主要配合尺寸，其尺寸与公差如表 6.13 所示。

表 6.13 普通平键的尺寸与公差

宽度 b	公称尺寸	4	5	6	8	10	12	14	16	18	20	22	25	28
	极限偏差（h8）	0，−0.018			0，−0.022		0，−0.027				0，−0.033			
高度 h	公称尺寸	4	5	6	7	8	9	10	11	12	14	16		
	极限偏差 矩形（h11） 方形（h8）	 0，−0.075 0，−0.018			 0，−0.090 0，−0.022				 0，−0.110 0，−0.027					

键为标准件，键连接的配合表面由单一尺寸形成内、外表面，因此键与键槽宽 b 的配合采用基轴制，国家标准 GB/T 1095—2003《平键 键槽的剖面尺寸》规定键和键槽宽度公差带均从 GB/T 1801—2009《极限与配合 公差带和配合选择》中选取，对键宽（b）规定了一种公差带，代号为 h8；对轴键槽宽（b）规定了三种公差带，代号为 H9、N9、P9；对轮毂键槽宽（b）规定了三种公差带，代号为 D10、JS9、P9。键宽和键槽宽的公差带如图 6.13 所示。它们分别构成了松连接、正常连接和紧密连接三组不同的配合，其应用如表 6.14 所示。

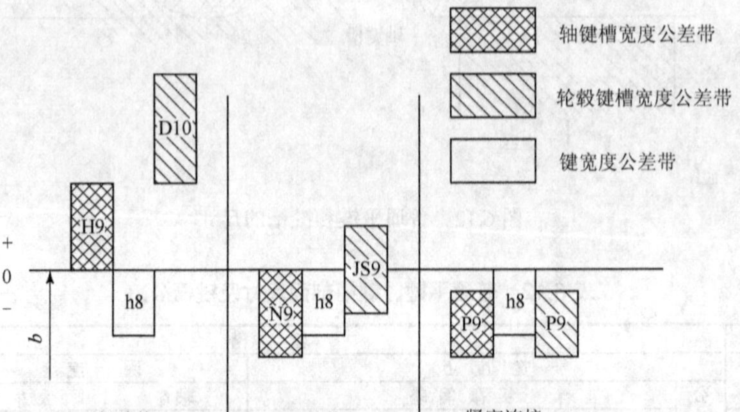

图 6.13 普通平键宽度和键槽宽度 b 的公差带

表 6.14 普通平键连接的三类配合及其应用

配合种类	宽度（b）的公差带			应用
	键	轴键槽	轮毂键槽	
松连接	h8	H9	D10	导向平键，轮毂在轴上移动
正常连接		N9	JS9	键在轴键槽和轮毂键槽中均固定，用于载荷不大的场合
紧密连接		P9	P9	键在轴键槽和轮毂键槽均牢固地固定，用于载荷较大，有冲击和双向转矩的场合

2. 非配合尺寸的公差

国家标准对键连接中的非配合尺寸也规定了相应的公差带，普通平键高度 h 的公差带一般采用 h11，公差值如表 6.13 所示，平键长度 L 的公差带一般采用 h14；轴键槽长度 L 的公差带采用 H14。

为了保证键连接的装配质量，国家标准对键和键槽规定了相应的形位公差要求。

1）轴键槽对轴的轴线和轮毂键槽对孔的轴线的对称度公差

根据不同的功能要求，该对称度公差与键槽宽公差的关系以及与孔、轴尺寸公差关系可以采用独立原则或最大实体原则，如图 6.14 所示。轴键槽和轮毂键槽的对称度公差按 GB/T 1184—1996《形状和位置公差　未注公差值》选取对称度公差 7～9 级。

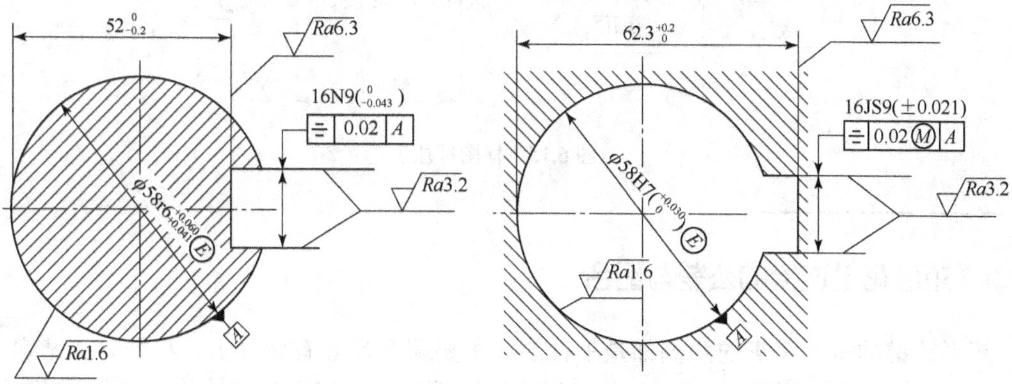

图 6.14　轴键槽和轮毂键槽的标注

2）键的两个配合侧面的平行度公差

当键长宽比 $L/b \geqslant 8$ 时，键两侧面的平行度应按 GB/T 1184—1996 进行选取；当 $b \leqslant 6$mm 时按 7 级选取；$b \geqslant 8$～36mm 时按 6 级选取；$b \geqslant 40$mm 时按 5 级选取。

轴键槽、轮毂键槽宽 b 两侧面的表面粗糙度参数 Ra 的最大值为 1.6～3.2μm 。轴键槽和轮毂键槽底面的表面粗糙度参数 Ra 为 6.3～12.5μm ，如图 6.15 所示。

【工程实例 6.2】　键槽的公差选用

已知齿轮减速器输出轴与齿轮配合 $\phi 60$H7/m6，采用普通平键连接传递扭矩，齿轮宽度 B=63mm，选择平键的规格，确定键槽的相应尺寸及其极限偏差、形位公差和表面粗糙度，并标注在样图上。

解：

查表 6.12 得键宽 b=18mm，可选择平键 $b \times h$=18×11mm。

齿轮宽度 B=63mm，可选择键长 L=56mm。

根据输出轴轴颈 $d=\phi 60$，该处键连接属于正常连接，查表 6.14，轴键槽选用 N9，轮毂键槽选用 JS9。

查表 6.12，轴槽宽 $18N9(^{\ 0}_{-0.043})$ mm，轮毂槽宽 $18JS9(\pm 0.021)$ mm。

轴槽深 $t_1 = 7^{+0.2}_{\ 0}$ mm，轮毂槽深 $t_2 = 4.4^{+0.2}_{\ 0}$ mm。

为便于测量，保证精度，在图样上标注键槽深度尺寸：

$$d - t_1 = 53^{\ 0}_{-0.2}\ \text{mm},\quad d + t_2 = 64.4^{+0.2}_{\ 0}\ \text{mm}$$

根据一般要求，键槽的对称度公差等级为 8 级，查表得公差值为 0.02mm。

选择键槽各部位的表面粗糙度要求：

键槽工作表面 Ra=3.2μm ，槽底面和槽顶面 Ra=12.5μm 。

将选择结果标注在样图上，如图 6.15 所示。

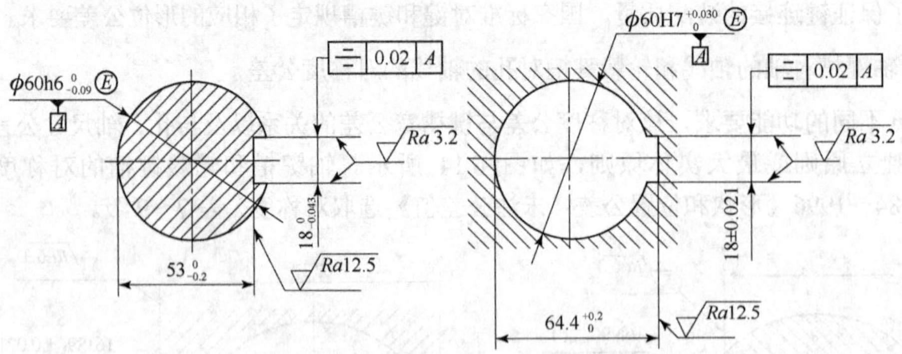

图 6.15　样图标注

6.2.3　矩形花键连接的公差与配合

矩形花键的每一个键的两侧都是平行的，主要配合尺寸有大径 D、小径 d 和键宽 B，如图 6.16 所示。国家标准 GB/T 1144—2001《矩形花键尺寸、公差和检验》规定矩形花键的键数 N 为偶数，分别为 6、8、10 三种，沿圆周均匀分布，便于加工和检测。根据工作载荷不同，矩形花键分为轻、中两个系列，轻系列键高尺寸较小，承载能力较低；中系列键高尺寸较大，承载能力较强。矩形花键的公称尺寸系列如表 6.15 所示。

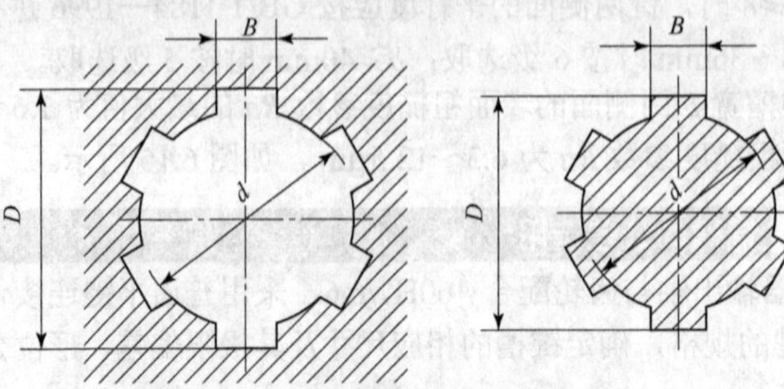

图 6.16　矩形花键的几何参数

表 6.15　矩形花键的公称尺寸系列

小径 d	轻系列				中系列			
	规格 $N\times d\times D\times B$	键数 N	大径 D	键宽 B	规格 $N\times d\times D\times B$	键数 N	大径 D	键宽 B
11	—	—	—	—	6×11×14×3	6	14	3
13					6×13×16×3.5		16	3.5
16					6×16×20×4		20	4
18					6×18×22×5		22	5
21					6×21×25×5		25	5
23	6×23×26×6	6	26	6	6×23×28×6		28	6
26	6×26×30×6		30	6	6×26×32×6		32	6
28	6×28×32×7		32	7	6×28×34×7		34	7

续表

小径 d	轻系列				中系列			
	规格 $N\times d\times D\times B$	键数 N	大径 D	键宽 B	规格 $N\times d\times D\times B$	键数 N	大径 D	键宽 B
32	8×32×36×6	8	36	6	8×32×38×6	8	38	6
36	8×36×40×7		40	7	8×36×42×7		42	7
42	8×42×46×8		46	8	8×42×48×8		48	8
46	8×46×50×9		50	9	8×46×54×9		54	9
52	8×52×58×10		58	10	8×52×60×10		60	10
56	8×56×62×10		62	10	8×56×65×12		65	12
62	8×62×68×12		68	12	8×62×72×12		72	12
72	10×72×78×12	10	78	12	10×72×82×12	10	82	12
82	10×82×88×12		88	12	10×82×92×12		92	12
92	10×92×98×14		98	14	10×92×102×14		102	14
102	10×102×108×16		108	16	10×120×112×16		112	16
112	10×112×120×18		120	18	10×112×125×18		125	18

矩形花键连接的三个主要配合尺寸同时参与配合，根据使用要求确定三者的公差与配合性。要使大径 D、小径 d 和键宽 B 都同时配合得很精确是很困难的，而且也不必要。根据不同的使用要求，花键的三个结合面中，只能选取其中一个结合面为主来确定内、外花键的配合性质，确定配合性质的表面称为定心表面。每个结合面都可以作为定心表面，因此，矩形花键结合面有三种定心方式：小径 d 定心、大径 D 定心和键宽（键侧）B 定心，如表 6.16 所示。

表 6.16 矩形花键定心方式

大径 D 定心	小径 d 定心	键宽（键侧）B 定心
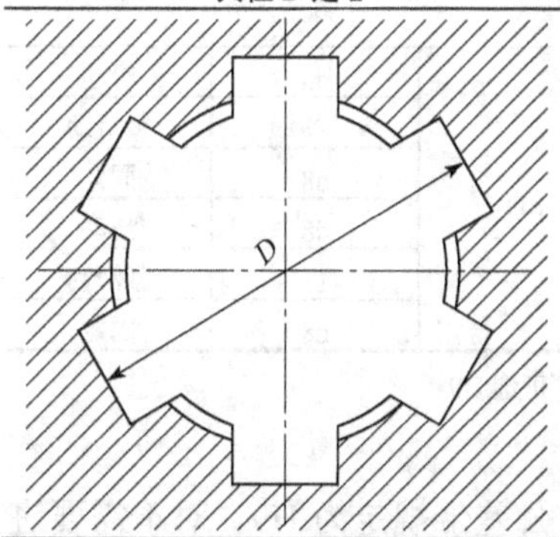	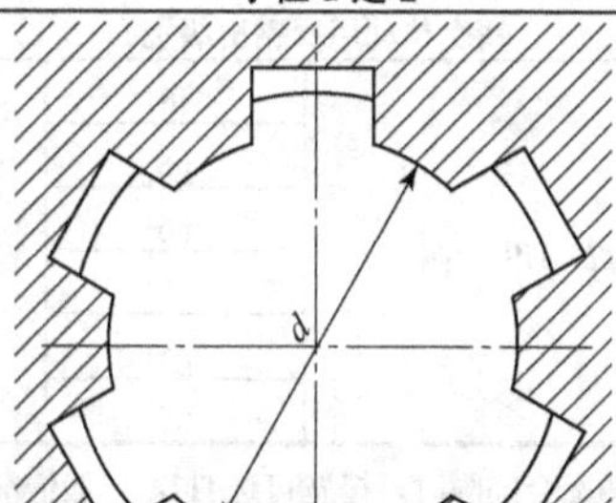	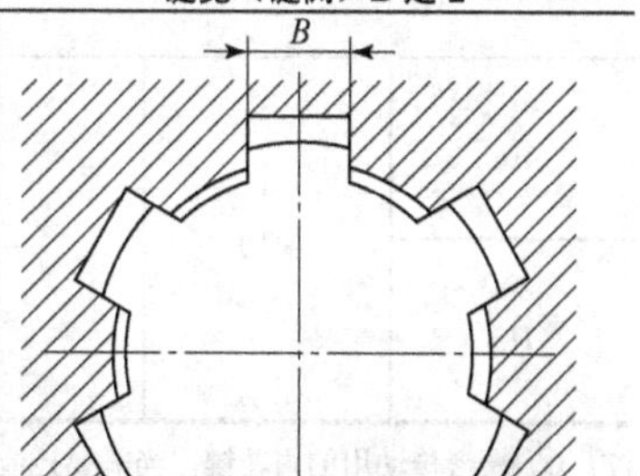

1. 矩形花键连接的定心方式

采用大径定心，内花键定心表面的精度依靠拉削工艺保证。当内花键定心表面硬度要求高（40HRC 以上）时，热处理后的变形难以用拉刀修正；当内花键定心表面粗糙度要求高（Ra<0.36μm）时，用拉削工艺也难以保证；拉削加工后的花键孔要求硬度较高时，热处理后花键孔变形就很难用拉刀来修正；此外，对于定心精度和表面粗糙度要求较高的花键，拉削工艺也很难保证加工的质量要求。在单件、小批量生产及大规格花键中，内花键也难以采用拉削工艺，因而采用大径定心的加工方法不经济。

采用小径定心，热处理后的花键孔小径的变形量可以通过内圆磨削进行修复，使其具有较高的尺寸精度和更小的表面粗糙度；同时花键轴（外花键）的小径也可通过成形磨削，达到所要求的精度。为了保证花键连接具有较高的定心精度、较好的定心稳定性、较长的使用寿命，国家标准 GB/T 1144—2001《矩形花键尺寸、公差和检验》规定了花键连接采用小径定心，非定心的大径表面公差等级较低，并有相当大的间隙，保证它们不接触。

键和键槽的侧面，无论其作为定心表面与否，因为传递扭矩和起导向作用，所以键宽与键槽宽 B 的尺寸都应有足够的精度。

2．矩形花键的公差与配合

国家标准 GB/T 1144—2001《矩形花键尺寸、公差和检验》规定了矩形花键的配合采用基孔制，其目的是减少加工和测量内花键用的定值刀具和量具的规格，降低成本。内、外花键小径、大径和键与键槽宽度相应配合面采用基孔制，即内花键各尺寸的基本偏差不变，通过改变外花键各尺寸的基本偏差来形成不同松紧要求的配合性质。矩形花键的公差与配合按配合精度高低分为一般用和精密传动用两种花键连接，其公差配合如表 6.17 所示。

表 6.17 内、外花键的尺寸公差配合

<table>
<tr><th colspan="4">内 花 键</th><th colspan="3">外 花 键</th><th rowspan="3">装 配 形 式</th></tr>
<tr><th rowspan="2">d</th><th rowspan="2">D</th><th colspan="2">B</th><th rowspan="2">d</th><th rowspan="2">D</th><th rowspan="2">B</th></tr>
<tr><th>拉削后不热处理</th><th>拉削后热处理</th></tr>
<tr><td colspan="8">一般用（一般级别）</td></tr>
<tr><td rowspan="3">H7</td><td rowspan="3">H10</td><td rowspan="3">H9</td><td rowspan="3">H11</td><td>f7</td><td rowspan="3">a11</td><td>d10</td><td>滑动</td></tr>
<tr><td>g7</td><td>f9</td><td>紧滑动</td></tr>
<tr><td>h7</td><td>h10</td><td>固定</td></tr>
<tr><td colspan="8">精密传动用（精密级别）</td></tr>
<tr><td rowspan="3">H6</td><td rowspan="6">H10</td><td rowspan="6" colspan="2">H7、H9</td><td>f6</td><td rowspan="6">a11</td><td>d8</td><td>滑动</td></tr>
<tr><td>g6</td><td>f7</td><td>紧滑动</td></tr>
<tr><td>h6</td><td>h8</td><td>固定</td></tr>
<tr><td rowspan="3">H5</td><td>f5</td><td>d8</td><td>滑动</td></tr>
<tr><td>g5</td><td>f7</td><td>紧滑动</td></tr>
<tr><td>h5</td><td>h8</td><td>固定</td></tr>
</table>

注：① 精密传动用的内花键，当需要控制键侧配合间隙时，槽宽可选 H7，一般情况下可选 H9。

② d 为 H6 和 H7 的内花键，允许与提高一级的外花键配合。

对于一般用内花键，硬度要求不高，可以不进行热处理，公差带规定为 H9。对于需要进行热处理且不需要校正的硬度高的内花键，公差带规定为 H11。各种配合的公差带如图 6.17 所示。

国家标准规定矩形花键的配合形式有滑动、紧滑动和固定三种。滑动连接的间隙最大，紧滑动连接次之，这两种配合形式在工作过程中，既可传递扭矩，又可以沿花键轴作轴向移动。固定连接的间隙最小，在轴上固定不动，只用来传递扭矩。选择配合精度时，主要依据花键的使用场合，花键配合的定心精度要求越高，传递扭矩越大时，花键应选用较高的公差等级。常见汽车、拖拉机变速箱中多采用一般级别的花键；精密机床变速箱中多采用精密级别的花键。矩形花键小径配合应用的推荐如表 6.18 所示。

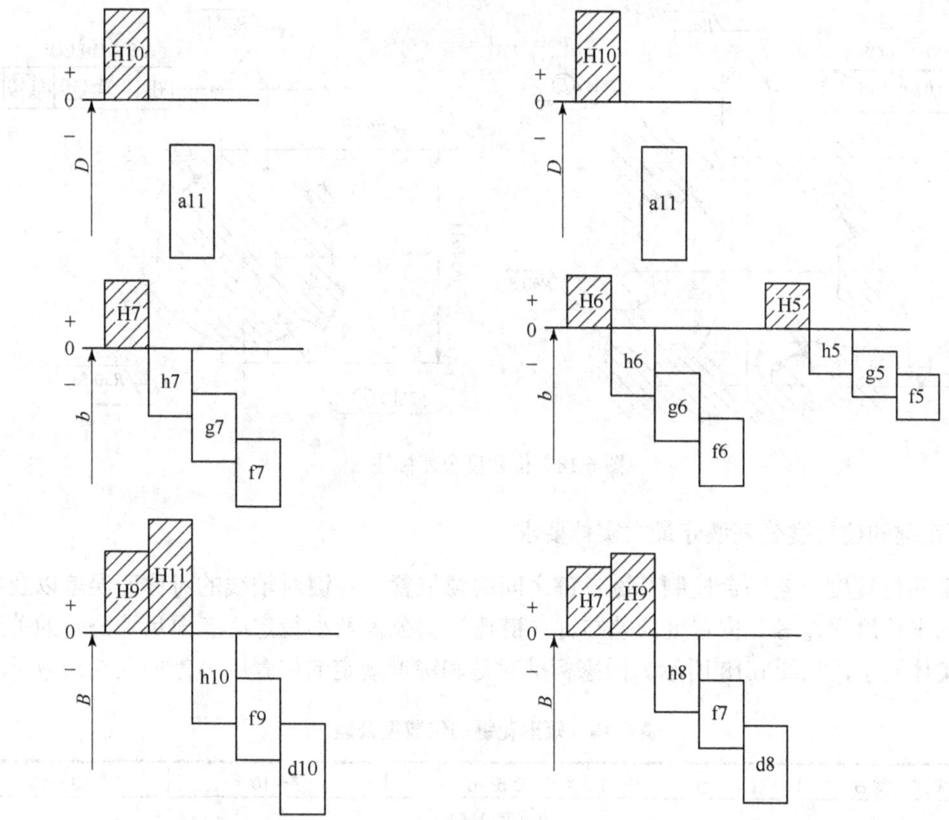

（a）一般用公差带　　（b）精密传动用公差带

图 6.17　矩形花键配合公差带

表 6.18　矩形花键小径配合应用

应　用	固定连接		滑动连接	
	配　合	特征及应用	配　合	特征及应用
精密传动	H5/h5	紧固程度较高，传递大转矩	H5/f5	滑动程度较低，定心精度高，传递大转矩
	H6/h6	传递中等转矩	H6/f6	滑动程度中等，定心精度较高，传递中等转矩
一般传动	H7/h7	紧固程度较低，传递转矩较小，可经常拆卸	H7/f7	移动频率高，移动长度大，定心精度低

3. 矩形花键的形位公差和表面粗糙度

内、外花键加工时，不可避免地产生形位误差。为了避免装配困难，并且使键侧和键槽侧的受力均匀，应控制花键的形位误差，包括小径 d 的形位公差和花键的位置度公差等。

1）小径 d 的极限尺寸应遵守包容要求

为了保证内、外花键小径定心表面的配合性质，GB/T 1144—2001《矩形花键尺寸、公差和检验》规定了该表面的形状公差与尺寸公差的关系采用包容要求，即当小径 d 的实际尺寸处于最大实际状态时，它必须具有理想形状，只有当小径 d 的实际尺寸偏离最大实体状态时，才允许有形状误差，如图 6.18 所示。

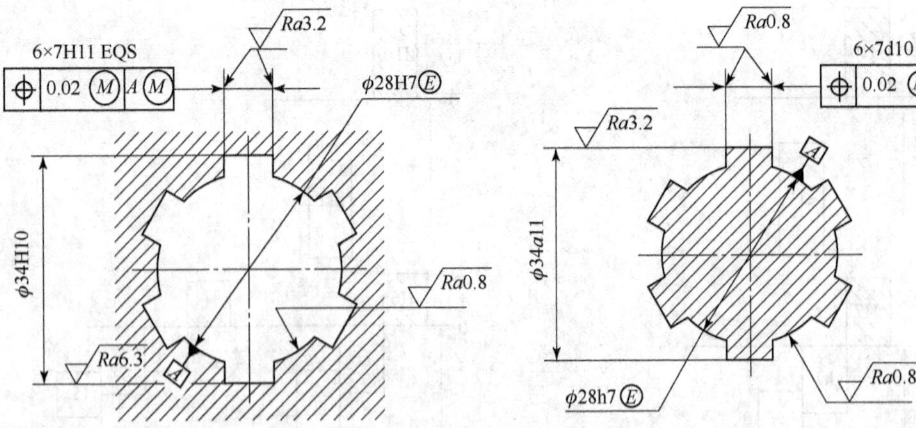

图 6.18 位置度公差标注

2）花键的位置度公差遵守最大实体要求

花键的位置度公差综合控制花键各键之间的角位置、各键对轴线的对称度误差以及各键对轴线的平行度误差等。位置度公差与键（键槽）宽公差及小径定心表面尺寸公差的关系遵守最大实体要求，如图 6.18 所示。国家标准对键和键槽规定的位置度公差如表 6.19 所示。

表 6.19 矩形花键的位置度公差

键槽宽或键宽 B		3	3.5～6	7～10	12～18
位置度公差 t_1					
键槽宽		0.010	0.015	0.020	0.025
键宽	滑动、固定	0.010	0.015	0.020	0.025
	紧滑动	0.006	0.010	0.013	0.016

3）键和花键的对称度公差和等分度公差遵守独立原则

为保证装配，并能传递扭矩运动，为了控制花键形位误差，一般在图样上分别标注花键的对称度和等分度公差，如图 6.19 所示。花键的对称度公差、等分度公差均遵守独立原则，国家标准规定，花键的等分度公差等于花键的对称度公差值，花键的对称度公差如表 6.20 所示。

表 6.20 矩形花键宽的对称度公差

键槽宽或键宽 B	3	3.5～6	7～10	12～18
对称度公差 t_2				
一般级别	0.010	0.012	0.015	0.018
精密传动级别	0.006	0.008	0.009	0.011

注：矩形花键的等分度公差与键宽的对称度公差相同。

对较长的花键，可根据产品性能自行规定键（键槽）侧面对小径定心轴线的平行度公差。

内、外花键大径分别按 H10 和 a11 加工，它们的大径表面之间的间隙很大，因此大径表面轴线对小径定心表面轴线的同轴度误差可以用间隙来补偿。

4）表面粗糙度

矩形花键的表面粗糙度参数 Ra 的上限值如表 6.21 所示。

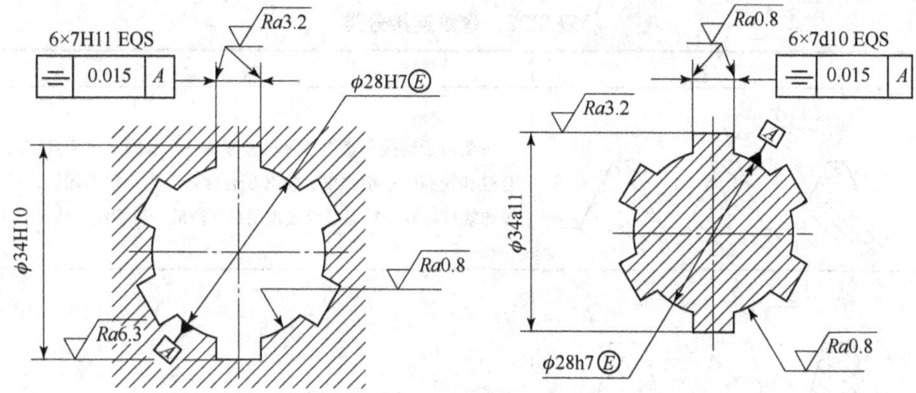

图 6.19　对称度公差标注

表 6.21　矩形花键表面粗糙度推荐值

加 工 表 面	内 花 键	外 花 键
	Ra 不大于/μm	
小径	1.6	0.8
大径	6.3	3.2
键侧	3.2	0.8

4．矩形花键的图样标注

花键连接在图样上的标注，按顺序包括以下项目：规格（键数 N×小径 d×大径 D×键宽 B）、各自的公差带代号和精度等级。

例如：对 $N=6$，$d=23\frac{\mathrm{H7}}{\mathrm{f7}}$，$D=26\frac{\mathrm{H10}}{\mathrm{a11}}$，$B=6\frac{\mathrm{H11}}{\mathrm{d10}}$ 的花键标记如下：

花键规格：6×23×26×6；

花键副：$6\times23\frac{\mathrm{H7}}{\mathrm{f7}}\times26\frac{\mathrm{H10}}{\mathrm{a11}}\times6\frac{\mathrm{H11}}{\mathrm{d10}}$；

内花键：6×23H7×26H10×6H11；

外花键：6×23f7×26a11×6d10。

6.3　螺纹连接的精度设计

6.3.1　概述

螺纹连接在机电产品中的应用十分广泛，将零、部件组合成整机或将部件、整机固定在机座上等，螺纹连接形成运动副传递运动和动力。螺纹连接是一种典型的具有互换性的连接结构。

螺纹连接按其结合性质和使用要求可分为紧固螺纹、传动螺纹和管螺纹三类。其牙型及特点如表 6.22 所示。

表 6.22　螺纹连接分类

种类	牙　型	特　点
紧固螺纹	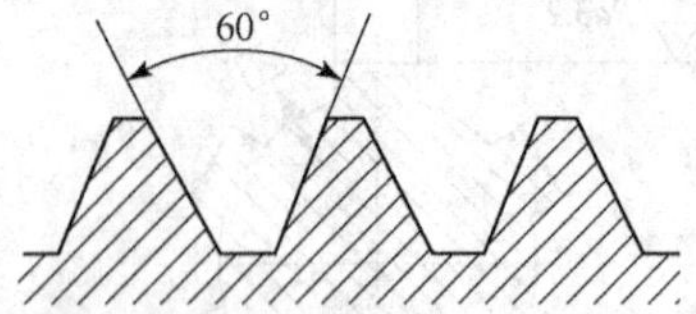	主要用于连接和紧固各种机械零部件，紧固螺纹应具有较好的可旋合性和较高的连接强度。按其配合性质分为：普通螺纹、过渡螺纹和过盈螺纹，其中普通螺纹是使用最广泛的一种螺纹连接
传动螺纹	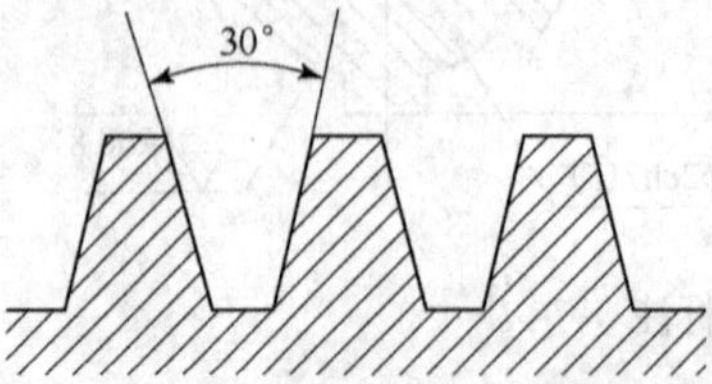 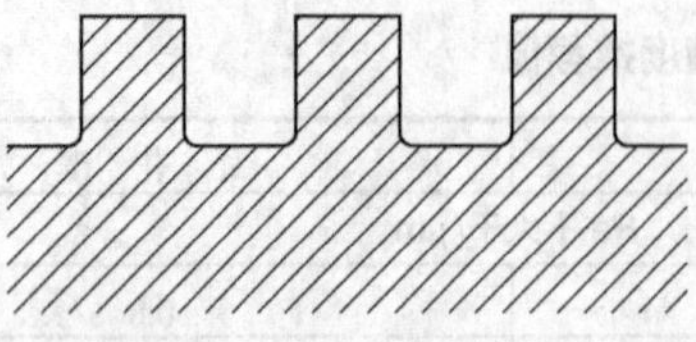 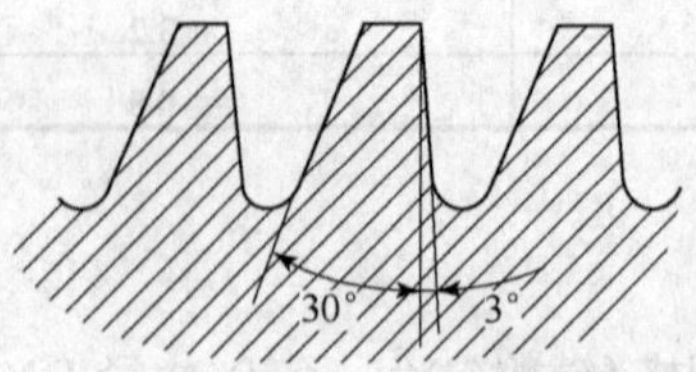	主要用于传递精确位移和传递动力，按其使用要求有传递位移螺纹和传递动力螺纹。传递位移螺纹能准确传递位移（具有一定的传动精度）和传递一定载荷（如机床中的丝杠和螺母）；传递动力螺纹可以传递较大的载荷，具有较高的承载强度（如千斤顶的起重螺杆）。传动螺纹结合均有一定的侧隙，以便于存储一定的润滑油
管螺纹	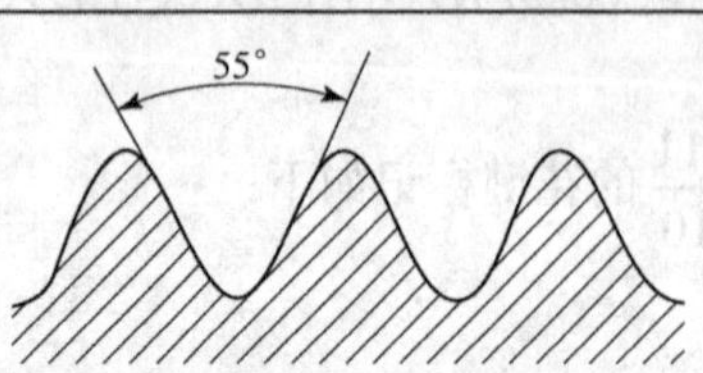	主要用于管道系统中有气密性和水密性要求的管件连接，在管道中不得漏气、漏水和漏油。管螺纹应具有良好的旋合性、连接强度及密封性

螺纹的基本牙型和几何参数如下。

普通螺纹的牙型是指通过螺纹轴线的剖面上螺纹的轮廓形状，它由牙顶、牙底以及两牙侧构成，如图 6.20 所示。国家标准规定普通螺纹的基本牙型是将原始三角形（两相邻等边三角形，高为 H）按规定的削平高度截去顶部和底部，所形成的内外螺纹共有的理论牙型。

1）原始三角形高度（H）和牙型高度

原始三角形高度是由原始三角形顶点沿垂直于螺纹轴线方向到其底边的距离（$H=\sqrt{3}P/2$）；牙型高度是指在螺纹牙型上，牙顶和牙底之间在垂直于螺纹轴线方向上的距离（$5H/8$），如图 6.20 所示。

2）牙型角（α）、牙型半角（$\alpha/2$）、牙侧角

牙型角 α 是在螺纹牙型上，两相邻牙侧间的夹角，普通螺纹牙型角为 60°。牙型半角（$\alpha/2$）是牙型角的一半。普通螺纹牙型半角为 30°。牙侧角（α_1，α_2）是指在螺纹牙型上，牙侧与螺纹轴线的垂线间的夹角，普通螺纹牙侧角的基本值为 30°，如图 6.21 所示。

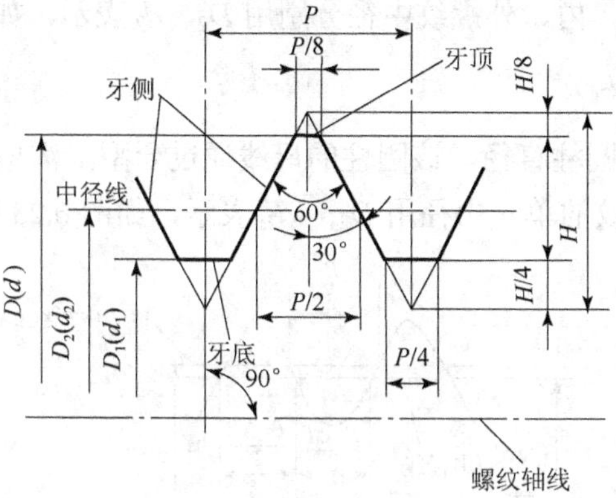

图 6.20　普通螺纹基本牙型

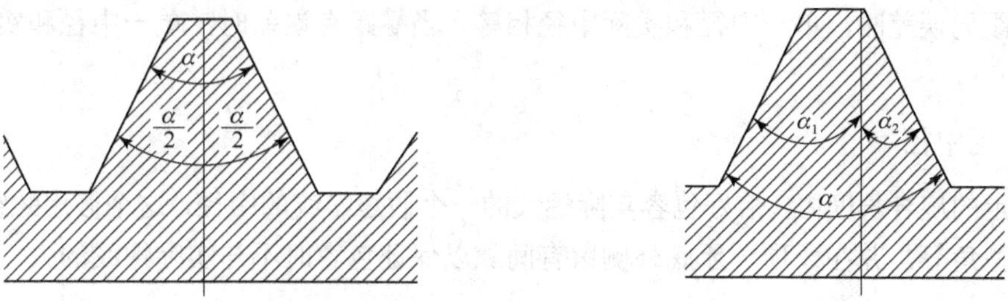

图 6.21　牙型角、牙型半角及牙侧角

3）大径（D/d）

大径是指与内螺纹牙底或外螺纹牙顶相切的假想圆柱面的直径，如图 6.22 所示。内螺纹用 D 表示，称为底径；外螺纹用 d 表示，称为顶径，且 $D=d$，是内、外螺纹的公称直径。

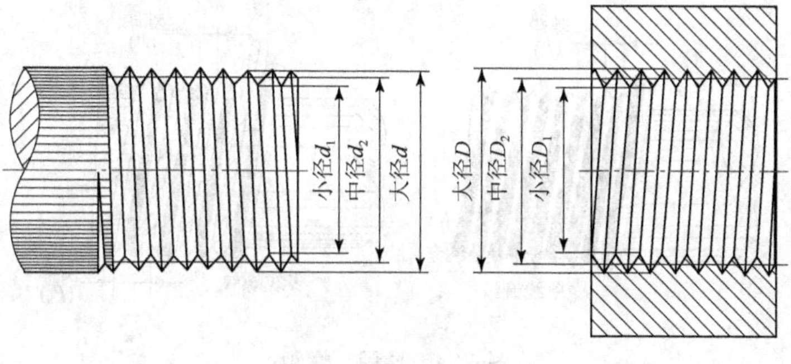

图 6.22　螺纹直径系列

4）小径（D_1 / d_1）

小径是指与内螺纹的牙顶或外螺纹的牙底相切的假想圆柱面的直径，如图 6.22 所示。内螺纹用 D_1 表示，称为顶径；外螺纹用 d_1 表示，称为底径。

外螺纹的大径和内螺纹的小径统称为顶径，外螺纹的小径和内螺纹的大径统称为底径。

5）中径（D_2/d_2）

中径是一个假想圆柱的直径，该圆柱的母线通过螺纹牙型上沟槽和凸起宽度相等的地方，此假想圆柱称为中径圆柱，内、外螺纹中径分别用 D_2、d_2 表示，如图 6.22 所示。

6）单一中径（D_{2s}，d_{2s}）

单一中径是一个假想圆柱直径，该圆柱的母线通过牙型上沟槽宽度等于基本螺距值一半的地方（$P/2$），内、外螺纹的单一中径用 D_{2s}，d_{2s} 表示，如图 6.23 所示。

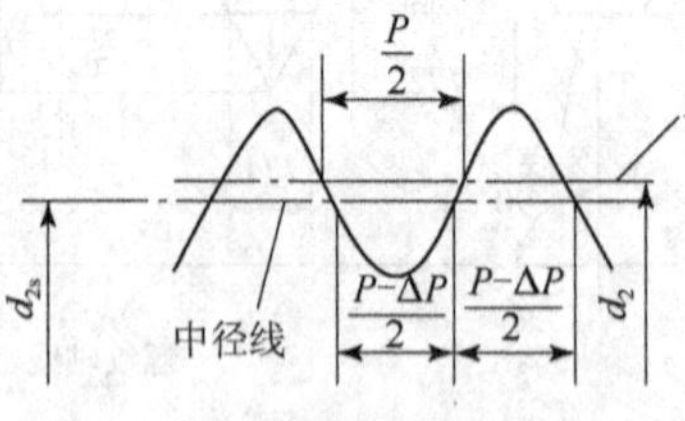

图 6.23　中径与单一中径

当螺距无误差时，单一中径和实际中径相等。当螺距有误差时，单一中径和实际中径不相等。

7）作用中径

在规定的旋合长度内，恰好包容实际螺纹的一个假想螺纹的中径，这个假想螺纹有螺距、半角、牙型角等，并在牙顶、牙底外侧留有间隙以保证包容时不与实际螺纹的大、小径发生干涉。

8）导程（P_h）、螺距（P）

导程是指同一螺旋线上的相邻两牙在中径线上对应两点间的轴向距离，用 P_h 表示。螺距是相邻两牙在中径线上对应两点间的轴向距离，用 P 表示，如图 6.24 所示。导程与螺距的关系：P_h=nP，n 是线数。

图 6.24　导程、螺距

9）螺纹升角（ϕ）

螺纹升角是在中径圆柱上螺旋线的切线与垂直于螺纹轴线的平面的夹角，用 ϕ 表示，如图 6.25 所示。它与螺距 P 和中径 d_2 之间的关系为

$$\tan\phi = nP / \pi d_2$$

式中　n——螺纹线数。

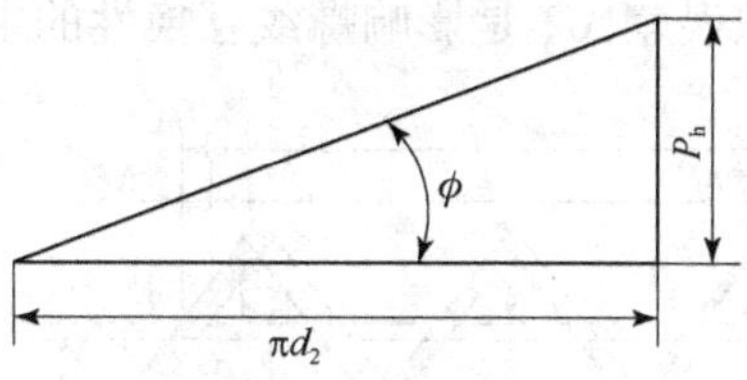

图 6.25　螺纹升角

10）螺纹旋合长度

螺纹的旋合长度是指两个相互配合的螺纹，沿螺纹轴线方向相互旋合部分的长度，如图 6.26 所示。

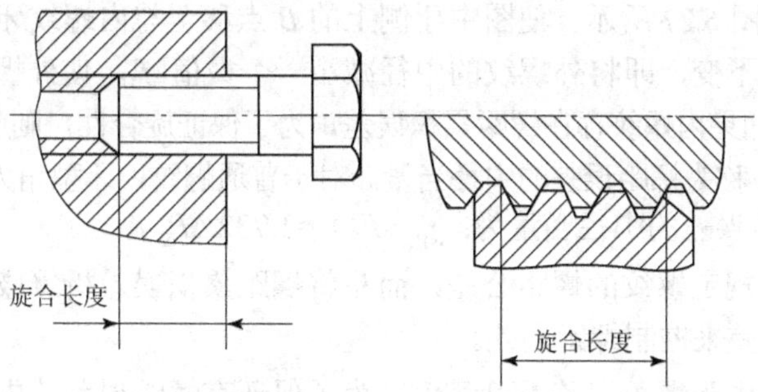

图 6.26　螺纹旋合长度

6.3.2　螺纹几何参数误差对互换性的影响

螺纹的主要几何参数有大径、小径、中径、螺距、牙型半角及螺纹升角等。在加工过程中，这些参数不可避免地产生误差，将会对螺纹的互换性产生影响。

1．螺纹直径误差的影响

螺纹直径（大径、小径）的误差是指螺纹加工后直径的实际尺寸与螺纹直径的公称尺寸之差。内、外螺纹加工时，其中大、小径间留有很大的间隙，即外螺纹的大径和小径分别小于内螺纹的大径和小径，完全可以保证其互换性的要求。但是，外螺纹的大径和小径不能过小，内螺纹的大径和小径也不能过大，否则就会降低连接强度。因此，国家标准 GB/T 197—2003《普通螺纹公差》对螺纹直径实际尺寸规定了适当的极限偏差。

2．螺距误差的影响

螺距误差包括螺距局部误差（ΔP）和螺距累积误差（ΔP_Σ）。

螺距局部误差（ΔP）是指在螺纹的全长上，任意单个实际螺距对公称螺距的代数差，它与旋合长度无关；螺距累计误差（ΔP_Σ）是指在规定的螺纹长度内，包含若干个螺距的任意两牙，在中径线上相应两点之间的实际轴向距离对公称轴向距离的代数差，它与旋合长度有关。

相互结合的内、外螺纹的螺距基本值为 P，内螺纹为理想螺纹，外螺纹只存在螺距误差。外螺纹 n 个螺距的实际轴向距离 $L_{外}$与内螺纹的实际轴向距离 $L_{内}=nP$（公称轴向距离 nP）两者的代数差即为螺距累积误差（ΔP_Σ），使内、外螺纹牙侧产生干涉（阴影部分）而不能旋合，如图 6.27（a）所示。螺距累积误差 ΔP_Σ 是影响螺纹互换性的主要因素。

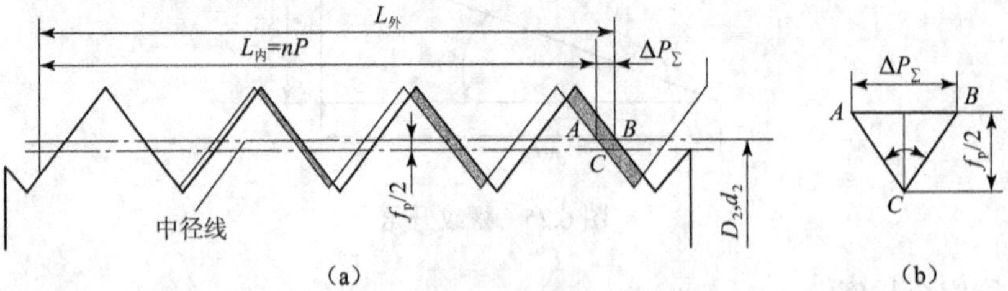

图 6.27　螺距累积误差对旋合性的影响

为了使具有螺距累积误差的外螺纹能够旋入理想的内螺纹，保证旋合性，应将外螺纹的干涉部分切除掉，如图 6.27 所示，使图中牙侧上的 B 点移至与内螺纹牙侧上的 C 点接触，而螺纹牙另一侧的间隙不变，即将外螺纹的中径减小一个数值 f_p，使外螺纹轮廓刚好能被内螺纹轮廓包容。同理，如果内螺纹存在螺距累积误差，为了保证旋合性，则应将内螺纹的中径增大一个数值 F_p。f_p（F_p）称为螺距误差的中径当量。对于普通螺纹，牙型角为 60°，在图 6.27（b）中 △ABC 中计算螺距误差的中径当量为：f_p（F_p）=1.732 ΔP_Σ。

国家标准中没有规定螺纹的螺距公差，而是将螺距累积误差折算成中径公差的一部分，通过控制螺纹中径公差来控制螺距误差。

在制造过程中，由于螺距误差不可避免，为了保证有螺距误差的内、外螺纹能够正常旋合，采用增大内螺纹中径或减小外螺纹中径的方法来消除螺距误差对旋合性的不利影响，但这样会使内、外螺纹实际接触的螺纹牙减少，载荷集中在接触部位，造成接触压力增大，降低螺纹的连接强度。

3. 牙型半角误差的影响

牙型半角误差是指牙型半角的实际值与其公称值的代数差。牙型半角误差主要是实际牙型角的角度误差或牙型角方向偏斜，螺纹牙型半角误差会使螺纹牙侧发生干涉而影响旋合性，同时影响接触面积，降低螺纹连接强度。

牙型半角误差的影响如图 6.28 所示，相互结合的内、外螺纹的牙型半角为 30°，内螺纹为理想螺纹（粗实线），外螺纹（细实线）仅存在牙型半角误差（$\Delta\alpha_1$ 为左牙型半角误差，$\Delta\alpha_2$ 为右牙型半角误差），使内、外螺纹旋合时牙侧产生干涉（阴影部分），不能旋合。

为了使具有牙型半角误差的外螺纹能够旋入理想的内螺纹，保证旋合性，应将外螺纹的干涉部分（图 6.29 中阴影部分）切除掉，把外螺纹牙径向移至虚线 3 处使外螺纹轮廓刚好能被内螺纹轮廓包容，即将外螺纹的中径减小一个数值 f_α。同理当内螺纹存在牙型半角误差时，为了保证旋合性，应将内螺纹的中径增大一个数值 F_α。f_α（F_α）称为牙型半角误差中径当量。普通螺纹牙型半角误差中径当量计算公式如下：

$$f_\alpha(F_\alpha)=0.073P(K_1|\Delta\alpha_1|+K_2|\Delta\alpha_2|)$$

式中　P——螺距基本值（mm）；

$\Delta\alpha_1+\Delta\alpha_2$——牙型半角误差（′）；

K_1、K_2——系数，其数值分别取决于牙型半角误差的正负号，如表 6.23 所示。

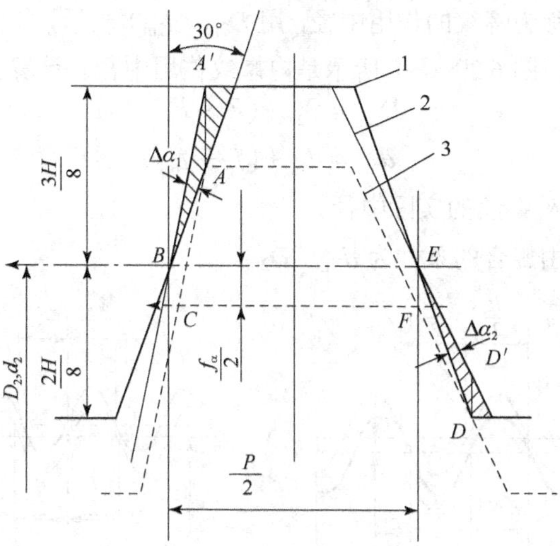

图 6.28　牙型半角误差的影响

表 6.23　K_1、K_2 取值表

螺　纹	系数取值	
	K_1、K_2	
	2	3
外螺纹	$\Delta\alpha_1$（$\Delta\alpha_2$）>0 中径与小径间产生干涉	$\Delta\alpha_1$（$\Delta\alpha_2$）<0 中径与大径间产生干涉
内螺纹	$\Delta\alpha_1$（$\Delta\alpha_2$）<0 中径与小径间产生干涉	$\Delta\alpha_1$（$\Delta\alpha_2$）>0 中径与大径间产生干涉

螺纹牙型半角误差中径当量可以消除牙型半角误差对旋合性的影响，但牙型半角误差会使内、外螺纹牙侧接触面积减小，载荷相对集中到接触部位，造成接触压力增大，降低螺纹的连接强度。

4．中径误差的影响

中径误差是指中径实际值与公称值的代数差，内、外螺纹中径误差用ΔD_{2a}（Δd_{2a}）表示。在螺纹制造过程中，螺纹中径也会出现误差，如果外螺纹的中径大于内螺纹的中径，则内、外螺纹无法旋合；当外螺纹的中径过小时，内、外螺纹旋合后间隙过大，配合过松，影响连接的紧密型和连接强度。因此对中径误差也必须加以限制。

由于螺距误差折算成中径当量值f_P（F_P），牙型半角误差折算成中径当量值f_α（F_α），所以对内、外螺纹中径的总公差T_{D_2}（T_{d_2}）应满足如下关系：

$$T_{D_2} \geqslant \Delta D_{2a} + F_P + F_\alpha$$

$$T_{d_2} \geqslant \Delta d_{2a} + f_P + f_\alpha$$

当外螺纹存在螺距误差和牙型半角误差时，若不减小其中径，只能与一个中径较大的内螺纹正确旋合，相当于有误差的外螺纹中径增大；同理当内螺纹存在螺距误差和牙型半角误差时，只能与一个中径较小的外螺纹正确旋合，相当于有误差的内螺纹中径减小。这一增大或减小的理想螺纹中径称为螺纹的作用中径，用 D_{2m}（d_{2m}）表示，如图 6.29 所示。图 6.29（a）所示是外螺纹作用中径；图 6.29（b）所示是内螺纹作用中径。计算公式如下：

$$D_{2m}=D_{2a}-(F_p+F_\alpha)$$
$$d_{2m}=d_{2a}+(f_p+f_\alpha)$$

式中　D_{2a}、d_{2a} 为内、外螺纹的实际中径。

内、外螺纹能够自由旋合的条件为 $d_{2m}\leqslant D_{2m}$。

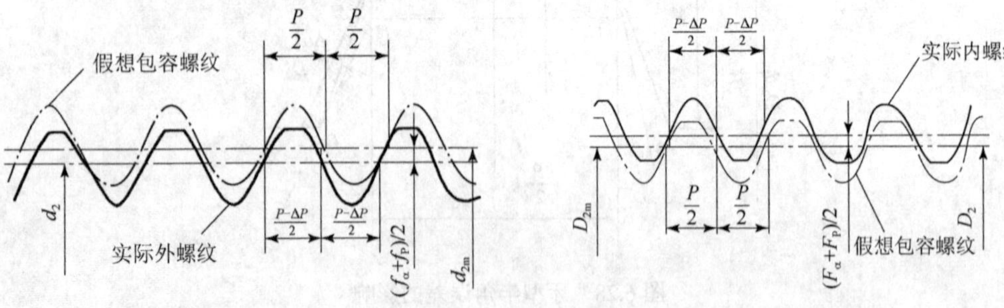

图 6.29　螺纹作用中径

6.3.3　普通螺纹的公差与配合

螺纹加工生产中，刀具、机床传动误差等因素引起中径误差、牙型半角误差及螺距误差等，从而影响螺纹的互换性。为了保证螺纹互换性，国家标准 GB/T 197—2003《普通螺纹 公差》规定了螺纹公差等级、螺纹公差带、螺纹基本偏差。

1．螺纹公差等级

螺纹公差用来确定公差带的大小，表示螺纹直径尺寸允许变动范围。国家标准 GB/T 197—2003《普通螺纹 公差》对螺纹的中径和顶径分别规定了若干个公差等级，其代号用阿拉伯数字表示，如表 6.24 所示。

表 6.24　螺纹公差等级

螺纹直径		公差等级
外螺纹	中径 d_2	3、4、5、6、7、8、9
	大径（顶径）d	4、6、8
内螺纹	中径 D_2	4、5、6、7、8
	小径（顶径）D	4、5、6、7、8

其中 6 级是基本级；3 级公差值最小，精度最高；9 级公差值最大，精度最低。

内、外螺纹的底径是在加工时和中径一起由刀具切出的，其尺寸由加工保证，因此未规定公差。

螺纹公差在不同的公差等级中，内螺纹顶径（小径）公差 T_D 和外螺纹顶径（大径）公差 T_d 公差值如表 6.25 所示。内螺纹中径公差 T_{D_2} 和外螺纹中径公差 T_{d_2} 公差值如表 6.26 所示。

表 6.25　内、外螺纹顶径的公差值

公差项目 / 公差等级 / 螺距 P/mm	内螺纹顶径（小径）公差 T_D					外螺纹顶径（大径）公差 T_d		
	4	5	6	7	8	4	6	8
0.5	90	112	140	180	—	67	106	—
0.6	100	125	160	200	—	80	125	—
0.7	112	140	180	224	—	90	140	—
0.75	118	150	190	236	—	90	140	—
0.8	125	160	200	250	315	95	150	236
1	150	190	236	300	375	112	180	280
1.25	170	212	265	335	425	132	212	335
1.5	190	236	300	375	475	150	236	375
1.75	212	265	335	425	530	170	265	425
2	236	300	375	475	600	180	280	450
2.5	280	355	450	560	710	212	335	530
3	315	400	500	630	800	236	375	600
3.5	355	450	560	710	900	265	425	670
4	375	475	600	750	950	300	475	750

表 6.26　内、外螺纹中径的公差值

基本大径/mm		螺距 P/mm	内螺纹中径公差 T_{D_2}					外螺纹中径公差 T_{d_2}						
			公差等级					公差等级						
>	≤		4	5	6	7	8	3	4	5	6	7	8	9
2.8	5.6	0.5	63	80	100	125	—	38	48	60	75	95	—	—
		0.6	71	90	112	140	—	42	53	67	85	106	—	—
		0.7	75	95	118	150	—	45	56	71	90	112	—	—
		0.75	75	95	118	150	—	45	56	71	90	112	—	—
		0.8	80	100	125	160	200	48	60	75	95	118	150	190
5.6	11.2	0.75	85	106	132	170	—	50	63	80	100	125	—	—
		1	95	118	150	190	236	56	71	90	112	140	180	224
		1.25	100	125	160	200	250	60	75	95	118	150	190	236
		1.5	112	140	180	224	280	67	85	106	132	170	212	265
11.2	22.4	1	100	125	160	200	250	60	75	95	118	150	190	236
		1.25	112	140	180	224	280	67	85	106	132	170	212	265
		1.5	118	150	190	236	300	71	90	112	140	180	224	280
		1.75	125	160	200	250	315	75	95	118	150	190	236	300
		2	132	170	212	265	335	80	100	125	160	200	250	315
		2.5	140	180	224	280	355	85	106	132	170	212	265	335
22.4	45	1	106	132	170	212	—	63	80	100	125	160	200	250
		1.5	125	160	200	250	315	75	95	118	150	190	236	300
		2	140	180	224	280	355	85	106	132	170	212	265	335
		3	170	212	265	335	425	100	125	160	200	250	315	400
		3.5	180	224	280	355	450	106	132	170	212	265	335	425
		4	190	236	300	375	475	112	140	180	224	280	355	450
		4.5	200	250	315	400	500	118	150	190	236	300	375	475

螺纹中径公差是一项综合公差，综合控制中径本身的尺寸误差、螺距误差和牙型半角误差。

2．螺纹的基本偏差

螺纹公差带相对于基本牙型的位置，与圆柱体的公差带位置一样，由基本偏差来确定。国家标准 GB/T 197—2003《普通螺纹 公差》对螺纹的中径和顶径规定了基本偏差，并且它们的数值相同。对内螺纹规定了代号为 G、H 的两种基本偏差（皆为下偏差 *EI*），对外螺纹规定了代号为 e、f、g、h 的四种偏差（皆为上偏差 *es*），如图 6.30 所示。

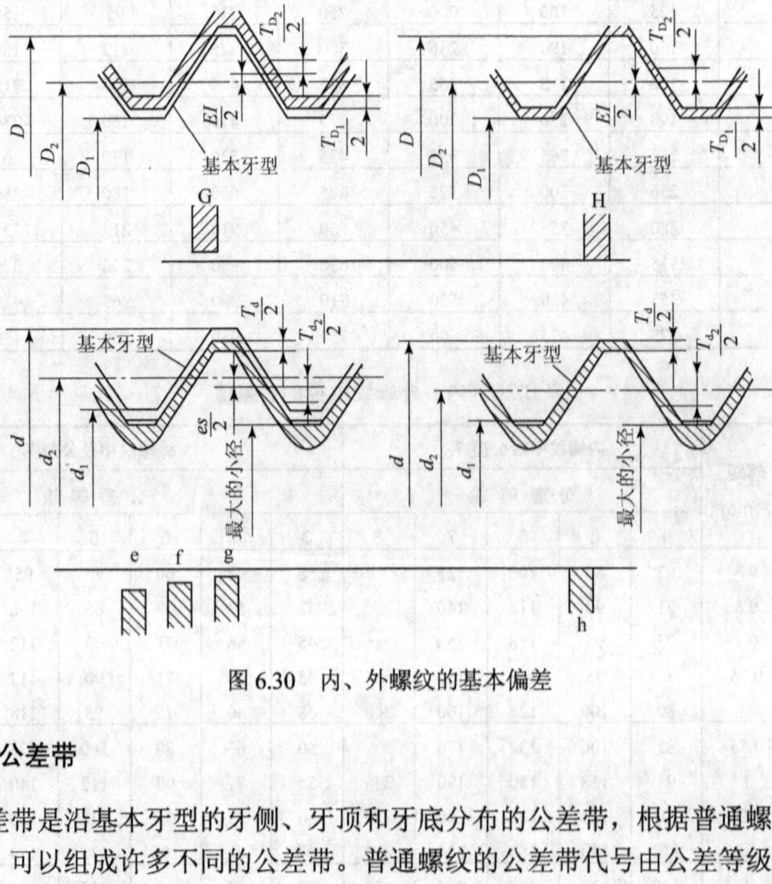

图 6.30 内、外螺纹的基本偏差

3．螺纹公差带

螺纹公差带是沿基本牙型的牙侧、牙顶和牙底分布的公差带，根据普通螺纹的公差等级和基本偏差，可以组成许多不同的公差带。普通螺纹的公差带代号由公差等级数字和基本偏差字母组成，即公差等级数字+基本偏差字母（如 6g、6H、5G）。如果中径公差带代号和顶径公差带代号相同，则标注时只写一个。合格的螺纹其实际牙型各个部分都应该在公差带内，即实际牙型应在图 6.30 中所示断面线的公差带内。

4．旋合长度

内、外螺纹的旋合长度是螺纹精度设计时应该考虑的一个因素，关系到螺纹连接的配合精度和互换性。国家标准 GB/T 197—2003《普通螺纹 公差》根据螺纹的公称直径和螺距基本值规定了三组旋合长度，即短旋合长度组（S）、中等旋合长度组（N）和长旋合长度组（L），其中 N 组的数值如表 6.27 所示。

表 6.27　螺纹旋合长度

基本大径 D、d		螺　距　P	旋合长度			
			S	N		L
>	≤		≤	>	≤	>
2.8	5.6	0.5	1.5	1.5	4.5	4.5
		0.6	1.7	1.7	5	5
		0.7	2	2	6	6
		0.75	2.2	2.2	6.7	6.7
		0.8	2.5	2.5	7.5	7.5
5.6	11.2	0.75	2.4	2.4	7.1	7.1
		1	3	3	9	9
		1.25	4	4	12	12
		1.5	5	5	15	15
11.2	22.4	1	3.8	3.8	11	11
		1.25	4.5	4.5	13	13
		1.5	5.6	5.6	16	16
		1.75	6	6	18	18
		2	8	8	24	24
		2.5	10	10	30	30
22.4	45	1	4	4	12	12
		1.5	6.3	6.3	19	19
		2	8.5	8.5	25	25
		3	12	12	36	36
		3.5	15	15	45	45
		4	18	18	53	53

通常选用中等旋合长度组（N），为了加强连接强度可选择长旋合长度组（L），对受力不大且有空间限制的可选择短旋合长度组（S）。

6.3.4　普通螺纹公差与配合的选用

1．螺纹公差与配合选用

螺纹的公差等级仅仅反映了中径和顶径精度的高低，若综合评价螺纹质量，还应考虑旋合长度，旋合长度越长的螺纹，产生的螺距累积误差越大，且越容易弯曲，对互换性产生很大的影响。因此 GB/T 197—2003《普通螺纹　公差》根据螺纹的公差带和旋合长度两个因素，规定了螺纹的配合精度，分为精密级、中等级和粗糙级，精度依次由高到低。国家标准推荐的不同公差精度宜采用的公差带如表 6.28 所示。同一配合精度的螺纹的旋合长度越长，则等级就越低。若未注明旋合长度，则按照中等旋合长度组选取螺纹公差带。

表 6.28　普通螺纹的推荐公差带

公差等级	内螺纹公差带			外螺纹公差带		
	S	N	L	S	N	L
精密	4H	5H	6H	（3h4h）	**4h** （4g）	（5h4h） （5g4g）
中等	**5H** （5G）	**6H** 6G	**7H** （7G）	（5g6g） （5h6h）	**6e** **6f** **6g** 6h	（7e6e） （7g6g） （7h6h）

续表

公差等级	内螺纹公差带			外螺纹公差带		
	S	N	L	S	N	L
粗糙	—	7H (7G)	8H (8G)	—	(8e) 8g	(9e8e) (9g9g)

注：① 选用顺序：粗体字公差带→一般字体公差带→括号内公差带。

② 带方框的粗体字公差带用于大量生产的紧固件螺纹。

③ 推荐公差带也适用于薄涂镀层的螺纹。

④ 选择螺纹配合精度时，一般用途采用中等级，对于配合性质要求稳定或有定心精度要求的螺纹连接采用精密级，对于螺纹加工较困难的零件不采用粗糙级。

2．普通螺纹的标记

螺纹的完整标记由螺纹特征代号（M）、尺寸代号（公称直径×螺距基本值，单位 mm）、公差带代号及其他信息（旋合长度和旋向代号）构成，并以“-”分开。

外螺纹：

M12-1.25-(6g)-(N)

- (N)——旋合长度代号（可省略）
- (6g)——外螺纹中径和大径公差带代号（可省略）
- M12-1.25——普通细牙螺纹代号，大径基本尺寸12mm，螺距1.25mm

内螺纹：

M16-5H 6H-S-LH

- LH——左旋
- S——旋合长度代号
- 6H——内螺纹小径公差带代号
- 5H——内螺纹中径公差带代号
- M16——普通粗牙螺纹代号，大径基本尺寸16mm

内、外螺纹装配：

M20×2-6G/6h-LH

- LH——左旋
- 6h——外螺纹中径和大径公差带代号
- 6G——内螺纹中径和小径公差带代号
- M20×2——普通细牙螺纹代号，大径基本尺寸20mm，螺距2mm

【工程实例 6.3】 螺纹公差带的确定

已知某螺纹连接公称直径为 12mm，螺距 1.5mm，旋合长度 14mm。大批量生产，要求旋合性好，易拆卸，又要有一定连接强度，试确定内、外螺纹公差带的代号。

解：

查表 6.27 得该螺纹为中等旋合长度组（N）的细牙螺纹。工作精度无特殊要求，因此选择中等精度。该螺纹用于大批量生产，又要有一定连接强度要求，查表 6.28 选用内螺纹公差带为 6H，外螺纹公差带为 6g。确定内、外螺纹公差带的代号为 M12×1.5-6H/6g。

6.3.5 螺纹中径的合格性判断

螺纹中径是衡量螺纹互换性的主要指标，螺纹中径合格性的判断原则与光滑工件极限尺寸判断原则（泰勒原则）类同。泰勒原则是指为了保证旋合性，实际螺纹的作用中径（d_{2m}，D_{2m}）不能超出最大实体牙型的中径；为了保证连接强度，实际螺纹上任何部位的单一中径（d_{2a}，D_{2a}）不能超出最小实体牙型的中径。

所谓最大和最小实体牙型是指螺纹中径公差范围内，分别具有材料最多和最少且有与基本牙型一致的螺纹牙型。外螺纹的最大和最小实体牙型中径分别等于其中径最大和最小极限尺寸d_{2max}、d_{2min}，内螺纹的最大和最小实体牙型中径分别等于其中径最小和最大极限尺寸D_{2min}、D_{2max}。

按泰勒原则，螺纹中径的合格条件为

$$\text{外螺纹：}d_{2m} \leqslant d_{2max} \text{且} d_{2a} \geqslant d_{2min}$$

$$\text{内螺纹：}D_{2m} \geqslant D_{2min} \text{且} D_{2a} \leqslant D_{2max}$$

6.4 习题

1. 为什么要使滚动轴承内圈内径的尺寸公差带位于零线下方？
2. 滚动轴承的精度有哪几个等级？
3. 平键连接为什么只对键（槽）宽规定较严的公差？
4. 什么是花键的定心表面？为什么国标规定小径定心？
5. 影响螺纹互换性的主要参数是什么？
6. 如何选用普通螺纹的公差与配合？

第 7 章 圆柱齿轮传动误差的评定与齿轮的精度设计

7.1 齿轮传动的使用要求

齿轮传动是用来传递运动和动力的一种常用传动机构，广泛应用于机床、汽车、仪器仪表等机械产品中。齿轮传动系统由齿轮副、轴、轴承及箱体等零部件组成。这些零部件的制造和安装精度，都会对齿轮传动精度产生影响，其中齿轮本身的制造精度及齿轮副的安装精度起主要作用。

随着现代生产和科技的发展，要求机械产品自身重量轻，传动功率大，工作转速和工作精度高，从而对齿轮传动的精度提出了更高的要求。在不同机械中，对齿轮传动的精度要求因其用途不同而异，但可归纳为以下四项。

（1）传动运动的准确性，要求齿轮在一转范围内传动比的变化尽量小，以保证从动齿轮与主动齿轮的相对运动协调一致。为保证齿轮传递运动的准确性，应限制齿轮在一转内的最大转角误差。

（2）传动的平稳性，要求齿轮在转过一个齿的范围内，瞬时传动比的变化尽量小，以保证齿轮传动平稳，降低齿轮传动过程中的冲击，减小振动和噪声。

（3）载荷分布的均匀性，要求齿轮啮合时工作齿面接触良好，载荷分布均匀，避免轮齿局部受力而引起应力集中，造成齿面局部过度磨损和折齿，保证齿轮的承载能力和延长齿轮使用寿命。

（4）传动侧隙，要求齿轮副啮合时，非工作齿面间应留有一定的间隙，用以存储润滑油，补偿齿轮受力后的弹性变形、热变形以及齿轮传动机构的制造、安装误差，防止齿轮在传动过程中卡死或烧伤。但过大的间隙会在启动和反转时引起冲击，造成回程误差，因此侧隙的选择应在一个合理的范围内。

不同用途和不同工作条件的齿轮及齿轮副，对上述要求的侧重点也不同，如控制系统和随动系统的分度传动机构要求传递运动的准确性，以保证主、从齿轮的运动协调；汽车、拖拉机等变速齿轮传动则主要要求传动平稳性，以降低噪声；低速重载齿轮传动要求其载荷分布的均匀性，以保证承载能力；蜗轮机构中高速重载齿轮传动对上述要求都很高，而且要求足够的齿侧间隙，以保证充分的润滑。

7.2 齿轮的加工误差

7.2.1 齿轮加工误差的来源

在机械制造中，齿轮的加工方法很多，按齿廓形成原理可分为：仿形法和展成法。

采用仿形法加工齿轮时，刀具的齿形与被加工齿轮的齿槽形状相同。常用盘铣刀和指状铣刀在铣床上铣齿，如图 7.1 所示。

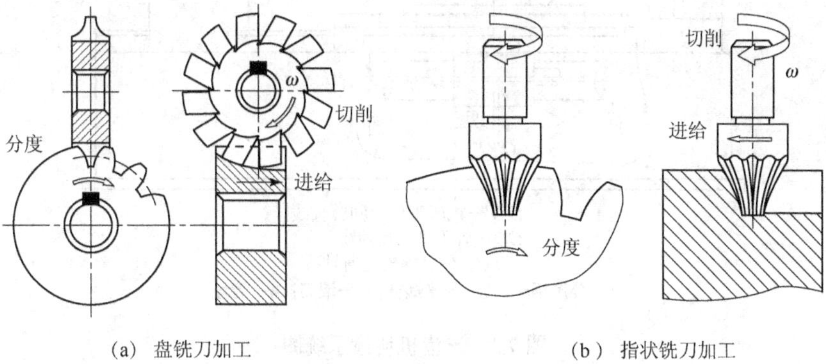

图 7.1 仿形法加工

采用展成法加工齿轮时，齿轮表面通过专用齿轮加工机床的展成运动形成渐开线齿面。常用齿轮插刀加工（插齿加工）和齿轮滚刀加工（滚齿加工）如图 7.2 所示。

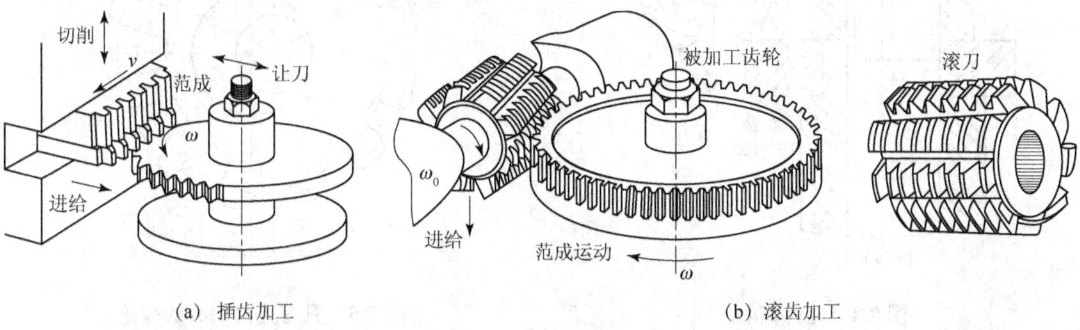

图 7.2 展成法加工

齿轮加工系统中的机床、刀具、齿坯的制造、安装等误差致使加工后的齿轮存在各种形式的误差。现以滚齿加工为例分析产生齿轮加工误差的主要原因，滚齿机切齿系统图如图 7.3 所示。

1. 几何偏心（$e_{几}$）

几何偏心（$e_{几}$）是由于加工时齿坯基准孔轴线（OO）与滚齿机工作台旋转轴线（$O'O'$）不重合而引起的安装偏心，如图 7.4 所示。几何偏心使加工过程中齿坯基准孔轴线与滚刀的距离产生变化，切出的齿一边短而宽，一边窄而长，加工出来的齿轮如图 7.5 所示。几何偏心引起齿轮径向误差，产生径向跳动，同时齿距和齿厚也产生周期性变化。

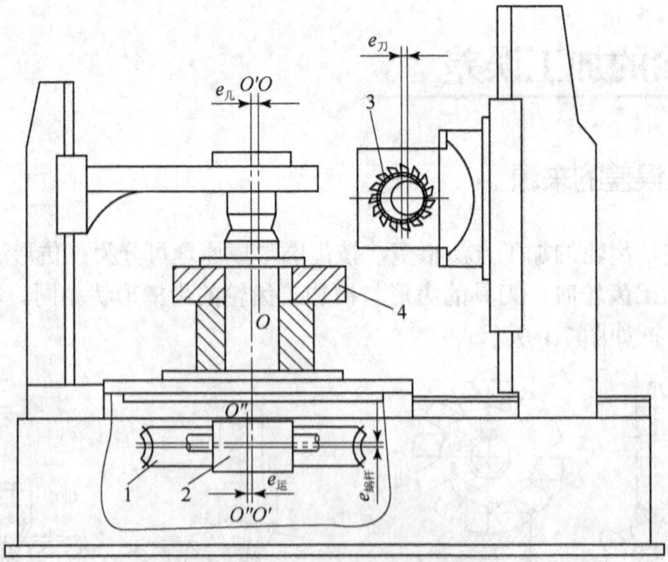

$O'O'$—机床工作台回转轴线；
OO—齿坯基准孔轴线；
$O''O''$—分度蜗轮几何轴线；
1—分度蜗轮；2—分度蜗杆；3—滚刀；4—齿坯

图 7.3　滚齿机切齿系统图

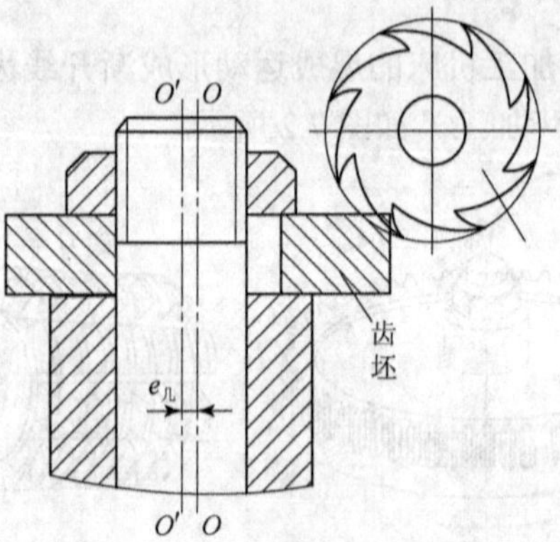

图 7.4　几何偏心

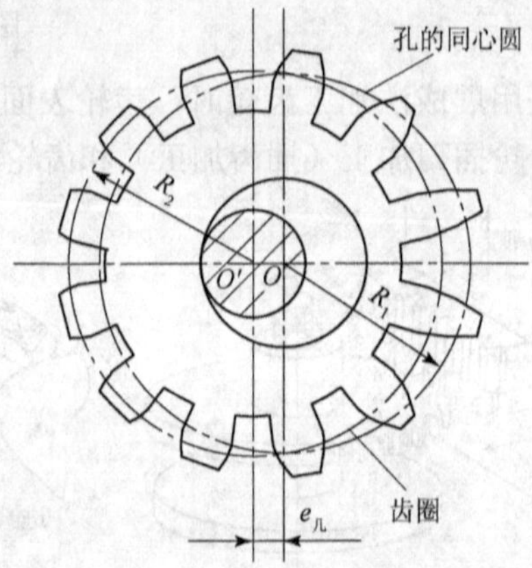

图 7.5　具有几何偏心的齿轮

2．运动偏心（$e_{运}$）

运动偏心（$e_{运}$）是由于齿轮加工机床分度蜗轮本身的制造误差以及安装过程中分度蜗轮轴线（$O''O''$）与工作台旋转轴线（$O'O'$）不重合引起的，如图 7.6 所示。运动偏心使齿坯相对于滚刀的转速不均匀，而使被加工齿轮的齿廓产生切向位移。加工齿轮时，蜗杆的线速度恒定不变，蜗轮、蜗杆中心距呈周期性变化，即蜗轮（齿坯）在一转内的转速呈现周期性变化。当角速度ω增加到$\omega+\Delta\omega$时，使被切齿轮的齿距和公法线都变长；当角速度由ω减小到$\omega-\Delta\omega$时，切齿滞后使齿距和公法线都变短，如图 7.7 所示，使齿轮产生切向周期性变换的切向误差。

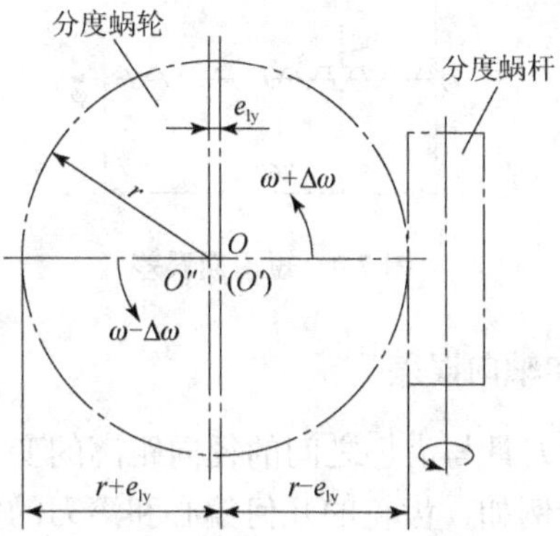

图 7.6　运动偏心

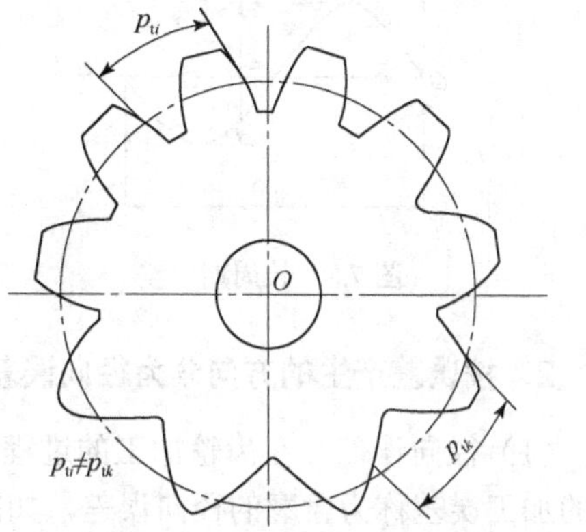

图 7.7　具有运动偏心的齿轮

3．机床传动链误差

加工直齿轮时，传动链中分度机构各元件的误差，尤其是分度蜗杆由于安装偏心引起的径向跳动和轴向窜动，将会造成蜗轮（齿坯）在一周范围内的转速出现多次变化，引起加工齿轮的齿距误差和齿形误差。加工斜齿轮时，除分度机构各元件的误差外，还受到传动链误差的影响。

4．滚刀的制造和安装误差

滚刀本身在制造过程中所产生的齿距、齿形等误差，都会在刀具加工齿轮的过程中被复映在被加工齿轮的每一个齿上，使被加工齿轮产生齿距误差和齿廓形状误差。

滚刀由于安装偏心，会使被加工齿轮产生径向误差。滚刀的轴向窜动及轴线歪斜，会使进刀方向与轮齿的理论方向产生误差，直接造成加工齿面沿齿长方向的歪斜，造成齿廓倾斜误差，将会影响载荷分布的均匀性。

7.2.2　齿轮误差的分类

由于齿轮加工过程中造成工艺误差的因素很多，齿轮加工后的误差形式也很多。为了便于分析齿轮各种误差的性质、规律以及对传动质量的影响，将齿轮的加工误差分类如下。

1．按误差出现的频率分为长周期（低频率）误差和短周期（高频率）误差

（1）长周期（低频率）误差是指齿轮回转一周出现一次的周期性误差，如图 7.8 所示。齿轮加工过程中由于几何偏心和运动偏心引起的误差均属于长周期误差，它以齿轮一转为周期，对齿轮一转内传递运动的准确性产生影响，高速时，还会影响齿轮传动的平稳性。

（2）短周期（高频率）误差是指齿轮转动一个齿距角的过程中出现一次或多次的周期性误差，如图 7.9 所示。齿轮加工过程中由于机床的传动链及滚刀的制造和安装误差引起的误差均属于短周期（高频率）误差，以分度蜗轮的一转或齿轮的一齿为周期，在工作台回转一转中多次出现，对齿轮传动的平稳性产生影响。

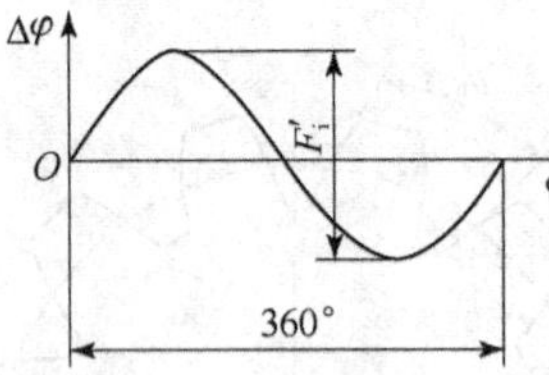

图 7.8 长周期误差

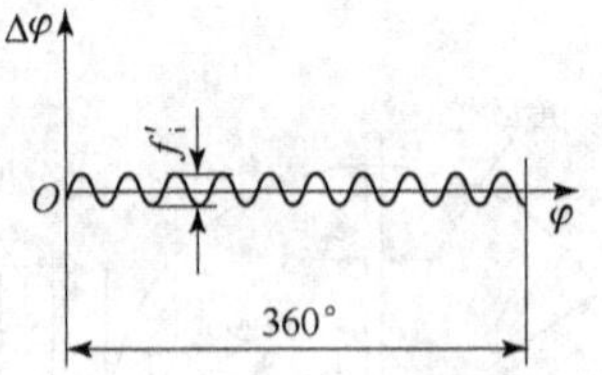

图 7.9 短周期误差

2．按误差产生的方向分为径向误差、切向误差和轴向误差

（1）径向误差。在齿轮加工的过程中，由于切齿刀具与齿坯之间的径向距离的变化而引起的加工误差称为齿廓的径向误差，如图 7.10 所示。例如，齿轮的几何偏心和滚刀的安装偏心，都会在切齿的过程中使齿坯相对于滚刀的距离发生变动，导致切出的齿廓相对于齿轮基准孔轴线产生径向位置变动，造成径向误差。

（2）切向误差。在齿轮加工的过程中，由于滚刀的运动相对于齿坯回转速度的不均匀，致使齿廓沿齿轮切线方向产生的误差称为齿廓切向误差，如图 7.10 所示。如分度蜗轮的运动偏心、分度蜗杆的径向跳动和轴向跳动以及滚刀的轴向跳动等，都会使齿坯相对于滚刀回转速度不均匀，产生切向误差。

（3）轴向误差。在齿轮加工过程中，由于切齿刀具沿齿轮轴线方向进给运动偏斜产生的加工误差称为齿廓的轴向误差，如图 7.10 所示。刀架导轨与机床工作台回转轴线不平行，齿坯安装偏斜等，均会造成齿廓的轴向误差。

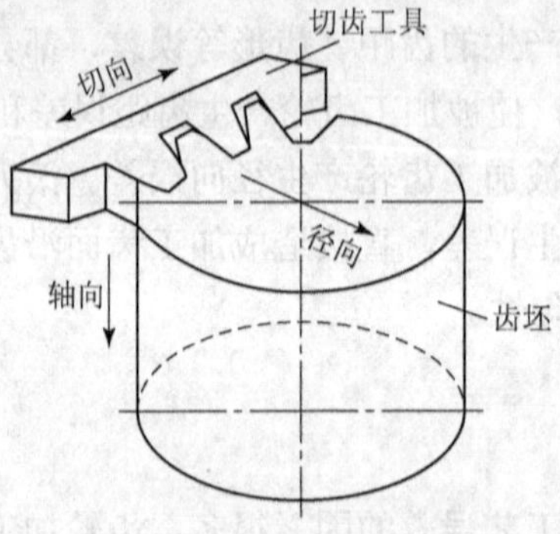

图 7.10 径向误差、切向误差和轴向误差

7.3 单个齿轮传动误差及其评定指标

7.3.1 影响传动准确性的误差及其评定指标

影响传动准确性是以齿轮一转为周期的误差（长周期误差），主要体现在齿轮轮齿中心与旋转中心不同轴，造成各轮齿相对于旋转中心不均匀分布，任意两齿距不相等，各齿齿高不相等，且齿距由小变大，再由大变小，在传动中产生转角误差，影响传递运动的准确性。另外，由于加工刀具安装位置偏差，使加工出的齿轮上各齿轮的形状和位置相对于旋转中心产生误差，也会造成传动中产生转角误差。影响齿轮传动准确性的参数如表 7.1 所示。

表 7.1　影响传动准确性的参数

参 数 符 号	含　义
切向综合总偏差 F_i' 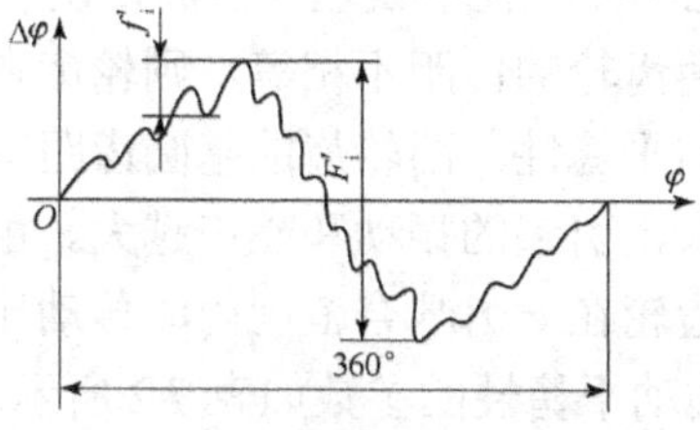 (a)	切向综合总偏差（F_i'）是指被测齿轮与理想精确的测量齿轮单面啮合时，在被测齿轮一转内，齿轮分度圆上实际圆周位移与公称圆周位移的最大差值，以分度圆弧长计值，如图（a）所示。 切向综合总偏差反映出由机床、刀具、工件系统的周期误差所造成的齿轮一转的转角误差，说明齿轮运动的不均匀性。切向综合总偏差是几何偏心、运动偏心及各种短周期误差综合影响的结果。切向综合总偏差是评定齿轮传递运动准确性较为完善的指标，反映了齿轮总的使用质量，更接近于实际使用情况
齿距累积总偏差 F_p 齿距累积偏差 F_{pk} 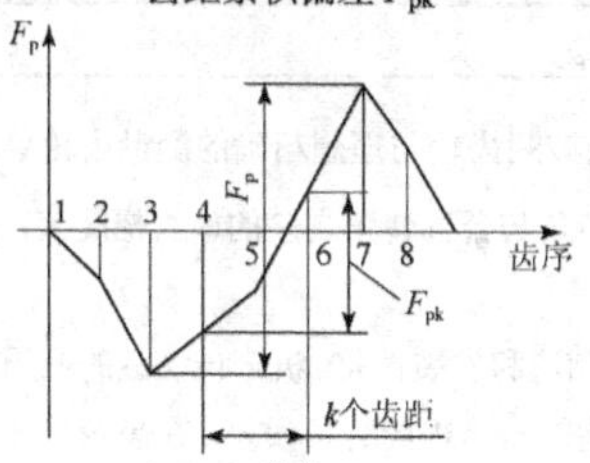 (b)	齿距累积偏差（F_{pk}）是指在端平面上，在分度圆上（国际规定允许在齿高中部测量）任意 k 个齿距间的实际弧长与理论弧长的代数差，如图（b）所示。k 值取 2 到小于 $Z/8$ 的整数。通常取 $Z/6$ 或 $Z/8$ 的最大整数。 齿距累积总偏差（F_p）是指在分度圆上（国家标准规定允许在齿高中部测量）任意两个同侧齿面间的实际弧长与公称弧长之差的最大绝对值，如图（b）所示。齿距累积总偏差反映齿轮一转中偏心误差引起的转角误差，因此齿距累积总偏差可代替切向综合总偏差作为评定齿轮运动准确性的指标。目前工厂中常用齿距累积总偏差来评定齿轮运动精度
径向跳动 F_r 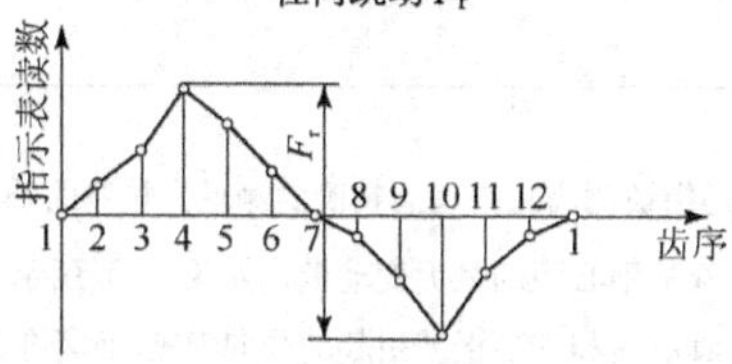 (c) 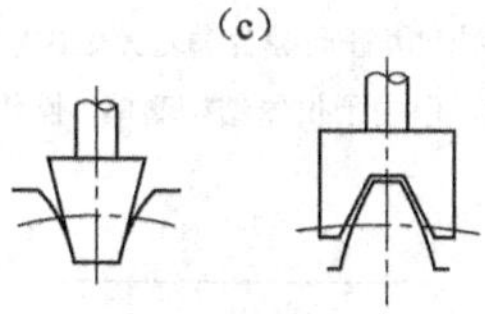 (d)	径向跳动（F_r）是指在齿轮一转范围内，测头在齿槽内（或轮齿上）与齿高中部双面接触，测头相对于齿轮轴线的最大变动量，如图（c），（d）所示。 径向跳动主要是由几何偏心引起的，反映了齿轮轮齿相对于旋转中心的偏心情况，此外，齿轮的基圆齿距偏差对其也有影响。但是，径向跳动不能反映运动偏心，所以不能完全反映齿轮传递运动的准确性
径向综合总偏差 F_i'' 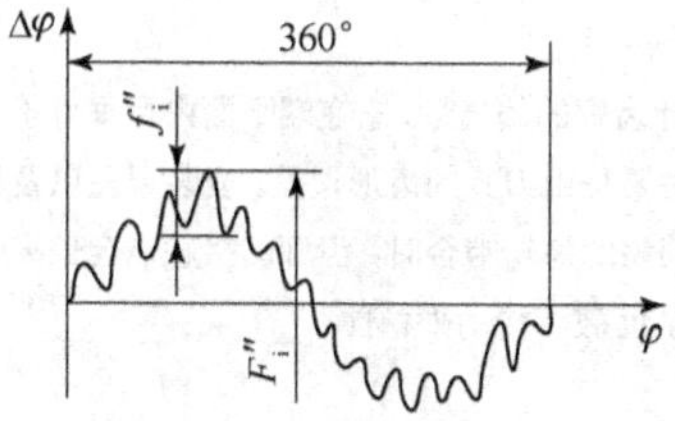 (e)	径向综合总偏差（F_i''）是指被测齿轮与理想精确的测量齿轮双面啮合时，在被测齿轮一转内的双啮中心距的最大变动量，如图（e）所示。 径向综合总偏差反映齿轮轮齿相对于旋转中心的偏心，同时对基节偏差和齿形误差也有所反映，因此可代替径向跳动来评定齿轮传递运动的准确性。由于径向综合总偏差只能反映齿轮的径向误差，而不能反映切向误差，故径向综合总偏差并不能确切和充分地用来表示齿轮的运动精度
公法线长度变动 ΔF_w 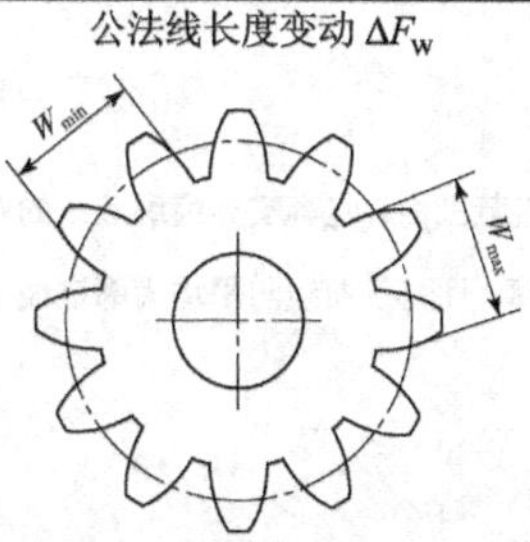 (f)	公法线长度变动（ΔF_w）是指在齿轮一周范围内，实际公法线长度最大值与最小值之差，如图（f）所示。 公法线长度变动是由运动偏心引起的。运动偏心使齿坯转速不均匀，引起切向误差，从而使各齿廓的位置在圆周上分布不均匀，使公法线长度在齿轮一圈中呈周期性变化。径向跳动不能体现齿圈上各齿的形状和位置误差，因此采用径向跳动与公法线长度变动组合，可以较全面反映出传递运动准确性的齿轮精度

7.3.2 影响传动平稳性的误差及其评定指标

影响传动平稳性主要是一齿啮合范围内引起瞬时传动比不断变化的误差（短周期误差）。两个齿正确啮合的条件之一是两齿轮的基圆齿距相等。若两齿轮的齿距不相等，则轮齿在进入或退出啮合时会产生撞击，引起振动和噪声，影响传动的平稳性。两轮齿的基圆齿距差值越大，则在进入啮合过程中引起的瞬时传动比的变化就越大，引起的振动和噪声越大。由共轭齿形的啮合状态可知，当实际齿形偏离渐开线时，会使齿轮在一齿啮合范围内的传动比不断变化，而引起振动和噪声，影响传动平稳性。影响齿轮传动平稳性的参数如表 7.2 所示。

表 7.2 影响齿轮传动平稳性的参数

<table>
<tr><th>参 数 符 号</th><th>含 义</th></tr>
<tr><td>一齿切向综合偏差 f_i'
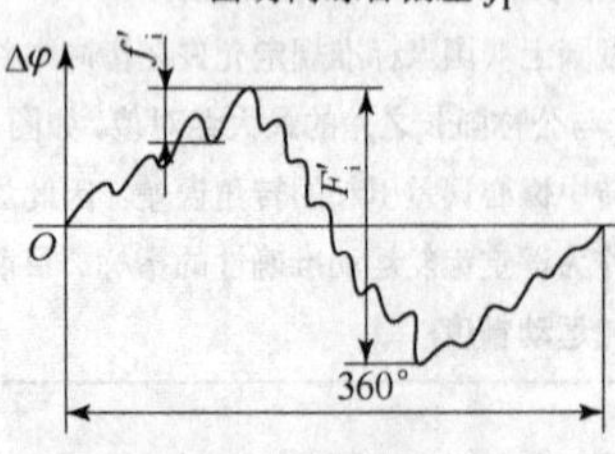

(a)</td><td>一齿切向综合偏差（f_i'）是指被测齿轮与理想精确的测量齿轮单面啮合时，在被测齿轮的一齿内，实际转角与公称转角之差的最大幅度值，以分度圆弧长计值，如图（a）所示。
一齿切向综合偏差是由刀具的制造和安装误差、机床传动链的短周期误差引起的。一齿切向综合偏差反映齿轮一齿内的转角误差，在齿轮一转中多次重复出现，综合反映了齿轮各种短周期误差，是评定齿轮传动平稳性精度的一项综合性指标</td></tr>
<tr><td>一齿径向综合偏差 f_i''
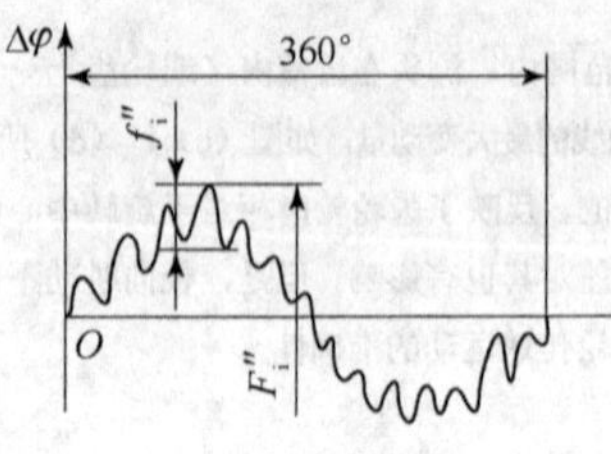

(b)</td><td>一齿径向综合偏差（f_i''）是指被测齿轮与理想精确的测量齿轮双面啮合时，在被测齿轮一齿距角内，双啮中心距的最大变动量，如图（b）所示。
一齿径向综合偏差只反映刀具制造和安装误差引起的径向误差，而不能反映出机床传动链周期切向误差。因此用一齿径向综合偏差评定齿轮传动平稳性不如用一齿切向综合偏差评定完善，但由于仪器结构简单，操作简单，在成批生产中仍广泛使用</td></tr>
<tr><td>齿廓总偏差 F_α
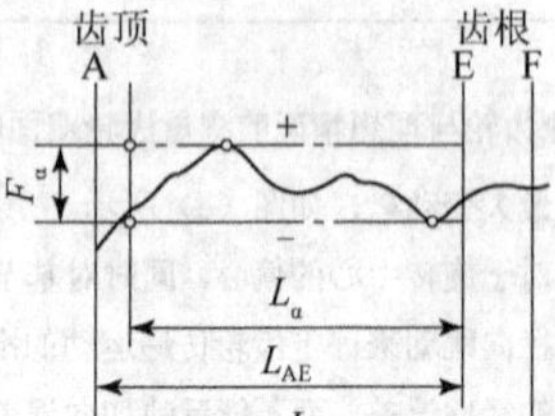

(c)</td><td>齿廓总偏差（F_α）是指在计值范围内，包容实际齿廓迹线的两条设计齿廓迹线间的距离，如图（c）所示。
齿廓偏差是指实际齿廓对设计齿廓的偏离量，它在端平面内且垂直于渐开线齿廓的方向计值。齿廓偏差主要是由刀具的齿形误差、安装误差以及机床分度链误差造成的。存在齿廓偏差的齿轮啮合时，齿廓的接触点会偏离啮合线，引起瞬时传动比的变化，从而破坏传动平稳性</td></tr>
<tr><td>齿廓形状偏差 $f_{f\alpha}$
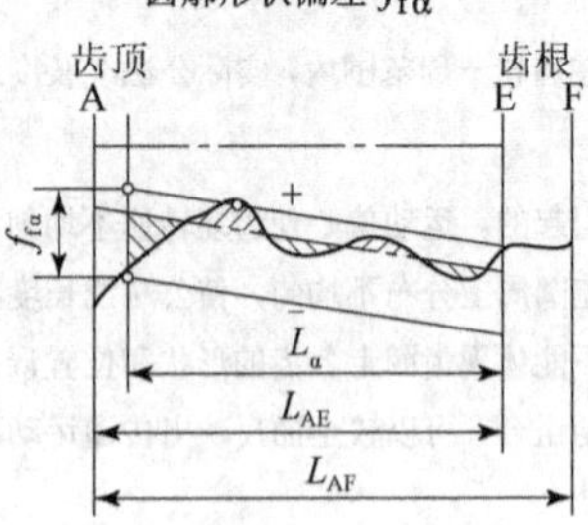

(d)</td><td>齿廓形状偏差（$f_{f\alpha}$）是指在计值范围内，包容实际齿廓迹线的两条与平均齿廓迹线完全相同的曲线间的距离，且两条曲线与平均齿廓迹线的距离为常数，如图（d）所示</td></tr>
</table>

续表

参 数 符 号	含　义
齿廓倾斜偏差 $f_{H\alpha}$ 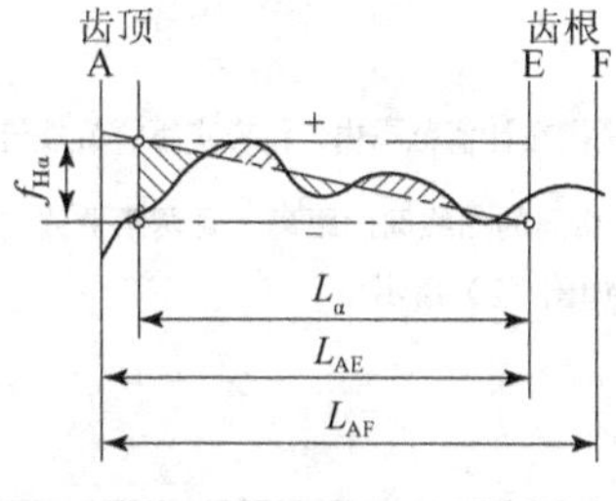 （e）	齿廓倾斜偏差（ $f_{H\alpha}$ ）是指在计值范围内，两端与平均齿廓迹线相交的两条设计齿廓迹线间的距离，如图（e）所示
基圆齿距偏差 f_{pb} 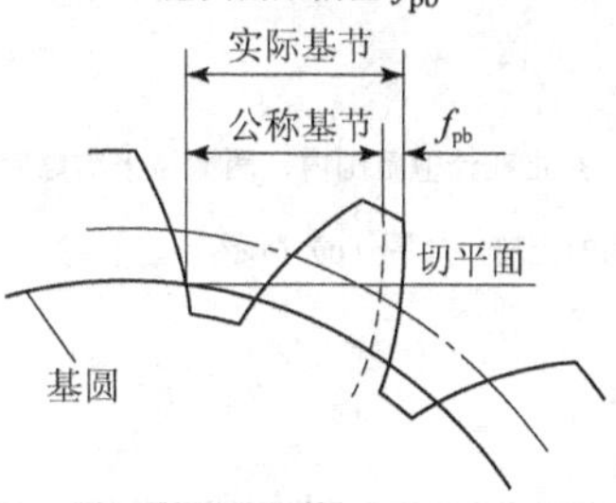 （f）	基圆齿距偏差（ f_{pb} ）是指实际基节与公称基节的代数差。实际基节是指基圆柱切平面所截两相邻同侧实际齿面的交线之间的法向距离，如图（f）所示。 基圆齿距偏差主要是由刀具的制造误差，包括刀具本身基节误差和齿形角误差造成的，与机床传动链误差无关。基圆齿距偏差使齿轮传动在齿与齿交替啮合瞬间发生冲击
单个齿距偏差 f_{pt} 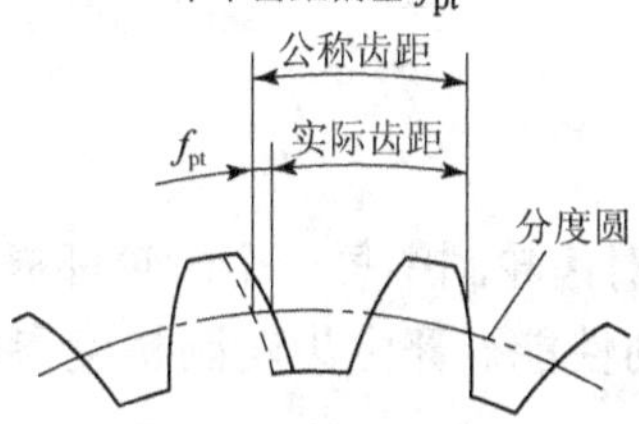 （g）	单个齿距偏差（ f_{pt} ）是指在分度圆上，实际齿距与公称齿距的代数差，如图（g）所示。公称齿距是指所有实际齿距的平均值。 单个齿距偏差在某种程度上反映基圆齿距偏差或齿廓形状偏差对齿轮传动平稳性的影响

7.3.3　影响载荷分布均匀性的误差及其评定指标

由于齿轮的制造和安装误差，一对齿轮在啮合过程中沿齿长方向和齿高方向都不是全齿接触的，实际接触线只是理论接触线的一部分，影响了载荷分布的均匀性。国标规定用螺旋线偏差来评定载荷分布均匀性。螺旋线偏差是指在端面基圆切线方向上，实际螺旋线对设计螺旋线的偏离量。影响载荷分布均匀性的参数如表 7.3 所示。

表 7.3　影响齿轮载荷分布均匀性的参数

参 数 符 号	含　义
螺旋线总偏差 F_β 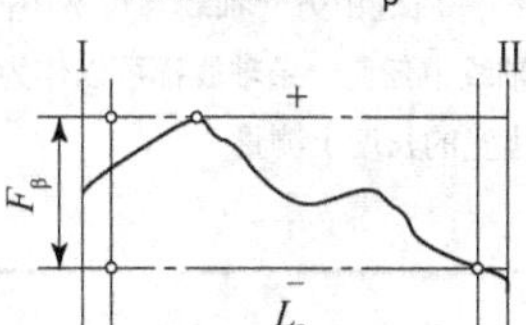 （a）	螺旋线总偏差（ F_β ）是指在计值范围内，包容实际螺旋线迹线的两条设计螺旋线迹线的距离，如图（a）所示。一般情况被测齿轮只需检测螺旋线总偏差即可。 实际齿线存在形位误差，使两齿轮啮合时的接触线只占理论长度的一部分，从而导致载荷分布不均匀。螺旋线总偏差是齿轮的轴向误差，是评定载荷分布均匀性的单项指标

续表

参数符号	含义
螺旋线形状偏差 $f_{f\beta}$ 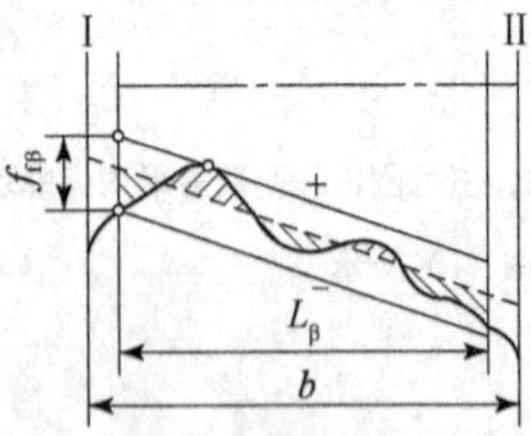 （b）	螺旋线形状偏差（$f_{f\beta}$）是指在计值范围内，包容实际螺旋线迹线的两条与平均螺旋线迹线完全相同的曲线间的距离，且两条曲线与平均螺旋线迹线的距离为常数，如图（b）所示
螺旋线倾斜偏差 $f_{H\beta}$ 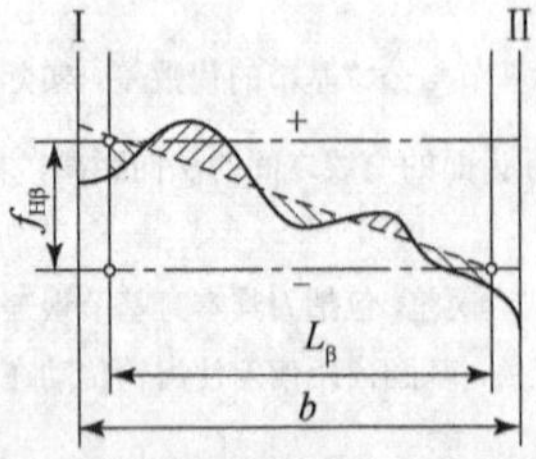 （c）	螺旋线倾斜偏差（$f_{H\beta}$）是指在计值范围内，两端与平均螺旋线迹线相交的设计螺旋线迹线间的距离，如图（c）所示

7.4 齿轮副误差及其评定指标

相互啮合的一对齿轮组成的传动机构称为齿轮副，虽然对齿轮副中每一个齿轮都提出精度要求，但齿轮副由于种种因素影响，也会影响齿轮传动的性能。评定齿轮副精度参数如表 7.4 所示。

表 7.4 评定齿轮副精度参数

参数符号	含义
轴线的平行度误差 轴线平面内的平行度误差 $f_{\Sigma\delta}$ 垂直平面上的平行度误差 $f_{\Sigma\beta}$ 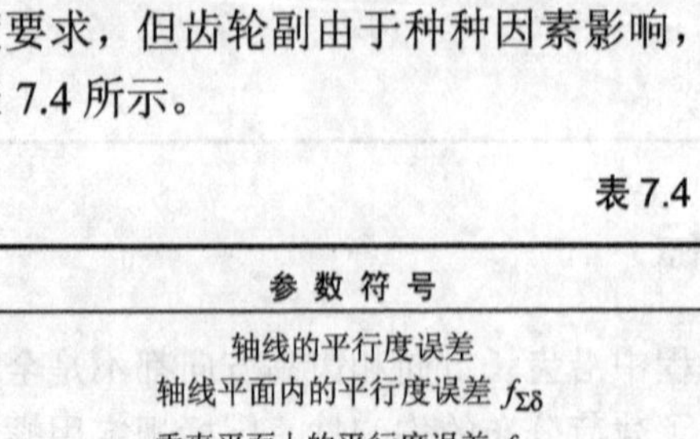 （a）	轴线的平行度误差的影响与向量的方向有关，有轴线平面内的平行度误差和垂直平面上的平行度误差。 轴线平面内的平行度误差（$f_{\Sigma\delta}$）是指一对齿轮的轴线在其基准平面上投影的平行度误差，如图（a）所示。 垂直平面上的平行度误差（$f_{\Sigma\beta}$）是指一对齿轮的轴线在垂直于基准平面且平行于基准轴线的平面上投影的平行度误差，如图（a）所示。 基准平面是包含基准轴线并通过由另一轴线与齿宽中间平面相交的点所形成的平面。两条轴线中任何一条轴线都可以作为基准轴线。 $f_{\Sigma\delta}$ 和 $f_{\Sigma\beta}$ 均在等于全齿宽的长度上测量

续表

参数符号	含义
中心距偏差 f_a 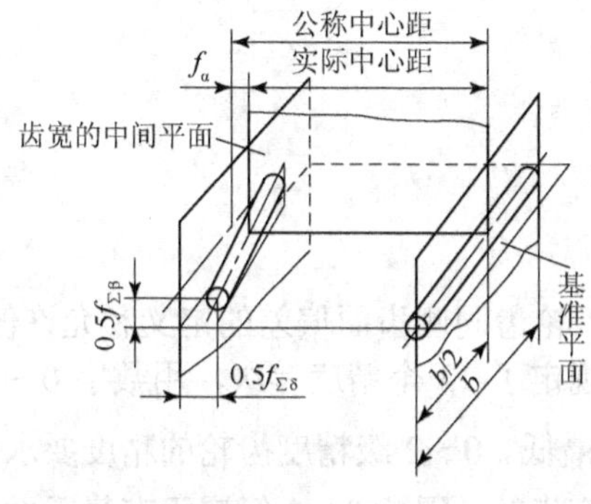 （b）	中心距偏差（f_a）是指齿轮副的齿宽中间平面内，实际中心距与公称中心距之差，如图（b）所示。它影响齿轮副的侧隙。 中心距偏差会影响齿轮工作时的侧隙，当实际中心距小于公称中心距时，会使侧隙减小；反之，会使侧隙增大
齿轮副的切向综合总偏差 F'_{ic} 齿轮副的一齿切向综合偏差 f'_{ic} 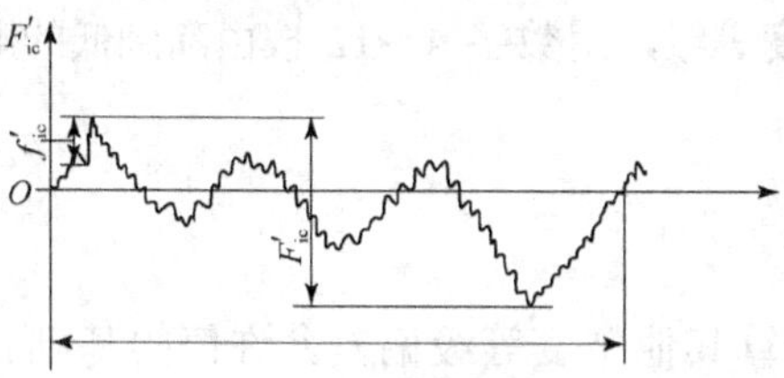 （c）	齿轮副的切向综合总偏差（F'_{ic}）是指安装好的齿轮副，在啮合转动足够多的转数内，一个齿轮相对于另一个齿轮的实际转角与公称转角之差的总幅度值，以分度圆弧长计值，如图（c）所示。一对工作齿轮的切向综合总偏差等于两齿轮的切向综合总偏差 F'_i 之和，是评定齿轮副的传递运动准确性的指标。 齿轮副的一齿切向综合偏差（f'_{ic}）是指安装好的齿轮副，在啮合转动足够多的转数内，一个齿轮相对于另一个齿轮，在一个齿距角内的实际转角与公称转角之差的最大幅度值，以分度圆弧长计值，如图（c）所示。齿轮副的一齿切向综合偏差是评定齿轮副传动平稳性直接的指标
接触斑点 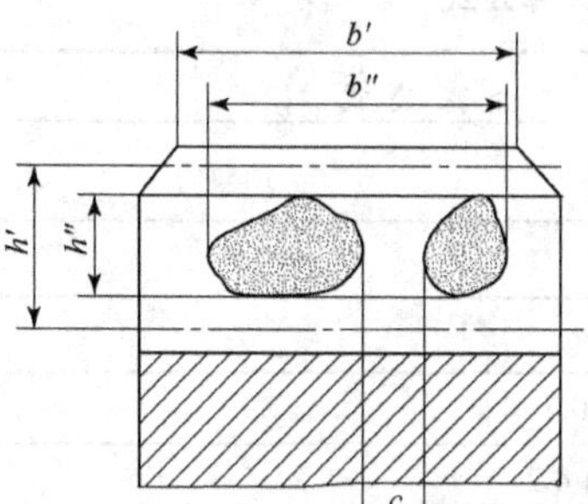 （d）	接触斑点是指安装好的齿轮副，在轻微制动下，运转后齿面上分布的接触擦亮痕迹，如图（d）所示。 接触痕迹的大小在齿面展开图上用百分数计算，沿齿长方向，为接触痕迹的长度与设计长度之比的百分数，即$[(b''-c)/b']\times100\%$；沿齿高方向，为接触痕迹的平均高度与设计工作高度之比的百分数，即$(h''/h')\times100\%$。 所谓“轻微制动”是指所加制动扭矩应以不使啮合齿面脱离，而又不致使任何零部件产生可以察觉的弹性变形为限度。 沿齿长方向的接触斑点主要影响齿轮副的承载能力，沿齿高方向的接触斑点高度主要影响工作平稳性。齿轮副的接触斑点综合反映了齿轮副的加工误差和安装误差，是评定齿轮接触精度的一项综合性指标。对接触斑点的要求，应标注在齿轮传动装配图的技术要求中
齿轮副的侧隙 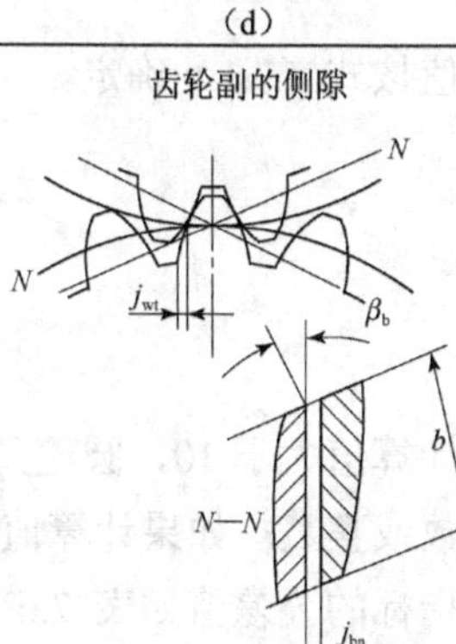 （e）	齿轮副的侧隙可分为圆周侧隙（j_{wt}）和法向侧隙（j_{bn}）。 圆周侧隙（j_{wt}）是指装配好的齿轮副中一个齿轮固定时，另一个齿轮圆周的晃动量，以分度圆上弧长计值，如图（e）所示。 法向侧隙（j_{bn}）是指装配好的齿轮副中两齿轮的工作面接触时，非工作齿面之间的法向距离，如图（e）所示。 法向侧隙与圆周侧隙之间的关系为：$j_{bn}=j_{wt}\cos\beta_b\cos\alpha$。 齿轮副的侧隙要求，应根据工作条件用最大极限侧隙与最小极限侧隙来规定

7.5 渐开线圆柱齿轮的精度设计

7.5.1 齿轮精度等级

1. 齿轮的精度等级

GB/T 10095.1—2008《圆柱齿轮 精度制 第 1 部分：轮齿同侧齿面偏差的定义和允许值》对轮齿同侧齿面偏差（双啮精度的公差 F_i''、f_i'' 除外）规定了 13 个精度等级，用数字 0～12 按由高到低的顺序排列，其中 0 级精度最高，12 级精度最低。0～2 级精度齿轮的精度要求非常高，目前我国只有极少数单位能够制造和测量 2 级精度齿轮，因此 0～2 级属于有待于发展的精度等级；而 3～5 级为高精度等级，6～9 级为中等精度等级，10～12 级为低精度等级。

GB/T 10095.2—2008《圆柱齿轮 精度制 第 2 部分：径向综合偏差与径向跳动的定义和允许值》对径向综合偏差（F_i''、f_i''）规定了 9 个精度等级，用数字 4～12 按由高到低的顺序排列，其中 4 级精度最高，12 级精度最低。

2. 齿轮的公差

齿轮精度 5 级为齿轮偏差的基本精度等级，是计算其他精度等级偏差允许值的基础。5 级精度等级允许值的计算公式如表 7.5 所示。

表 7.5 5 级精度的齿轮偏差允许值计算公式

序 号	齿轮偏差	计算公式
1	单个齿距偏差	$f_{pt}=0.3(m+0.4\sqrt{d})+4$
2	齿距累积偏差	$F_{pk}=f_{pt}+1.6\sqrt{(k-1)m}$
3	齿距累积总偏差	$F_p=0.3m+1.25\sqrt{d}+7$
4	齿廓总偏差	$F_\alpha=3.2\sqrt{m}+0.22\sqrt{d}+0.7$
5	螺旋线总偏差	$F_\beta=0.1\sqrt{d}+0.63+\sqrt{b}+4.2$

注：各计算式中 m、d、b、k 分别表示齿轮的法向模数、分度圆直径、齿宽（mm）和测量的齿距数。

齿轮精度指标任意精度的公差值可以根据 5 级精度的公差值按式（7.1）确定。

$$T_Q=T_5\cdot 2^{0.5(Q-5)} \tag{7.1}$$

式中 T_Q——Q 级精度的公差计算值；

T_5——5 级精度的公差计算值；

Q——Q 级精度的阿拉伯数字。

公差计算值中小数点后的数值应圆整，圆整规则为：如果计算值大于 10，圆整到最接近的整数；如果计算值小于 10，圆整到最接近的尾数为 0.5 的小数或整数；如果计算值小于 5，圆整到最接近尾数为 0.1 的倍数的小数或整数。齿轮各级精度指标的公差值如表 7.6～表 7.8 所示。

表 7.6　齿轮各级精度指标的公差和极限偏差

分度圆直径 d/mm	法向模数 m_n 或齿宽 b/mm	精度等级 0	1	2	3	4	5	6	7	8	9	10	11	12
齿轮传递运动准确性		齿距累积总偏差 F_p 值/μm												
$50<d\leqslant125$	$2<m_n\leqslant3.5$	3.3	4.7	6.5	9.5	13.0	19.0	27.0	38.0	53.0	76.0	107.0	151.0	241.0
	$3.5<m_n\leqslant6$	3.4	4.9	7.0	9.5	14.0	19.0	28.0	39.0	55.0	78.0	110.0	156.0	220.0
$125<d\leqslant280$	$2<m_n\leqslant3.5$	4.4	6.0	9.0	12.0	18.0	25.0	35.0	50.0	70.0	100.0	141.0	199.0	282.0
	$3.5<m_n\leqslant6$	4.5	6.5	9.0	13.0	18.0	25.0	36.0	51.0	72.0	102.0	144.0	204.0	288.0
齿轮传动平稳性		单个齿距偏差 $\pm f_{pt}$ 值/μm												
$50<d\leqslant125$	$2<m_n\leqslant3.5$	1.0	1.5	2.1	2.9	4.1	6.0	8.5	12.0	17.0	23.0	33.0	47.0	66.0
	$3.5<m_n\leqslant6$	1.1	1.6	2.3	3.2	4.6	6.5	9.0	13.0	18.0	26.0	36.0	52.0	73.0
$125<d\leqslant280$	$2<m_n\leqslant3.5$	1.1	1.6	2.3	3.2	4.6	6.5	9.0	13.0	18.0	26.0	36.0	52.0	73.0
	$3.5<m_n\leqslant6$	1.2	1.8	2.5	3.5	5.0	7.0	10.0	14.0	20.0	28.0	40.0	56.0	79.0
齿轮传动平稳性		齿廓总偏差 F_α 值/μm												
$50<d\leqslant125$	$2<m_n\leqslant3.5$	1.4	2.0	2.8	3.9	5.5	8.0	11.0	16.0	22.0	31.0	44.0	63.0	89.0
	$3.5<m_n\leqslant6$	1.7	2.4	3.4	4.8	6.5	9.5	13.0	19.0	27.0	38.0	54.0	76.0	108.0
$125<d\leqslant280$	$2<m_n\leqslant3.5$	1.6	2.2	3.2	4.5	6.5	9.0	13.0	18.0	25.0	36.0	50.0	71.0	101.0
	$3.5<m_n\leqslant6$	1.9	2.6	3.7	5.5	7.5	11.0	15.0	21.0	30.0	42.0	60.0	84.0	119.0
轮齿载荷分布均匀性		螺旋线总偏差 F_β 值/μm												
$50<d\leqslant125$	$20<b\leqslant40$	1.5	2.1	3.0	4.2	6.0	8.5	12.0	17.0	24.0	34.0	48.0	68.0	95.0
	$40<b\leqslant80$	1.7	2.5	3.5	4.9	7.0	10.0	14.0	20.0	28.0	39.0	56.0	79.0	111.0
$125<d\leqslant280$	$20<b\leqslant40$	1.6	2.2	3.2	4.5	6.5	9.0	13.0	18.0	25.0	36.0	50.0	71.0	101.0
	$40<b\leqslant80$	1.8	2.6	3.6	5.0	7.5	10.0	15.0	21.0	29.0	41.0	58.0	82.0	117.0

表 7.7　齿轮径向跳动公差值

分度圆直径 d/mm	法向模数 m_n/mm	精度等级 0	1	2	3	4	5	6	7	8	9	10	11	12
$50<d\leqslant125$	$2.0<m_n\leqslant3.5$	2.5	4.0	5.5	7.5	11	15	21	30	43	61	86	121	171
	$3.5<m_n\leqslant6.0$	3.0	4.0	5.5	8.0	11	16	22	31	44	62	88	125	176
$125<d\leqslant280$	$2.0<m_n\leqslant3.5$	3.5	5.0	7.0	10	14	20	28	40	56	80	113	159	225
	$3.5<m_n\leqslant6.0$	3.5	5.0	7.0	10	14	20	29	41	58	82	115	163	231

表 7.8　齿轮双啮精度指标的公差值

分度圆直径 d/mm	法向模数 m_n/mm	精度等级 4	5	6	7	8	9	10	11	12
齿轮传递运动准确性		径向综合总偏差 F_i'' 值/μm								
$50<d\leqslant125$	$1.5<m_n\leqslant2.5$	15	22	31	43	61	86	122	173	244
	$2.5<m_n\leqslant4.0$	18	25	36	51	72	102	144	204	288
	$4.0<m_n\leqslant6.0$	22	31	44	62	88	124	176	248	351
$125<d\leqslant280$	$1.5<m_n\leqslant2.5$	19	26	37	53	75	106	149	211	299
	$2.5<m_n\leqslant4.0$	21	30	43	61	86	121	172	243	343
	$4.0<m_n\leqslant6.0$	25	36	51	72	102	144	203	287	406
齿轮传动平稳性		一齿径向综合偏差 f_i'' 值/μm								
$50<d\leqslant125$	$1.5<m_n\leqslant2.5$	4.5	6.5	9.5	13	19	26	37	53	75
	$2.5<m_n\leqslant4.0$	7.0	10	14	20	29	41	58	82	116
	$4.0<m_n\leqslant6.0$	11	15	22	31	44	62	87	123	174
$125<d\leqslant280$	$1.5<m_n\leqslant2.5$	4.5	6.5	9.5	13	19	27	38	53	75
	$2.5<m_n\leqslant4.0$	7.5	10	15	21	29	41	58	82	116
	$4.0<m_n\leqslant6.0$	11	15	22	31	44	62	87	124	175

在国家标准（GB/T 10095—2001）中，根据齿轮加工误差的特性及它们对传动性能的影响，将齿轮各项公差与极限偏差分成三组，如表 7.9 所示。

表 7.9　齿轮的公差组

公　差　组	公差与偏差项目	对传动性能的影响
Ⅰ	$F_i', F_p, F_{pk}, F_i'', F_r, F_w$	传递运动的准确性
Ⅱ	$f_i', f_i'', f_f, f_{pt}, f_{pb}, f_{f\beta}$	传递运动的平稳性
Ⅲ	F_β, F_b	载荷分布的均匀性

根据使用要求不同，对三个公差组可以选用相同的公差等级，也可以选用不同的公差等级，但在同一公差组内，除非供需双方约定，否则各项公差与极限偏差应保持相同的精度等级。

关于齿轮的精度等级，应对三个公差组的精度等级分别说明。在设计和制造齿轮时，以三个公差组中最高级别来考虑齿轮的精度；在检查和验收时，以三个公差组中的最低精度来评定齿轮的精度等级。

3. 齿坯的精度

齿坯是指切齿工序前的工件（毛坯），齿坯的精度对切齿工序的精度有很大的影响，适当提高齿坯的精度，可以获得较高的齿轮精度，而且比提高切齿工序的精度更为经济。

齿坯的尺寸公差如表 7.10 所示。

表 7.10　齿坯尺寸公差

齿轮精度等级		5	6	7	8	9	10	11	12
孔	尺寸公差	IT5	IT6	IT7		IT8		IT9	
轴	尺寸公差	IT5		IT6		IT7		IT8	
顶圆直径		±0.05m							

由于齿轮的齿廓、齿距等要素的精度都是相对于其轴线定义的，因此，齿坯的精度要求主要体现在对基准轴线和相关要素形位公差的要求上。

齿坯的工作基准主要有三种确定方法：

（1）一个长圆柱（锥）面的轴线，如图 7.11 所示。

（2）垂直于一个端平面且通过一个短圆柱面的轴线，如图 7.12 所示。

（3）两个短圆柱（锥）面的公共轴线，如图 7.13 所示。

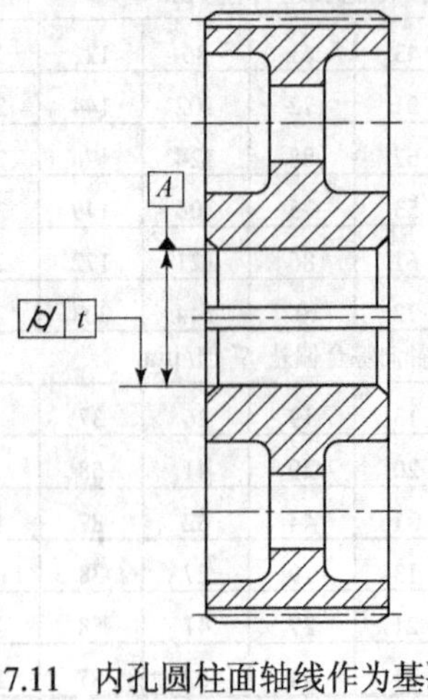

图 7.11　内孔圆柱面轴线作为基准

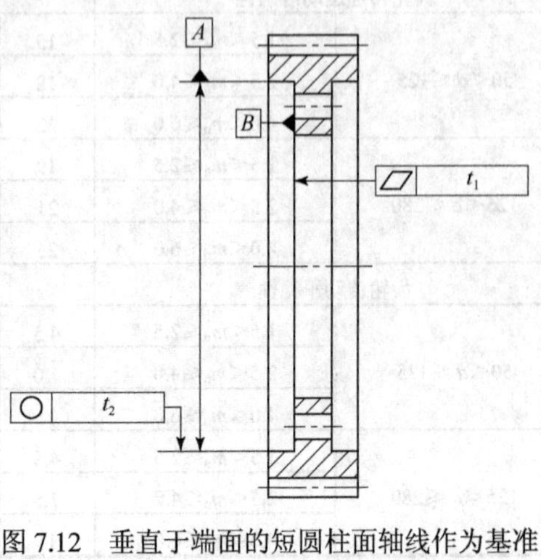

图 7.12　垂直于端面的短圆柱面轴线作为基准

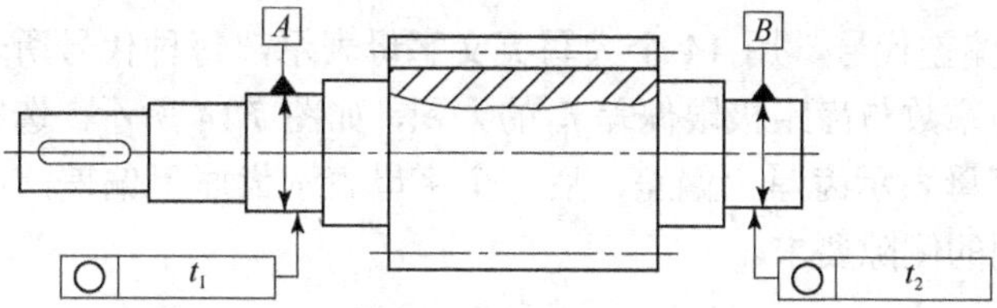

图 7.13　两个短圆柱面公共轴线作为基准

齿坯基准面的精度对齿轮的加工质量有很大影响，应控制其形位公差，国家标准规定值如表 7.11 所示。

表 7.11　齿坯形位公差推荐值

公 差 项 目	公 差 值	
圆　度	0.04（L/b）F_β 或 0.1 F_p，取两者中的小值	
圆柱度	0.04（L/b）F_β 或 0.1 F_p，取两者中的小值	
平面度	0.06（D_d/b）F_β	
圆跳动	径向	0.15（L/b）F_β 或 0.3 F_p 取两者中的大值
	端面	0.2（D_d/b）F_β

注：L——支承齿轮所在轴的轴承跨距；D_d——齿坯基准面直径；b——齿轮宽度。

齿轮各表面粗糙度 Ra 推荐值如表 7.12 所示。

表 7.12　表面粗糙度推荐值

齿轮精度等级	Ra/μm	
	m<6	6≤m≤25
5	0.5	0.63
6	0.8	1.00
7	1.25	1.60
8	2.0	2.5
9	3.2	4.0
10	5.0	6.3
11	10.0	12.5
12	20	25

7.5.2　齿轮副侧隙

在一对装配好的齿轮副中，侧隙是相互啮合轮齿间的间隙，是齿轮在节圆上齿槽宽度超过相啮合齿轮齿厚的量。在齿轮的设计中，为了保证传动比恒定，消除反向的空程和减小冲击，都是按照无侧隙啮合进行设计的。但在实际生产过程中，为了保证齿轮良好的润滑，补偿齿轮因制造误差、安装误差以及热变形等对齿轮传动造成的不良影响，必须在非工作面留有侧隙。

齿轮副侧隙是在齿轮装配后自然形成的，侧隙的大小主要取决于齿厚和中心距。在最小中心距条件下，通过改变齿厚偏差来获得大小不同的齿侧间隙。

由于侧隙用减小齿厚来获得，因此可以用齿厚极限偏差来控制侧隙大小。国家标准中规定了 14 种齿厚极限偏差代号，用 14 个大写英文字母表示，每种代号所表示的齿厚极限偏差值为该代号所对应的系数与齿距极限偏差 f_{pt} 的乘积，如图 7.14 所示。选取其中两个字母组成侧隙代号，前一个字母表示齿厚上偏差，后一个字母表示齿厚下偏差，由上下偏差组成齿厚公差带，以满足不同的侧隙要求。

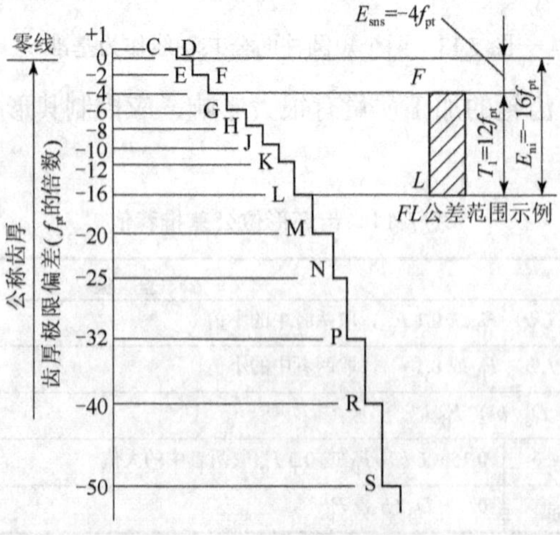

图 7.14　齿厚极限偏差

国家标准规定，当所选的齿厚极限偏差超出图中所列代号时，允许自行规定。

1. 齿厚极限偏差的确定

齿厚极限偏差的确定一般采用计算法。

1）确定齿轮副所需的最小法向侧隙

齿轮副的侧隙按齿轮的工作条件确定，与齿轮的精度等级无关。在工作时有较大温升的齿轮，为避免发热卡死，要求有较大的侧隙。对于需要正反转或有读数机构的齿轮，为避免空程影响，则要求较小的侧隙。设计齿轮的最小法向侧隙（ $j_{bn\,min}$ ）应足以补偿齿轮工作时温升所引起的变形，并保证正常滑润。对于用黑色金属材料制造的齿轮及箱体，齿轮工作时节圆线速度小于 15m/s 时，可按式（7.2）确定，国家标准对最小侧隙推荐数值如表 7.13 所示。

$$j_{bn\,min}=\frac{2}{3}(0.06+0.000\,5a+0.03m) \qquad (7.2)$$

表 7.13　最小侧隙推荐数值

模数 m/mm	中心距 a/mm			
	100	200	400	800
1.5	0.09	0.11	—	—
2	0.10	0.12	—	—
3	0.12	0.14	0.24	—
5	—	0.18	0.28	—
8	—	0.24	0.34	0.47

2）确定齿厚的上偏差

确定齿轮副中两个齿轮齿厚的上偏差 E_{sns1} 和 E_{sns2} 时，应考虑除保证形成齿轮副所需的最小极限侧隙外，还要补偿由于齿轮的制造误差和安装误差所引起的侧隙减小量。因此，齿厚上偏差取决于侧隙而与齿轮精度无关。由于实际齿轮是在公称齿厚基础上减薄一定数值来获得齿侧间隙的，故齿厚的上、下偏差均为负值。

在齿轮副中，两齿轮的齿厚上偏差一般采用等值分配，即 $E_{sns1}=E_{sns2}=E_{sns}$，则齿厚上偏差按式（7.3）确定。

$$E_{sns} = -\frac{j_{bn\min}}{2\cos\alpha} \tag{7.3}$$

如果采用不等值分配，一般大齿轮的齿厚减薄量略大于小齿轮的齿厚减薄量，以尽量保证小齿轮的齿轮强度。

3）确定齿厚公差 T_{sn} 和齿厚下偏差 E_{sni}

齿厚公差 T_{sn} 反映齿厚的允许变动范围，应按齿轮加工的技术水平或由实践经验确定。齿厚公差由齿圈径向跳动公差和切齿时径向进刀公差 b_r 组成，可按式（7.4）确定。

$$T_{sn} = \sqrt{F_r^2 + b_r^2} \cdot 2\tan\alpha_n \tag{7.4}$$

式中　F_r——齿圈径向跳动公差；

b_r——切齿时径向进刀公差，大小如表 7.14 所示。

表 7.14　切齿径向进刀公差 b_r

公 差 等 级	4	5	6	7	8	9
b_r/ μm	1.26（IT7）	IT8	1.26（IT8）	IT9	1.26（IT9）	IT10

注：表中 IT 值按齿轮分度圆直径从标准公差数值表中查取。

齿厚下偏差 E_{sni} 可按式（7.5）确定。

$$E_{sni} = E_{sns} - T_{sn} \tag{7.5}$$

4）确定齿厚极限偏差代号

按上述方法确定的齿厚上、下偏差一般应标准化，即确定相应的字母代号。将齿厚上、下偏差分别除以齿距极限偏差 f_{pt}，根据 E_{sns}/f_{pt} 和 E_{sni}/f_{pt} 值，从图 7.14 中选取相应的齿厚极限偏差代号。

如果齿侧间隙要求严格或侧隙大，无法采用国标 14 种代号表示，则允许直接用齿厚极限偏差标注。

2．计算公法线平均长度上偏差 E_{wms}、下偏差 E_{wmi} 和公差 T_{wm}

如前所述，公法线平均长度极限偏差能反映齿厚减薄的情况，且测量准确、方便。因此，对于外齿轮可以用公法线平均长度的极限偏差代替齿厚极限偏差，换算关系如式（7.6）～式（7.8）所示。

$$E_{wms} = E_{sns}\cos\alpha_n - 0.72F_r\sin\alpha_n \tag{7.6}$$

$$E_{wmi} = E_{sni}\cos\alpha_n + 0.72F_r\sin\alpha_n \tag{7.7}$$

$$T_{wm} = T_{sn}\cos\alpha_n - 1.442F_r\sin\alpha_n \tag{7.8}$$

用计算法确定齿厚上、下偏差的代号比较麻烦。对一般的传动齿轮，也可参考《机械设计手册》，用类比法确定。

7.5.3 齿轮精度的标注与设计

1. 齿轮精度的标注

齿轮精度指标在图样上的标注按照 GB/T 10095.1—2008 标准执行。

2. 齿轮精度设计

1）确定齿轮的精度等级

选择齿轮的精度等级时，必须以齿轮传动的用途、使用条件以及对它的技术要求为依据，即要考虑齿轮的圆周速度，所传递的功率，工作持续时间，工作规范，对传递运动的准确性、平稳性、无噪声和振动性的要求。

确定齿轮精度等级的方法有计算法和类比法两种。由于影响齿轮传动精度的因素多而复杂，按计算法确定齿轮精度比较困难。类比法是根据以往产品设计、性能试验、使用过程中所积累的经验以及较可靠的技术资料进行对比，从而确定齿轮的精度等级。

生产实践中各级精度等级的齿轮应用如表 7.15 所示。

表 7.15 齿轮精度等级的应用

齿轮用途	精度等级	齿轮用途	精度等级	齿轮用途	精度等级
测量齿轮	2～5	轻型汽车	5～8	轧钢机	5～10
汽轮机减速器	3～6	机车	6～7	起重机械	6～10
金属切削机床	3～8	通用减速器	6～8	矿山绞车	8～10
航空发动机	3～7	载重汽车、拖拉机	6～9	农业机械	8～10

在机械传动中应用最多的齿轮既传递运动又传递动力，其精度等级与圆周速度密切相关。因此可计算出齿轮的最高圆周速度，再选用齿轮精度等级，如表 7.16 所示。

表 7.16 齿轮精度等级的选用

精度等级	圆周速度（m/s）		齿面的终加工	工作条件
	直齿	斜齿		
3 级（极精密）	～40	～75	特别精密的磨削和研齿；用精密滚刀或单边剃齿后的大多数不经淬火的齿轮	要求特别精密的或在最平稳且无噪声的特别高速下工作的齿轮传动；特别精密机构中的齿轮；特别高速传动（透平齿轮）；检测 5～6 级齿轮用的测量齿轮
4 级（特别精密）	～35	～70	精密磨齿；用精密滚刀和插齿或单边剃齿后的大多数齿轮	特别精密分度机构中或在最平稳且无噪声的极高速下工作的齿轮传动；特别精密分度机构中的齿轮；调整透平传动；检测 7 级齿轮用的测量齿轮
5 级（高精密）	～20	～40	精密磨齿；大多数用精密滚刀加工，进而挤齿或剃齿的齿轮	精密分度机构中或要求极平稳且无噪声的高速工作的齿轮传动；精密机构用齿轮；透平齿轮；检测 8 级和 9 级齿轮用测量齿轮
6 级（高精密）	～16	～30	精密磨齿或剃齿	要求最高效率且无噪声的调整下平衡工作的齿轮传动或分度机构的齿轮传动；特别重要的航空、汽车齿轮；读数装置用特别精密传动的齿轮
7 级（精密）	～10	～15	无须热处理仅用精确刀具加工的齿轮；至于淬火齿轮必须精整加工（磨齿、挤齿、珩齿等）	增速和减速用齿轮传动；金属切削机床送刀机构用齿轮；调整减速器用齿轮；航空、汽车用齿轮；读数装置用齿轮
8 级（中等精密）	～6	～10	不磨齿，必要时光整加工或对研	无须特别精密的一般机械制造用齿轮；包括在分度链中的机床传动齿轮；飞机、汽车制造业中的不重要齿轮；起重机构用齿轮；农业机械中的重要齿轮，通用减速器齿轮
9 级（较低精度）	～2	～4	无须特殊光整工作	用于粗糙工作的齿轮

2）确定检验项目

考虑选用齿轮检验项目的因素很多，概括起来大致有以下几方面。

①齿轮的精度等级和用途；②检验的目的，是工序间检验还是完工检验；③齿轮的切齿工艺；④齿轮的生产批量；⑤齿轮的尺寸大小和结构形式；⑥生产企业现有测试设备情况等。

齿轮精度标准 GB/T 10095.1—2008 及其指导性技术文件中给出的偏差项目虽然很多，但作为评价齿轮质量的客观标准，齿轮质量的检验项目应该主要是单向指标，即齿距偏差、齿廓总偏差、螺旋线总偏差及齿厚极限偏差。标准中给出的其他参数，一般不是必检项目，而是根据供需双方的具体要求协商确定的，推荐检验组如表 7.17 所示。

表 7.17　推荐的齿轮检验组

检验组	检验项目	适用等级	测量仪器
1	F_p、F_α、F_β、E_{sn}	3～9	齿距仪、齿形仪、齿向仪、齿厚卡尺
2	F_p、F_{pk}、F_α、F_β、E_{sn}	3～9	齿距仪、齿形仪、导程仪、公法线千分尺
3	F_p、f_{pt}、F_α、F_β、E_{sn}	3～9	齿距仪、齿形仪、齿向仪、公法线千分尺
4	F_i''、f_i''、F_β、E_{sn}	6～9	双面啮合测量仪、齿厚卡尺、齿向仪
5	F_r、f_{pt}、F_β、E_{sn}	8～12	摆差测定仪、齿距仪、齿厚卡尺
6	F_i'、f_i'、F_β、E_{wm}	3～6	单啮仪、齿向仪、公法线千分尺
7	F_r、f_{pt}、F_β、E_{wm}	10～12	摆差测量仪、齿距仪、公法线千分尺

3）确定最小侧隙和计算齿厚偏差

参照本章 7.5.2 节的内容，由齿轮副的中心距合理地确定最小侧隙值，计算确定齿厚极限偏差。

4）确定齿坯公差和表面粗糙度

根据齿轮的工作条件和使用要求，参考 GB/Z 18620.3—2008《圆柱齿轮　检验实施规范　第 3 部分：齿轮坯、轴中心距和轴线平行度的检验》、GB/Z 18620.4—2008《圆柱齿轮　检验实施规范　第 4 部分：表面结构和轮齿接触斑点的检验》确定齿坯的尺寸公差、形位公差和表面粗糙度。

5）绘制齿轮工作图

绘制齿轮工作图，填写规格数据表，标注相应的技术要求。

【工程实例 7.1】　齿轮的精度设计

如附录 B 的图 B-2 所示减速箱装配图中，输出轴上直齿圆柱齿轮，已知：模数 m=3.0mm，输入轴齿数 Z_1=26，输出轴齿数 Z_2=76，齿形角 α=20，齿宽 b=63mm，中心矩 a=153mm，孔径 D=60mm，输出转速 n=500r/min，轴承跨距 L=110mm，齿轮材料为 45 钢，减速器箱体为铸铁，齿轮工作温度 55℃，小批量生产。

试确定齿轮的精度等级、检验组、有关侧隙的指标、齿轮坯公差和表面粗糙度，绘制齿轮工作图。

解：

（1）确定齿轮的精度等级

普通减速器传动齿轮，由表 7.15 初步选定，齿轮的精度等级在 6～8 级。根据齿轮输出轴转速 n=500r/min，齿轮的圆周速度为

$$v = \frac{\pi dn}{1\,000 \times 60} = \frac{3.14 \times 3 \times 76 \times 500}{1\,000 \times 60} \approx 5.96\text{m/s}$$

由表 7.16 确定齿轮的精度等级为 8 级。

（2）确定检验项目

普通减速器传动齿轮，小批量生产，中等精度，无振动、噪声等特殊要求，由表 7.17 选用第 1 检验组（F_p、F_α、F_β、E_{sn}）。

减速器从动齿轮的分度圆直径 $d = m \times Z_2 = 3 \times 76 = 228\text{mm}$。

由表 7.6 得 $F_p = 0.070\text{mm}$；

由表 7.6 得 $F_\alpha = 0.025\text{mm}$；

齿宽 b=63mm，由表 7.6 得 $F_\beta = 0.029\text{mm}$；

由表 7.7 得 $F_r = 0.056\text{mm}$。

（3）确定最小侧隙和计算齿厚偏差

减速器中两齿轮中心距：$a = \dfrac{m(Z_1 + Z_2)}{2}$=153mm

按式（7.2）计算或查表 7.13 得最小侧隙为

$$j_{\text{bn min}} = \frac{2}{3}(0.06 + 0.000\,5a + 0.03m) = 0.151\text{mm}$$

由式（7.3）得齿厚上偏差 E_{sns} 为

$$E_{sns} = -\frac{j_{\text{bn min}}}{2\cos\alpha} = -0.080\text{mm}$$

由表 7.14 得 b_r=1.26×IT9=0.145mm。

从表 7.6 中，依据 8 精度级，分度圆直径 228，模数 3，查得齿距偏差 f_{pt}=20μm。

$\dfrac{E'_{sns}}{f_{pt}} = \dfrac{-0.080}{0.020} = -4$，查图 7.14 可选齿厚上偏差代号为 F。

因此，齿厚上偏差为：$E_{sns} = -4f_{pt} = -4 \times 20\mu\text{m} = -80\mu\text{m}$

由式（7.4）得齿厚公差 T_{sn} 为

$$T_{sn} = \sqrt{F_r^2 + b_r^2} \cdot 2\tan\alpha = 0.112\text{mm}$$

由式（7.5）得齿厚下偏差 E_{sni} 为

$$E_{sni} = E_{sns} - T_{sn} = -80-112 = -192\mu\text{m}$$

$\dfrac{E'_{sni}}{f_{pt}} = \dfrac{-0.192}{0.020} = -9.6$，查图 7.14 可选齿厚下偏差代号为 J。

因此，齿厚下偏差为

$$E_{sns} = -10f_{pt} = -10 \times 20\mu\text{m} = -200\mu\text{m}$$

（4）确定齿坯公差和表面粗糙度

内孔尺寸偏差：内孔精度等级为 IT7。查表 7.10 得 $\phi60\text{H7}\,Ⓔ = \phi60^{+0.030}_{0}\,Ⓔ\text{mm}$。

齿顶圆直径偏差：当以齿顶圆作为测量齿厚的基准时，齿顶圆直径为

$$d=(Z_2+2)m=234\text{mm}$$

齿顶圆直径极限偏差为

$$\pm T_{\rm d}=\pm 0.05m=\pm 0.15\text{ mm}$$

各基准面的形位公差：

内孔圆柱度公差 t_1，由表 7.11 得 t_1=0.002mm；

端面圆跳动公差 t_2，由表 7.11 得 t_2=0.015mm；

齿顶圆径向圆跳动公差 t_3，由表 7.11 得 t_3=0.002mm。

齿轮表面粗糙度：

查表 7.12 确定齿轮表面粗糙度。

齿轮齿面粗糙度：硬齿面 *Ra*≤1.6 μm；齿坯内孔 *Ra* 上限值 1.6μm；端面 *Ra* 上限值 3.2 μm；顶圆 *Ra* 上限值 6.3 μm；其余表面粗糙度上限值 12.5 μm。

（5）绘制齿轮工作图

绘制齿轮工作图主要部分如图 7.15 所示，填写规格数据表如表 7.18 所示，标注相应的技术要求。

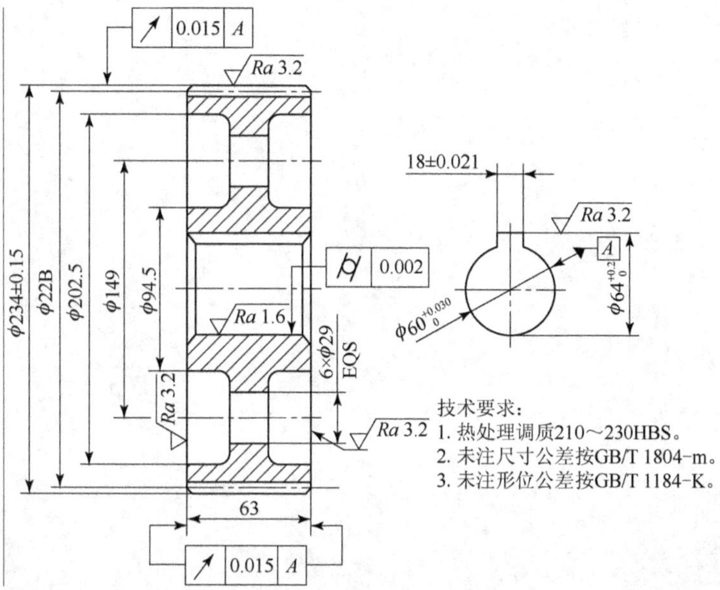

图 7.15　齿轮工作图

表 7.18　齿轮规格数据表

模数	m	3
齿数	Z	76
齿形角	α	20°
精度	8	GB/T 10095.1—2008
齿距累积总偏差	$F_{\rm p}$	0.070
径向跳动	$F_{\rm r}$	0.056
齿廓总偏差	F_{α}	0.025
螺旋线总偏差	F_{β}	0.029

7.6 习题

1．齿轮传动有哪些方面的要求？

2．齿轮加工误差产生的原因有哪些？

3．如何选择齿轮的精度等级？

4．F_α 和 $f_{f\alpha}$ 有什么区别？

5．齿轮副所需的最小侧隙如何确定？最小侧隙的大小与齿轮的精度等级是否有关系？

6．某通用减速器中有一对直齿圆柱齿轮副，模数 m=4mm，小齿轮的齿数 Z_1=30，齿宽 b_1=40mm，大齿轮的齿数 Z_2=96，齿宽 b_2=40mm，齿形角 α=20°。两齿轮的材料为 45 钢，箱体材料为 HT200；齿轮工作温度为 60℃，转速为 n=1 280r/min，小批量生产。试确定齿轮的精度等级、检验组、有关侧隙的指标、齿轮坯公差和表面粗糙度，绘制齿轮工作图。

第 8 章　机械系统的精度设计

在机械产品的设计过程中，一般要进行三方面的计算：运动分析与计算，强度和刚度的分析与计算，几何精度的分析与计算，其中几何精度的分析与计算就是机械系统的精度设计。

8.1　概述

机械产品的精度设计是机械设计与制造中的重要环节，尺寸精度是机械零件基本几何精度的主体，形状和位置精度是基本几何精度的重要组成部分。机器的几何精度的分析与计算是多方面的，但归结起来，设计人员总是要根据给定的整机精度，最终确定出各个组成零件的精度，如尺寸公差、形状和位置公差，以及表面粗糙度等参数值。

8.1.1　精度设计在机械设计中的地位及其发展

通常，精度影响产品性能的各个方面，诸如噪声水平、运转平稳性、加工经济性、外观宜人性等。精度设计是否正确、合理，对产品的使用性能和制造成本，对企业生产的经济效益和社会效益都有着重要的影响，有时甚至起决定作用。精度提高必然带来产品成本费用的提高，现实生产中是以满足功能要求且考虑生产过程的经济性来控制精度的。客观上，精度设计分别在两个领域中进行，即产品设计过程中的精度设计和零件加工、装配工艺设计过程中的精度设计。通常需要协调两方面问题：一是精度选择相对较低，产品使用时其质量不能达到最好，工厂潜力没能充分挖掘；二是对于较低的用户要求而选用了较高的精度等级，造成不必要的损失。

产品的质量、成本、寿命及效益都与精度设计有着密切关系。对于公差值的确定，传统精度设计主要依靠尺寸链原理来实现。随着科学与生产技术的发展，计算机等多学科的先进技术在机械制造业中得到了广泛的应用，CIMS 和 CAD/CAM 已取得了重大的突破和引人瞩目的成就，而机械零件的精度设计尚处于人工或半人工处理阶段，这种状况显然无法与 CAD/CAM 集成，无法与 CIMS 发展相适应。自从 1978 年挪威学者 O.Bjorke 在 *Computer Aided Tolerancing* 一书中提出计算机辅助公差技术以来，国内外许多学者在此领域做了大量的研究工作，并取得了一些成果[46]。国内对公差设计的研究工作主要集中在对尺寸公差模型的研究上。例如，对非线性尺寸链应用的研究，从尺寸链中封闭环与组成环之间的数学关系出发，提出了非线性尺寸链的概念，并以误差和全微分原理为基础，总结了规范化的尺寸链误差分析计算的统一求解方法；对并联尺寸链解算的探讨，提出了采用精度系数来评定并联尺寸链中各独立尺寸链的精度；对机构精度设计的研究，重点分析了精度分配的多重卷积算法和价值分析法，产生了一些研究成果和应用软件。

在大多数情况下，产品的输出特性都可以用其构成零部件的几何参数来描述，因而产品输出特性的变化与零件几何精度方面也可以建立起相应的数学方程。参考文献[47]中提出的机械产品精度并行设计数学模型，其目的就是建立产品输出特性的波动量与加工公差之间的关系。在总结已有设计成果的基础上，建立产品输出特性的波动量与原始设计参数之间的关系是值得研究的方向，它有利于在更高水平上的再设计。

计算机辅助精度设计技术的研究方向可分为两个方面：一方面是用计算机实现计算机辅助精度设计的研究；另一方面是基于规则推理的精度设计专家系统的研究。在数字化迅猛发展的今天，产品几何技术规范（GPS）正在使互换性与技术测量的理论体系从理想几何形面为基础向数字模型为基础的技术测量方向过渡，这一切也将促使计算机技术在互换性与技术测量领域加速发展。

8.1.2 机械精度设计的分类、决定因素及主要内容

机械精度设计的评价指标是误差，相对误差越小，精度越高。研究角度不同，机械精度可以有三种不同的分类方法，如表 8.1 所示。

表 8.1 机械精度设计的分类

依据特征	分类结果
误差性质	静态精度设计和动态精度设计
设计对象	零件精度设计、机构精度设计和机器精度设计
设计公差和工序公差的关系	分布精度设计和并行精度设计

根据零件设计精度制造出的零件，装配成机器或机构后，还不一定能达到给定的精度要求。因为机器在运动过程中，所处的环境条件（如电压、气温、湿度、振动等）及所受的负荷都可能发生变化，造成相关零件的尺寸发生变化；或者相对运动的零件耦合后，其几何精度在运动过程中也能发生改变。事实上，由于现代机械产品正朝着机光电一体化的方向发展，这样的产品，其精度问题已不再是单纯的尺寸误差、形状和位置误差等几何量精度问题，而是还包括光学量、电学量等及其误差在内的多量纲精度问题，其分析与计算相对传统的几何量精度分析更为复杂和困难。

本章主要研究机械精度设计的基本工具——尺寸链及其应用。

8.2 尺寸链的基本概念

质量驱动是当今设计的潮流。构造各种尺寸链是直接反映几何形状描述参数之间相互关系的技术手段之一，而了解尺寸链原理与应用就可在设计、加工、装配几个环节中研究各种参数（尺寸公差、形状和位置公差）相互依赖、相互制约的关系，从而保证合理、经济、方便地满足用户对产品质量的要求。

8.2.1 尺寸链的有关术语

尺寸链是在机器装配或零件加工过程中，由相互连接的尺寸形成的封闭尺寸组。尺寸链所研究的主要对象是机械零件之间的几何参数，包括长度尺寸与角度尺寸微小变化的关系。这些尺寸的微小变化最终体现为对机器质量各个相应性能指标的影响。

如图 8.1 所示，半联轴器的轴向尺寸由法兰边缘厚度 A_0、法兰全长 A_1 和法兰肩 A_2 组成一个简单的封闭尺寸链。显然，尺寸链至少由三个尺寸组成，它们的大小相互影响，具有封闭性。

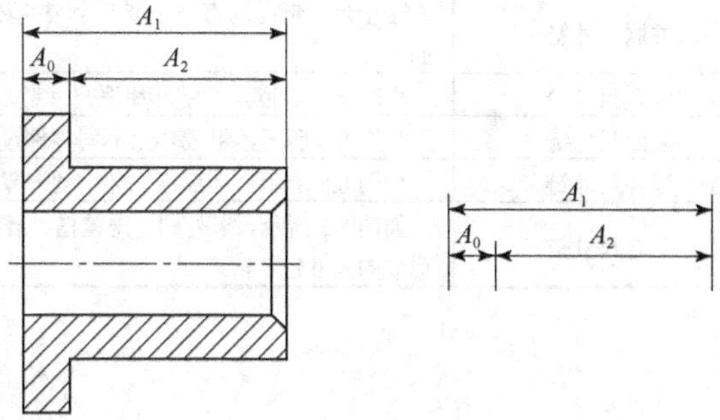

图 8.1　尺寸链图

研究尺寸链过程中涉及的基本术语及其定义与说明如表 8.2 所示。

表 8.2　尺寸链的基本术语及其定义与说明

基本术语	定义与说明
环	构成尺寸链的各个尺寸称为环，可分为封闭环和组成环
封闭环	加工或装配过程中最后自然形成的那个尺寸，如图 8.1 中的 A_0 所示
组成环	尺寸链中除封闭环以外的其他环。 根据它们对封闭环影响的不同，又分为增环和减环。在装配尺寸链中的组成环，根据需要还可以采用补偿环的形式，如图 8.6（a）中的 A_3 所示。虽然补偿环作为一种特殊的组成环，本身也有公差，而且增加补偿环同时也增加了组成环数，但是，其补偿量是以其基本尺寸的可变量来实现的。所以，补偿环本身公差大小并不需要太严，精度也不需要太高
增环	与封闭环同向变动的组成环称为增环，即当该组成环尺寸增大（或减小）而其他组成环不变时，封闭环也随之增大（或减小），如图 8.1 中的 A_1 所示
减环	与封闭环反向变动的组成环称为减环，即当该组成环尺寸增大（或减小）而其他组成环不变时，封闭环的尺寸却随之减小（或增大），如图 8.1 中的 A_2 所示
传递系数	各组成环对封闭环影响大小的系数，称为传递系数，用 ζ 表示

8.2.2 尺寸链的分类

尺寸链的研究对象是一个误差彼此制约的广义尺寸系统，其基本关系就是组成环及封闭环之间的相互影响关系[48]。对尺寸链进行分类，有利于从不同需要，针对性地研究特定领域的某些问题。可以从不同角度对尺寸链进行分类，表 8.3 所示是常见的分类方法。

表 8.3　尺寸链分类一览表

分类依据	分类形式	特点与说明
组成环的几何性质	线性尺寸链	各环均为长度尺寸，长度环的代号用大写斜体英文字母 $A, B, C, \cdots$ 表示，如图 8.1 所示
	角度尺寸链	各环均为角度，角度环的代号用小写斜体希腊字母 α，β，γ，$\cdots$ 表示，如图 8.2 所示
组成环的空间位置	直线尺寸链	各个组成环平行，如图 8.1 所示
	平面尺寸链	如图 8.3 所示，床身 2 上的齿条与走刀箱 3 上齿轮，通过床鞍 1 及两块过渡导板组成一个平面尺寸链，其封闭环 A_0 反映齿轮副的啮合间隙
	空间尺寸链	如图 8.4 所示，组成环位于几个不平行平面内

续表

分 类 依 据	分 类 形 式	特点与说明
尺寸链结构形式	串联尺寸链	两个尺寸链之间有一个公共基准面，大多数轴类零件的轴向尺寸会形成若干个串联尺寸链
	并联尺寸链	两个尺寸链之间有一个或几个公共环，如图 8.7（b），（c）中所示的 Q
	混联尺寸链	由若干个并联尺寸链和串联尺寸链混合组成的复杂尺寸链
生产中的应用	装配尺寸链	如图 8.6 所示，组成环由不同零件设计尺寸所形成
	零件尺寸链	如图 8.8 所示，全部组成环由同一零件尺寸所形成
	工艺尺寸链	如图 8.5 所示，车外圆、铣键槽、磨外圆、保证键槽深度的工艺过程形成的尺寸链

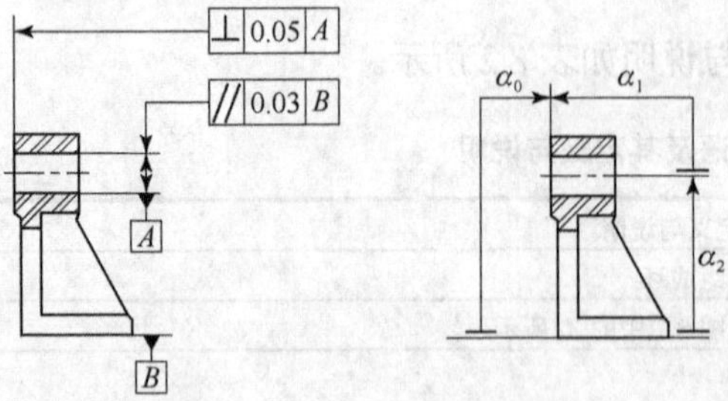

图 8.2 角度尺寸链

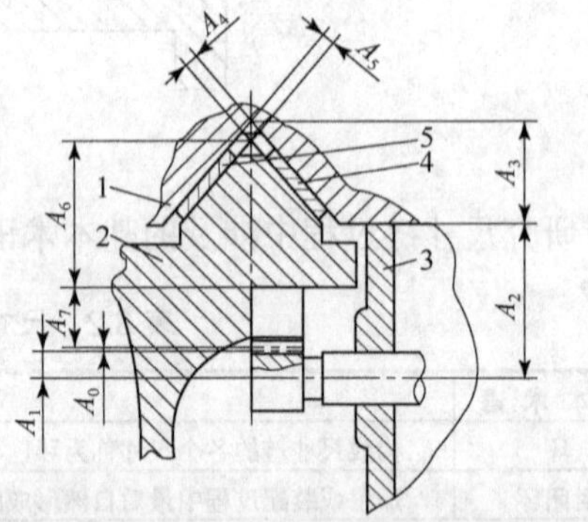

1—床鞍；2—床身；3—走刀箱；4，5—过渡导板

8.3 平面尺寸链

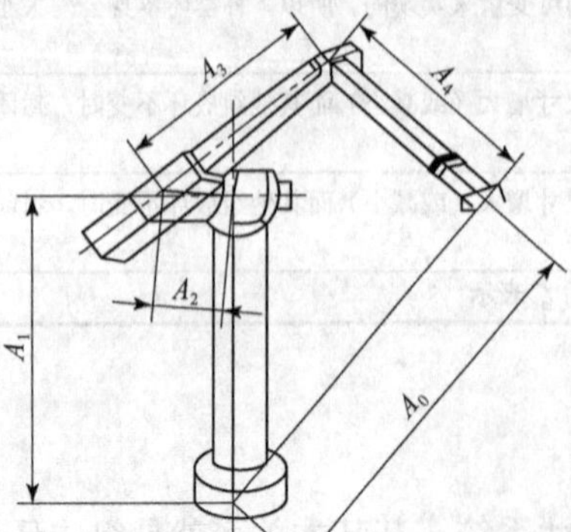

图 8.4 空间尺寸链

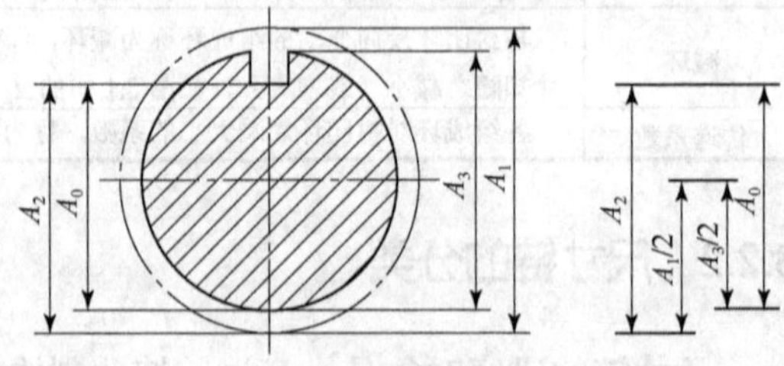

图 8.5 工艺尺寸链

本章重点讨论线性尺寸链的解算问题。在后续尺寸链计算中，广义孔和轴具有同样重要的意义，不予区分。尺寸和公差符号均用统一的大写字母表示。

8.3 尺寸链的建立

尺寸链由正确实现机器各项功能指标的客观载体的特征参数组成。尺寸链原理是控制工艺误差、保证设计精度的科学。建立尺寸链的基本关系是解算尺寸链，进行精度设计的关键。只有正确地构造尺寸链，选择具有代表意义的封闭环，才可能在精度设计中正确分配组成环公差，合理协调设计对象各项精度指标的要求。

建立尺寸链时一般需要以下三个步骤：确认封闭环、查明组成环和绘制尺寸链简图，下面分别进行详细的叙述。

8.3.1　步骤 1：确认封闭环

一个尺寸链中只有一个封闭环。对于装配尺寸链而言，封闭环就是产品上有装配精度要求的尺寸，如同一个部件中各零件之间相互位置要求的尺寸或保证相互配合零件配合性能要求的间隙或过盈量。对于零件尺寸链而言，封闭环应为公差等级要求最低的环，一般在零件图上不进行标注，以免引起加工中的混乱。而工艺尺寸链的封闭环是在加工中最后自然形成的环，一般为被加工零件要求达到的设计尺寸或工艺过程中需要的余量尺寸。

分析机器的装配形式，找出体现最终自然尺寸或者性能需要的封闭环是构造尺寸链必须完成的第一步，也是将机械设计各项功能指标形式化处理的第一步。一般而言，封闭环是尺寸链中在装配过程或加工过程最后形成的一环，它直接反映机器或零部件的主要性能指标。

【工程实例 8.1】　装配尺寸链分析

选择附录 B 中圆柱齿轮减速器中间轴上所采用的深沟球轴承及其相关零件组成的装配结构。为了确保运动件和静止箱体侧壁之间的间隙，避免运动过程中有可能发生的干涉现象，试分析装配尺寸链，确定其封闭环。

解：

首先确定主功能指标对应的尺寸链链环，即封闭环。如图 8.6（a）中的间隙 A_0 是实际装配各个零件后自然形成的间隙，最终体现的就是各种公差要求的组合约束，即机器整体性能指标得以实现的依托。同时，A_0 也是尺寸链组成环精度分配的出发点。一般来说，反映机器质量的性能指标并不唯一，而是由若干个指标综合来体现机器的质量要求。但是，这些指标中的每一个只能唯一地由一个相应的尺寸链封闭环与之对应。事实上，可以将这些指标转化为各种尺寸链的封闭环。

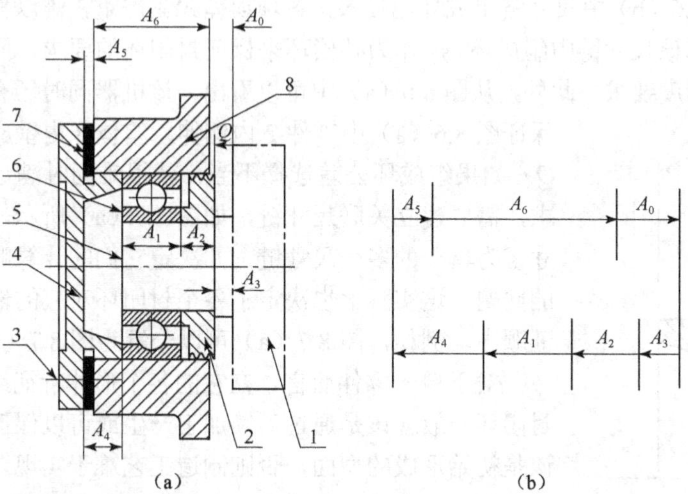

1—轴上零件；2—甩油盘；3—螺钉；4—轴承端盖；5—轴；6—轴承；7—调整垫片；8—箱体

图 8.6　尺寸链构造图

其次确定与主功能指标相关的其他指标对应的链环。例如，图 8.6（a）中的侧面间隙 A_0 作为检验轴上零件 1 与箱体内壁的干涉性指标，图 8.6（a）所示的另一个功能指标就是要确保甩油盘 2 有足够的间隙 Q 将油甩回箱内，这两个指标经转换就可以形成如图 8.7（a）所示的关联尺寸链的两个封闭环 A_0 与 Q。

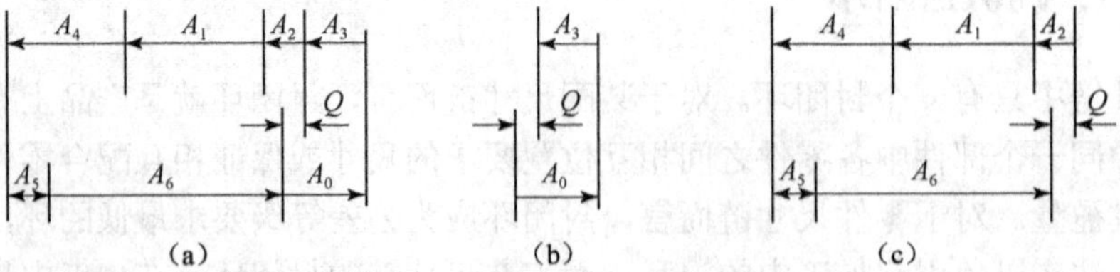

图 8.7 功能指标与尺寸链转换

再次确立封闭环与组成环的函数关系。在装配尺寸链中，各组成环的尺寸是在产品零件加工过程中得到的，其数值在公差范围内，并符合其尺寸分布规律的随机变量。由尺寸链方程决定的封闭环尺寸，则是一组组成环尺寸随机变量的函数，所以，它也是一个随机变量。因此，封闭环尺寸及其公差的确定，可以采用概率统计的方法。在一定的条件下，用这种方法得到的结果较为符合实际情况。

显然，不同的尺寸链构造，可以实现不同的功能指标，它们转化得到的封闭环可以由不同的尺寸链基本关系式表达，例如：

图 8.6（b）中，　$A_0=F\text{a}(A_1, A_2, A_3, A_4, A_5, A_6)$　(8.1)

图 8.7（b）中，　$Q=F\text{b}(A_0, A_3)$　(8.2)

图 8.7（c）中，　$Q=F\text{c}(A_1, A_2, A_4, A_5, A_6)$　(8.3)

由此可见，封闭环是构造尺寸链和解算尺寸链的目标数据。

最后分解关联尺寸链，保证分解后的每一个尺寸链中只有一个封闭环。如图 8.6（a）所示，为了保证箱体内零件 1 运转过程中不与箱体 8 发生干涉，就必须保证装配后自然形成的尺寸 A_0，所以，在该尺寸链中选择 A_0 作为封闭环。

显然，图 8.6（b）中尺寸链组成环比较多，各项误差积累严重，难以直接达到封闭环的要求，所以选择该尺寸链中组成环 A_2 作为补偿环来保证封闭环的要求，同时可以降低封闭环对组成环的精度要求。此外，从图 8.6（a）中可以看出，该机器同时还有密封性要求，即保证图 8.6（a）中零件 2 内侧伸入箱体 8 内壁应具有一定的长度 Q。如果组成环公差选择不当，就很难同时满足这两个指标的要求，需要建立关联尺寸链，如图 8.7（a）所示。如何分解关联尺寸链为单一的多个尺寸链，并决定它们的计算顺序也是非常重要的问题，这实际上也决定了各个封闭环对应的性能指标的优先保证顺序。例如，图 8.7（a）可以分解为图 8.7（b）和图 8.7（c）。

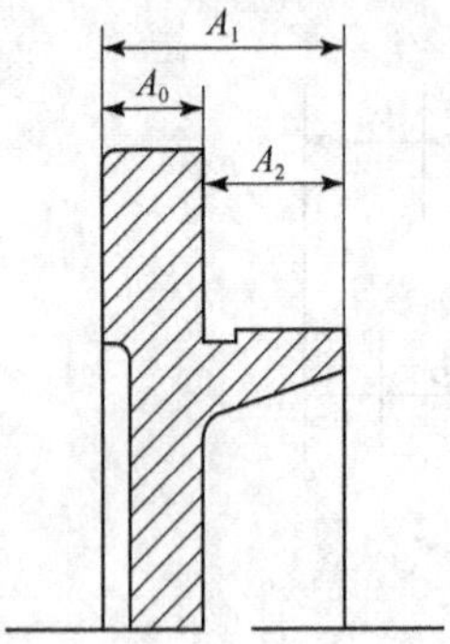

图 8.8 正确选择封闭环举例

对于单一零件而言，在它的各个形体特征组成的尺寸链中，封闭环一般应该是通过后续加工产生或可以保证的尺寸，而不应该是初始形成的型面，否则制造工艺难于实现。如图 8.8 所示的轴承端盖，可以选择尺寸 A_0 作为封闭环构造尺寸链，从而保证安装长度指标的要求。

总之，封闭环的选择，最终要确保封闭环体现的是各种公差要求的组合约束，是各项功能指标得以实现的直接载体。

8.3.2　步骤 2：查明组成环

在建立尺寸链时应遵守“最短尺寸链原则”，即对于某一封闭环，若存在多个尺寸链，则应选择组成环数最少的尺寸链进行分析计算。可以利用尺寸链的封闭性特点发现尺寸链的组成要素。所谓尺寸链的封闭性，是指尺寸链中的组成环首尾相接与封闭环可以形成一个闭环的链型结构，因此，从封闭环两端相连的任一组成环开始，依次查找相互联系而又影响的封闭环的尺寸，直至封闭环的另一端为止，这其中的每一个尺寸都是尺寸链的组成环。值得注意的是，每个零件由很多几何要素组成，但是，并不一定所有特征要素都参与组成尺寸链。为了便于查询尺寸链的组成环，应以功能为线索，实现功能的若干参与功能链的零件体素特征即作为相应尺寸链组成环。

为了进一步说明尺寸链组成环的选择，请参考图 8.6（a）。由密封性与干涉性这两项功能指标转换得到的封闭环参数为 Q 和 A_0。影响该封闭环尺寸的所有组成环首尾相连，形成如图 8.7（a）所示的关联尺寸链。根据每一个尺寸链只有一个封闭环的原则，分解这一关联尺寸链时，可以有几种情况，如图 8.6（b）、图 8.7（b）和图 8.7（c）所示。如果选用式（8.1）和式（8.3）联立计算，则要求 A_1、A_2、A_3、A_4、A_5 这些参数既要满足式（8.1），也要满足式（8.3），从而增加了公共环数目，使关系复杂化，不利于计算。而且式（8.3）比式（8.2）组成环的数目多，因此，在同样封闭环公差情况下，对组成环精度的要求更严，使精度分配实现困难。当选用式（8.2）与式（8.1）解算时，尺寸链组成环数和公共环数均减少了，故简化了计算，使精度分配实现相对容易。

由上可以看出，尺寸链组成环与封闭环的选择要恰当，而且合理标注相关零件的尺寸，是实现装配尺寸链遵循最短原则的技巧之一。例如，如图 8.9 所示的轴段，在确定其上零件的轴向定位尺寸链时，若以 A、B 两端面作为长度定位基准面，就应该选择图 8.9（a）所示而不是图 8.9（b）所示的尺寸标注形式。因为前者只有 A_2 一个尺寸列入装配尺寸链，而后者则有 A_1 和 A_2 两个尺寸列入装配尺寸链。

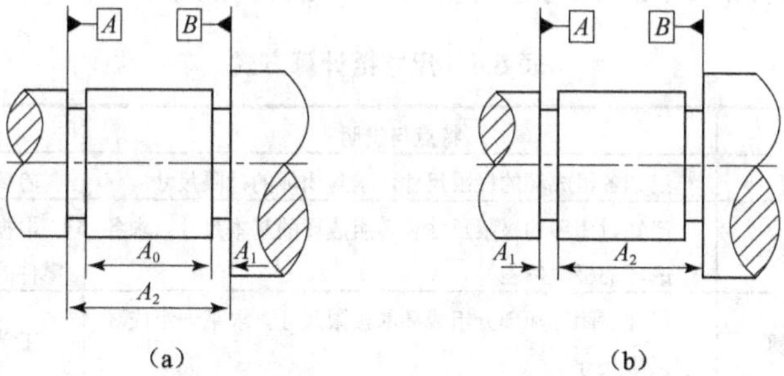

图 8.9　尺寸标注形式选择

8.3.3　步骤 3：绘制尺寸链图

从封闭环的某一端开始，依次绘制出所有组成环，直至封闭环的另一端，形成的封闭图形，称为尺寸链图。

尺寸链图只表达尺寸之间的相对位置关系，因此不需要按比例画出。在尺寸链图中，常用带单箭头的线段表示各环，箭头仅表示查找尺寸链组成环的方向。这其中不仅包括长度尺寸，还包括角度尺寸及其他相关的形状和位置公差。所有这些都将以影响尺寸的传递系数统一其量纲，反映组成环对封闭环影响的大小程度和方向，便于尺寸链解算。之所以这样，是因为功能指标常常受到各种几何形体特征误差的综合影响，因此在构造尺寸链时，“尺寸”必须拓宽其含义，不仅要考虑常规的长度尺寸，还必须要考虑影响尺寸链组成环的形状和位置误差。

例如，图 8.9（a）中，轴向零件的精确定位除了各个组成要素的轴向长度尺寸外，各个轴上零件的端面平面度或端面对轴线的垂直度都会影响零件的实际轴向位置，因此，类似于轴、孔配合中的作用尺寸，这些零件的轴向定位取决于组成载体各自尺寸及形状、位置的综合作用，而组成特征载体的尺寸、形状和位置在其各自设计公差范围的具体位置并没有表现出来。

8.4 尺寸链计算

8.4.1 尺寸链的计算类型

在建立尺寸链之后，需要进行尺寸链组成环精度的分配及尺寸链基本尺寸的检验，这些都需要解算尺寸链。

尺寸链的计算方法是以等公差法或等精度法为基础发展起来的。从原理上讲，一般可分为三种方式：极值法、概率法和全微分法。从不同的优化目标出发，还可能按照制造费用最低来分配公差，如田口质量损失法等。此外，根据尺寸链中是否存在补偿环，将达到封闭环精度要求的方法分为互换性法和补偿法两大类。在尺寸链尤其是组成环较多的线性尺寸链中，采用补偿环降低对各个组成环的精度要求是经常采用的措施之一。

尺寸链计算方法必须与研究对象的制造水平、生产批量和实际装配方法等取得一致。根据计算原理和已知条件的不同，尺寸链计算方式如表 8.4 所示。

表 8.4 尺寸链计算方式

计算方式		特点与说明	适用场合
校核计算	正计算	已知各组成环的极限尺寸，求封闭环的极限尺寸	验算设计的正确性
设计计算	反计算	已知封闭环的极限尺寸和各组成环的基本尺寸，求各组成环的极限偏差	根据机器的使用要求来分配各零件的公差
	中间计算	已知封闭环和部分组成环的极限尺寸，求某一组成环的极限尺寸	工艺尺寸链计算

在尺寸链计算过程中必须注意：虽然在尺寸链初步形成之后，一开始并不能完全确定组成环的基本尺寸和公差，但是反映功能指标的各种封闭环已经确定下来，而且封闭环的数值也已经量化表示。当然，封闭环的数值量也是允许进行正向微量调整的，这里的“正向”指提高功能指标的方向。对于一般意义上以某一数值 x 的期望值 $\bar{x}$ 为最佳指标的情况，可以形式化统一指标的阈值，如式（8.4）中的 P。

$$P=1-\frac{|x-\overline{x}|}{\overline{x}} \tag{8.4}$$

其中，$\overline{x}=\int xp_{(x)}\mathrm{d}x$ 表示 x 的期望值。在后续的尺寸链计算中，对 x 的调整量必须保证 P 大于给定的阈值。

8.4.2　极值法求解尺寸链

所谓极值法，即从尺寸链各环的最大与最小极限尺寸出发进行尺寸链计算，不考虑各环实际尺寸的分布情况。

按照此方法计算出来的尺寸来加工各组成环，装配时各组成环不需要挑选或辅助加工，装配后即能满足封闭环的公差要求，实现完全互换。

完全互换法是尺寸链计算中最基本的方法，可以用于上述几种算法类型。

1. 基本计算公式

设尺寸链的组成环数为 m，其中 n 个增环，$m-n$ 个减环，A_0 为封闭环的基本尺寸，A_i 为组成环的基本尺寸，则其封闭环的基本尺寸为

$$A_0=\sum_{i=1}^{n}\xi_i A_i-\sum_{i=n+1}^{m}\xi_i A_i \tag{8.5}$$

对于直线尺寸链，式（8.5）中各项传递系数 $\xi_i=1$，封闭环的上、下极限尺寸为

$$A_{0\max}=\sum_{i=1}^{n}\xi_i A_{i\max}-\sum_{i=n+1}^{m}\xi_i A_{i\min} \tag{8.6}$$

$$A_{0\min}=\sum_{i=1}^{n}\xi_i A_{i\min}-\sum_{i=n+1}^{m}\xi_i A_{i\max} \tag{8.7}$$

封闭环的上、下极限偏差为

$$ES_0=\sum_{i=1}^{n}\xi_i ES_i-\sum_{i=n+1}^{m}\xi_i EI_i \tag{8.8}$$

$$EI_0=\sum_{i=1}^{n}\xi_i EI_i-\sum_{i=n+1}^{m}\xi_i ES_i \tag{8.9}$$

封闭环的公差为

$$T_0=\sum_{i=1}^{n}|\xi_i|T_i \tag{8.10}$$

2. 正计算举例

归纳起来，需要进行校核计算的工程问题，可按照以下 5 个步骤进行。

步骤 1：建立尺寸链图；

步骤 2：确定需要校核的封闭环允许公差；

步骤 3：确定各组成环的影响尺寸系数；

步骤 4：计算封闭环的公差；

步骤 5：判断封闭环的公差是否满足允许公差的要求。

【工程实例 8.2】 尺寸链正计算

对于【工程实例 8.1】，给定具体的参数，如图 8.6（a）所示。假设各有关尺寸已知，其中，$A_1=12_{-0.008}^{\ 0}$ mm，$A_2=8\pm0.075$ mm，$A_3=3\pm0.05$ mm，$A_4=10\pm0.075$ mm，$A_5=2\pm0.05$ mm，$A_6=24\pm0.260$ mm，试校核所选择的垫片尺寸 A_5 能否保证侧隙 A_0 在 5～8 mm 之间的要求。

解：

根据题目要求，可以建立如图 8.6（b）所示的尺寸链图，为了套用基本公式求解，首先规则化已知条件。

封闭环就是侧间隙，即图 8.6 中的 A_0，其许可范围为

$$[A_{0\max}]=8\,\text{mm}，[A_{0\min}]=5\,\text{mm}，[T_0]=8-5=3\,\text{mm}$$

组成环数为 m=6，再根据尺寸链图中的箭头方向判断增环数 n=4，减环数为 2。其中，增环尺寸分别为 A_4，A_1，A_2，A_3；减环尺寸分别为 A_5，A_6。

取 $\xi_i=1$，套用式（8.5），可得封闭环的基本尺寸为

$$A_0=\sum_{i=1}^{n}\xi_i A_i-\sum_{i=n+1}^{m}\xi_i A_i=(10+12+8+3)-(2+24)=7\,\text{mm}$$

套用式（8.6），可得封闭环的最大极限尺寸为

$$A_{0\max}=(12+8.075+3.05+10.075)-(1.95+23.740)=7.51\,\text{mm}$$

套用式（8.7），可得封闭环的最小极限尺寸为

$$A_{0\min}=(11.992+7.925+2.95+9.925)-(2.05+24.260)=6.482\,\text{mm}$$

套用式（8.9），可得封闭环的公差为

$$T_0=0.008+0.150+0.10+0.150+0.10+0.52=1.028\,\text{mm}$$

校核结果表明：封闭环的上、下偏差及公差均已在规定范围。

3. 反计算举例

归纳起来，通过尺寸链的计算进行公差分配，可按照以下三个步骤进行。

步骤 1：建立尺寸链图，确定各组成环的影响尺寸系数；

步骤 2：以复杂尺寸链、次复杂尺寸链直至简单尺寸链的顺序，查询确定尺寸链图的公共环；

步骤 3：逆复杂顺序求解，从最简单尺寸链开始直至复杂尺寸链，从而完成整个对象的尺寸链解算[48]。

分配公差是一个综合性问题，必须综合考虑设计过程中各个零部件制造的经济性、装配的方便性。由于反计算在分配组成环公差时常用等精度法或等公差法，所以在计算之后，还要根据实际情况调整组成环公差，校验封闭环。

以图 8.6（a）为例，其中要求保证的干涉性与密封性功能指标可以转化为对应的封闭环 A_0 与 Q，进而查询组成环，生成如图 8.6（b）与图 8.7（a）所示的尺寸链图。实际求解时，首先从较为复杂的尺寸链图 8.6（b）开始，找出公共环 A_3 与 A_0，然后写出两个尺寸链的基本关系式，如式（8.2）与式（8.3），进而依据基本关系式组求解。由于设计合理（这个合理性并不是上面方程组有解的充分必要条件，而是主要指尺寸链构造合理），因而未知组成环总能解出来。确定尺寸链复杂程度的意义在于公共环如何确定，一般而言，应该从较为简单的尺

寸链中决定。本例中 A_0、Q 是必须保证的，相当于并联尺寸链图 8.7（a）简化分解成的两个简单尺寸链图的封闭环。其中 Q 是图 8.7（c）尺寸链图的封闭环，A_0 是图 8.7（b）尺寸链图的封闭环，A_3 则依据基本关系式（8.2）求出，其他组成环尺寸依据基本关系式（8.3）求出。

等公差法比较简单，即平均分配封闭环公差于每一个组成环，取 $\xi_i=1$ 则

$$T_{\text{av}}=\frac{T_0}{m} \tag{8.11}$$

等精度法分配封闭环公差于每一个组成环时，需要保证组成环尺寸具有相同的精度等级系数，根据第 2 章标准公差计算公式：$T=\alpha\cdot i$，其中 i 是公差单位因子，每一个组成环尺寸的公差单位因子 i_i 取决于每一个已知的基本尺寸，α 是公差等级系数，则可以得到公共精度等级系数 α_{av} 为

$$\alpha_{\text{av}}=\frac{T_0}{\sum_{i=1}^{m}i_i} \tag{8.12}$$

从而，可知道每一个组成环的计算公差为

$$[T_i]=\alpha_{\text{av}}\cdot i_i \tag{8.13}$$

最后调整时，还需要保证每一个组成环的公差为标准公差，且必须满足

$$T_0\geqslant\sum_{i=1}^{m}T_i \tag{8.14}$$

式中，T_i 为依据计算公差查取国家标准公差表格得到的组成环公差。

为了计算方便，依据第 2 章的公差因子计算公式，常用尺寸段的部分公差因子列于表 8.5 中。

表 8.5 公差因子 i_i 的值

尺寸分段	1～3	>3～6	>6～10	>10～18	>18～30	>30～50	>50～80	>80～120	>120～180	>180～250
i_i/μm	0.54	0.73	0.90	1.08	1.31	1.56	1.86	2.17	2.52	2.90

等公差法比较简单，下面仅以等精度法举例说明极值法求解尺寸链在反计算过程中的应用。

【工程实例 8.3】 尺寸链反计算

对于【工程实例 8.1】，给定具体的参数，如图 8.6（a）所示。假设组成环尺寸为 A_1=12 mm，$A_2=8$ mm，$A_3=3$ mm，$A_4=10$ mm，$A_5=2$ mm，$A_6=24$ mm，而要求侧隙 A_0 必须在 5～8mm 的范围，试设计其他组成环公差。

解：

根据题意构造的尺寸链图如图 8.6（b）所示，其封闭环为许可公差 $T_0=8-5=3$mm。

依据其基本尺寸，查表 8.5，可查得相应的公差因子为 1.08 μm、0.90 μm、0.54 μm、0.90 μm、0.54 μm、1.31 μm，由式（8.12）可以得到公共精度等级系数 α_{av} 为

$$\alpha_{\text{av}}=\frac{T_0}{\sum_{i=1}^{m}i_i}=\frac{3\times1\,000}{1.08+0.90+0.54+0.90+0.54+1.31}=\frac{3\,000}{5.27}\approx569$$

查第 2 章精度等级系数表，可知公共精度等级应为 IT14（α_{av}=400）～IT15（α_{av}=640）之间，由于其中轴承宽度组成环的精度应该不低于 IT6 级，所以必须进行调整，取 IT5 级（α_{av}=7），其余尺寸公差按照 IT14 级（α_{av}=400）计算。根据基本尺寸和公差等级 IT14 可以

查得相应的组成环标准公差如表 8.6 所示。

表 8.6 相应的组成环标准公差

组 成 环	A_1	A_2	A_3	A_4	A_5	A_6
标 准 公 差	0.008	0.30	0.25	0.30	0.25	0.52

将各项公差代入式（8.14），得

$$T_0 \geqslant [T_0] = \sum_{i=1}^{m} T_i = 0.008 + 0.30 + 0.25 + 0.30 + 0.25 + 0.52 = 1.628\,\text{mm}$$

故上述计算结果是正确的。

4．中间计算举例

【工程实例 8.4】 尺寸链中间环计算

轴承端盖零件尺寸链如图 8.8 所示。假设从装配角度考虑，设计工程图样标注出的尺寸为 $A_1 = 18 \pm 0.055\,\text{mm}$ 和 $A_2 = 10 \pm 0.075\,\text{mm}$，而实际制造时从易于测量的角度考虑，首先形成基本尺寸 A_1，通过测量后续加工尺寸 A_0，自然形成尺寸 A_2。为了保证原装配设计要求 A_2，试计算 A_0 的基本尺寸和偏差。

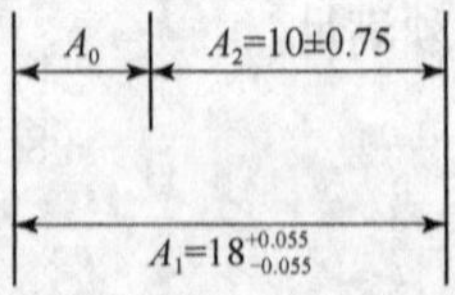

图 8.10 轴承端盖尺寸链图

解：

这类问题也属于设计计算问题，解这种类型工程问题的核心是要明确真正的封闭环是什么。

据题意，参考图 8.8 所示的轴承端盖零件图，可以建立如图 8.10 所示的尺寸链图。

按照尺寸 A_1、A_0 加工，则 A_2 必须为封闭环，而 A_1 和 A_0 为工序尺寸，且为增、减环。由于组成环皆为平行线性尺寸，所以传递系数 ζ_i 均为 1。

套用基本计算式（8.5）～式（8.9），并进行移项操作，可以得到

$$A_0 = A_1 - A_2 = 18 - 10 = 8\,\text{mm}$$

$$ES_2 = ES_1 - EI_0 \Rightarrow EI_0 = ES_1 - ES_2 = 0.055 - 0.075 = -0.020\,\text{mm}$$

$$EI_2 = EI_1 - ES_0 \Rightarrow ES_0 = EI_1 - EI_2 = -0.055 - (-0.075) = +0.020\,\text{mm}$$

故 A_0 尺寸为 8±0.020mm，即可保证原始设计尺寸 A_2 的要求。

8.4.3 概率法计算

生产批量不同，其实际尺寸的分布规律也不相同。当尺寸链组成环数较多时，无论各组成环误差分布为什么分布（正态、非正态），其封闭环的分布都是一个非常接近正态的分布，这可以利用卷积从组成环的分布函数推导出。由概率理论可知，加工一批零件，其尺寸的实际值都等于极限值的概率很小，因此使用极值法解尺寸链，对零件尺寸要求过严，使得加工困难，成本增高。

用概率法计算尺寸链，更符合具有一定生产批量的实际需要。所谓概率统计法，是根据零件实际尺寸的分布规律，应用概率论的原理，从零部件可以完全互换或大数互换的要求出

发，依据各环尺寸的误差分布特性而求解的计算方法。采用概率法，不是在全部产品中，而是在绝大多数产品中，装配时不需要挑选或修配就能满足封闭环的公差要求，即保证大数互换。

在一定使用期、一定制造工艺水平下，实际尺寸的数学期望值是有一定趋向性的。在用概率统计法解尺寸链时，将尺寸链各环视为随机变量，其误差分布不同于正态分布时，采用两个系数即相对不对称系数 e 和相对分布系数 k 来修正。

1．相对不对称系数 *e*

定义上偏差和下偏差的平均值为中间偏差，并且可以表示为

$$\varDelta=(ES+EI)/2 \tag{8.15}$$

中间偏差不同于平均偏差 $\overline{x}$，如图 8.11 所示。平均偏差是全部尺寸偏差的平均值，即等于所有实际尺寸 L_i 的平均值与基本尺寸 L 的差值，可以表示为

$$\overline{x}=\frac{1}{n}\sum_{i=1}^{n}L_i-L \tag{8.16}$$

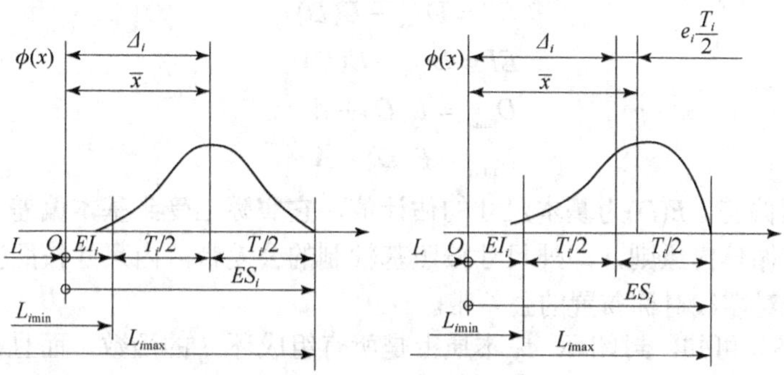

图 8.11 平均偏差 $\overline{x}$

各种分布的相对不对称系数可以表示为

$$e=(\overline{x}-\varDelta)/(T/2) \tag{8.17}$$

式中的 T 表示公差值。为方便计算，将常用分布的相对不对称系数列于表 8.7 中。

表 8.7 相对不对称系数 *e* 和相对分布系数 *k*

分布特征	正态分布	三角分布	均匀分布	瑞利分布	偏态分布 外尺寸	偏态分布 内尺寸
分布曲线	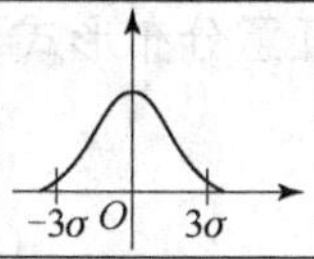	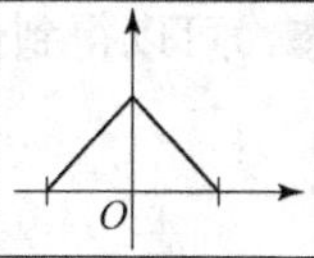	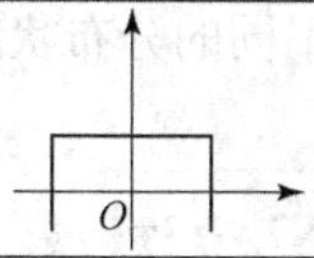	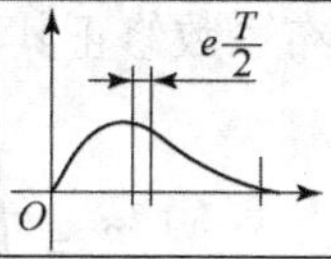	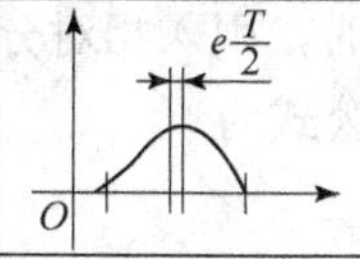	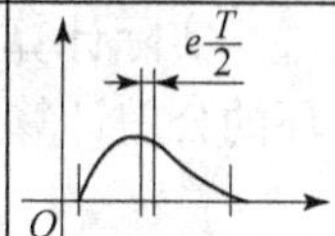
e	0	0	0	−0.28	0.26	−0.26
k	1	1.22	1.73	1.14	1.17	1.17

2．相对分布系数 *k*

标准偏差和基于一定置信度（通常为 99.73%）下的半公差之比称为相对标准偏差，而任意分布相对标准偏差与正态分布时的相对标准偏差之比称为相对分布系数，用 k 表示，为方

便计算，列于表 8.7 中。

3. 概率法计算基本公式

为计算方便，将各组成环所有理论尺寸转化为具有对称公差的形式为

$$E_{(D)} \pm \varDelta \tag{8.18}$$

此时，封闭环的中间偏差可以由组成环的中间偏差 $\varDelta_i$ 表示为

$$\varDelta_0 = \sum_{i=1}^{m} \xi_i \varDelta_i \tag{8.19}$$

在考虑相对不对称系数 e_i 之后，封闭环中间偏差又可以表示为

$$\varDelta_0 = \sum_{i=1}^{m} \xi_i (\varDelta_i + e_i T_i / 2) \tag{8.20}$$

这样，可以将注意力集中于确定公差值大小这一核心上。当实际上不属于对称分布时，在公差确定之后，按照具体要求参考不同分布的相对不对称系数，然后逆映射成所需要的格式即可。对于尺寸链的组成环而言，在转换为对称公差形式之后，则有如下基本关系式。

$$\begin{aligned} ES &= D_{\max} - E(D) \\ EI &= D_{\min} - E(D) \\ D_{\max} &= E(D) + \varDelta \\ D_{\min} &= E(D) - \varDelta \end{aligned} \tag{8.21}$$

其中，$\varDelta$ 为中间偏差，$E(D)$为基本尺寸的估计值，它实际上受到基本偏差的影响。无特别声明，计算过程遵循体内原则，即外尺寸按照基轴制的公差带，内尺寸按照基孔制的公差带，其他尺寸按照相对零线对称布置的公差带。

根据式（8.5）可知，封闭环 A_0 本质上是所有组成环 A_i 的函数，而且在实际加工和装配过程中，每一组成环尺寸的获得彼此间并无关系，可以视为彼此相互独立的随机变量，则可以按照随机函数的标准偏差求法得到封闭环的标准偏差为

$$\sigma_0 = \sqrt{\sum_{i=1}^{m} \xi_i^2 \sigma_i^2} \tag{8.22}$$

若组成环和封闭环尺寸偏差均服从正态分布，且具有相同的置信概率，则此时的封闭环公差与组成环公差的关系有

$$T_0 = \sqrt{\sum_{i=1}^{m} \xi_i^2 T_i^2} \tag{8.23}$$

实际计算时，引入相对分布系数修正其不同的分布状态，可以得到任意分布形式下封闭环的公差计算公式为

$$T_0 = \sqrt{\sum_{i=1}^{m} \xi_i^2 k_i^2 T_i^2} \,/\, k_0 \tag{8.24}$$

式中，k_i 表示各组成环的相对分布系数，k_0 表示封闭环的相对分布系数。

【工程实例 8.5】 概率法设计组成环公差

对于【工程实例 8.3】的已知条件，试用概率法设计其组成环的公差。

解：

设尺寸链中的各组成环尺寸偏差均接近正态分布，则 $k_i = k_0 = 1$，又因为尺寸链为线性

尺寸链，则$|\xi_i|=1$，按照等精度法计算，套用式（8.23）可以得到

$$T_0=\sqrt{\sum_{i=1}^{m}T_i^2}=\sqrt{\sum_{i=1}^{6}a_{av}^2\left(0.45\sqrt[3]{A_i}+0.001A_i\right)^2}$$

$$a_{av}=T_0/\sqrt{\sum_{i=1}^{6}\left(0.45\sqrt[3]{A_i}+0.001A_i\right)^2}$$

将各值代入，得

$$a_{av}=\frac{3\times1\ 000}{\sqrt{1.08^2+0.90^2+0.54^2+0.90^2+0.54^2+1.31^2}}=\frac{3\ 000}{4.274}\approx701.9$$

查第 2 章精度等级系数表可知，公共精度等级应为 IT15（a_{av}=640）～IT16（a_{av}=1 000）之间。与【工程实例 8.3】相同，由于其中轴承宽度组成环的精度应该不低于 IT6 级，所以必须进行调整，取 IT5 级（a_{av}=7），其余尺寸公差按照 IT15 级（a_{av}=640）计算。根据基本尺寸和公差等级 IT15，查询第 2 章标准公差表格得到组成环的公差如表 8.8 所示。

表 8.8　组成环的公差

组成环	A_1	A_2	A_3	A_4	A_5	A_6
标准公差	0.008	0.58	0.40	0.58	0.40	0.84

由式（8.24）得到封闭环公差的计算值为

$$[T_0]=\sqrt{0.008^2+0.58^2+0.40^2+0.58^2+0.40^2+0.84^2}=1.303\text{mm}<T_0=3\text{mm}$$

可以看出封闭环的计算公差$[T_0]$小于技术条件给定的公差T_0，所以给定的组成环公差是正确的。

从以上计算结果还可以看出，与极值法计算比较，概率法确定的组成环公差值要大，而实际上出现不合格的可能性却很小，因而给生产带来较大的经济效益。

8.4.4　其他计算方法

在某些场合，为了获得更高的装配精度，而生产条件又不允许提高组成环的制造精度时，可采用分组互换法、修配法和调整法等来完成这一任务。其本质是通过挑选、修配和增加补偿环等手段，达到扩大组成环的制造公差，降低制造成本，而同时又能得到较高的装配精度之目的。

总结尺寸链计算过程，可以知道：

（1）一般常规尺寸零件产品的精度设计，采用类比法，参考相关图表查取标准公差表格中的公差数据，可以快速满足设计的要求。

（2）传统的互换性法和统计概率法计算尺寸链，可以解决大多数重要尺寸链的解算问题。

（3）机械设计尤其是精度设计，其最高思想就是协调设计、制造和使用，直至产品的回收等各个阶段，使其综合成本最小，经济效益和社会效益最高。所以，在精度设计时要从机器产品的全局考虑，不能一叶障目，片面追求某一部件或某一零件的某几个尺寸精度，必要时可以采用增加补偿环等特殊方法，满足精度设计要求。

但是，从精度设计角度考虑，除了上述的尺寸链计算方法之外，还有许多新兴计算方法，如并行公差优化设计法等，这里不再叙述，可以参考其他资料。

8.5 习题

1．什么是尺寸链？通常有几种分类方法？

2．封闭环在尺寸链中的作用有哪些？

3．完全互换法解尺寸链考虑问题的出发点是什么？

4．按照如图 8.12 所示间距尺寸加工孔。用尺寸链图示，并解算孔 1 和孔 2、孔 1 和孔 3 间尺寸的变化范围。

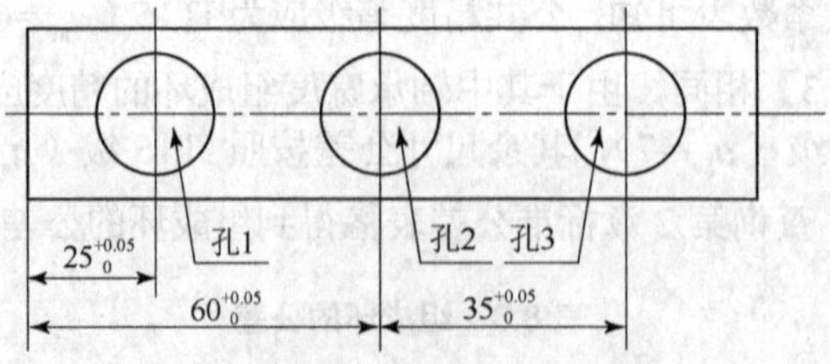

图 8.12　题 4 用图

第 9 章　机械精度设计与实例分析

第 8 章主要研究了机械精度设计的基本工具——尺寸链及其应用，本章将结合广泛应用的圆柱齿轮减速器这一实例，综合说明典型零部件之间及零件自身各功能特征的精度设计，并简要说明零件几何特征的计算机辅助检测知识。

9.1 工程实例介绍

机械产品的精度设计是机械设计与制造中的重要环节，尺寸精度是机械零件基本几何精度的主体，形状和位置精度是基本几何精度的重要组成部分。机器几何精度的分析与计算是多方面的，但归结起来，设计人员总是要根据给定的整机精度，最终确定出各个组成零件的精度，如尺寸公差、形状和位置公差，以及表面粗糙度等参数值。

9.1.1 工况分析

创新设计已经决定了一部机器的工作原理和实施方案，随之就可规定各个组成部分的功能指标，这些指标就是精度设计的根据。用于带式运输机的展开式二级圆柱齿轮减速器，整体传动方案如附录 B 图 B-1 所示，可以总结出本章有关的精度设计任务如表 9.1 所示。

表 9.1　工程要求和设计任务

功能指标	运输带工作拉力 F=2 500 N 运输带工作速度 v=1.3m/s 运输带滚筒直径 D=300 mm 可以估算：负载功率 $P_r=Fv$=3.25kW
工作条件	单班制工作，空载启动，单向、连续运转，工作中有轻微振动 运输带速度允许误差为±5%
使用期限	工作期限为十年，检修期间隔为三年
生产批量	小批量生产
设计任务	整体精度选择 箱体精度设计 齿轮副精度设计 联轴器与轴配合选择 轴承与轴的配合选用 齿轮与轴键连接中配合的选择 轴的精度设计

在机器及其零部件设计中，各功能指标的设计顺序一般应遵循：先整体指标，后部件指标，再零件指标；先高速件，后低速零部件；先标准件，后专用件。

图 9.1　减速箱示意图

根据本方案中的功能指标、工作条件、使用期限、生产批量等要求可以看出，该实例整体传输精度要求不高，输出速度较小，负载功率为中等，输送带工作负载有轻微振动，属于一般带式输送传动系统。其减速器对齿轮传递运动准确性的要求也不高，故选取齿轮精度等级为 8 级。除了标准件要求的配合需要与标准件精度相适应之外，一般配合精度的选用应参照齿轮 8 级精度选择。所用减速箱示意图如图 9.1 所示。

9.1.2　功能要求的精度指标

机械系统总体方案和工况确定之后，应该进一步结合当前的生产实际和工艺水平，分解各种类型各功能对应该达到的精度指标。这些指标就是保证机械系统最终功能要求的各个封闭环精度。根据上述工况，减速器的输出转速为

$$n_3 = \frac{v}{\pi D} = \frac{1.3\times 1\,000}{3.14\times 300}\times 60 \approx 82.8(\mathrm{r/min})$$

综合考虑国家标准推荐的二级减速器的公称传动比、电动机功率以及工况对功率的影响系数，选择型号为 Y112M-4，额定功率=4kW，同步转速=1 500r/min，满载转速=1 440r/min 的电动机。一般减速器的实际传动比相对公称传动比的允许相对偏差≤4% [52]，在此基础上，进一步对减速器及其相关零部件，依据实现的功能，分解功能指标，如表 9.2 所示。

表 9.2　设计任务与公差项目

设 计 任 务	功能指标对应的实体特征	可能涉及的公差项目
1. 整体精度	部件整体	总传动比、输出速度波动、整机运行平稳性
2. 箱体精度设计	轴承安装孔	同轴度、中心距、轴线平行度；剖分平面的形状误差，轴承孔中心线与剖面的位置度
3. 齿轮副精度设计	齿轮副的共轭齿面，齿轮坯轮毂定位面	齿轮副中心距尺寸公差、轴线平行度；单个齿轮轮齿的公差检验组选择
4. 联轴器与轴配合选择	减速器输出、输入轴轴肩和端部特征	垂直度、周向定位的键槽对称度
5. 轴承与轴的配合选用	轴承内外环 滚筒轴支承段 传动轴支承段	尺寸公差配合，圆跳动公差
6. 齿轮、轴与键连接配合	键及键槽工作面 轮毂内孔与轴圆柱配合面	对称度、尺寸公差配合、齿轮内孔与配合轴段圆柱度或跳动
7. 轴的精度设计	圆柱配合面	尺寸配合公差，各轴段同轴度，轴向定位尺寸链
8. 任务说明	有些任务有耦合要求，例如任务 2，3 对中心孔的要求等。必须要协调设计相关耦合要素的精度	

在进行机器整体和关键零部件所实现功能指标的分析过程中，对功能指标对应的实体特征提出的公差项目与精度等级要求需要注意协调性。就是在可以保证功能指标的几个检测项目中，经常要根据工艺方便性等因素选择检验组，并不是全部项目都选择。同一机器中的零部件精度等级也要相适应，组成功能对的特征要素，其精度检测项目应该一致，相关功能对要素的精度等级要一致。

9.2 精度设计

为了实现工程实例的总体设计任务，在完成运动和强度的分析与计算之后，零件公称尺寸已经确定。但是，仍需要进一步进行精度设计，以决定产品各个部件的装配精度以及零件的几何参数和公差。

目前精度设计有三种方法：类比法、计算法和试验法。迄今为止，几何精度设计仍处于以经验设计为主的阶段。大多数要素的几何精度都是采用类比的方法凭实际工作经验确定的，也就是与经过实际使用证明合理的类似产品上的相应要素相比较，确定所设计零件几何要素的精度。

采用类比法进行精度设计的基础是资料的收集、分析与整理。设计时，必须正确选择类比产品，分析它与所设计产品在使用条件和功能要求等方面的异同，并考虑到实际生产条件、制造技术的发展、市场供求信息等多种因素。前面几章对典型的零部件精度设计一般原则已经说明，鉴于篇幅，对表 9.2 中部分设计任务的若干配合精度介绍如下。此外，由于一些手册中仅给出了减速器主要零件的荐用配合[52]，没有说明选择这些配合的原因，本章主要采用类比法，结合几个例子重点说明设计过程选择公差配合的理由。

9.2.1 主要部件整体精度指标

几何精度在传动系统整体要求中表现为：允许运输带速度误差为±5%。而运输带的输入端动力依靠鼓轮与带的摩擦实现，平带传动打滑率：$\varepsilon \leqslant (1\sim2)\%$，所以减速器部件的运动误差引起的速度波动不应大于 4%。从而得到瞬时传动比的波动量也应该小于 4%，这就是后面传动链中各个相关零部件和运动副要保证的精度设计总目标。事实上这样的运动精度对齿轮传动而言很容易满足要求，但是传动噪声的控制需要对齿轮传动系统提出一定的精度要求，所以齿轮传动选择 8 级运动精度，其他零件根据协调性，进行精度设计。

9.2.2 典型功能对的精度设计

1. 箱体精度设计

箱体作为一种类型的机架，具有所有机架的公共特性，即支承或容纳零部件。一方面，它具有内腔的结构形式，可以保护腔体内零件具有设计良好的工作条件，诸如润滑、防尘、密封和适宜的工作温度等；另一方面，腔体内零件装配完成之后通常作为整体部件参与到复杂机器的工作中，完成给定的功能，便于专业化生产和运输。箱体根据不同的制造工艺可以分为铸造、焊接和螺栓连接等几种形式；箱体根据不同的制造材料可以分为铸铁、铸铝、铸钢、铸铜和结构钢螺栓连接等金属型箱体，也有注塑件、混凝土、花岗岩等非金属箱体。本例为小批量生产的一般减速器用箱体，应该采用铸铁箱体，如图 9.2 所示为减速箱箱体的箱座。

图 9.2　减速箱箱体的箱座

箱体零件不仅要能够与输入和输出零件高精度方便连接，而且需要美观、流畅，符合制造工艺性要求，多数情况还要增加若干工艺特征面，以减少未来的加工工时，方便其他零件的安装定位，降低整体成本；其内腔由于多支撑或刚度设计的要求，经常需要增加若干筋板，此外还要考虑铸造过程砂芯的排出，金属流动过程热应力平衡，冷却时不产生较大的热应力集中等。综上所述，在箱体精度设计时选择的参考基础应该是齿轮副精度，进而确定支承轴的轴承座孔、与轴承盖配合的端面、上下箱定位孔、对地支承平面等。由于前面齿轮选择 8 级精度，所以作为其工作基准的这些面可以在初选 7 级精度的基础上进行调整，确定各配合面。对于下列精度项目，包括箱体两侧三对轴承座孔的同轴度，三个轴线的中心距，轴线平行度，剖分平面的形状误差，轴承孔中心线与剖面的位置度等，分别示例如附录 B 图 B-3 所示。

2．联轴器与轴配合选择

本例中联轴器负责将电动机轴的功率传给减速器，再由减速器输出轴通过输出联轴器传出给工作机械的鼓轮轴，这其中存在三个轴之间的同轴度问题。从安装方便性考虑，应该移电动机和减速器来适应工作机鼓轮位置变化，两个部件的重量一般，较易调整，整体精度不高，选用弹性套柱销联轴器，所以，尺寸精度选择为 ϕdIT8，联轴器轴向定位的轴肩端面跳动、轴与联轴器配合部位的径向跳动均选择 7 级，其公差约为轴直径公差的 0.6～0.7 倍，而有关键槽对称度和尺寸精度按照 GB 1184—1996 选择 IT9，示例如附录 B 图 B-4 减速箱输出轴所示。

3．轴承与轴的配合选用

轴承是标准件，在轴与轴承组成配合时，轴必须适应轴承的配合精度要求。在本例三根轴与轴承组成的 6 处配合中，一方面为了保证齿轮副精度，轴与轴承是基础支承，作为运动基准，应该高一个精度等级；同时，由于滚动轴承的精度等级高于一般光滑圆柱体的精度等级，所以与轴承配合部位的尺寸精度、圆柱度和端面圆跳动度等，参考标准 GB/T 283—2007 选 IT6 级，其公差值示例见图 6.9 减速器输出轴端局部样图。

4．齿轮、轴与键连接配合

齿轮在减速器中属于关键零件，其周向定位通过键与轴连接，由于属于动力传递，结合齿轮既定的精度等级为 8 级，所以其相关定位尺寸精度选 IT7 级。又按照国家标准 GB/T 1095—2003《平键 键槽的剖面尺寸》规定选取槽深公差，键和键槽宽度公差带均从 GB/T 1801—2009《极限与配合 公差带和配合选择》中选取，本例传动功率不大，可从三组推荐不同的配合中选择正常连接。对轴键槽宽取 N9，对轮毂键槽宽取 JS9。示例如图 4.83 所示减速器中间轴零件图。

5．齿轮副精度设计

齿轮副传动一方面影响总传动比的波动，另一方面其传动误差还可能引起噪声。影响齿轮副精度设计的因素包括单齿齿形，单个齿轮上所有轮齿的分布，成对齿轮配合以及两个齿轮的安装及其支承等。GB/T 10095—2008 规定了圆柱齿轮精度制的构成、术语和评价指标，主要从同侧齿面和径向偏差方面进行评价。

为了保证齿轮加工的精度和有关参数的测量，基准面要优先规定其尺寸和形位公差。齿轮的轴孔和端面既是工艺基准也是测量和安装的基准。齿轮的齿顶圆作为测量基准时有两种情况，一是加工时用齿顶圆定位或校正，此时需要控制齿顶圆的径向跳动；另一种情况是用齿顶圆定位检验齿厚或基圆齿距尺寸公差，此时要控制齿顶圆公差和径向跳动。

齿轮基准面的尺寸公差和形位公差的项目与相应数值都与传动的工作条件有关，通常按齿轮精度等级确定其公差值。由于齿轮既定的精度等级为 8 级，则安装孔径尺寸公差根据 GB/T 10095—2008 可以选择 IT7，形状公差选择 7 级，齿坯上需设计的其他几何公差项目包括相对于回转基准轴线的跳动或同轴度公差，顶圆、端面作为加工安装基准的跳动公差也参考 7 级，并结合实际公称尺寸查取。此外，根据总体传动精度等级 8 级，补充齿轮啮合传动有关的其他精度指标检验项目，根据表 7.17 选择第一检验组 F_p、F_α、F_β、E_{sn}，示例如图 4.85 所示圆柱齿轮零件简图。

6．轴的精度设计

轴套类零件基本形状是同轴回转体，局部结构有螺纹、键槽、倒角、圆角以及退刀槽等，主要在车床上加工。这些零件的主要功能是传递运动和扭矩，保证其上的其他被支撑零件，回转过程平稳无冲击，保证动平衡性能，其常见失效形式有弯曲或弯扭疲劳破坏。因此，保证轴上零件轴向定位和回转中心稳定的关键因素是轴的尺寸精度设计和形位公差设计。

设计直径尺寸时，应特别注意有配合关系的部位，当有几处部位直径相同时，都应逐一设计并注明，不得省略。即使是圆角和倒角也应标注无遗，或者在技术要求中说明。对于配合特征尺寸，直接按照配合种类和精度给出公差项目的明确标注，对于径向配合尺寸，必须明确标注直径和公差上下偏差。例如，键槽所在剖面尺寸是槽底到外素线之间的距离。对于螺纹、键槽、倒角、圆角以及退刀槽等细部特征尺寸参数，应参照相应的标准按照国标规定的符号，进行简化表示。

设计长度尺寸时，既要考虑零件尺寸的精度要求，又要符合机械加工的工艺过程，不致给机械加工造成困难或给操作者带来不便。下面结合封闭环精度及其精度设计举例说明。

轴类零件表面粗糙度需要在主要回转支承面、键槽配合面等处进行标注，以区别重要表面和一般轮廓。

轴零件常用几何公差项目见表 9.3，对于同一特征不是所有项目同时全选用。

表 9.3　轴零件常用几何公差项目

检 测 项 目		应 用 说 明
圆度		对于回转过程，限定任一横截面上半径差的场合
直线度		对于素线或轴心线作为基准应用的场合
圆柱度		对于配合精度，如过盈量有严格要求的场合
对称度		保证载荷均匀，防止回转过程偏心等引起不平衡
同轴度		对于虚约束支承面，避免附加载荷而增加整体组合支承刚度、强度的场合
跳动	径向圆跳动	作为支承保持运动平稳性要求的重要特征
	轴向圆跳动	保证轴上零件轴向定位可靠
全跳动	径向全跳动	在整个配合区域有严格要求，提高运动精度
	轴向全跳动	在整个配合区域有严格要求，提高运动精度
备　注		

本例作为减速器输出轴，轴向定位的要求包括：两端轴承定位，大齿轮定位，输出联轴器定位，各项指标示例如附录 B 图 B-4 减速箱输出轴所示。

9.2.3 封闭环及其精度设计举例

轴是几乎所有机器中都需要的零件之一。轴类零件的表面为回转表面，直径方面的配合精度设计明显直观，与齿轮和轴承的径向配合前面已经论述。然而其轴向尺寸的设计与标注形式和选定的定位基准面必须与加工过程工艺相适应。前面章节分散讨论过有关的尺寸精度、形位精度和粗糙度，下面以减速器的低速输出轴为例说明其几何精度设计。

对于轴向长度尺寸链要注意理解精度设计的思想基础，尽量减小尺寸链长度，避免尺寸链误差积累，同时还要注意工艺及测量的方便和经济性，注意封闭环所在位置以及尺寸链中主要组成环的精度设计。如果不考虑尺寸链原理，其轴向尺寸标注有可能存在着以下不合理的地方，分别说明如下。

（1）各组成环具有同等重要性，显然不符合实际情况；

（2）线形组合后，对与装配中需要满足轴的轴向限位尺寸没有提出特别的要求；

（3）联轴器、齿轮相对于装配基准——轴承定位端面的轴肩而言组成环太多；

（4）没有体现装配过程中调整环的作用。

考虑上述因素，更正后的轴零件图如附录 B 图 B-4 所示。

9.3 零件几何特征的计算机辅助检测

数字化是先进制造技术的主要标志之一。在现代工厂中，为各类尺寸测量设备（Dimensional Measuring Equipment，缩写为 DME）编制检测程序是一项比较繁重的工作。零件几何特征的计算机辅助检测，其核心是如何得到特征的数字化模型，然后借助计算机检测程序，比较零件几何特征的数字化模型与设计模型，从而判断零件的特征是否在规定的公差以内。目前常用的高精度计算机辅助检测设备有激光扫描仪和坐标测量机。图 9.3（a）所示为三坐标测量机应用过程，而图 9.3（b）所示即为激光三维扫描仪的工作流程。

随着数字化测量技术的发展，人们逐渐发现数字化测量技术与传统测量技术之间在原理上存在着很大的分歧，因而不能再用传统的检验方法来评估数字化测量的结果。进行大量科学调查后认为，只有将产品的几何规范与检验（认证）集成于一体才能解决两者之间的根本矛盾。ISO/TC3 于 1995 年发布了 ISO/TR14638 “GPS 的总体规划”，于 1996 年 6 月撤销 ISO/TC3、TC10/SC5 和 TC57，成立了 ISO/TC213，从事“产品尺寸和几何技术规范及认证（检验）Dimensional and Geometrical Product Specifications and verification”。我国对口的 SAC/TC240 是在“全国公差与配合标委会”、“全国形位公差标委会”以及“表面特征”国内技术归口工作的基础上组建的。

新一代 GPS 用数学作为基础语言结构，替代了过去以几何学为基础的技术标准体系。GPS 标准体系蕴含工业化大生产的基本特征，反映了技术发展的内在要求，为产品技术评估各个环节（设计、生产和计量）的人员交流提供了“通用语言”。

GB/Z 20308—2006（ISO/TR14638）产品几何技术规范（GPS）总体规划，从总体上给出了产品几何技术规范（GPS）标准体系框架以及 GPS 的基本概念，其特征分类更趋合理，技术规范更趋全面。如图 1.1 以直观的几何特征要素“行”与技术规范“列”组成矩阵形式表示的物理意义更清晰。GPS 标准的主体，包括不同几何特征从图样标注、参数定义、检验原则到仪器校准的一整套标准链。

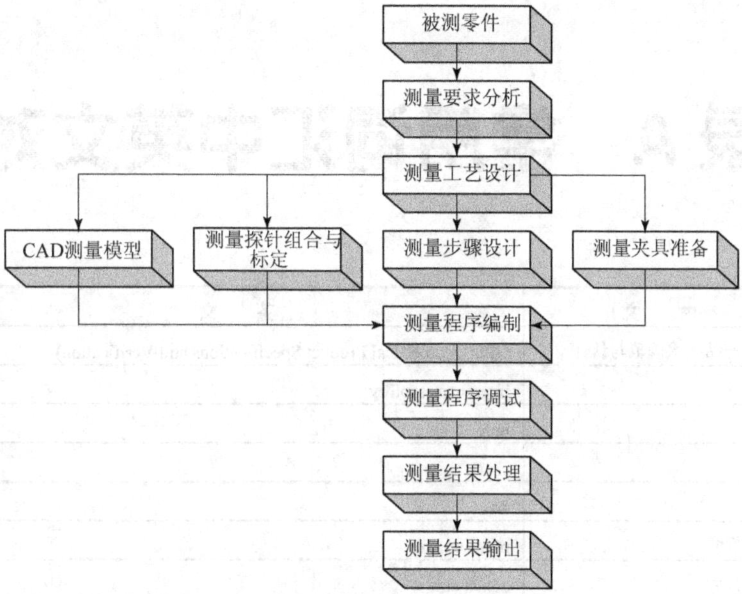

（a）三坐标测量机应用过程

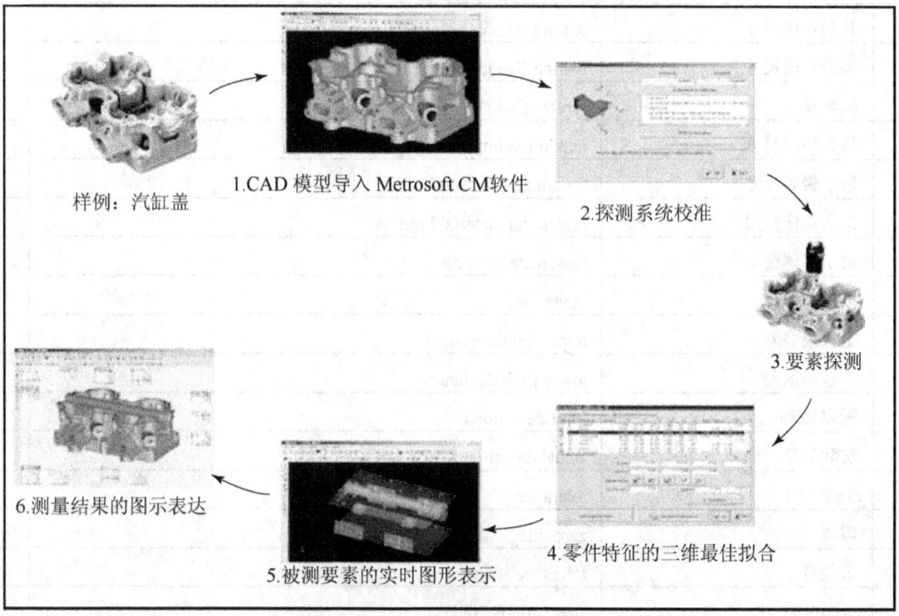

（b）激光三维扫描仪的工作流程

图 9.3　计算机辅助检测

9.4 机械精度设计小结

本章以减速器工作轴、齿轮、轴承、联轴器和箱体等典型零件为例，从尺寸精度、形位精度和表面粗糙度几个方面进行综合设计，从而使学习者对精度设计，尤其是几何精度设计有一个全面认识，并为机械零件设计奠定基础。

附录A 常用词汇中英文对照

章节号	中　文	英　文	页　码
1	几何产品技术规范与认证	GPS(Geometrical Product Specifications and Verification)	1
1.1	互换性	interchangeability	1
2.1	孔	hole	8
2.1	轴	shaft	8
2.1	尺寸	size	9
2.1	公称尺寸	nominal size	9
2.1	实际尺寸	actual size	9
2.1	局部实际尺寸	actual local size	9
2.1	孔的作用尺寸	mating size for hole	10
2.1	轴的作用尺寸	mating size for shaft	10
2.1	极限尺寸	limits of size	10
2.1	最大极限尺寸	maximum limit of size	10
2.1	最小极限尺寸	minimum limit of size	10
2.1	最大实体极限	maximum material limit	10
2.1	最小实体极限	least material limit	11
2.1	偏差	deviation	11
2.1	上极限偏差	upper limit deviation	11
2.1	下极限偏差	lower limit deviation	11
2.1	极限偏差	limit deviations	11
2.1	实际偏差	actual deviation	11
2.1	公差	tolerance	12
2.1	零线	zero line	13
2.1	公差带	tolerance zone	13
2.1	标准公差	standard tolerance	13
2.1	标准公差因子	standard tolerance factor	13
2.1	公差等级	grade of tolerance	14
2.1	基本偏差	fundamental deviation	14
2.1	配合	fit	14
2.1	间隙	clearance	14
2.1	过盈	interference	14
2.1	间隙配合	clearance fit	14
2.1	过盈配合	interference fit	15
2.1	过渡配合	transition fit	15

续表

章节号	中文	英文	页码
2.1	最大间隙	maximum clearance	16
2.1	最小间隙	minimum clearance	16
2.1	最大过盈	maximum interference	16
2.1	最小过盈	minimum interference	16
2.1	配合公差	tolerance of fit	16
2.1	配合公差带图	tolerance of fit zone	16
3.1	校准	calibration	48
3.2	绝对误差	absolute error	52
3.2	相对误差	relative error	53
3.2	极限误差	limit error	53
3.2	系统误差	systematic error	54
3.2	随机误差	random error	55
3.2	粗大误差	parasitic error	56
3.2	精密度	precision	56
3.2	正确度	correctness	56
3.2	准确度	accuracy	56
3.2	算术平均值	arithmetic mean	57
3.2	标准偏差	standard deviation	57
3.2	残差	residual error	57
3.3	置信概率	confidence probability	58
3.3	计量器具	measuring instrument	63
3.3	测量不确定度	uncertainty of measurement	63
3.3	验收极限	acceptance limit	63
3.3	安全裕度	safety margin	63
3.3	分度值	value of scale division	66
3.3	通规	go gauge	66
3.3	止规	not go gauge	66
3.3	塞规	plug gauge	66
3.3	卡规	gap gauge	66
3.3	环规	cylindrical ring gauge	66
4.1	公称组成要素	nominal integral feature	73
4.1	公称导出要素	nominal derived feature	73
4.1	实际组成要素	real integral feature	73
4.1	提取组成要素	extracted integral feature	73
4.1	提取导出要素	extracted derived feature	73
4.1	拟合组成要素	associated integral feature	73
4.1	拟合导出要素	associated derived feature	73
4.1	形状公差	geometrical (form) tolerances	74
4.1	方向公差	orientation tolerances	74
4.1	位置公差	location tolerances	74
4.1	跳动公差	run-out tolerances	74
4.1	直线度公差	straightness tolerance	74
4.1	平面度公差	flatness tolerance	74
4.1	圆度公差	roundness tolerance	74

续表

章节号	中　　文	英　　文	页　码
4.1	圆柱度公差	cylindricity tolerance	74
4.1	线轮廓公差	profile tolerance of any line	74
4.1	面轮廓公差	profile tolerance of any surface	74
4.1	平行度公差	parallelism tolerance	74
4.1	垂直度公差	perpendicularity tolerance	74
4.1	倾斜度公差	angularity tolerance	74
4.1	同轴度公差	coaxially tolerance	74
4.1	对称度公差	symmetry tolerance	74
4.1	位置度公差	position tolerance	74
4.1	圆跳动公差	circular run-out tolerance	74
4.1	全跳动公差	total run-out tolerance	74
4.3	独立原则	principle of independency	93
4.3	包容要求	envelope requirement	93
4.3	最大实体边界	maximum material boundary，MMB	93
4.3	最小实体尺寸	least material size，LMS	94
4.3	最大实体尺寸	maximum material size，MMS	94
4.3	最大实体状态	maximum material condition，MMC	94
4.3	最小实体状态	minimum material condition，LMC	94
4.3	最大实体要求	maximum material requirement，MMR	94
4.3	最大实体实效尺寸	maximum material virtual size，MMVS	95
4.3	最大实体实效状态	maximum material virtual condition，MMVC	95
4.3	最大实体实效边界	maximum material virtual boundary，MMVB	95
4.3	最小实体要求	minimum material requirement，LMR	97
4.3	最小实体实效尺寸	minimum material virtual size，LMVS	97
4.3	最小实体实效状态	minimum material virtual condition，LMVC	97
4.3	最小实体实效边界	minimum material virtual boundary，LMVB	97
4.3	可逆要求	reciprocity requirement，RPR	99
4.5	最小条件	minimum condition	111
4.5	最小区域	minimum zone	111
5.1	实际表面	real surface	126
5.1	表面粗糙度	surface roundness	126
5.2	轮廓滤波器	profile filter	128
5.2	表面轮廓	surface profile	128
5.2	原始轮廓	primary	128
5.2	粗糙度轮廓	roundness profile	128
5.2	波纹度轮廓	waviness profile	128
5.2	取样长度	sampling length	128
5.2	评定长度	evaluation length	128
5.2	中线	mean line	128
5.2	轮廓最小二乘中线	least squares mean line of profile	128
5.2	轮廓谷	profile valley	129
5.2	轮廓峰	profile peak	129
5.2	最大轮廓峰高	maximum profile peak height	130
5.2	最大轮廓谷深	maximum profile valley depth	130

续表

章节号	中　文	英　文	页　码
5.2	轮廓最大高度	maximum height of profile	130
5.2	评定轮廓的算术平均偏差	arithmetical mean deviation of the assessed profile	130
5.2	轮廓单元的平均宽度	mean width of the profile element	131
5.2	轮廓支承长度率	material ratio of the profile	131
6.1	滚动轴承	rolling bearings	139
6.1	局部负荷	stationary load	143
6.1	循环负荷	cyclical load	143
6.1	摆动负荷	swinging load	143
6.2	公称直径	nominal diameter	149
6.3	原始三角形高度	fundamental triangle height	158
6.3	牙顶	crest	158
6.3	牙侧	flank	158
6.3	牙型半角	half of thread angle	158
6.3	牙型角	thread angle	158
6.3	牙侧角	flank angle	158
6.3	大径	major diameter	159
6.3	底径	root diameter	159
6.3	小径	minor diameter	159
6.3	中径	pitch diameter	159
6.3	单一中径	single pitch diameter	160
6.3	作用中径	virtual pitch diameter	160
6.3	最小实体牙型	minimum material profile	169
7.1	回程误差	hysterisis	170
7.2	齿距	pitch	171
7.3	啮合线	path of aontact	176
7.3	公法线长度	base tangent length	177
7.3	啮合	engagement，mesh	177
7.3	螺旋线	helix	177
7.4	齿轮副	gear pair	178
7.4	法向侧隙	normal backlash	179
7.5	法向模数	normal module	180
7.5	齿厚(端面齿厚)	transverse tooth thickness	183
7.5	模数	module	184
8.2	尺寸链	dimensional chain	192
8.2	环	link	193
8.2	封闭环	closing link	193
8.2	组成环	component link	193
8.2	补偿环	compensating link	193
8.2	增环	increasing link	193
8.2	减环	decreasing link	193
8.2	传递系数	scaling factor	193

附录 B 双级齿轮传动减速器相关工程示意图

【设计题目】

用于带式运输机的展开式二级圆柱齿轮减速器，传动方案示意图如图 B.1 所示。

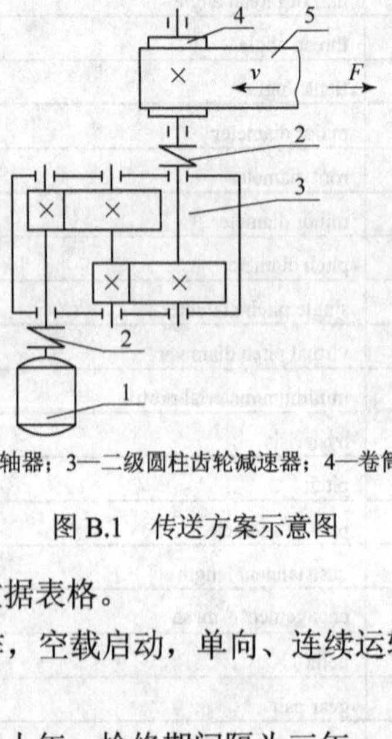

1—电动机；2—联轴器；3—二级圆柱齿轮减速器；4—卷筒；5—带式运输机

图 B.1　传送方案示意图

（1）带式运输机数据。见数据表格。

（2）工作条件。单班制工作，空载启动，单向、连续运转，工作中有轻微振动。运输带速度允许误差为±5%。

（3）使用期限。工作期限为十年，检修期间隔为三年。

（4）生产批量及加工条件。小批量生产。

（5）设计数据表。见表 B-1。

表 B-1　数据表

运输带工作拉力 F/N	1 900	1 800	1 600	2 200	2 250	2 500	2 450	1 900	2 200	2 000
运输带工作速度 v/（m/s）	1.3	1.35	1.4	1.45	1.5	1.3	1.35	1.45	1.5	1.55
运输带滚筒直径 D/mm	250	260	270	280	290	300	250	260	270	280

工程示意图如图 B.2～图 B.4 所示。

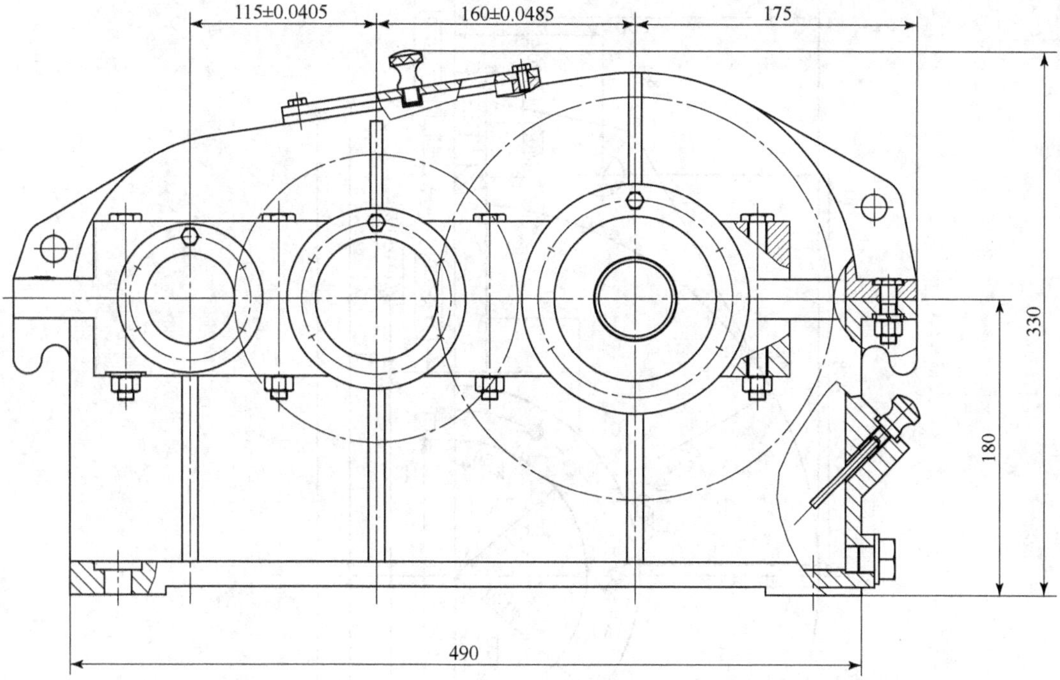

（a）主视图

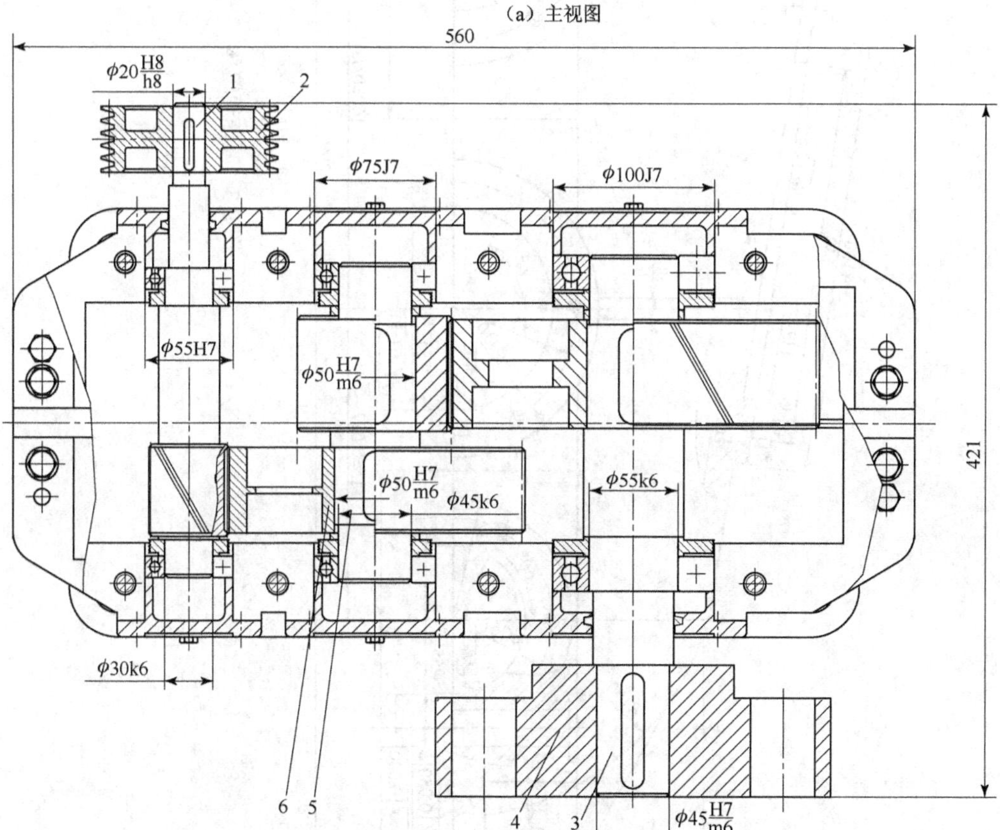

（b）俯视图

1—输入轴；2—皮带轮；3—输出轴；4—联轴器；5—中间轴；6—齿轮

图 B.2 减速箱装配图

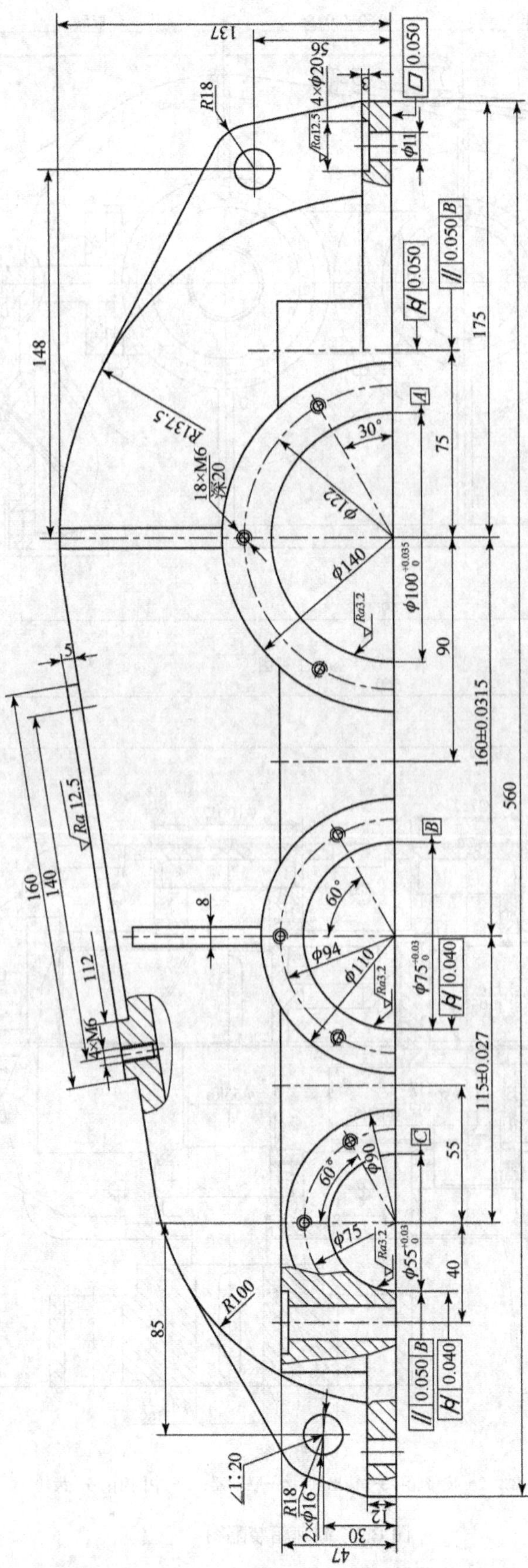

（a）箱盖主视图

图 B.3 减速箱箱体

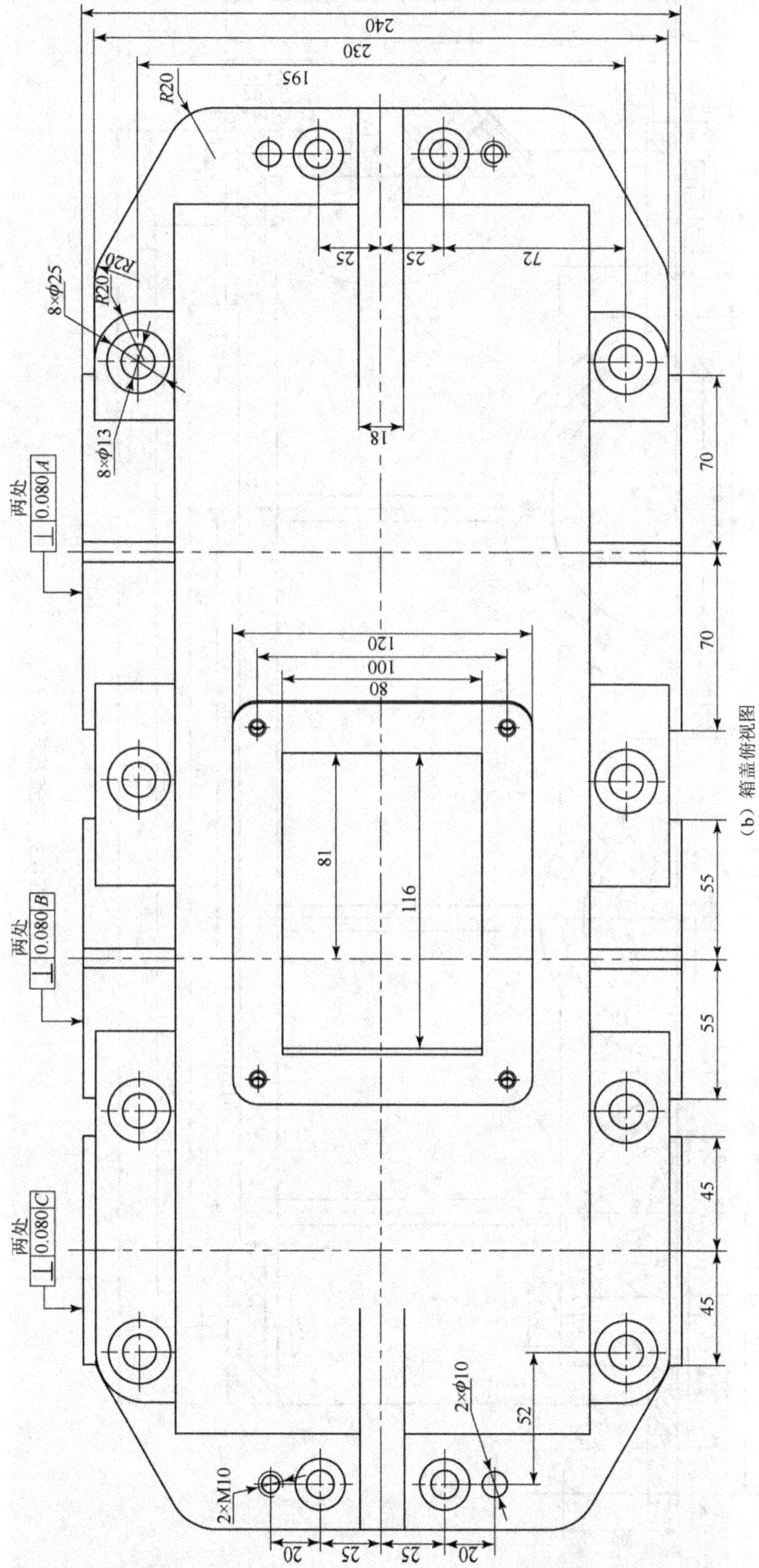

（b）箱盖俯视图

图 B.3　减速箱箱体（续）

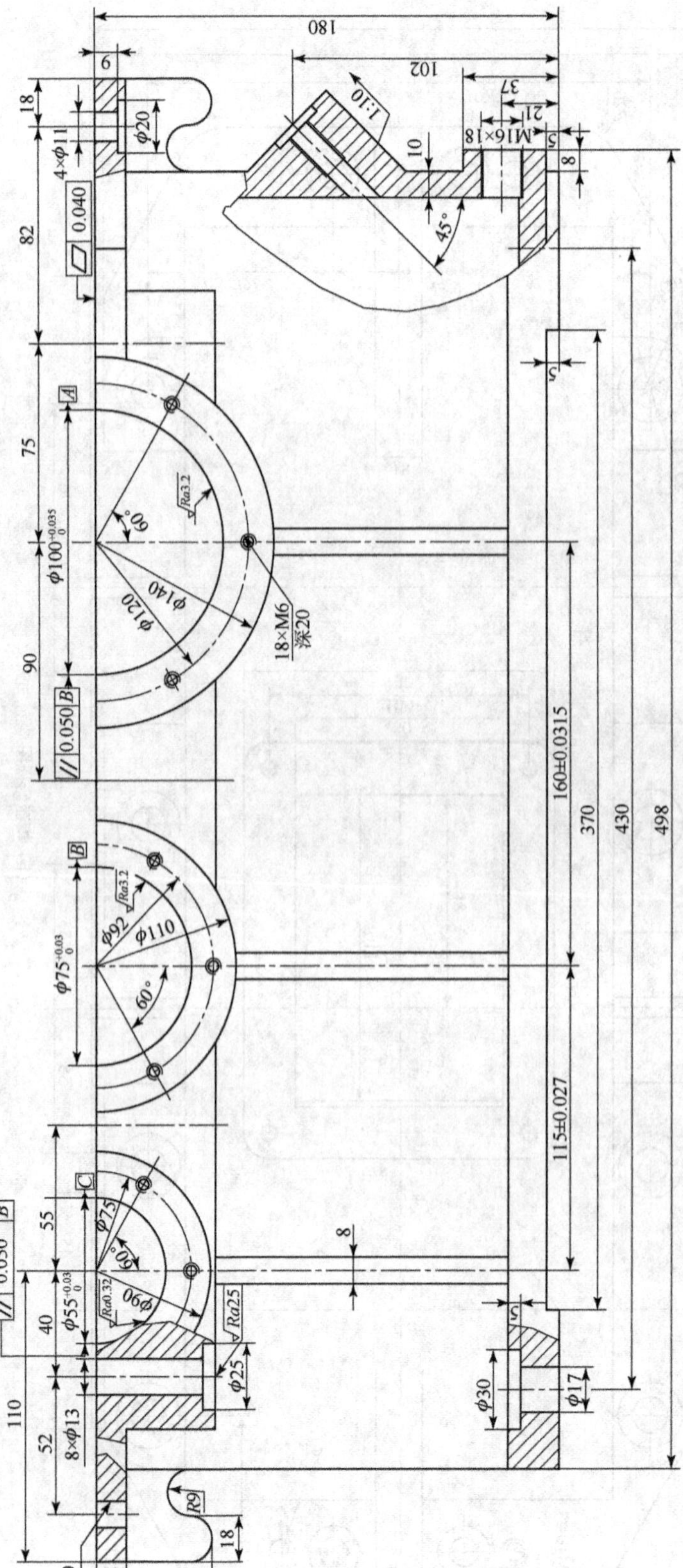

（c）箱座主视图

图 B.3 减速箱箱体（续）

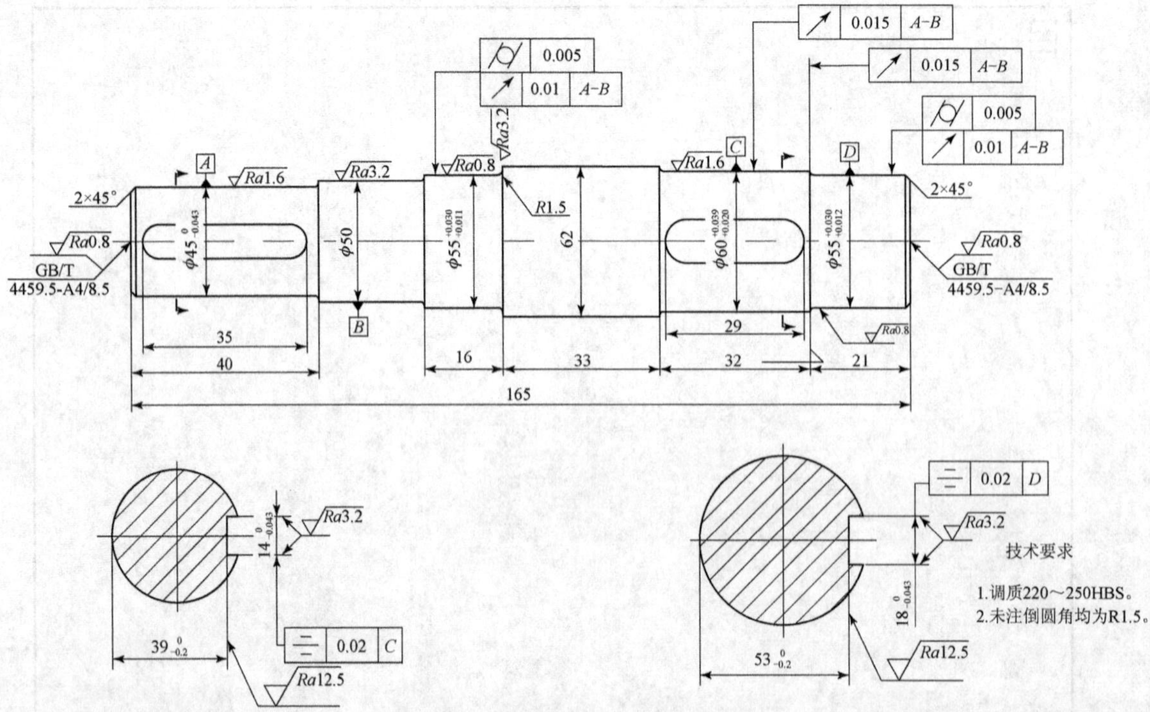

图 B.4 减速器输出轴零件图

索　引

参考文献

[1] 李柱，徐振高，将向前．互换性与测量技术．北京：高等教育出版社，2004.

[2] 韩进宏，王长春．互换性与测量技术基础．北京：中国林业出版社，北京大学出版社，2006.

[3] 刘越．公差配合与技术测量．北京：化学工业出版社，2004.

[4] 胡凤兰．互换性与技术测量基础．北京：高等教育出版社，2005.

[5] 李晓沛，张琳娜，赵凤霞．简明公差标准应用手册．上海：上海科学技术出版社，2005.

[6] 柳晖．互换性与技术测量基础．武汉：华东理工大学出版社，2006.

[7] 张信群．互换性与测量技术．北京：北京航空航天大学出版社，2006.

[8] 景旭文．互换性与测量技术基础．北京：中国标准出版社，2006.

[9] 陈舒拉．公差配合与检测技术．北京：人民邮电出版社，2007.

[10 魏斯亮，李时骏．互换性与技术测量．北京：北京理工大学出版社，2007.

[11] 李军．互换性与测量技术基础．武汉：华中科技大学出版社，2007.

[12] 费业泰．误差理论与数据处理（第4版）．北京：机械工业出版社，2000.

[13] 李孟源．计量技术基础．陕西：西安电子科技大学出版社，2007.

[14] 哈尔滨量具刀具集团责任有限公司．GB/T 1957—2006 光滑极限量规 技术条件．北京：中国标准出版社，2006.

[15] 四川标准图书有限责任公司．GB/T 10920—2008 螺纹量规和光滑极限量规 形式与尺寸 技术条件．北京：中国标准出版社，2009.

[16] 机械科学研究院，北京市计量科学研究所．GB/T 1958—2004 产品几何技术规范（GPS）形状和位置公差 检测规定．北京：中国标准出版社，2005.

[17] 机械科学研究院中机生产力促进中心等．GB/T 1182—2008 产品几何技术规范（GPS）几何公差 形状、方向、位置和跳动公差标注．北京：中国标准出版社，2008.

[18] 机械科学研究院．GB/T 7234—2004 产品几何技术规范（GPS）圆度测量 术语、定义及参数 技术条件．北京：中国标准出版社，2004.

[19] 机械科学研究院．GB/T 7235—2004 产品几何技术规范（GPS）评定圆度误差的方法半径变化量测量 技术条件．北京：中国标准出版社，2004.

[20] 机械科学研究院．GB/T 3177—2009 产品几何技术规范（GPS）光滑工件尺寸的检验 技术条件．北京：中国标准出版社，2009.

[21] 机械科学研究院中机生产力促进中心．GB/T 16671—2009 产品几何技术规范（GPS）几何公差 最大实体要求、最小实体要求和可逆技术条件．北京：中国标准出版社，2009.

[22] 机械科学研究院中机生产力促进中心．GB/T 4249—2009 产品几何技术规范（GPS） 公差原则 技术条件．北京：中国标准出版社，2009.

[23] 机械科学研究院．GB/T 18780.2—2003 产品几何量技术规范（GPS）几何要素 第2部分：圆柱面和圆锥面的提取中心线、平行平面的提取中心面、提取要素的局部尺寸 技术条件．北京：中国标准出版社，2003.

[24] 机械科学研究院．GB/T 4380—2004 圆度误差的评定 两点、三点法 技术条件．北京：中国标准出版社，2004.

[25] 机械科学研究院中机生产力促进中心．GB/T 3505—2009 产品几何技术规范 GPS 表面结构 轮廓法：术语、定义及表面结构参数（ISO 4287：1997，IDT） 技术条件．北京：中国标准出版社，2009.

[26] 机械科学研究院中机生产力促进中心．GB/T 1031—2009 产品几何技术规范 GPS 表面结构 轮廓法：表面粗糙度参数及其数值 技术条件．北京：中国标准出版社，2009.

[27] 机械科学研究院中机生产力促进中心．GB/T 3505—2009 产品几何技术规范 GPS 表面结构 轮廓法：表面波纹度词汇 技术条件．北京：中国标准出版社，2009.

[28] 机械科学研究院中机生产力促进中心．GB/T 131—2006 产品几何技术规范 GPS 技术产品文件中表面结构的表示法(ISO 1302：2002，IDT）技术条件．北京：中国标准出版社，2006.

[29] 机械标准化所．GB/T 10610—1998 产品几何技术规范 GPS 表面结构 轮廓法评定表面结构的规则和方法技术条件．北京：中国标准出版社，1998.

[30] 廖念钊等．互换性与技术测量（第 5 版）．北京：中国计量出版社，2007.

[31] 王伯平．互换性与测量技术基础（第 3 版）．北京：机械工业出版社，2009.

[32] 陈于萍．互换性与测量技术基础学习指导及习题集．北京：机械工业出版社，2006.

[33] 中国国家标准汇编．北京：中国标准出版社，2009.

[34] 甘永立．几何量公差与检测（第 8 版）．上海：上海科学技术出版社，2008.

[35] 荀向锋．几何精度控制技术．北京：中国铁道出版社，2008.

[36] 徐茂功．公差配合与技术测量（第 3 版）．北京：机械工业出版社，2008.

[37] 方昆凡．公差与配合实用手册．北京：机械工业出版社，2006.

[38] 孙全颖．机械精度设计与质量保证．哈尔滨：哈尔滨工业大学出版社，2009.

[39] 孙玉芹，袁夫彩．机械精度设计基础．北京：科学出版社，2007.

[40] 郑州机械研究所，机械科学研究院，等．GB/T 10095.1—2008 圆柱齿轮 精度制 第 1 部分：轮齿同侧齿面偏差的定义和允许值．北京：中国标准出版社，2008.

[41] 郑州机械研究所，机械科学研究院，等．GB/T 10095.2—2008 圆柱齿轮 精度制 第 2 部分：径向综合偏差与径向跳动的定义和允许值．北京：中国标准出版社，2008.

[42] 郑州机械研究所，机械科学研究院．GB/Z 18620.1—2008 圆柱齿轮 检验实施规范 第 1 部分：轮齿同侧齿面的检验．北京：中国标准出版社，2008.

[43] 郑州机械研究所，机械科学研究院．GB/Z 18620.2—2008 圆柱齿轮 检验实施规范 第 2 部分：径向综合偏差、径向跳动、齿厚和侧隙的检验．北京：中国标准出版社，2008.

[44] 郑州机械研究所，机械科学研究院．GB/Z 18620.3—2008 圆柱齿轮 检验实施规范 第 3 部分：齿轮坯、轴中心距和轴线平行度的检验．北京：中国标准出版社，2008.

[45] 郑州机械研究所，机械科学研究院．GB/Z 18620.4—2008 圆柱齿轮 检验实施规范 第 4 部分：表面结构和轮齿接触斑点的检验．北京：中国标准出版社，2008.

[46] 黄灿明．基于特征的几何公差实体模型的研究．机械设计与研究，4-9,1997.

[47] 张根保，赵建衡．机械产品精度的并行优化设计——数学模型．重庆大学学报（自然科学版），Vol．21,No．11,1998.

[48] 杨铁牛．面向逆工程的原始设计参数还原的研究与实践．西安交通大学博士论文，2000.

[49] 张荣瑞．尺寸链原理及其应用．北京：机械工业出版社，17-282，1986.

[50] [苏]П．Ф．杜纳耶夫，О．П．列利科夫．尺寸公差计算．北京：机械工业出版社，1-120，1987.

[51] 王之栎，王大康．机械设计综合课程设计．北京：机械工业出版社，2003.

[52] 西安交通大学等．机械设计手册（软件版）R2.0. 北京：机械工业出版社，2002.

反侵权盗版声明

举报电话：（010）88254396；（010）88258888

传　　真：（010）88254397

E-mail:　　dbqq@phei.com.cn

通信地址：北京市万寿路 173 信箱

　　　　　电子工业出版社总编办公室

邮　　编：100036